Der Leuchtturm spricht:

Fern in der See — am einsamen Strand
Auf tückischer Klippe — am Felsenrand
Halt' ich Wacht!
Ein hell erglänzender Edelstein
Im dunkelen Haare der Nacht.
Im Sturmestoben,
Im Kampf mit den Wogen
Grüßt den Seemann mein warnendes Licht.
Ich führe ihn sicher durch Nacht und Graus,
Ich leite ihn heimwärts ins Vaterhaus!
Hell leuchtend selbstlos von hoher Wacht
Als Liebesstern durch die Schrecken der Nacht!

LEUCHTFEUER

UND

LEUCHTAPPARATE

HISTORISCH UND KONSTRUKTIV DARGELEGT

VON

L. A. VEITMEYER,

K. PREUSSISCHER GEHEIMER BAURAT,

MITGLIED DER K PREUSSISCHEN AKADEMIE DES BAUWESENS

HERAUSGEGEBEN VON

M. GEITEL

REGIERUNGSRAT, MITGLIED DES KAISERLICHEN PATENTAMTS

MIT 152 ABBILDUNGEN IM TEXT UND 1 FARBIGEN TAFEL

MÜNCHEN UND LEIPZIG

DRUCK UND VERLAG VON R. OLDENBOURG

1900

VORWORT.

Der Verfasser hat die Veröffentlichung dieses den Abschlufs des Hauptwerkes seines Lebens kennzeichnenden Buches nicht erlebt. Fast unmittelbar, nachdem er die letzte Feile angelegt hatte, rief ihn am 3. Februar 1899 der Tod aus dem Kreise seiner zahlreichen Freunde nach einem arbeitsvollen, mit Erfolgen reich gesegneten Leben ab.

Wenn jetzt die Kriegs- und die Handels-Flotte des Deutschen Reiches zu den mächtigsten der Erde zählen, so geziemt es sich, im Sinne des Autors dieses Werkes dankbar desjenigen Mannes zu gedenken, der mit weitausschauendem Blick schon vor mehr als einem halben Jahrhundert auf dem Gebiete des die Schiffahrt sichernden Leuchtfeuerwesens bahnbrechend vorging. Es ist dies kein Geringerer als der zielbewufste, thatkräftige Schöpfer und Begründer des preufsischen Gewerbfleifses,

PETER CHRISTIAN WILHELM BEUTH.

Durch ihn wurde LUDWIG ALEXANDER VEITMEYER am Anfang der vierziger Jahre des nun vollendeten Jahrhunderts zum Studium des schon damals hoch entwickelten englischen und französischen Leuchtfeuerwesens entsandt, und seiner Anregung verdankt die deutsche Küstenbefeuerung den Aufschwung, den sie genommen hat. Dem Verfasser dieses Buches aber war es beschieden, fast ein halbes Jahrhundert hindurch an hervorragender Stelle bei dem Ausbau der deutschen Seefeuer erfolgreichst thätig zu sein.

Mit der Sichtung des Nachlasses betraut, fand ich das Manuskript vor. Ich übergebe dasselbe hiermit der Öffentlichkeit als ein Denkmal der Pietät gegen den Onkel, den väterlichen Freund.

Hieran knüpfe ich den aufrichtigen Wunsch, dafs durch dieses Buch das Interesse an dem für Deutschlands Seemacht so überaus wichtigen Leuchtfeuerwesen in die weitesten Kreise unseres Volkes, dessen Litteratur ein derartiges Werk zur Zeit noch nicht aufweist, getragen werden möge.

Freundlichen Dank aber spreche ich auch an dieser Stelle Herrn Regierungsrat GEITEL in Berlin für die liebevolle Hingabe bei Fertigstellung und Herausgabe des Manuskriptes aus und Herrn General-Konsul VON OLDENBOURG in München für sein freundliches Entgegenkommen und für die dem Buche gegebene gediegene Ausstattung.

BERLIN W., im April 1900.

MARTIN BAHN.

INHALTSVERZEICHNIS.

Die Lichtgeber.

Die Leuchtapparate der Gegenwart.

Anlagen.

VERZEICHNIS DER ABBILDUNGEN.

Inhalt der farbigen Tafel:

Fig. I. Nidingen 1635; Fig. II. Djursten 1765; Fig. III. Neufahrwasser 1758; Fig. IV. Wippfeuer 1560; Fig. V. Isle of May 1635; Fig. VI. Spurn-Point 1776; Fig. VII. Cordouan.

Einleitung.

Ähnliche Worte wie die diesem Buche vorangestellten schrieb Walter Scott in das Fremdenbuch des 1811 von Robert Stevenson vollendeten Leuchtturmes Bell-Rock, des ersten Turmes, welcher mitten im Meere, 11 englische Meilen von dem nächsten Punkte der Küste entfernt, auf einem nur bei Ebbe wenige Stunden vom Wasser entblöfsten Felsenriffe erbaut worden ist. Sie bezeichnen voll und ganz die Aufgabe, welche den Leuchttürmen gestellt ist, und die Art, wie sie dieselbe lösen, durch ihren hellen Lichtschein den Schiffer bei Nacht und Nebel vor Gefahr zu warnen, ihn sicher auf seinem dunklen Wege zu leiten und seinem Ziele, dem Hafen, entgegenzuführen. Dementsprechend ist dem Turme, oder vielmehr seinem Lichte, dem Leuchtfeuer, eine doppelte Aufgabe gestellt. Einmal soll es das nahe Land oder Klippen und Untiefen im Meere dem Schiffer rechtzeitig anzeigen, d. h. so zeitig, dafs er letztere und wenn nöthig, auch das erstere meiden kann; sodann aber soll es sich selbst kennzeichnen, d. h. es soll dem Schiffer sagen, welchen Leuchtturm er in Sicht hat, und dies möglichst rasch, damit, wenn er sein Besteck nicht auf dem Laufenden hat erhalten können, er erkennt, wo er sich befindet. Erst durch die gleichzeitige Lösung dieser beiden Aufgaben erfüllt ein Leuchtfeuer seine Aufgabe voll und ganz, den Schiffer zu warnen und zu führen. Es wäre daher das beste, dafs jedes Leuchtfeuer in einem wechselnden Lichte nach einem bestimmten System seinen Namen schriebe, eine Aufgabe, die noch der Zukunft angehört, deren Lösung wir uns aber nähern. — Bis dies geschehen ist, bleibt uns zur Unterscheidung der einzelnen und besonders der sich benachbarten Türme als einziges Mittel, ihre Lichterscheinung verschieden zu gestalten: in fester, stets sich gleichbleibender oder in mannigfach wechselnder, aber in bestimmten Zeitabschnitten, Perioden, stets gleich wiederkehrender Erscheinung, die Charakteristik des Feuers genannt.

Dafs ein Leuchtfeuer so beschaffen sein mufs, dafs es mit anderem Licht auf Land oder auf See, den Schiffslichtern, nicht verwechselt werden kann, ist selbstverständlich. Diese Aufgabe der Leuchtfeuer ist oft verkannt und mehr oder weniger übersehen worden, und bei der in neuester Zeit in Geschwindigkeit und Zahl der Schiffe rasch und immer rascher sich entwickelnden Dampfschiffahrt treten die oben aufgestellten Forderungen immer gebieterischer auf.

Bis in das letzte Jahrzehnt des achtzehnten Jahrhunderts kannte man die letztere Anforderung, die Feuer durch ihren Lichtschein zu individualisieren, überhaupt nicht. Man glaubte schon viel gethan zu haben, wenn man einen viel benutzten Hafen oder einen in einer Hauptfahrt liegenden gefährlichen Küstenpunkt mit einem Feuer versah. So bezeichnete das erste Leuchtfeuer, von dem wir historische Nachrichten besitzen, der Pharos, den Hafen von Alexandrien. Dieser Turm ist um 300 v. Chr. erbaut worden und gehörte seiner aufsergewöhnlichen Abmessungen wegen zu den sieben Wundern der alten Welt. Ob er aber von Hause aus bestimmt war, ein Leuchtfeuer zu tragen, ist, wie wir sehen werden, sehr zweifelhaft. Erst mit dem ersten Jahrhundert erhalten wir hierüber bestimmte Nachricht, und erst von dieser Zeit ab treten ihm andere Feuertürme zur Seite; doch sind nur von 18 antiken Leuchttürmen sichere Nachrichten auf uns gekommen.

Alle alten Feuer waren feste Feuer, d. h. Feuer, deren Licht andauernd und in gleicher Weise sichtbar blieb, nicht zeitweise sich veränderte oder gar verschwand. Dies war sehr natürlich, denn als einziges und alleiniges lichtgebendes Material für die Leuchtfeuer diente im Altertum das Holz; die verhältnismäfsig wenigen antiken Leuchttürme zeigten die Flammen eines mehr oder weniger offenen Feuers aus harzigem Holz. In der Völkerwanderung gingen fast alle antiken Feuer ein, nur der Pharos erhielt sich bis in das Mittelalter, und wie er der erste Feuerturm gewesen war, rettete er die Idee der Leuchtfeuer in eine neue Zeit hinüber. Im 12. Jahrhundert n. Chr. erscheint das erste neue Leuchtfeuer, und zwar auf der kleinen Felseninsel Meloria bei Livorno, 1157/58, doch wissen wir nicht, welcher Art seine erste Befeuerung war. Holz behauptete sich als Befeuerungsmaterial noch Jahrhunderte lang, bis die Steinkohle es verdrängte. Genau ist die Zeit des ersten Auftretens der Steinkohle nicht anzugeben; im 16. Jahrhundert kommt sie wohl in Gebrauch, doch wohl nur an Orten, an denen sie leicht zu beschaffen war. Erst im 17. Jahrhundert kommt sie zu allgemeinerer Anwendung und in den Handel, doch erhielt sich das Holz an einzelnen Punkten bis tief in das 18. Jahrhundert hinein, so selbst auf den wichtigen Türmen von Cordouan und Chassiron (Frankreich). Öllampen mit Saugdochten nach Art der antiken Lampen traten nur vereinzelt auf, doch gaben sie keine guten, ja nur geringe Resultate, geringere als Holz und Steinkohlen, selbst nachdem sie mit muschelförmigen Scheinwerfern versehen waren. Auch erforderten sie als Schutz gegen die Witterung verglaste Laternen.

Lichte, Wachs- oder Unschlittkerzen[1]) leiten die Befeuerung fast überall ein, wenn auch nur als kleine Hafenfeuer von wenigen Kerzen, in kleineren oder gröfseren Laternen zum Aufhissen bestehend, so an den deutschen Küsten in Neuwerk—Travemünde—Warnemünde—Weichselmünde u. a. m., wie auch an englischen Küstenpunkten und französischen Häfen. Von 1650 an werden dieselben in Deutschland von der Steinkohle verdrängt, wenn auch einzelne Feuerstellen die Kerzen noch lange, ja bis in dieses Jahrhundert hinein, beibehielten, so z. B. Eddystone, das noch bis 1807 nur 24 Unschlittkerzen ohne jedes optische Hilfsmittel frei brannte. Auch die Steinkohlen haben sich an manchen Stellen, so in Schweden und Norwegen, bis tief in das neunzehnte Jahrhundert hinein gehalten.

Erst mit der Argandschen Erfindung, der Lampe mit doppeltem Luftzug und Glascylinder (Zugrohr), 1785, kam die Öllampe, Rüböl brennend, zu Ehren. 1791 wurde sie dann durch die

[1]) Wachskerzen sind erst seit etwa 300 n. Chr. bekannt; Unschlittkerzen erst seit etwa 1200.

Verbindung mit dem parabolischen Reflektor zum wirksamen Befeuerungsmittel der Türme, indem statt des ungewissen Scheines der früheren Feuer das Kernlicht eines zusammengefafsten Strahlenbündels auftrat. Nun beginnt erst, Ende des achtzehnten Jahrhunderts, die eigentliche Entwickelung der Leuchtfeuer und die Charakterisierung oder Individualisierung derselben. Anfangs der siebziger Jahre des neunzehnten Jahrhunderts wurde das Rüböl von dem Mineralöl verdrängt.

Erst in der neuesten Zeit treten Gas und elektrisches Licht immer mehr als Lichtgeber für die Leuchtfeuer auf.

Dafs mit den offenen Holz- und Steinkohlen-Feuern nur feste Feuer hergestellt werden konnten, ist selbstverständlich, und auch die Kerzen- und Lampenfeuer boten zunächst keine andere Charakteristik. Dennoch wurde schon früh der Versuch, eine individuelle Unterscheidung zwischen benachbarten Feuern einzuführen, gemacht, wie solche oben als der Aufgabe der Leuchtfeuer entsprechend bezeichnet wurde. North-Shields in England soll 1536 zwei Laternen mit Lichten auf verschieden hohen Pfählen, also ein Zwillingsfeuer, unterhalten haben. Doch erst mit der Einführung der Steinkohlen gewann dies gröfsere Bedeutung. Schweden wandelte das schon im 13. Jahrhundert zu Nidingen errichtete Feuer 1635 in ein solches Zwillingsfeuer um. Es waren dies die ersten Schritte auf einer neuen Bahn, die bald Nachfolger fanden. 1675 erhielt Spurn-Point das erste englische, 1680 Chassiron das erste französische Doppelfeuer.

In gleicher Weise danken wir Schweden, die Charakteristik der Feuer durch wechselnde Lichterscheinung eingeleitet zu haben, obgleich hier das Beabsichtigte ursprünglich ein anderes war. Auf dem 1687 zu Orskär errichteten Turm sollte 1768 das dort vorhandene Ölfeuer verstärkt werden. Man wandte 4 Stück über 2 Ellen grofse flache Scheinwerfer an, vor deren jedem 6 Lampen mit Flachdochten brannten, und richtete alle 4 Scheinwerfer mit ihren 24 Lampen parallel nach derselben Stelle des Horizonts. Da jedoch dieser ringsum beleuchtet werden mufste, war man gezwungen, die 4 Spiegel mit ihren Lampen durch ein Uhrwerk zu drehen, so dafs der Schein allmählich über den ganzen Horizont hinstrich, und jeder Punkt desselben in bestimmten Zeitabschnitten wechselnd Licht und Schatten erhielt. Somit entstand das erste Dreh- oder Blickfeuer, freilich mit sehr langen Lichtpausen. Aber das Eis war gebrochen, und sobald mit den Argandschen Lampen und parabolischen Reflektoren die vollkommeneren Hilfsmittel geboten waren, wurden auch die Blickfeuer und andere Drehfeuer rasch ausgebildet und verbreitet. 1791 erhielt der Leuchtturm auf Cordouan den ersten derartigen neuen Apparat, das erste regelrechte Blickfeuer. Ihm folgten alsbald zahlreiche andere Leuchttürme, und heute sind die Küsten des Weltmeeres umsäumt von einer endlosen Kette helleuchtender, in ihren Charakteristiken sich scharf unterscheidender Feuerzeichen.

Die Leuchtfeuer der antiken Welt.

Die Feuersignale und die Feuertelegraphie.

Schon die Einleitung zeigt, wie langsam sich die Leuchtfeuer entwickelt haben. War doch die Schiffahrt der Alten — Griechen und Römer — ausschliefslich Küstenfahrt und zwar meist langsame Tagesfahrt[1]), die der Leuchtfeuer entbehren konnte und mit sehr wenigen Ausnahmen sich auf das Mittelmeer und das Schwarze Meer beschränkte. Eine solche blieb die Schiffahrt auch während der ersten Jahrhunderte des Mittelalters. Erst mit der Erfindung des

[1]) Siehe A. Breusing: Die Nautik der Alten, Bremen, 1886 (Auszug in Anlage XXIX); Lucan (Anlage XI) sagt: dafs Cäsar erst in der siebenten Nacht nach seiner Abfahrt von Troja das Feuer des Leuchtturmes zu Alexandrien, des Pharos, erblickte, obschon während der ganzen Fahrt »ein günstiger Wind ihre Segel geschwellt hatte.« Da der nächste Weg zwischen den griechischen Inseln hindurch etwa 140 geographische Meilen beträgt, so würde dies bei Tag- und Nachtfahrt nur 5/6 geographische Meilen per Stunde oder $3^1/_3$ Knoten betragen, eine Fahrt, die »bei günstigem Winde« selbst für die antiken Schiffe eine viel zu geringe ist. Mindestens ist das Doppelte anzunehmen und damit alleinige Tagesfahrt. Ein anderes schlagendes Beispiel der Küstenfahrt der Alten ist uns in der Reise des Apostel Paulus von Caesarea nach Rom erhalten, welche Breusing a. a. O. eingehend bearbeitet hat; dieselbe folgt der syrischen und kleinasiatischen Küste und geht dann von Insel zu Insel.

Ebenso führt Leger (Les travaux publics des Romains, Seite 516) an, dafs nach Herodot die Ruderschiffe der Griechen etwa 700 kleine Stadien im Tage zurücklegten, also ungefähr 70 Seemeilen, und dafs andererseits die griechischen Geographen die Fahrt von Karthago bis zu den Säulen des Herkules, 1400 km, bei günstigem Verlauf zu sieben Tagen rechneten. Beide Angaben dürften nur bei Tagesfahrt zutreffend sein, wenn auch bei einer solchen von mehr als 12 Stunden.

Die erstere Angabe ergibt für 12 Arbeitsstunden der Ruderer $5^5/_6$ Knoten Fahrt; eine für die vielrudrigen Schiffe der Alten gewifs nicht hohe Leistung. Bei Wind dürfte dieselbe für die kleinen und wenigen Segel der Alten sich nicht bedeutend erhöht haben, so dafs diese Angabe nicht schlecht mit der obigen Fahrt des Cäsar stimmt, die für 12 Arbeitsstunden auf $6^2/_3$ Knoten kam.

Ähnlich stellt sich die Fahrt von Karthago bis zu den Säulen des Herkules, die etwa 1400 km beträgt. Bei 7 Tagen Fahrt kämen 200 km = 108 Seemeilen auf den Tag bei günstiger Fahrt, also bei günstigem Winde. Für 12 Arbeitsstunden der Ruderer ergeben sich hier bei einer als günstig bezeichneten Fahrt, also einer aufsergewöhnlich schnellen, 9 Knoten.

Aus diesen Zahlen geht wohl mit Sicherheit hervor, dafs die antike Schiffahrt mit wenigen Ausnahmen Küsten- und Tagesfahrt war. Auch hätte man den Ruderknechten kaum mehr als 12 Stunden wirklicher Arbeitszeit auferlegen können.

Wirkliche Nachtfahrten, d. h. solche, welche die ganze Nacht hindurch andauerten, sind als ausnahmsweise zu betrachten und strebten dem schon nahen Hafen zu, so die oben erwähnte Fahrt des Cäsar.

Kompasses, 1300 n. Chr., entwickelte sich die eigentliche Seefahrt. Kein Wunder deshalb, dafs in den römischen Schriftstellern bis Ende der Kaiserzeit kaum 18 Leuchttürme nur erwähnt, jedoch nicht beschrieben werden. Aber auch diese sind alle dahingesunken, und nur zwei Ruinen und dürftige Nachrichten und noch dürftigere Abbildungen haben sich erhalten.

Die Verwendung des Lichtes in Form von Feuern und Fackeln zum Geben von Zeichen, die eine bestimmte verabredete Bedeutung hatten, ist so alt wie die Geschichte; bei allen Völkern, wilden wie zivilisierten, war und ist sie in Gebrauch und hat sich bis in die neueste Zeit erhalten. Nach der Erzählung der Bibel diente bei Tage der von der Bundeslade aufsteigende Rauch und bei Nacht deren Flammenzeichen dem Volkszuge der Israeliten durch die Wüste als Wegweiser (1500 v. Chr.); die Zerstörung Trojas läfst Äschylos in seinem »Agamemnon« (zuerst aufgeführt i. J. 458 v. Chr.) durch Feuerzeichen nach Argos melden, Vers 1 bis 25 und 281 u. f. Er gibt sogar die Zwischenstationen an, nämlich: von Ida (Troja) nach der Insel Lemnos—Berg Athos—Warte Makistos auf Euböa—Messapion in Böotien—Berg Kithäron—Berg Ägiplanktos in Megaris—Berg Arachnäon (bei Mykene). Dieses Signal sah der Wächter auf dem Dache des Palastes des Agamemnon.[1])

Ich habe diese Feuerkette ausführlich angeführt, um zu zeigen, wie ausgebildet zur Zeit des Äschylos die Feuertelegraphie war. Zahlreiche weitere Beispiele aus alter und neuer Zeit könnten angezogen werden.

Auf den Shetland-Inseln sollen Feuerzeichen noch heute in Gebrauch sein, um das Annahen eines Schwarmes Delphine den zerstreut wohnenden Fischern anzuzeigen. Ja, bei weltgeschichtlichen Begebenheiten sind Feuersignale noch anfangs dieses Jahrhunderts gebraucht worden.

So sandte Metternich 1813 die Anzeige von dem Beginn des Krieges österreichischerseits und den Befehl, die verabredeten Operationen nun auszuführen, durch Feuerzeichen von Prag aus an die verschiedenen Truppenkörper. Er schreibt in seinen nachgelassenen Papieren[2]): »Den Pafs des französischen Gesandten und das Kriegsmanifest des Kaisers liefs ich mit dem Schlage der Mitternachtsstunde des 10. zum 11. August 1813 vom Stapel laufen, dann die von Prag bis an die schlesische Grenze in Bereitschaft gehaltenen Feuersignale anzünden.«

Wenn solche Feuerzeichen dazu dienten, bestimmte verabredete Mitteilungen auf weiteste Entfernungen zu machen, so war der Gebrauch der Fackeln andererseits schon bei Griechen und Persern zu einer förmlichen Telegraphie ausgebildet. Aristoteles und Herodot geben an, dafs schon die Perser zur Zeit ihres Einfalles in Griechenland die Kunst besafsen, jede beliebige Nachricht durch Feuerzeichen auf weite Entfernungen hin mitzuteilen; so sandte z. B. Mardonius die Nachricht von dem Einlaufen der persischen Flotte in die peloponnesischen Gewässer durch Feuersignale nach Susa; Thucydides in seinem »peloponnesischen Kriege«, sowie Polybius erwähnen einer systematisch organisierten Fackeltelegraphie. Sowohl die Zahl als die Stellung der Fackeln zu einander, sowie ob sie bewegt wurden oder fest standen, war dabei mafsgebend. Auf solche Weise sollen lange komplizierte Berichte genau übermittelt worden sein, so z. B. im

[1]) Die Beleuchtung im Altertum; Beiträge von Miller, Programm der Kgl. Studienanstalt Aschaffenburg 1884/85 (Würzburg 1885).

[2]) Pfister, Aus dem Lager des Rheinbundes. 1897, Seite 312.

peloponnesischen Kriege nach Thucydides die Ansegelung einer feindlichen Flotte und die Zahl und Gröſse ihrer Schiffe. Auch waren nach Polyaen mit bestimmten Sätzen versehene Tafeln vorhanden, und in einem einleitenden Zeichen wurde durch die Zahl der Fackeln angegeben, welche Tafel und welcher Teil derselben sprechen sollte u. a. m.[1])

Ich habe diese Anwendung des Lichtes kurz angeführt, um zu zeigen, wie fein ausgebildet dieselbe war, und daſs die griechischen Schriftsteller ihrer häufig gedenken. Wenn dieselben dagegen nie und nirgends, auch Herodot nicht, etwas, auch nur das Geringste, von für die Schiffahrt bestimmten Leuchtfeuern erwähnen, so darf wohl angenommen werden, daſs solche zu ihrer Zeit nicht vorhanden waren. Alle Erwähnungen von Leuchttürmen und Leuchtfeuern, welche uns in Schriftstellern der alten Welt erhalten sind, stammen aus der römischen Kaiserzeit, die am weitest zurückgehenden aus der ersten Hälfte des ersten Jahrhunderts n. Chr.; Beschreibungen fehlen jedoch gänzlich.

Dennoch hat es nicht an Bestrebungen gefehlt, Leuchtfeuer als schon im frühesten Altertum vorhanden nachweisen zu wollen. Ist ein Engländer doch so weit gegangen, in den Cyklopen der Odyssee »Feuerwärter« zu erblicken; während ein anderer in der Mythe des Kampfes des Apollo mit den Cyklopen das Erlöschen der mächtigen Leuchtfeuer beim Aufgang der Sonne hat erkennen wollen!

Sogar auch in der Odyssee (die Entstehung der Gesänge Homers wird um 950 v. Chr. gesetzt) findet sich nicht die geringste Andeutung oder ein Hinweis auf eine nur ähnliche Einrichtung, und gerade sie, die ausschlieſslich am und auf dem Meere sich abspielt, hätte doch dazu die beste Gelegenheit geboten. Vornehmlich bei den Phäaken, dem Schiffervolk, deren Hafen und auf die Schiffahrt bezüglichen Vorratshäuser erwähnt werden, wäre sicher eine so hervorragende Einrichtung, wie ein regelmäſsig unterhaltenes Leuchtfeuer, nicht vergessen worden; sind doch die fackeltragenden Jünglingsstatuen im Palast des Alkinoos bewundernd beschrieben. Nur eine Stelle findet sich in der Odyssee, welche auf ein Leuchtfeuer gedeutet werden könnte, nämlich im X. Gesang, Vers 28 u. f. (siehe Anlage II). Es ist dort von einem bei Nachtzeit unterhaltenem Feuer die Rede, welches Odysseus erblickt, als er sich, durch Äolus' Hilfe, Ithaka naht. Dieses Feuer aber für ein regelmäſsig zu Nutz der Schiffahrt unterhaltenes anzusprechen, dazu fehlt jede Berechtigung. Abgesehen davon, daſs das gebrauchte Wort der »Feuerunterhaltenden«, nirgends sonst im Homer vorkommt, handelt es sich entschieden nur um ein Feuer, wie wir es auch später in der Odyssee in der Hütte des Eumäos wiederfinden: »zur Bereitung der Abendkost und zur Erwärmung der Schlafenden bei Nacht.« Diese Stelle wird zwar von späteren englischen Schriftstellern, besonders von den betreffenden Fachschriftstellern, nicht mehr als ein antikes Leuchtfeuer angesprochen; ich habe sie aber erwähnen zu müssen geglaubt, weil sie mit der im folgenden zu besprechenden als identisch zu bezeichnen ist und zur Beurteilung dieser letzteren mit dient.

Diese andere Stelle, aus der man das Vorhandensein von Leuchtfeuern im frühesten Altertum abgeleitet hat, findet sich in der Ilias; sie ist auch mehrfach im Ernst angezogen worden, um Vorgänger für das in der Einleitung genannte Feuer in Alexandrien zu schaffen, dessen unvermitteltes Auftreten in Verbindung mit einem ganz auſsergewöhnlichen mächtigen Bauwerke man

---

[1]) Poppe, Übersicht der Erfindungen und Entdeckungen. Frankfurt a./M. 1857.

nicht zu deuten wufste. Jene Stelle der Iliade XIX. 375 (siehe Anlage III) erzählt, wie Achilleus sich mit den neuen ihm vom Vulkan geschmiedeten Waffen wappnet. Da wird von dem Schilde gesagt: er habe geleuchtet wie der Vollmond und Glanz ausgesendet, der verglichen wird mit einem Feuer, das vom Sturm verschlagene Schiffahrer an einem Berge erblicken. Die wörtliche Übersetzung lautet:

»Wie aber, wenn auf hohem Meere Schiffern erscheint der Glanz von einem angezündeten Feuer, das hoch auf den Bergen entzündet wird, im einsamen Gehöfte; jene aber führen wider ihren Wunsch Stürme hinweg über das fischreiche Meer, fern von den Freunden: So drang von dem schönen kunstreichen Schilde des Achilleus der Glanz zum Äther.«

Der unbefangene Leser dieser Zeilen wird in dem Feuer, das in einem »einsamen Gehöft« brennt, wohl ausnahmslos an ein Feuer denken, welches Hirten zur Nacht sich anzuzünden pflegen, und das, wenn dies auf Bergen geschieht, weithin sichtbar ist und wie ein Stern in die Nacht hinaus leuchtet, so über das Meer, wenn jene Berge an der Küste liegen, wie das griechische Lager, in welchem jene Handlung spielt. Die Situation der Schiffer ist dieselbe

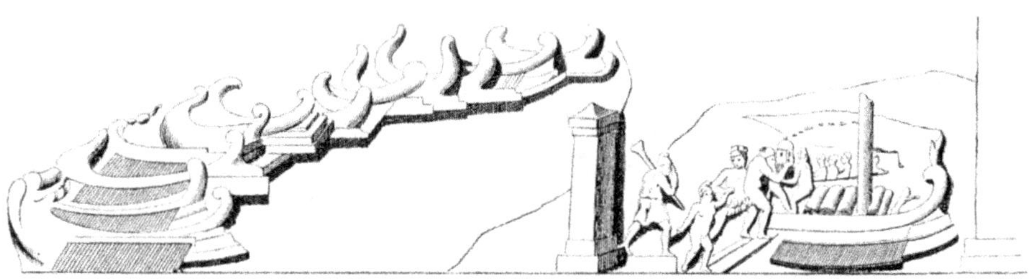

Fig. 1. Aus der Ilias-Tafel. (Nach les travaux publics de la France.)

wie die im vorstehenden aus der Odyssee angeführte; der Heimat nahe Schiffer werden wider ihren Willen von Stürmen entführt, als sie schon das Feuer dort erblicken. Das einsame Gehöft am Berghange entspricht dem des Eumäos, der auf dem Korax-Felsen wohnt; Odyssee XIII. 408. Hätte Homer, der in all seinen Vergleichen und Gleichnissen so klar und bestimmt ist, von einem Leuchtfeuer nach unseren Begriffen sprechen wollen, er wäre sicherlich vom Feuer selbst ausgegangen und hätte diesen seinen Zweck und seine dementsprechende aufsergewöhnliche Leuchtkraft, welche über die des vorher genannten Vollmondes gesetzt wird, hervorgehoben. Auch erblicken die Schiffer das Feuer nicht auf regelrechter Fahrt als ein Leit- oder Hafenfeuer, sondern sie sind wider ihren Willen »durch die Gewalt des Sturmes von den Freunden hinweggetragen«, und das Feuer ist ihnen das letzte Zeichen des Gestades, das sie widerwillig verlassen mufsten, nicht ein Begleiter auf ihrer Fahrt oder der erste Grufs der Heimat. »Ein Leuchtfeuer« würde auch nicht »in einem Gehöft« entzündet worden sein. Damals hätte zu demselben nur Holz verwendet werden können; es hätte ein grofses Feuer sein müssen, möglichst frei, um im weiten Umkreise sichtbar zu sein. Wie sollte ein solches Feuer in einem Gehöft, einer Hürde angeordnet worden sein!? Bedenkt man ferner, dafs zur Zeit Homers, die Schiffahrt wenig entwickelt und nur Küstenfahrt war, auch nachts ganz ruhte, also gar kein Bedürfnis für Leuchtfeuer vorhanden war, so mufs die Auslegung obiger Stelle als ein Beweis von damals vorhandenen, regelrecht unterhaltenen Leuchtfeuern entschieden zurückgewiesen werden.

Noch hinfälliger steht es mit einem anderen Beweismittel für die angegebene Behauptung. Es befindet sich in Rom ein Relief, das aus der Zeit der ersten römischen Kaiser stammt, im siebzehnten Jahrhundert aufgefunden wurde und die Ilias-Tafel genannt wird. Es stellt die Zerstörung von Troja nach den Schilderungen der sogenannten Kleinen Iliade des Lesches dar. Unter den einzelnen nicht zusammenhängenden Bildern finden sich auch die griechische Flotte vor Troja und die Einschiffung des flüchtenden Äneas nach der Zerstörung der Stadt, sowie unmittelbar darüber, von Menschen umgeben, Grabmonumente. Lesches lebte gegen 672 v. Chr., und sein Werk ist nur in wenigen Bruchstücken auf uns gekommen. Die Figuren 1 und 2 geben den hier in Frage kommenden Teil der Ilias-Tafel wieder und zwar Fig. 1 in beschränktem Maſse und im jetzigen Zustande nach les travaux publics de la France, Band V; Fig. 2 dagegen zeigt einen gröſseren Teil der Tafel und zwar ergänzt nach Otto Jahn, Griechische Bilderchroniken, Bonn 1873.

Auf beiden befindet sich unten, links von der Einschiffung des Äneas ein Pfeiler, etwa $1^1/_2$ mal so hoch als die Menschen daneben. Dieser Pfeiler ist ebenfalls als Leuchtturm angesprochen und als »Turm«, tour, bezeichnet worden. Sieht man von seiner Gröſse ab, die dem Bilde ja angepaſst sein könnte, so wird wohl kein Denkender in diesem flachkonisch abgedeckten Pfeiler einen Turm oder gar einen Leuchtturm erblicken. Höchstens würde er als Tagesmarke (Landmarke) anzusprechen sein, welche den Landungsplatz

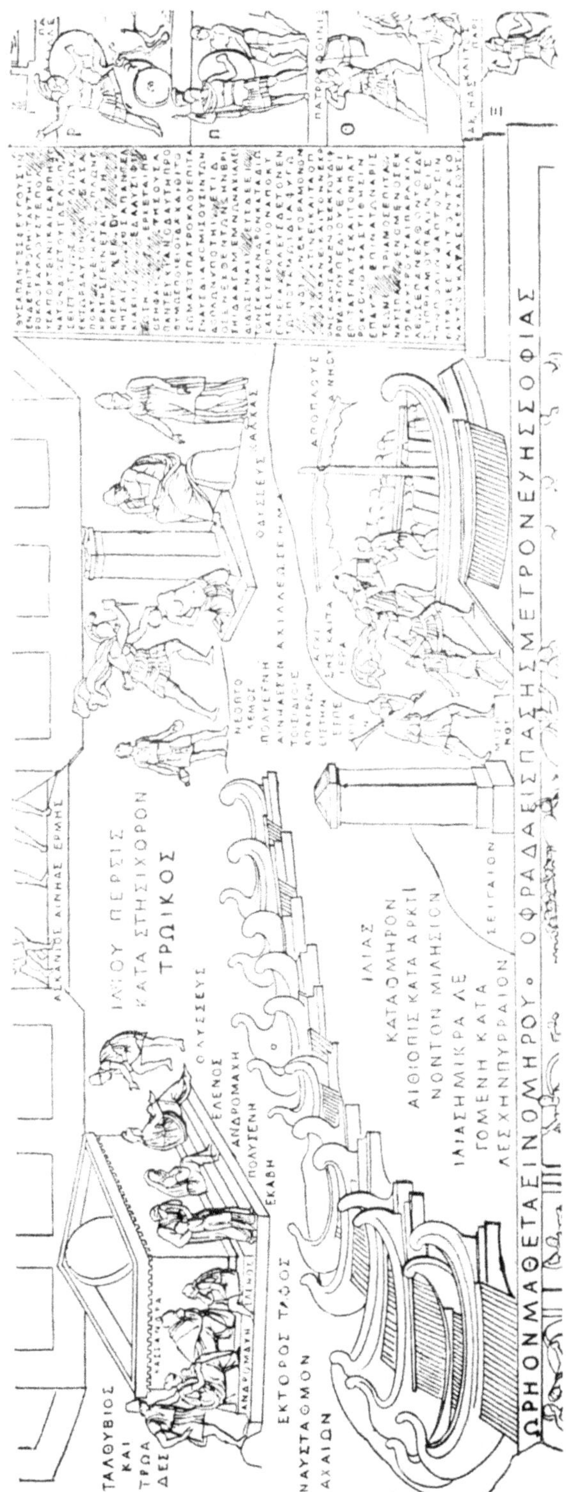

Fig. 2. Aus der Ilias-Tafel. (Nach Otto Jahn: Griechische Bilderchroniken.)

für die griechischen Schiffe bezeichnete. Solche Tagesmarken waren im Altertum schon früh üblich, der Tagesfahrt der Schiffahrt entsprechend. Hierzu kommt, dafs ein ähnlicher Pfeiler sich auch sonst noch auf der Tafel findet, wie Fig. 2 zeigt. Jahn bezeichnet a. a. O. diesen zweiten Pfeiler als Wahrzeichen auf dem Grabe des Achilleus, das gegenüberliegende Grabmal als das des Hektor, beides den Inschriften entsprechend (siehe Anlage IV), und spricht auch den unteren Pfeiler bei den in keinem Zusammenhang stehenden Einzelabbildungen als Andeutung des Grabmales des Achilleus an. Seine auf die Inschriften Bezug nehmenden Studien dürften wohl als richtig anzunehmen sein. Wie dem aber auch sei, für einen Leuchtturm auf Kap Sigeum kann die Ilias-Tafel nicht als Beweis gelten.

Ebenso wenig kann meiner Meinung nach daraus ein Beweis für das Vorhandensein von regelrecht unterhaltenen Leuchtfeuern zur Zeit Homers oder Lesches hergeleitet werden, obgleich bei Letzterem sich auch eine Erzählung befunden haben soll, nach welcher Nauplios, aus Rache für die Tötung des Palamedes, durch falsche »Feuerzeichen« (Irrfeuer) einen Teil der Flotte der von Troja heimkehrenden Griechen, welche der lokrische Ajax führte, irre geleitet und ihr den Untergang bereitet haben soll. Diese Erzählung findet sich auch in der 116. Fabel des Hygin; (die betreffende Stelle des Lesches ist nicht auf uns gekommen) auch soll sie von Hero von Alexandrien etwa 200 v. Chr. in den Bildern eines mechanischen Theaters dargestellt worden sein.[1]) Andererseits wird der Tod des genannten Ajax bei den kapharischen Felsen als von einem Blitzstrahl der Athene herbeigeführt erzählt. Beides kennzeichnet die ganze Erzählung als einen Mythus, welcher sich an den Untergang jener Schiffe in einem Gewittersturm knüpft, wie solches mehrfach in der Odyssee vorkommt, und wie solche Mythen den ganzen Trojanischen Krieg umweben. Mögen aber auch zur Zeit des Lesches Irrfeuer hier und da entzündet worden sein, so können diese wohl Schiffer, welche von ihrem Wege verschlagen waren, als Anzeichen menschlicher Wohnungen angelockt haben; aber viel eher hätten doch die Schriftsteller jener Zeit der regelrechten Feuer gedenken müssen als solcher ausnahmsweiser. Aber dergleichen findet sich, wie schon angeführt, bei keinem derselben, und auch von anderen Irrfeuern, als dem genannten, erzählen sie nichts. Ein vorsichtiger Schiffer würde zudem nie auf ein ihm unbekanntes Licht zugesteuert sein. So Odysseus in der oben angeführten Stelle der Odyssee. Nach langer Irrfahrt gelangt er zur Heimat, nachts, und sieht dort ein Feuer; aber so sehnsüchtig er verlangt, den heimischen Boden zu betreten, er fährt nicht auf das Feuer zu, obgleich die Küste ihm doch genau bekannt ist, sondern er will den Tag erwarten und legt sich, von langen Nachtwachen ermüdet, zu Ruhe. — Irrfeuer können nur da ihre böse Absicht erreichen, wo regelrechte Leuchtfeuer unterhalten werden und dem Schiffer bekannt sind; denn sonst kann eben eine Verwechselung nicht stattfinden. Der Rückschlufs von jenem Irrfeuer, wenn es wirklich einem Rachezwecke gedient hätte, auf das Vorhandensein von regelrechten Feuern erscheint völlig ausgeschlossen.

Dies sind die einzigen mir bekannten Beweismittel, welche selbst ernste und hervorragende Männer angezogen haben, um vor Erbauung des Turms zu Alexandrien Leuchtfeuer nachzuweisen. Ein unbefangenes Urteil mufs sie als verfehlt verwerfen. Der genannte Turm bezeichnet bis jetzt den Beginn der Benutzung des Lichtes zur Bezeichnung von Küstenpunkten für die Schiffahrt.

---

[1]) Hero von Alexandrien wird nach den neuesten Forschungen in das erste Jahrhundert nach Christi Geburt gesetzt.

Der Kolofs zu Rhodos.

Ehe ich den Pharos eingehend bespreche, habe ich noch ein Werk zu erwähnen, welches, ungefähr gleichaltrig mit jenem, oft als Leuchtturm angesprochen worden ist, obgleich aus keinem antiken Schriftsteller hierfür ein Beleg beigebracht ist. Es ist der sogenannte Kolofs von Rhodos, eine Statue des Helios aus Erz, in aufsergewöhnlich übergrofsen Abmessungen hergestellt. Er soll 70 Ellen hoch gewesen sein; kleine antike Ellen gerechnet, würde dies 31—32 m ergeben. Chares v. Lindos, der Schüler des Lysippus, soll ihn gebildet haben. 56 Jahre nach seiner Vollendung soll er durch ein Erdbeben umgestürzt und zerstört worden[1]), nach anderen soll er nie zur Aufstellung gekommen sein. Die Kosten sollen 300 Talente, gleich etwa 1 350 000 M. betragen haben. Es wird erzählt, dafs im Jahre 672 n. Chr. das Erz der Trümmer von den Sarazenen für 36 000 £ verkauft worden sei. Erst im 16. resp. 17. Jahrhundert erscheint die Statue, von der bis dahin keine Abbildung vorhanden war, als Leuchtturm; man gab ihr ein Feuerbecken in die erhobene rechte Hand und stellte sie schrittlings über die Hafeneinfahrt, den Schiffen Raum zur Durchfahrt gewährend.

Der Pharos zu Alexandrien.

So bleibt der Pharos zu Alexandrien, erbaut gegen 300 v. Chr., der erste und älteste Turm, von dem wir sichere und beglaubigte Nachricht haben, dafs auf ihm ein Feuer zu Nutz und Frommen der Schiffahrt nachts regelmäfsig unterhalten wurde. Er stand am Eingange des grofsen Hafens der genannten Stadt auf der Felseninsel Pharos, von der er selbst seinen Namen erhielt, welcher später in das Lateinische als Bezeichnung für Leuchttürme überhaupt überging; alle lateinischen Sprachen haben dann diese Bezeichnung übernommen.

Leider aber besitzen wir von diesem gewaltigen Bauwerk, einem der 7 Wunder der alten Welt, weder eine eingehende Beschreibung noch Abbildung. Erst in den römischen Schriftstellern der Kaiserzeit finden sich einzelne gelegentliche Bemerkungen und Angaben, die dasselbe betreffen, und nur wenige Medaillen sind auf uns gekommen, auf welchen es mehr angedeutet als dargestellt ist. Eingehendere Berichte finden sich einzig und allein bei den arabischen geographischen Schriftstellern: Edrisi, der 1099 bis 1164 lebte, Albufeda, 1273 bis 1331, und Ibn Batuta, welch letzterer 1349 den Pharos als Ruine wiederfand, während der erstere den Turm noch erhalten und das Leuchtfeuer noch in Betrieb fand. Ob dieses noch brannte, als Albufeda Alexandria zum erstenmal besuchte, ist nicht wahrscheinlich, denn seiner Beschreibung nach fand der Eingang zum Turm nur durch eine, noch dazu hoch gelegene Zugbrücke statt, er war also befestigt; der Turm diente zu seiner Zeit wahrscheinlich nur noch als Kastell (siehe Anlage XXIV).

Auch in den Jüdischen Geschichten des Josephus finden sich einige wichtige Angaben den Pharos betreffend. Ehe ich jedoch nach diesen dürftigen Angaben diesen ersten geschichtlichen Feuerturm bespreche, mufs ich auf die schon oben berührte Frage eingehen, ob denn der Pharos sogleich bei seiner Erbauung, um 300 v. Chr., zum Feuerturm bestimmt war oder erst später ein Leuchtfeuer erhielt?

---

[1]) Siehe Ersch & Gruber, Allgemeine Encyklopaedie der Wissenschaften und Künste.

Zunächst spricht gegen ersteres der Umstand, daſs bis in die erste Hälfte des ersten Jahrhunderts von keinem griechischen Schriftsteller das Feuer auf dem Pharos erwähnt wird. Ebenso auffallend ist es, daſs 300 Jahre hindurch eine solche für die Schiffahrt so wesentliche Neuerung an keiner Stelle, an keinem Orte eine Nachfolge gefunden haben sollte. Ja, noch mehr: die griechische Sprache hat keine Bezeichnung — kein Wort — für »Leuchtfeuer« oder »Leuchtturm«! Auch die Römer finden kein solches in ihrer Sprache und sprechen von den von ihnen erbauten Leuchttürmen zuerst von »nach Art des Pharos« errichteten Türmen, bis allmählich im zweiten Jahrundert das Wort Pharus allgemein als Bezeichnung für Leuchttürme auftritt.

Mir scheint daher die Vermutung nicht abzuweisen zu sein, daſs der Pharos bei seiner Erbauung gar nicht zum Feuerturm bestimmt gewesen ist, sondern nur zum Kastell und zum Tageszeichen, Landmarke an der flachen Küste, an der nichts die Stelle der Einfahrt in den Welthafen Alexandria bezeichnete. Daſs solche Landmarken vielfach im Altertum in Gebrauch waren, ist schon oben erwähnt; daſs der Pharos als solche zu erscheinen vor allem bestimmt war, dafür spricht, daſs auf ihm auch bei Tage Feuer unterhalten wurde, damit der aufsteigende Rauch noch über die Sichtweite des Turmes hinaus als Tageszeichen auftrat. Bei keinem Leuchtturm der alten und neuen Zeit ist etwas Ähnliches vorgekommen.

In dieser Beziehung hebt ihn auch Strabo (siehe Anlage VII) hervor. Neben diesem Zweck, der auch der alten Küstenschiffahrt und deren Tagesfahrten entsprochen hätte, mag er neben seiner Hauptbestimmung, als Kastell zu dienen, auch als Ausguck und als günstiger Standpunkt für eine Feuertelegraphie benutzt worden sein. Hieraus mag sich dann erst spät, erst zur Römerzeit, als der Verkehr und damit die Schiffahrt zwischen Italien und Alexandria sich rasch steigernd entwickelte, das nächtliche Leuchtfeuer entwickelt haben. Dies scheint dadurch bestätigt zu werden, daſs die ersten römischen Schriftsteller, welche des Pharos gedenken, Cäsar und Strabo (siehe Anlage VI und VII), nicht des Feuers auf demselben erwähnen, welches ihnen doch vor allem als etwas ihnen Neues und Bedeutsames hätte auffallen müssen. Erst Plinius erwähnt des Feuerzeichens, gegen Mitte des ersten Jahrhunderts n. Chr. (Anlage IX), erwähnt dabei aber zugleich der Leuchtfeuer nun an verschiedenen Orten, z. B. zu Ostia und Ravenna, und sagt von der Insel Pharos, »daſs dort jetzt von dem Turm aus durch nächtliches Feuer der Kurs der Schiffahrt geregelt werde«. Es würde dies auch die sagenhafte Inschrift, die der Pharos getragen haben soll: »Den rettenden Göttern zum Heile der Schiffahrt«, nicht Lügen strafen, denn auch als Landmarke allein hat der Turm der Schiffahrt sehr wesentliche Dienste leisten müssen (siehe Strabo a. a. O.), ganz abgesehen davon, daſs die auſsergewöhnlichen Abmessungen des Bauwerkes, welche ich später bespreche, mehr einer Landmarke und einem Kastell als einem Leuchtturm entsprechen, dessen Sichtweite zunächst durch seine Lichtstärke bedingt ist. Diese aber war auf dem Pharos gering, denn er hatte nur ein offenes Holzfeuer oder später vielleicht groſse Fackeln. Für diese hätte ein viel weniger hoher Turm genügt, abgesehen davon, daſs die ganze Erzählung von dieser Inschrift mehr als sagenhaft erscheint.

Ich wiederhole: Unter Berücksichtigung aller dieser angeführten Punkte erscheint es mir kaum zweifelhaft, daſs der Pharos ursprünglich als Kastell und Landmarke erbaut wurde, und daſs erst von den Römern in der ersten

Hälfte des ersten Jahrhunderts n. Chr. das Feuer auf ihm entflammt, und so der erste Leuchtturm geschaffen wurde.

Unter der Regierung von Ptolemäos Soter (323 bis 283 v. Chr.) ist der Bau des Turmes wahrscheinlich begonnen, also ungefähr 300 v. Chr., und unter Ptolemäos Philadelphus vollendet worden. Er soll gegen 800 Talente gekostet haben, nach heutigem Gelde 3600000 bis 3768000 M. Als Baumeister wird Sostratos von Knidos genannt. Die Weiheschrift am Turm soll nach der einen Überlieferung mit Erlaubnis der genannten Könige den Namen des Baumeisters von Anfang an gezeigt haben. Nach anderen soll dies nicht der Fall gewesen sein, sondern die Namen der genannten Könige seien vorgeschrieben gewesen. Da brachte dann der schlaue Baumeister diese in einen Cementputz des Mauerwerkes eingegraben an; letzterer aber soll so hergestellt gewesen sein, dafs er allmählich verwitterte, worauf dann eine unter ihr in den Stein eingehauene Inschrift hervortrat, welche lautete: »Sostratos, Sohn des Dexiphanes, aus Knidos, den rettenden Göttern zum Heile der Schiffer«.

So sagenhaft wie diese Erzählung sind andere, die sich an den Turm und sein Licht knüpfen und teils aus älterer Zeit, teils von den Arabern stammen.[1]) Ich übergehe alle diese Märchen, um das wenige historisch begründete, welches auf uns gekommen ist, zusammenzustellen und zu besprechen.

Von dem gewaltigen Bauwerk selbst ist, so wunderbar es erscheint, nichts, auch nicht der geringste Trümmerrest, mehr vorhanden. Wohl ragt noch der Felsen, auf dem es stand; er trägt heute ein Kastell, aber nicht die geringste Spur, kein Steinhaufen spricht von dem einstigen Wunder der Welt. Bis in das 14. Jahrhundert haben wir, wie schon angeführt, Nachricht von einem damals noch stehenden Teile; dann schweigen die Berichte. Nur aus dem 16. Jahrhundert findet sich noch bei Pierre Gilles, einem gelehrten französischen Reisenden, bei Gelegenheit der Besprechung des antiken Leuchtturmes auf dem Vorgebirge Panium am Eingange des Bosporus zum Schwarzen Meere, eine Äufserung, die auf seine Trümmerhaufen deutet. Er vergleicht die Aussicht von Panium mit einer, die man bei Alexandrien habe, »von einer Art Panium von Menschenhänden gemacht, einem ähnlichen Hügel«. Augenscheinlich bezieht sich dies auf die Trümmer unseres alten Pharos, denn es findet sich dort in weiter Umgebung keine Erhöhung mit einer Fernsicht. Sicherlich war es der Trümmerhaufen des Pharos, von dem P. Gilles spricht; den Turm selbst, wäre er als solcher noch erkennbar gewesen, würde er sicherlich genannt haben. Aber wann ging der Turm unter? Wir wissen es nicht. Hat Erdbeben ihn zerstört oder so .geschädigt, dafs sein Gebrauch eingestellt wurde und das wertvolle Steinmaterial dann anderweit Verwendung fand, wie einige meinen? Ist der Fels, auf dem er stand, von dem Meere unterwaschen worden, wie eine Äufserung des Josephus (siehe Anlage XXV) es wahrscheinlich macht und wie wir es von dem Turm des Caligula zu Boulogne wissen? Alle diese Fragen harren noch der Lösung.

Wenig mehr als über die Geschichte des Pharos wissen wir über seine Abmessungen und Einrichtung. Was uns über ihn erhalten ist, ist in Anlage XXIII bis XXV zusammengestellt. Die römischen Schriftsteller erwähnen über seine Abmessungen gar nichts. Die

[1]) Die Erzählungen der letzteren erinnern an ganz ähnliche, die sich an die Türme der Alhambra knüpften.

Mitteilungen der arabischen Reisenden stehen in Widerspruch miteinander, und auch des Josephus Angaben lassen sich nicht in Übereinstimmung mit ihnen bringen.

Edrisi, welcher noch den Turm erhalten und in Benutzung als Feuerturm sah, sagt in seinem Reisewerke von 1153 das Folgende (siehe Anlage XXIII): »Die Stadt Alexandrien, von Alexander erbaut, der ihr den Namen gab, ist am Rande des Mittelländischen Meeres gelegen. Man bemerkt hier erstaunliche Spuren und noch bestehende Bauwerke, welche die Autorität und Macht desjenigen, der sie aufgeführt hat, bekunden, sowie seine Voraussicht und seine Kenntnisse. Es befindet sich hier ein Minaret oder vielmehr ein Leuchtturm, der nicht seines Gleichen auf Erden hat, sowohl in Beziehung auf die Struktur als die Solidität; denn aufser dem, was durch das ausgezeichnete Steinmaterial geleistet ist (von der Art, die Kédan genannt wird), sind die Lagen dieser Steine miteinander durch geschmolzenes Blei verbunden, und die Verbindungen sind so zusammenhängend, dafs das Ganze unzerstörbar ist, obgleich die Wogen des Meeres ununterbrochen von der Nordseite gegen das Gebäude schlagen. Die Entfernung, welche den Leuchtturm von der Stadt trennt, ist auf dem Meer 1 Meile, zu Land 3 Meilen; (vergl. auch Anlage X). Seine Höhe ist 300 Ellen von dem Mafse Rechadi, welches 3 Spannen gleichkommt, so dafs sich 100 Klafter für die Höhe ergeben, hiervon 96 bis zur Kuppel und 4 für die Höhe der Kuppel. Vom Boden bis zur mittleren Galerie zählt man genau 70 Klafter und von dieser Galerie bis zum Gipfel 26. Man steigt zu diesem Gipfel auf einer im Innern angelegten Treppe auf, welche die Breite der gewöhnlich in Türmen angelegten hat. Diese Treppe hört gegen die Mitte auf, und dort wird das Gebäude auf allen 4 Seiten enger. Im Innern und unter der Treppe hat man Wohnungen angebracht. Von der Galerie ab bis zu seinem Gipfel zieht sich der Turm immer mehr und mehr zusammen,[1]) so dafs man rings herum gehen kann. Von dieser selben Galerie steigt man weiter auf bis zum Gipfel auf einer Treppe von engeren Abmessungen als die untere. Diese Treppe ist in allen ihren Teilen von Fenstern durchbrochen, um Licht für die aufsteigenden Personen zu schaffen, so dafs sie bequem ihre Füfse setzen können. Dieses Gebäude ist einzig merkwürdig, sowohl wegen seiner Höhe, als wegen seiner Solidität; es ist sehr nützlich, denn man zündet Nacht und Tag daselbst Feuer an, um als Zeichen den Schiffern auf ihren Reisen zu dienen; sie kennen dieses Feuer und richten sich nach ihm, denn es ist auf eine See-Tagesfahrt sichtbar. Während der Nacht erscheint es wie ein Stern, bei Tage erkennt man den Rauch desselben.

Alexandrien ist innen an einem Golfe gelegen und von Ebenen und weiten Wüsten umgeben, wo weder ein Berg noch Gegenstand zur Orientierung sich befindet. Wenn das Feuer, von dem gesprochen wurde, nicht bestände, würde die gröfste Zahl der Schiffe, welche nach diesem Punkte steuern, sich von ihrem Wege verirren. Man nennt dieses Feuer Fanos, und man sagt, dafs derjenige, welcher den Leuchtturm baute, auch die Pyramiden bauen liefs, welche auf der Grenze des Territoriums Fostat liegen, im Westen des Nil. Andere versichern: dafs dieses Bauwerk aus der Zahl derer ist, die Alexander bauen liefs zur Zeit der Gründung von Alexandrien. Gott allein kennt die Wahrheit.«

Aus dieser Beschreibung geht zunächst die Form des Bauwerkes hervor, ein hoher viereckiger Unterbau, der ungefähr $^{7}/_{10}$ der ganzen Höhe einnahm (70 Klafter von 100) und dort

---

[1]) Siehe die Abbildungen des Pharos, sowie des Leuchtturmes von Apamea in den Figuren 3, 4 und 13.

mit einem abschliefsenden Umgang oder Galerie versehen war. Von diesem ab verjüngte sich der Turm bis zu einem zweiten um $^{26}/_{100}$ der Höhe höher liegenden Absatz, auf dem dann die Kuppel ($^{4}/_{100}$ der ganzen Höhe) sich erhob, in der oder auf der das Feuer brannte. Wichtig ist sodann die bestimmte Angabe, dafs das Licht von einem wirklichen Feuer (Holzfeuer) ausging, das Tag und Nacht unterhalten wurde, so dafs am Tage der Rauch den Turm bezeichnete.

Die für die Höhe angegebenen Abmessungen sind sehr fragwürdiger Natur. Schon die abgerundete Zahl 300 Ellen = 100 Klafter zeigt die ungefähre Schätzung. Zudem ist das angegebene Mafssystem Rechadi gänzlich unbekannt. Es scheint eine arabische Spielart der antiken Mafssysteme gewesen zu sein. Aber während in den verschiedenen antiken Mafssystemen das Klafter 4 Ellen hat und die Elle 2 Spannen, also das Klafter 8 Spannen, gibt Edrisi dem Klafter nur 3 Ellen, aber dieser je 3 Spannen, also dem Klafter 9 Spannen. Welche dieser Mafse waren nun in beiden Mafssystemen annähernd gleich: die Klafter, die Spannen oder die Ellen? Ich möchte mich für die Elle entscheiden, da die Spanne als Grundlage eines natürlichen Mafssystems mir zu klein, das Klafter aber zu grofs erscheint. Auch gibt Edrisi zuerst die Zahl der Ellen an. In Anlage XXII habe ich die verschiedenen antiken Längsmafse zusammengestellt und ihre Gröfse in Metern. Von den verschiedenen antiken Ellen möchte ich die phönizische wählen, weil diese mit dem in Metern angegebenen Mafse des Stadiums übereinstimmt. Wird diese zu Grunde gelegt, so ergeben die von Edrisi angegebenen 300 Ellen à 0,44335 m die kolossale Höhe von 133,05 m! Der im Mauerwerk höchste deutsche Leuchtturm, der zu Swinemünde, hat bis zur Lichthöhe 63 m, — St. Stephan in Wien 135,30 m, — der Kölner Dom 160 m. Es mufs daher die Höhe von 133 m für den Pharos als übertriebene Schätzung bezeichnet werden, Sie stimmt auch nicht mit einer anderen Angabe des Edrisi. der die Höhe der grofsen Pyramide zu 400 Ellen angibt. Der Pharos mit 300 Ellen Höhe hätte demnach $^{3}/_{4}$ der Höhe jener. Nun ist die grofse Pyramide 146 m hoch, so dafs hiernach sich für den Turm nur $109^{1}/_{2}$ oder rot. 110 m ergeben würden. Albufeda gibt die Höhe nur zu 180 Ellen an, also unter Zugrundelegung der phönizischen Elle gleich 79,84 oder etwa 80 m. Noch mehr schrumpft die Höhe zusammen, wenn wir die Angaben des Josephus zu Rate ziehen (Anlage XXV). Derselbe sagt bei der genauen Beschreibung des Turmes Phasael zu Jerusalem, dafs dieser in nichts geringer gewesen sei, als der Pharos von Alexandrien. Er bestätigt ferner die Nützlichkeit des Leuchtfeuers für die schwierige dortige Einfahrt und sagt, dafs dasselbe mit Holz und Fackeln von dazu bestellten Dienern unterhalten werde. Die Höhe des Phasael gibt er zu 90 Ellen an, bei 40 Ellen unten im Quadrat. Rechnet man zur Höhe auch noch die 30 Ellen der Stadtmauer, in welcher dieser Turm eingebaut war, so ergibt dies eine Höhe von 120 Ellen = 53,22 m, bei einer Dicke unten von 17,74 m. Selbst wenn man für Judäa die grofse babylonische Elle annimmt, à 0,550 m, ergibt dies 66 m und 22 m. Zu so verschiedenen Zahlen führen die leider uns ohne nähere Erläuterungen übermittelten Angaben.

Das Dunkel wird nicht erhellt, wenn man die Angaben über die Sichtigkeit des Feuers zu Rate zieht. Edrisi macht die ganz unbestimmte Angabe von einer Tagesfahrt;[1]) Josephus gibt 300 Stadien an. Diese wären à 177,4 m gleich 53220 m oder 28,73 Seemeilen. Bedenkt

[1]) Über die ganz abweichenden Gröfsen einer Tagfahrt siehe Breusing, Anlage XXIX.

man, dafs die heutigen festen Feuer mit bestem Fresnelschen Apparat erster Ordnung und sechsdochtiger Mineralöllampe bei mittlerer Luft an den Küsten des Mittelländischen Meeres nur 26 bis 27 Seemeilen sichtbar sind und bei klarer Luft höchstens 47 bis 48 Seemeilen erreichen, so mufs obige Angabe als eine durchschnittliche für ein Holzfeuer entschieden zurückgewiesen werden; dafs aber nur von einem Holzfeuer die Rede sein kann, wird sogleich besprochen werden. Ist das Alexandrinische Feuer wirklich mitunter in der angegebenen Entfernung gesehen worden, so kann dies nur ausnahmsweise geschehen und durch eine Luftspiegelung herbeigeführt worden sein.[1]) Auf die Höhe des Turmes ist hieraus kein Rückschlufs zu ziehen; derselbe hätte, um in solcher Entfernung regelmäfsig sichtbar zu sein, bei 9 bis 10 m Augenhöhe des Beobachters 110 m Höhe, bei 7 bis 8 m Augenhöhe 120 m Höhe haben müssen.[2])

Ich möchte nach dem Vorstehenden die Höhe des Pharos ungefähr den Angaben des Josephus entsprechend annehmen, vielleicht unter Zugrundelegung der grofsen Elle als Mafseinheit in Judäa zu seiner Zeit, also zu ungefähr 70 m, was auch mit den Angaben des Albufeda annähernd stimmt. Es mufs dies immerhin als eine sehr beträchtliche Höhe bezeichnet werden für eine Zeit, die sonstige hohe Turmbauten nicht kannte. Der Leuchtturm, den Caligula zu Boulogne baute (siehe Seite 24), hatte nach den auf uns gekommenen sicheren Angaben eine Höhe von ungefähr 192 altfranzösischen Fufsen gleich 62,3 m.

Es bleibt nun aber für die Beurteilung der Abmessungen des Pharos noch eine andere Erwägung. Oben ist bereits dargelegt worden, dafs der Pharos ursprünglich nicht zum Feuerturm bestimmt, sondern als Kastell und Landmarke erbaut war. Für ersteres erscheint allerdings die untere Abmessung von 17 bis 18 m im Quadrat gering, und damit auch die oben gefundene Höhe. Letztere konnte für eine Landmarke nicht hoch genug sein. Zieht man zudem das Bestreben der Zeit, in welcher der Turm erbaut wurde, in Betracht, nämlich die Bauwerke aller Art in sonst ganz ungewöhnlichen Abmessungen auszuführen, so ist allerdings nicht abzuweisen, dafs auch der Pharos, dieser Mode folgend, die oben erhaltenen Abmessungen überschritten haben mag. Auf den Kolofs von Rhodos ist schon hingewiesen worden; und Schlosser führt in seiner Weltgeschichte Teil III, S. 49 (1845) an: dafs der Handel von Alexandrien damals so entwickelt war, dafs sogar der handeltreibende König Ptolemäos an 4000 Handelsschiffe hatte, und Prachtschiffe mit 30 Ruderbänken, während die gewöhnlichen Schiffe nur 5 bis 7 solcher besafsen. Ja, Hiero II. von Syrakus sandte dem Ptolemäer ein Schiff, welches 47 Zimmer, Säle, Bäder, Gärten, Kriegstürme, Wurfmaschinen u. s. w. enthielt und seiner Gröfse wegen in zwei Teilen von Syrakus nach Alexandrien gebracht werden mufste, um erst dort zusammengesetzt zu werden. Ptolemäus IV. soll dies noch überboten und ein noch gröfseres Schiff mit noch gröfserer Pracht haben bauen lassen, welches 300 Matrosen und 3000 Krieger fafste, aber freilich den Hafen nicht verlassen konnte. Zwar mag zu jener Zeit ein Bauwerk

[1]) Das Licht des Swinemünder Leuchtturmes, das etwa 63 m über Wasser liegt und s. Z. ein festes Feuer mit Fresnelschem Apparat erster Ordnung war, ist nach authentischen Angaben zweimal über 14 geographische Meilen hinaus = 56 Seemeilen gesehen worden.

[2]) 110 m Turmhöhe ergibt einen Horizont von rot. 22 Seemeilen Radius; 120 m Turmhöhe ergibt einen Horizont von rot. 23 Seemeilen. Eine Augenhöhe von 7—8 m beherrscht $5\frac{3}{4}$ Seemeilen, eine Augenhöhe von 9—10 m $6\frac{3}{4}$ Seemeilen. Die Summe beider ergibt die Sichtweiten.

von gegen 70 m Höhe schon als ganz aufsergewöhnliches Bauwerk erschienen sein, und bei grofser Dicke kaum noch den Namen eines Turmes verdient haben. Eine getreue Abbildung des Pharos ist leider nicht auf uns gekommen, nur einige Medaillen zeigen ihn (siehe Fig. 3, 4, 5), die freilich nicht mit der Beschreibung des Edrisi stimmen. Nimmt man aber an, dafs diese wenigstens ungefähr die Verhältnisse des Turmes wiederspiegeln, und die Abbildungen von Leuchttürmen auf anderen Medaillen berechtigen hierzu, so dürfte die Annahme berechtigt sein, dafs der Pharos mehr noch durch seine gewaltige Mafse als durch seine allerdings auch aufsergewöhnliche Höhe imponierte, eine Eigenschaft, die ihn besonders als Landmarke kenntlich machen mufste, und für welche auch die oben gefundene Höhe ausgereicht hätte. Die dort angegebenen Seitenabmessungen erscheinen aber hiernach zu gering, wie solche auch für ein Kastell nicht genügt hätten.

Dafs das Feuer von Anfang an ein Holzfeuer war, kann nach den Angaben der römischen Schriftsteller und des Josephus nicht zweifelhaft sein; Fackeln, selbst grofse, würden nicht dem Zwecke entsprochen haben und werden nur von Josephus in Verbindung mit Holz und von Solinus (im 3. Jahrh. n. Chr.) genannt. Auch nach Edrisi brannte dort ein Holzfeuer, wie auch bei den von den Römern errichteten Leuchttürmen stets von den »Flammen« gesprochen wird. Dennoch hat auch hier die Phantasie sich einzumischen gesucht, und man hat gemeint, ein so gewaltiges Bauwerk müfste auch eine aufsergewöhnliche Art der Lichtgebung gehabt haben; und wenn Edrisi diese nicht mehr vorgefunden, so müsse sie verfallen und durch Holzfeuer ersetzt worden sein. Man kam auf Brennspiegel mit Lampen. Den einzigen Anhalt hierfür glaubte man in einer Stelle des Dichters Lucan zu finden (siehe Anlage XI), der bei Erwähnung des Alexandrinischen Feuers das Wort »lampas« braucht. Aber man übersah, dafs er kurz vorher von den »Flammen«, die man erblickte, spricht. Zudem bedeutet »lampas« nach Ansicht hervorragender Philologen nicht nur Lampe, sondern ebenso auch allgemein Leuchte, und es erscheint nur sachgemäfs, dafs der Dichter von der »nächtlichen Leuchte«, d. h. der Leuchte in der Nacht spricht. Abgesehen hiervon hätten Brennspiegel, und andere kannte man im Altertum nicht, in grofser Zahl angewendet werden müssen, um, wie dort erforderlich, etwas mehr als den halben Seehorizont gleichmäfsig zu erleuchten, und die Lampen, welche denselben Licht gaben, hätten gegen Wind und Wetter durch eine verglaste Laterne geschützt sein müssen. Glasscheiben werden aber zuerst am goldenen Hause des Nero (54 bis 68 n. Chr.) erwähnt, und diese waren wahrscheinlich aus farbigen Gläsern zusammengesetzt; weifse traten wohl erst später auf. Glimmer aber, der schon im Altertum bei Handlaternen vorkommt, hätte so viel Licht verschluckt, dafs die Wirkung der selbst durch Brennspiegel verstärkten aber an sich sehr lichtschwachen antiken Lampen mit Saugedochten, die vor den Spiegeln angebracht sein mufsten, zu einem Minimum eingeschrumpft wäre. Dieser Übelstand zeigte sich auch bei den ersten Versuchen mit Lampen im Mittelalter; diese fielen so ungünstig aus, dafs die damaligen Öllampen wieder dem Steinkohlenfeuer weichen mufsten. Zudem wird von den durch die Römer erbauten Leuchttürmen zu wiederholten Malen gesagt, sie seien nach dem Vorbilde des Pharos erbaut worden. Eine solche Verbesserung, wie wirkungsvolle Spiegel gegenüber offenem freien Feuer geboten haben würden, hätten sich die Römer sicher nicht entgehen lassen. Ihre Türme zeigen aber in den wenigen gröfseren Abbildungen auf Reliefs, die auf uns gekommen sind, ausnahmslos auf der Spitze des Turmes die offene grofse Feuerflamme.

Ebenso erwähnt Sueton der Flammen des emporsteigenden Feuers, welches von dem Leuchtturm zu Boulogne emporsteigt. Es stimmt dies mit den oben bereits angeführten Angaben des Josephus und Edrisi überein. Es ist somit als sicher und zweifelsohne anzunehmen, daſs der Pharos von Alexandrien sein Feuer mit Holz unterhalten hat.

Aus den uns überkommenen Quellen läſst sich der Aufbau des Pharos und seine Gestaltung nicht bestimmt feststellen. Es ergibt sich aus ihnen nur ein quadratischer, von einer Galerie abgeschlossener etwa ${}^{7}/_{10}$ der ganzen Höhe erreichender Unterbau, von einer Seitenlänge gleich ${}^{4}/_{10}$ der Höhe des ganzen Turmes oder ${}^{4}/_{7}$ der Höhe des Unterbaues In diesem Unterbau waren die Wohnräume für eine Besatzung untergebracht, denn der Pharos war ursprünglich

Fig. 4. **Medaille von Alexandria.** (Bibliothèque nationale in Paris.)

Fig. 3. **Medaille von Alexandria,** vergröſsert. (Nach Donaldson: Architectura numismatica.)

Fig. 5. **Medaille der Sabina, den Pharos von Alexandria darstellend.** (Nach Duruy: Geschichte des Römischen Kaiserreichs, deutsche Übersetzung von Hertzberg.)

Kastell und Landmarke. Auf diesem Unterbau erhob sich ein sich rasch verjüngender Aufbau von rot. ${}^{4}/_{10}$ der Höhe des ersteren und auf diesem eine Art Kuppel, wahrscheinlich die eigentliche Feuerstelle, wie wir sie später bei anderen antiken Feuertürmen wiederfinden werden, und welche wohl erst später aufgesetzt worden ist, als der Pharos Feuerturm wurde. Hiermit stimmen nicht die wenigen auf uns gekommenen Abbildungen des Pharos überein. Es sind zwar nur Medaillen, welche uns diese erhalten haben, aber man sollte doch glauben, daſs sie wenigstens die allgemeine Form des Pharos richtig inne gehalten hätten. Fig. 3, 4, 5, erstere vergröſsert, zeigen den Pharos nach römischen Medaillen. Der Turm selbst zeigt auf allen drei Medaillen zwei Teile, deren unterer die Hauptmasse desselben bildet, während die obere, viel kleinere, von einem Götterbilde überragt wird, wie wir solches als Symbol des Lichtes und oft mit einer Lampe in der Hand häufig auf antiken Medaillen, die Leuchttürme wiedergeben, finden werden. Dieses Götterbild vertritt wohl die in den Beschreibungen genannte Kuppel, die Feuerstelle. Das Symbolische der ganzen Darstellung wird noch durch die Figuren bewiesen, welche an den oberen Ecken des Unterbaues hervorragen, ähnlich wie die Hörner an den antiken Altären, gleichsam das ganze Bauwerk als einen Feueraltar[1]) kennzeichnend. Dieses Bestreben ist vielleicht als Grund dafür anzusprechen, dafs die Höhenverhältnisse der Abbildungen so gar nicht mit den Angaben des arabischen Schriftstellers übereinstimmen; oder sollten die ersteren richtiger sein als die letzteren? Ich möchte mit Edrisi sagen: Gott allein weifs es! Auffallend ist es immer, dafs die Abbildungen, die wir von den durch die Römer erbauten Leuchttürmen in Medaillen und Reliefs besitzen, keine Ähnlichkeit mit den Abbildungen auf den obigen Medaillen zeigen, obgleich, wie schon erwähnt, römische Schriftsteller mehrfach anführen, dafs die in der Kaiserzeit erbauten Leuchttürme nach dem Vorbilde des Pharos errichtet seien, eine Bemerkung, welche sich daher nur auf die Bestimmung des Turmes beziehen kann, auf das Feuerzeichen. Hierfür spricht auch, dafs die beiden einzigen römischen Leuchttürme, welche sich, wenn auch sehr beschädigt, bis in die neuere Zeit erhalten hatten, ebenfalls eine ganz andere Form und anderen Aufbau zeigten.

Die antiken Leuchttürme der römischen Schriftsteller, der Medaillen und Reliefs.

Wie oben besprochen, ist der Pharos aller Wahrscheinlichkeit nach erst in der ersten Hälfte des 1. Jahrhunderts unserer Zeitrechnung befeuert worden; ja Plinius, der zuerst sein Feuer erwähnt, sagt dabei, dafs solche Feuer schon an mehreren Orten brennen. So erscheinen erst im Anfang der römischen Kaiserzeit bei der sich rasch entwickelnden Schiffahrt zwischen den entlegenen Teilen des Weltreiches und dem Bau zahlreicher Häfen die Leuchttürme; Sueton, Strabo, Plinius, Dio Cassius, Dionysius Periegetes u. a. m. berichten von dem Bau und dem Bestehen solcher. So errichtete Caligula (Anlage XVI) nach Sueton und Dio Cassius zu Boulogne zum Zeichen seines Sieges einen sehr hohen Turm, aus welchem, wie aus dem Pharos, nachts Feuer emporstieg, um den Lauf der Schiffer zu lenken; und von Claudius (Anlage XVII) berichten dieselben die Gründung und Erbauung des Leuchtturmes zu Ostia. Doch sind dies die einzigen römischen Leuchttürme, deren Erbauungszeit bekannt ist.

Eine Zusammenstellung von Stellen antiker Schriftsteller, soweit ich solche habe auffinden können, findet sich in den schon oft angezogenen Anlagen V—XXI und XXVI.[2]) Leider aber findet sich in diesen Angaben über Form, Einrichtung, Abmessungen und Betrieb der Türme und Feuer nichts. Mehrfach erwähnen jene Schriftsteller, dafs, wie schon angeführt, diese Leuchttürme nach dem Vorbild des Pharos errichtet seien, und wird der Flammen gedacht, die bei Nacht von ihnen aufleuchten.

Erhalten von diesen antiken Türmen ist heute nur ein einziger, der Turm zu Corunna; Ruinen finden sich zu Fréjus und Dover. Zu Fréjus sollen zwei gewölbte übereinander liegende Kammern noch vorhanden sein und ein Ruinenberg von über 24 m Höhe. Ein anderer Turm,

[1]) Es ist dabei zu beachten, dafs die Medaillen aus der römischen Kaiserzeit stammen, also nachdem der Pharos Leuchtturm geworden war.

[2]) Die Weltkarte (Wegetafel) das Castorius, genannt »die Peutingersche Tafel« wahrscheinlich in der zweiten Hälfte des vierten Jahrhunderts entstanden, zeigt nur drei Leuchttürme, nämlich: Ostia — Alexandria — Chrysopolis. (Ausgabe von K. Miller, Ravensburg, 1888.)

Fig. 6. Fig. 7.
Medaillen des Antoninus Pius und des Nero, den Hafen von Ostia darstellend.
(Nach Canina: Dissertazioni della Pontifica Academia. VIII.)

Fig. 8. Medaille, den Hafen von Ostia darstellend. (Nach Duruy: Geschichte des Römischen Kaiserreiches (Deutsche Übersetzung von Hertzberg) und Canina: Dissertazioni della Pontifica Academia. VIII.)

der zu Boulogne, erhielt sich bis 1644. Auf diesen und den zu Corunna werde ich zurückkommen. Aber es ist doch merkwürdig, dafs beide in ihrem Aufbau ganz und gar von den Abbildungen abweichen, die uns auf Medaillen und Reliefs erhalten sind. Die einzige Erklärung, welche ich für diese auffallende Erscheinung angeben kann, ist, dafs dieselben von n i c h t römischen Baumeistern herstammen, wie wir dies von dem Turm zu Corunna wissen, den ein Lusitanier, Sevius Lupus, erbaute.

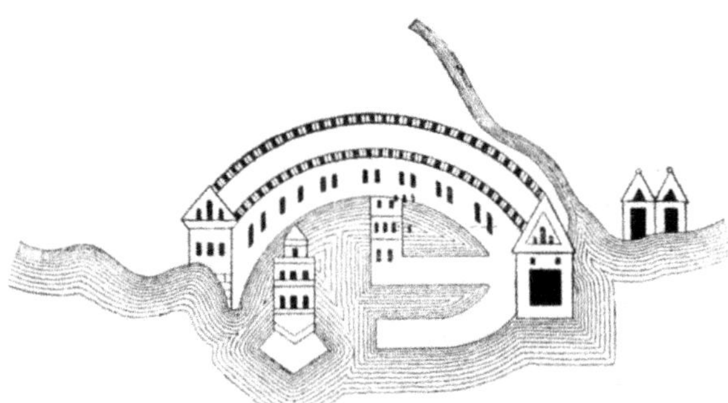

Fig. 9. Hafen von Ostia, nach der Weltkarte des Castorius, genannt die Peutingersche Tafel.

Die Darstellungen auf den Medaillen (siehe Fig. 6 bis 8 und 10 bis 12)[1]), zeigen zwei verschiedene Bauweisen. Die meisten geben ein abgeschlossenes Bauwerk wieder, dagegen zwei, Fig. 8 und 11, einen turmartigen Unterbau, der einer Figur zum Postament dient, welche eine Lampe in ausgestreckter Hand hält, so symbolisch den Zweck des Turmes bezeichnend. Meist ist dies eine Göttergestalt, so in Fig. 8, welche den Hafen von Ostia darstellt. In Fig. 11, einer Medaille

Fig 10. Medaille der Commodus, den Hafen von Boulogne darstellend. (Nach les travaux publics de la France.)

Fig. 11. Medaille von Abydos. (Nach les travaux publics de la France.)

Fig. 12. Medaille, den Katafalk eines römischen Kaisers darstellend. (Nach les travaux publics de la France.)

[1]) Bei den Figuren sind die Orte, auf welche sie sich beziehen, sowie die Quellen, denen sie entnommen sind, angegeben.

von Abydos, knüpft die Darstellung an die Sage von Hero und Leander an; in Heros Hand strahlt die Lampe, welche dem nächtlichen Schwimmer den Weg weisen sollte.

Fig. 13.
Medaille von Apamea.
(Nach les travaux publics de la France.)

Diese symbolische Darstellung von Leuchttürmen findet sich mehrfach auf alten Medaillen, wie wir sie auch schon oben für den Pharos von Alexandria angetroffen haben.

Die gröfsere Zahl der antiken Medaillen, welche die Leuchttürme der betreffenden Städte oder Häfen, mit den letzteren oder allein, wiedergeben oder andeuten (siehe die Fig. 6 und 7, 10 und 13 bis 19) stellen dagegen die Türme direkt dar, und zwar meist als Stufenpyramiden.

Fig. 14. Relief auf einer antiken Lampe.
(Nach les travaux publics de la France.)

Die meisten zeigen dabei die offene Flamme oder eine Art Laterne, auf welche ich sogleich zurückkommen werde, einige aber, so Fig. 17 und 19, zeigen zur Kennzeichnung der Türme eine Kugel, vielleicht das Tageszeichen, wie auch heute noch unsere Leuchtschiffe solche Kugeln bei Tage aufhissen, oder es waren überhaupt nur Landmarken. Auch in einigen Ausgaben der Weltkarte des Castorius, genannt die Peutingersche Tafel, sollen die Leuchtfeuer durch solche Kugeln bezeichnet sein; in der Ausgabe von K. Miller, die mir vorlag, finden sich offene Flammen. Dafs die Stufenpyramide die gebräuchlichste Form war, ergibt sich auch daraus, dafs die Katafalke der Kaiser, welche nach den Berichten den Leuchttürmen nachgebildet waren (Herodian IV, 2, 8), in der Form von Stufenpyramiden aufgebaut waren (siehe Fig. 12). Die Abbildungen zeigen diesen Aufbau in zwei verschiedenen Weisen, nämlich Fig. 13 in konischer Form der einzelnen Absätze, die nach oben sich immer mehr verjüngen, ähnlich wie es Edrisi am Pharos von Alexandrien

Fig. 17.

Fig. 16.

Fig. 15.

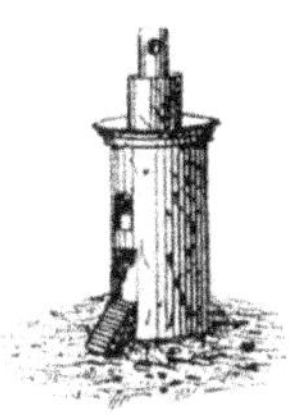

Fig. 18.

Fig. 19.

Fig. 15 bis 19. Römische Leuchttürme bezw. Tages- oder Landmarken. (Nach Leger: Les travaux publics des Romains.)

für das obere Stockwerk beschrieb. Auf den meisten der Abbildungen und auf den noch zu besprechenden Reliefs sind dagegen die einzelnen Stufen lotrecht ausgeführt. Dies scheint also die gebräuchlichste Form gewesen zu sein.

Was nun die kleine Laterne betrifft, welche mehrere Medaillen statt der Flamme zeigen, so ist diese als Ummauerung der Feuerstelle zum Schutz gegen den Wind und gleichzeitig zum Anfachen des brennenden Feuermaterials anzusprechen, entsprechend der Kuppel des Pharos in der Beschreibung des Edrisi. Dieses letztere wird durch die Figuren 20 bis 24 bestätigt. Bei ihnen allen tritt die Flamme unmittelbar aus einem Schacht, welcher den Turm krönt, hervor, diesen ganz füllend, während der Schacht unten mit Zugöffnungen versehen ist. Oberhalb der letzteren mufs eine Art Rost angebracht gewesen sein, auf welchem die Holzscheite auflagen. Diese waren so durch den Schacht vor der direkten Einwirkung des Windes geschützt, das Feuer aber mufste durch denselben vermöge der Zuglöcher angefacht werden und als eine massige Flamme aus dem Schacht emporschlagen. Dafs dies auf allen vier Reliefs (Fig. 21 bis 24) genau in derselben Weise dargestellt ist, darf schwerlich einem Zufall zugeschrieben werden.[1])

Die beiden Reliefs Fig. 20 und 24 beziehen sich auf den Hafen von Ostia; bei letzterem ist trotz der Stufenpyramide und der sehr hervortretenden grofsen Flamme die oben besprochene Allegorie mit benutzt. Auf dem obersten Absatz des Turmes, neben dem Feuerschacht, steht das schützende Götterbild.

Fig. 20. Der Leuchtturm von Ostia, wiederhergestellt. (Nach Canina: Dissertazioni della Pontifica Academia VIII.)

Das Relief Fig. 21 ist 1877 bei Rom gefunden und gehört einem Sarkophage an. Aus der Gesamtdarstellung (die Figur gibt nur einen kleinen Teil des Reliefs wieder) soll hervorgehen (siehe Bullettino communale della Commissione Archeologica di Roma 1877 Tom. V, Tafel XVIII und XIX), dafs dasselbe die Hochzeit des Verstorbenen in symbolischen Figuren darstellt. Die Figur mit der Mauerkrone und dem Steuerruder sowie der Schiffsschnabel deuten auf eine Hafenstadt, wahrscheinlich Alexandria, da die anderen (nicht wiedergegebenen) Figuren des Reliefs schliefsen lassen, dafs der Verstorbene »Präfekt von Ägypten und Prätor von Alexandrien« war; letzteres ist durch die Figur mit dem Leuchtturme dargestellt. An dem Relief sind vielfach Vergoldungen und Farben erhalten, so Rot an den Flammen des Turmes. Die Haartracht der Figuren und die Art der Gewandung lassen auf die zweite Hälfte des 3. Jahrhunderts n. Chr. schliefsen.

[1]) Die drei ersten Reliefs verdanke ich der Güte des Herrn Professor Dr. Robert in Halle a./S.

Fig. 21. Aus dem Relief eines Sarkophages.
(Nach dem Bulletino communale della Commissione Archeologica di Roma. 1877, V.)

Noch habe ich die Fig. 20 zu erwähnen. Dieselbe stellt den antiken Leuchtturm von Ostia nach einer Zeichnung von L. Canina dar (siehe Dissertazioni della Pontifica Academia, Band VIII. Dieselbe lehnt sich an die obigen Medaillen an, besonders Fig. 7, und ist auf eigene eingehende weitere Studien gegründet; sie entspricht der reichen römischen Architektur der Kaiserzeit, nach welcher in gleich hervorragender Weise die ganzen Hafenanlagen zu Ostia in allen ihren Baulichkeiten ausgeführt worden sein sollen.

Daſs bei allen Türmen der Römerzeit Holz allein als Brennmaterial diente, bedarf nach dem, was schon über diesen Punkt bei dem Pharos von Alexandria gesagt ist, und unter Hinblick auf die obigen Abbildungen wohl kaum der Erwähnung. Auch die in Bezug auf die anderen Leuchtfeuer in den Anlagen angeführten Schriftsteller sowie Dionysius Periegetes, zweites Jahrhundert n. Chr., sprechen alle von dem Feuer und den Flammen, welche von den Türmen aufschlagen.

Groſse Fackeln, wie solcher eingangs bei der Feuertelegraphie gedacht ist, können auf Leuchttürmen nicht verwendet worden sein, ihr Lichtkreis wäre ein zu geringer gewesen.

Fig. 22.
Aus dem Relief eines in Ostia gefundenen Sarkophages.

Fig. 23. Aus dem Relief eines Sarkophages, früher im Vatikanischen Museum, jetzt in Windsor.

Fig. 24. Basrelief, den Hafen von Ostia darstellend. (Nach Duruy, Geschichte des Römischen Kaiserreiches, deutsche Übersetzung von Hertzberg.)

Wo sie sich in Abbildungen von Leuchttürmen auf diesen finden, sollen sie eben nur die Türme als lichtgebende bezeichnen, wie solches bis in das Mittelalter hinein und auch auf Seekarten üblich war.

Die antiken Leuchttürme zu Corunna und Boulogne.

Es ist schon oben angeführt, dafs nur zwei römische Leuchttürme sich uns erhalten haben, nämlich der Turm zu Corunna und der zu Boulogne, und dafs eigentümlicherweise beide in ihren Aufbauten von den obigen Abbildungen abweichen. Beide Türme sind in Bezug auf die Zeit ihrer Erbauung bereits oben besprochen worden.

Fig. 25. Leuchtturm zu Corunna.

Der Turm zu Corunna hatte sich bis 1686 in leidlichem Zustande erhalten, jedoch ohne seinem ursprünglichen Zwecke zu dienen. Er wurde wahrscheinlich zu dieser Zeit ausgebessert und wohl auch wieder als Feuerturm benutzt, doch ist dies zweifelhaft (siehe Anlage XXVII). Er ist viereckig (vergl. Fig. 25), und es führte ursprünglich aufsen eine Wendeltreppe hinauf, von welcher aus auch der Zugang zu den einzelnen überwölbten Stockwerken erfolgte. Erst 1797 wurde er unter möglichster Wahrung der alten Form gründlich ausgebaut, wobei der alte äufsere Treppengang durch eine Granitschicht gekennzeichnet wurde. Der Turm hatte etwa 40 m Höhe bei 9 m Seitenlänge. Das Jahr seiner Erbauung ist, wie bereits gesagt, nicht bekannt; ein gewisser Sevius Lupus wird in einer aufgefundenen Inschrift als Baumeister genannt. Die Sage schrieb den Bau dieses

Turmes den Phöniziern, ja dem Herkules zu, und lange Zeit trug er dementsprechend den Namen »Turm des Herkules«.

Der andere antike Leuchtturm, der sich bis Mitte des 17. Jahrhunderts in leidlichem Zustande erhalten hatte, ist der unter dem Kaiser Caligula (37 bis 41 n. Chr.) bei Boulogne erbaute, später unter dem Namen »tour d'ordre« bekannte Turm. Abbildungen desselben haben sich bei Tassin, les plans et cartes de la France (1634) nach einem Bilde von Claude Chatillon (1547 bis 1616) in der Sammlung der Stadt Boulogne, sowie bei Montfaucon in seinem antiquité devoilée (1724) erhalten; siehe les travaux publics de la France Tom. 5, sowie Leger: Les travaux publics des Romains.

Der Turm wurde, als die Engländer im Besitze von Boulogne waren, 1544—1550, in ein Kastell eingebaut (siehe Fig. 26). Da nichts zu seiner Erhaltung geschah, das Meer aber immer mehr und mehr die Küste zernagte und abbrach, stürzte er 1640 oder 1644 ein, und seine Trümmer verschwanden allmählich. Nach dem Zusammenbruch des römischen Reiches ist der Turm nur einmal auf kurze Zeit als Feuerturm benutzt worden, nämlich von Karl dem Grofsen, als dieser eine Flotte zum Kampfe mit den normannischen Seeräubern bei Boulogne sammelte. In Fig. 26 ist sein ursprünglicher Zweck zwar noch durch die oben ausgesteckte Fackel angedeutet, aber die ganze Zeichnung läfst erkennen, in welchem Zustande sich der Turm befand. Keines der angeführten Dokumente, noch andere des Stadtarchivs zu Boulogne oder sonst bekannte erwähnen der andauernden Unterhaltung eines Feuers dort. Möglich, dafs die Engländer, deren

Fig. 26. Alter römischer Leuchtturm zu Boulogne, erbaut von Caligula, zusammengestürzt 1640 oder 1644.
(Nach les travaux publics de la France.)

Fahne in der Zeichnung vom Turm weht, von ihm aus Feuerzeichen gegeben oder ihn gelegentlich benutzt haben. Eine einzige vorübergehende kurze Benutzung ist, wie gesagt, die oben genannte durch Karl den Großen.

Nach den alten Dokumenten baute sich der Turm in 12 achteckigen Stockwerken auf, von denen jedes $1\frac{1}{2}$ alte französische Fuſs = 0,487 m gegen das untere zurücksprang. Die Seite des Achtecks des untersten Stockwerks maſs 24 alte französische Fuſs = 7,778 m, also der Umfang 192 alte französische Fuſs = 62,3 m, und ebensoviel soll die Höhe betragen haben, so daſs jedes Stockwerk 16 Fuſs = 5,192 m hoch gewesen sein würde. Der Turm war aus grauen und gelben Schnittsteinen und roten Ziegeln in abwechselnden Bändern erbaut.

Der Grande cheminée de Quineville.

Es ist hier noch eines anderen kleinen Bauwerks an der dortigen Küste zu erwähnen, das seiner Bauart und Lage nach wahrscheinlich auch Leuchtzwecken gedient hat und unter dem Namen »Grande cheminée de Quineville« bekannt ist, südlich von la Hougue gelegen. Es besteht nach Les travaux publics de la France aus einem viereckigen hohlen Unterbau von 5 m Höhe und 3 m Seitenlänge, mit einem Türmchen darauf von 1,20 m Durchmesser, das eine runde Laterne von einem etwas kleineren Durchmesser trägt. Diese Laterne ist aus Säulchen gebildet, die zwischen sich einen ungefähr ihrem Durchmesser gleichen Raum frei lassen, und von einer Kuppel aus Mauerwerk, die in ihrer Mitte oben eine Öffnung hat, überdacht sind. Das Bauwerk hat ungefähr 9 m Höhe und liegt 1 km vom Ufer ab. Dieses kleine Bauwerk zeigt also eine Laterne, welche mit den oben besprochenen der antiken Leuchttürme eine auffallende Ähnlichkeit hat, ja als eine Weiterentwickelung derselben anzusehen ist. Die Zeit der Erbauung oder eine Zeichnung desselben wird in den travaux publics de la France nicht angegeben; ebensowenig, was davon noch vorhanden ist.

Untergang der antiken Leuchttürme. Der Turm auf Panium.

Mit dem Untergange des römischen Reiches sanken auch in den Stürmen der Völkerwanderung die Leuchttürme dahin. Der einzige, der, wie schon oben erwähnt, sich bis in das 12. Jahrhundert erhielt, und seiner ursprünglichen Bestimmung getreu sein Feuer unterhielt »zum Heile der Schiffer«, war der Pharos zu Alexandria. Er, der erste, welcher sein Licht aussandte, war auch der letzte der alten Reihe. Wir haben wenigstens von keinem anderen eine Nachricht, daſs er bleibend als Leuchtturm benutzt worden ist. Es ist jedoch möglich, daſs auch am Bosporus und dem Schwarzen Meere sich Türme im Dienst erhalten haben und daſs in den Schriftstellern des byzantinischen Reiches, die bisher wenig bearbeitet sind, sich über solche noch manches findet; wir wissen es aber nicht. Ob z. B. der von Pierre Gilles und von Hayk in ihren Reisen in der ersten Hälfte des 16. Jahrhunderts erwähnte Turm auf Panium an der Mündung des Bosporus in das Schwarze Meer (Anlagen XXVIII a u. b) aus dem zur Römerzeit dort vorhandenen Leuchtturm hervorgegangen oder in dessen Nähe neu gebaut ist, läſst sich vorläufig nicht feststellen. Jedenfalls hatte sein Leuchtapparat dann wesentliche Veränderungen erfahren, denn zur Zeit seiner Wiedererwähnung trug er eine verglaste Laterne und brannte eine Öllampe mit 24 Dochten in der Runde; ja aus der Art der Verglasung der Scheiben schließt Pierre Gilles, daß die damalige Einrichtung aus einer vortürkischen Zeit stammen müsse, also vor 1453, der Zeit der Eroberung Konstantinopels durch die Türken. Die kleinen Scheiben der Laterne waren nämlich in Blei gefaßt, während die Türken solches in (plâtre) Gips (Kitt?) dichteten. Wahrscheinlich war auch dieser Turm in der Zwischenzeit mehr oder weniger zerstört und ruhte, denn auch jene Länder wurden durch die Völkerwanderung heimgesucht. Ägypten allein blieb verschont. Der Pharos allein rettete sich in das Mittelalter hinüber und ist wohl auch für dieses der Lehrmeister gewesen. Die seefahrenden italienischen Republiken kannten ihn sicher, da er bis in das 12. Jahrhundert und noch länger sein Feuer unterhielt. Erst bei diesen, zuerst Pisa, und dann bei den mit ihnen in regem Verkehr stehenden deutschen Hansestädten, zuerst Lübeck, finden wir Leuchtfeuer wieder, und zwar im 12. und 13. Jahrhundert n. Chr.

Die Leuchtfeuer des Mittelalters und der folgenden Jahrhunderte bis 1815.

Das Leuchtfeuer auf Cordouan.

Ehe wir zu den neueren und selbständigen Leuchtfeuern übergehen, müssen wir noch einmal auf die spätere recht kurze Wiederbenutzung des alten Römischen Turmes, des Turmes des Caligula bei Boulogne kurz zurückkommen, weil man versucht hat, seine von uns bereits erwähnte Befeuerung durch Karl den Grofsen als den Beginn der Küstenbeleuchtung im Mittelalter hinzustellen. Karl der Grofse gab, wie Eginhard erzählt, als er 810 n. Chr. eine Flotte gegen die Seeräuber rüstete und bei Boulogne sammelte, Befehl, den Turm wieder mit einem Feuer zu versehen. Ob dies geschehen, ist mindestens unsicher. Als sicher darf angenommen werden, dafs, wenn es geschah, das Feuer nur dem genannten vorübergehenden Zwecke diente und mit ihm auch wieder verschwand. Was hätte es auch damals dauernd nutzen können? Nur den räuberischen Normannen hätte es als Leitstern gedient. Eine handeltreibende Schiffahrt bestand damals in jenen Gewässern nicht oder war ganz unbedeutend. Auch von keinem anderen Geschichtsschreiber oder Schriftsteller, in keinem alten Dokument wird das Feuer je wieder erwähnt. Ich habe bereits oben das Schicksal des Turmes mitgeteilt, er stürzte 1644 zusammen, nachdem das Meer das Ufer, auf dem er stand, allmählich unterwaschen hatte. Schon dies zeugt dafür, dafs zu seiner Erhaltung und Unterhaltung nichts geschah, seine Ruine ihrem Schicksal anheimgegeben war. Auch Montfaucon (1655—1741) erwähnt nichts von einer anderen Benutzung desselben. Und diese kurze, nur einem strategischen vorübergehenden Zwecke dienende erneute Inbetriebstellung kann unmöglich als Anfang und Ausgangspunkt der Küstenbefeuerung angesehen werden.

Dasselbe gilt von einem Feuer, das man auch gern bis auf Karl den Grofsen zurückdatieren möchte, dem Turm auf Cordouan, jetzt eine kleine Felseninsel an der Mündung der Garonne, die früher mit dem Festland zusammenhing. Es fehlt aber für eine solche Annahme jede wirkliche Grundlage.

Die auf diesen Turm bezüglichen Dokumente sind in Les travaux publics de la France 1883 veröffentlicht worden und von Allard in seinem Buche Les phares (1889) vervollständigt wiedergegeben. In Anlage XXX finden sich dieselben wörtlich und zwar französisch sowie in der deutschen Übersetzung. Aber nicht Thatsachen, dafs ein Feuer daselbst gebrannt habe, sind dort verzeichnet. »Karl der Grofse soll seinem Sohne Ludwig dem Frommen, Regenten von Aquitanien, den Befehl gegeben haben, eine Kapelle mit Leuchtturm auf Cordouan zu erbauen«; — »der Handel Bordeaux', besonders derjenige mit Cordova, mache es wahrscheinlich, dafs ein solches Feuer schon zur Zeit der Herrschaft der Araber in Spanien bestanden habe«; — und daraus, dafs eine Urkunde von 1092 eines geabteten Eremiten erwähnt, der Cordouan, das damals wahrscheinlich noch mit dem Festland zusammenhing, bewohnte, soll es zulässig sein, dort einen Turm anzunehmen, auf dem jener Eremit ein Leuchtfeuer zu unterhalten hatte. Die älteste Urkunde, welche einen sicheren Anhalt gestattet, ist eine solche von 1409. Sie erwähnt eines Turmes auf Cordouan und bezieht sich auf einen vom Schwarzen Prinzen Eduard, 1362 bis 1371 Regent der Guyenne, dort erbauten Turm, welcher der Ausbesserung bedürftig war, und erhöht zu diesem Zwecke die von den auf Bordeaux fahrenden Schiffern zu leistenden Abgaben an den Eremiten auf Cordouan. Allein letzteres genügt, um zu beweisen, dafs zu jener Zeit der dortige Eremit für die der Schiffahrt zu leistenden Dienste eine Abgabe von den vorüberfahrenden Schiffern bezog, die schon vorher bestanden hatte und durch den angeführten Erlafs erhöht wurde.

Fig. 27. Der Leuchtturm auf Cordouan.
(Nach einer Zeichnung aus dem Jahre 1612.)

Es war aber zu jener Zeit, wie wir weiter unten sehen werden, Brauch, die wenigen vorhandenen Leuchtfeuer der Wartung von Klosteräbten und diesen unterstellten Eremiten, natürlich gegen Vergütung, anzuvertrauen. Ihr gewohnheitsmäfsiges Leben an entlegenen Punkten und ihr Gelübde machten sie dazu besonders geeignet. Wir werden solches in Italien, England und Neu-Vorpommern und auf der Insel Hiddensoe bei Rügen finden. Als ein anderer Dienst für die Schiffahrt wie die Unterhaltung eines Feuers könnten nur Schallsignale, das Läuten von Glocken u. s. w. angenommen werden; aber über solche ist von den Genannten keine Nachricht auf uns gekommen. Doch gerade für Cordouan, wie sogleich zu erwähnen ist, findet sich eine dahin zielende Andeutung. Dafs der Schwarze Prinz einen Befehl zur Erbauung eines Turmes auf Cordouan gegeben habe, ist nach den mitgeteilten Urkunden sicher, aber dafs Allard diesen als »den zweiten« dort errichteten bezeichnet, stüzt sich allein auf den angeführten Befehl Karls des Grofsen, dessen Ausführung nicht verbürgt ist. Sechs Jahrhunderte aber schweigen über ein Feuer oder Glockensignal auf Cordouan! Sicher ist allein, dafs ein Turm dort neben einer Eremitage vorhanden war, der sich bis zum Bau des jetzigen, 1584 bis 1611, erhielt und auf den Abbildungen dieses letzteren von 1612 mit erscheint (siehe Fig. 27). Immer aber bleibt es doch auffallend, dafs bei den früheren Erwähnungen dieses letzteren Turmes ganz allein davon gesprochen wird, dafs von seiner Zinne bei Tage Trompeten und dergleichen geblasen würden, um die Schiffer vor den dortigen Gefahren zu warnen. Erst eine Seekarte von 1570 bezeichnet Cordouan unzweifelhaft als Leuchtfeuer-Stätte, nennt die Insel aber Corben. Es fehlen jedoch alle weiteren Nachrichten von 1409 ab bis zur Erbauung des heute noch stehenden, obgleich veränderten und erhöhten Turmes, der 1611 vollendet

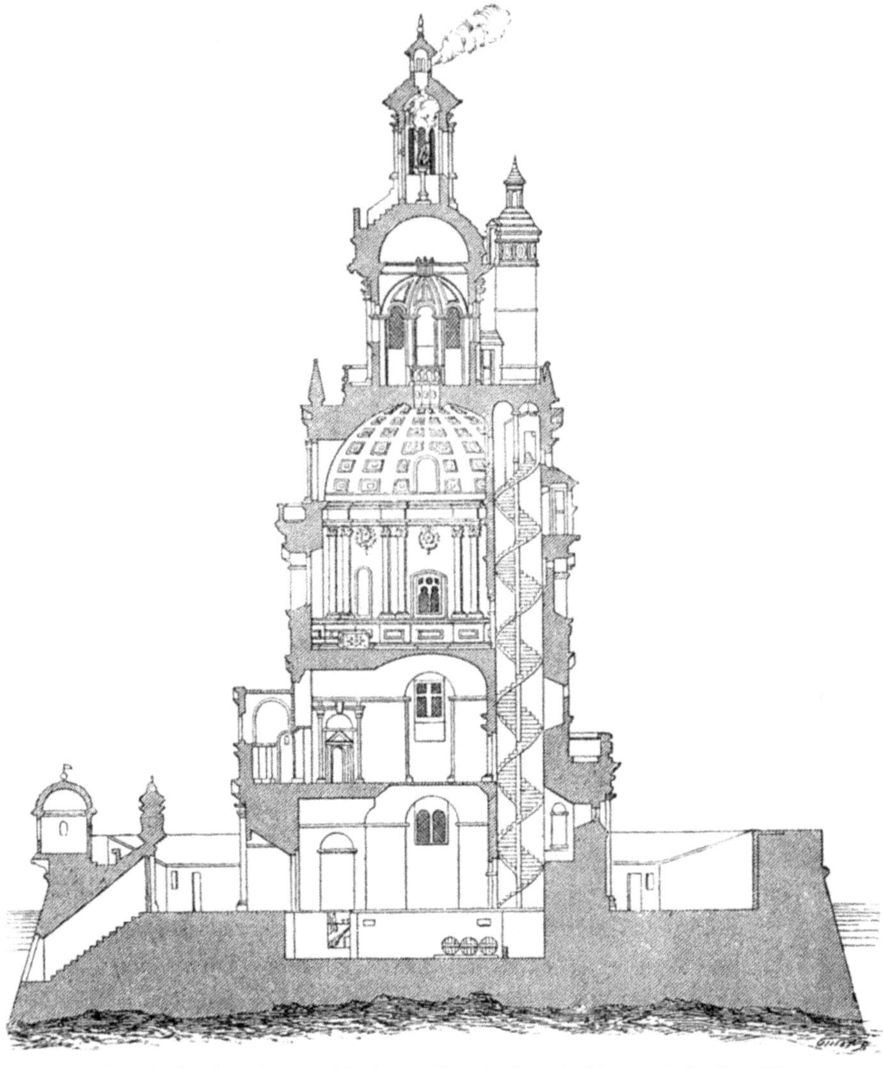

Fig. 28. **Der Leuchtturm auf Cordouan.** (Nach Belidor, Architectura hydraulica, 1769.)

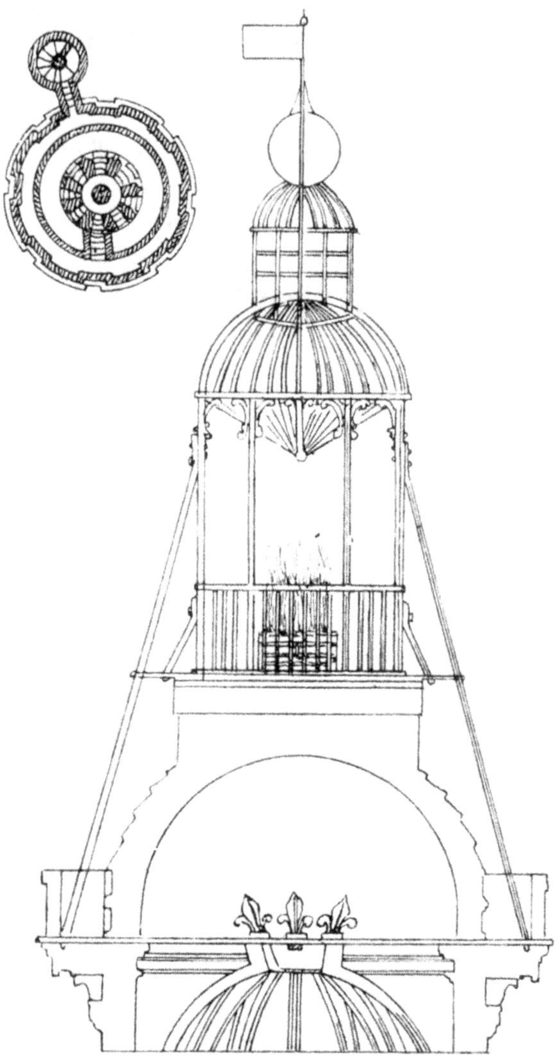

Fig. 29 und 30.
Vertikalschnitt und Grundriss der im Jahre 1717 dem Leuchtturm von Cordouan aufgesetzten eisernen Laterne.
(Nach Belidor, Architectura hydraulica, 1769.)

wurde. Es ist nach den vorstehenden Erwägungen nicht anzunehmen, dafs schon vor dem in den sechziger Jahren des 14. Jahrhunderts vom Schwarzen Prinzen erbauten Turm ein Leuchtfeuer auf Cordouan bestand, für welches die von den Schiffen zu erhebenden Abgaben 1409 erhöht wurden; ja, es ist nicht historisch nachgewiesen, dafs diese Abgaben wirklich für ein Leuchtfeuer gezahlt wurden. Auch zwei weitere Jahrhunderte hindurch fehlen alle und jede Nachrichten über das dortige Feuer. Erst 1545 wird es wieder erwähnt, und die schon oben genannte Seekarte von 1570 bezeugt die damalige Befeuerung von Cordouan. Dann aber tritt es in die erste Reihe, ja übernimmt gewissermafsen die Führung in dem betreffenden Bau- und Beleuchtungsfache.

Der von Louis de Foix 1584 begonnene und von François Boucher nach dem Tode jenes 1611 vollendete Turm (siehe die Fig. 27) ist eines der hervorragendsten Monumente der maritimen Baukunst. Die Fig. 27 zeigt ihn nach einer alten Zeichnung von 1612, Fig. 28 nach einer Abbildung in Belidor, Architectura hydraulica, Augsburg 1769 Die erstere ist wohl nach einer Zeichnung des ursprünglichen Entwurfes gefertigt, die letztere nach der Ausführung, denn die den Turm umgebende Plattform wurde gleich mit dem Turm ausgeführt. Ob damals die jetzige Insel ununterbrochen oder wenigstens zur Zeit der Ebbe noch mit dem Festland zusammenhing, darüber habe ich nichts ermitteln können. Aber auch wenn letzteres der Fall gewesen sein sollte, ist die Bauausführung, besonders im Hinblick auf die dürftigen Hilfs- und Transportmittel jener Zeit und gegenüber den gewaltigen Schwierigkeiten eines solchen Baues im Kampf mit Wind und Wellen, als eine in jeder Beziehung hervorragende zu bezeichnen. Die Plattform, über welcher der eigentliche Turm sich erhebt, liegt 1,80 m über höchstem Hochwasser, der Turm selbst hat einen Durchmesser von ungefähr 16 m an seiner Basis, die Wendeltreppe 2,40, die Laterne gegen 1,50 m.[1]) Die Wohnungen der Wärter

[1]) Oberflächliche Beschreibungen geben Belidor a. a. O. und les travaux publics de la France.

waren in der Umwallung untergebracht, da der Turm selbst im Äufseren und Inneren mit Kapelle und Kuppelsälen mehr einem Prachtbau als einem Bauwerke glich, das mit Wind und Wetter zu kämpfen hatte. Er hat daher auch vielfach erhebliche Reparaturen nötig gemacht, erhielt 1717 eine eiserne Laterne für Steinkohlen (siehe Fig. 29 und 30), da die steinernen Pfeiler der alten vom Feuer zerstört waren, und wurde 1788/89 umgebaut, wobei er um 20 m erhöht und im Äufseren die seiner Bestimmug entsprechende Form erhielt, die er noch heute trägt.

Nicht nur durch sein Alter und seine Baugeschichte ist der Turm auf Cordouan in der Geschichte der Leuchtfeuer hervorragend; sein Feuer hat nicht nur alle Wechsel durchgemacht, sondern er ist auch allen anderen in dieser Entwickelung vorangegangen und die Feuerstelle gewesen, welche zuerst das Licht des neuen wirklichen Leuchtapparats in die See hinaussandte. Zu Anfang hatte Cordouan ein Holzfeuer; 1717 wurde es Steinkohlenfeuer und erhielt 1782 Öllampen mit Flachdochten und muschelförmigen Scheinwerfern; 1791 erhielt es den ersten Apparat der Welt, welcher Öllampen mit doppeltem Luftzug innerhalb grofser und tiefer Parabole benutzte, und von Cordouan sendete 1823 der erste Fresnelsche Apparat sein Licht aus! Die beiden letzteren Feuer waren Dreh- oder Blickfeuer; der erstere vierseitig mit je drei Parabolen, der letztere I. Ordnung und achtseitig mit vierdochtiger Lampe.

Die Leuchttürme von Meloria, Magnale, Genua und Venedig.

So hervorragend der Turm auf Cordouan als Bauwerk und in der Geschichte der Leuchtfeuer ist, die über ihn vorhandenen Urkunden sind nicht die ältesten, die wir besitzen. Bis über zwei Jahrhunderte ältere Urkunden sind uns erhalten. Dieselben finden sich in Anlage XXXI a zusammengestellt und betreffen als ältesten Turm den von den Pisanern 1157/58 auf der kleinen Insel Meloria erbauten Leuchtturm. Als Pisa den Besitz der Insel aufgeben mufste, verlegte es 1304 das Feuer nach dem 1163, also mit dem obigen fast zu gleicher Zeit erbauten Turm zu Magnale bei Livorno, der jetzt noch als Leuchtturm dient und augenscheinlich auch als Warte und zu Verteidigungszwecken benutzt wurde (siehe Fig. 31). Die Laterne, welche den Turm in der Zeichnung krönt, ist jüngeren Datums. Eine andere Lesart ist, dafs der Turm zu Magnale derjenige war, der allein und von Anfang an das Feuer trug. Es kann darüber gestritten werden, welcher dieser beiden Türme der Leuchtturm war, doch liegen die Jahreszahlen so nahe aneinander, dafs dies für die hier behandelte Zeitfrage ohne Bedeutung ist. Der Florentinische Chronist Giovanni Vilani, der im 14. Jahrhundert schrieb, bezeichnet den Turm von Meloria als »fanale« bei Gelegenheit des Berichtes über die Zerstörung der sämtlichen Pisaner Festungstürme durch die Florentiner im Jahre 1290. Petrarca dagegen (1304/74) in seinem Itinerarium Syriacum (opere complette in der Baseler Ausgabe von 1554, Seite 558) scheint mehr auf den zweiten Turm hinzuweisen, wenn er sagt: Liburnum (Livorno) ubi praevalida turris est, cuius a vertice per nox flamma navigantibus tutti littorio signum praebet. Das Feuer, das auch Anlage XXXI a und b als auf Meloria belegen zu bezeichnen scheint, sollte, wie dort gesagt wird, nicht nur im allgemeinen die Einseglungsrichtung bezeichnen, sondern auch zur Vermeidung verschiedener Untiefen dienen. Die obige Annahme, dafs das Feuer erst auf Meloria brannte und dann erst später auf den anderen Turm verlegt wurde, ist Aldini, Saggio di osservazioni sui mezzi atti a migliorare la costrazione e l'illuminazione dei fari, Milano 1823, entnommen. Aber, wie gesagt, die Frage der Errichtung eines dortigen Leuchtfeuers wird dadurch nicht zweifehaft. Ob er 1157/58 oder 1163 errichtet wurde, verschlägt nichts. Jenes Leuchtfeuer der Pisaner ist das älteste des Mittelalters, von dem vorhandene Urkunden sprechen.

Fig. 31. **Leuchtturm von Magnale bei Livorno.** Die Laterne stammt aus späterer Zeit.
(Nach Aldini; Saggio di osservazioni sui mezzi atti a megliorare la costruzione e l'illuminazione dei fari, 1823.)

Auch Genua erbaute 1139 an der äufsersten Spitze des Hafens einen Turm, auf dem aber erst 1326, seiner Bestimmung entsprechend, ein Leuchtfeuer entzündet wurde (siehe Anlage XXXIc). Auch dieser Turm ist erhalten.

Beide Türme haben wechselnde Schicksale gehabt und sind mehr als einmal zerstört, aber immer rasch wieder hergestellt worden.

Mit welchem Brennmaterial diese Feuer anfangs unterhalten wurden, ist nicht angegeben. Ich möchte nach Analogie der folgenden Türme annehmen, dafs es Kerzen waren. Zwar scheint nach der oben angeführten Stelle des Petrarca Holz gebrannt worden zu sein, denn er spricht von der Flamme, die den Schiffern als Zeichen diente; allein dies würde einer früheren Urkunde widersprechen, einem Kontrakte vom 13. März 1282, der uns erhalten ist (siehe Anlage XXXI b) und sich auf die Lieferung von Öl, Dochten u. s. w. sowie auf die Unterhaltung des Feuers auf dem Turm am Hafen von Pisa bezieht. Nach diesem Kontrakt ist als sicher anzunehmen, dafs 1282 auf Magnale Öl in Lampen gebrannt wurde.

Auch in Venedig scheinen, nach Aldini, schon 1312 kleine Leuchtfeuer, Fanale, an den inneren Häfen des Lido und S. Erasmo vorhanden gewesen zu sein, ja wahrscheinlich auch in anderen Städten und an anderen Stellen der Küste, so z. B. in Neapel und Amalfi, doch habe ich nichts Sicheres darüber auffinden können. Es ist jedoch anzunehmen, dafs sich hierüber manches in den Archiven der einzelnen ehemaligen Städte-Republiken befindet. Das wenige, was ich über die Entwickelung der Leuchtfeuer in Italien bis zu Anfang dieses Jahrhunderts gefunden habe, ist in die den Schlufs dieses Buches bildende allgemeine Zusammenstellung der Leuchtfeuer von 1157 bis 1815 eingereiht.

Die Leuchtfeuer der Ost- und Nordsee.

Aus jener frühen Zeit des Mittelalters sind uns aber auch Urkunden erhalten, welche eine Reihe von Leuchtfeuern an der Ost- und Nordsee betreffen. Dieselben reichen bis zum Anfang des 13. Jahrhunderts zurück und betreffen von 1202 bis Ende des 14. Jahrhunderts die von den Hanse-Städten Lübeck (Feuer zu Falsterboe und Travemünde), Hamburg (Feuer auf Neuwerk), Stralsund, Wismar, Rostock (Warnemünde) errichteten und unterhaltenen Feuer, denen sich dann bald Weichselmünde und Hela anschliefsen. Die diese Feuer betreffenden Urkunden u. s. w. sowie diejenigen, welche die übrigen Leuchtfeuer an der Ost- und Nordsee betreffen, sind, soweit sie nicht in dem folgenden Text direkt angezogen sind, in Anlage XXXII und ff. zusammengestellt.

1. Das Feuer zu Falsterboe.

Bei Durchsicht der Urkunde, Anlage XXXII a, Falsterboe betreffend, fällt es auf, dafs dieselbe keine Jahreszahl trägt, und in dem lateinisch geschriebenen Texte nur das Wort »signum« gebraucht wird, in den Übersetzungen das Wort »Seezeichen« und »Zeichen«. Was das erstere betrifft, so ist die Urkunde von König Waldemar II. von Dänemark erlassen, der 1202 zur Regierung kam und nur bis 1223 den Thron inne hatte; sie mufs also in diese Zeit fallen. 1203 bis 1205 erliefs Waldemar Bestimmungen über den Marktverkehr auf Skanör und Falsterboe, welche damals der Mittelpunkt des Heringsfanges waren, der von Mitte Juli bis in den Oktober dauerte. An diesen Orten sammelten sich die Heringsflotten vor dem Fange und kamen hier auch nach dem Fange wieder zusammen zum Salzen, Feststellen der Preise u. s. w. Dafs aber unter »signum« hier nur ein Leuchtfeuer gemeint sein konnte, weist Admiral Schultz in seinem Brief (Anlage XXXII b) vom Standpunkt des Seemannes überzeugend nach. Auch sind auf Falsterboe neuerdings sehr alte Fundamente von gröfseren Gebäuden aufgedeckt worden; dafs solche jedoch in nachlübischer Zeit aufgeführt seien, ist nicht nachgewiesen. Dafs das Wort »signum« überhaupt gebraucht ist, erklärt sich daraus, dafs die Urkunde im alten Mönchslatein abgefafst ist, von Dominikanern, welche unter der Regierung Waldemars II. als erster religiöser

Orden nach Dänemark kamen. Diese kannten aber Leuchtfeuer und deren selbständige Benennung, die damals in Italien erst wieder aufzuleben begannen, gewifs nicht; und von denen der Alten, vom Pharus, hatten sie sicherlich nie gehört. Welches andere Wort sollten sie also gebrauchen? Dafs dasselbe auch bei Travemünde, wie wir sehen werden, gebraucht wird, von dem wir von 1316 bestimmte Nachricht über das dortige Feuer haben, spricht ebenfalls für diese Auslegung. Ein Tageszeichen würde, wie auch Admiral Schultz nachweist, auf Falsterboe wenig oder keinen Wert gehabt haben. Auch die Gewährung, in den Königlichen Forsten das erforderliche Holz schlagen zu dürfen, spricht unzweifelhaft für ein Feuer. Aber jeder Zweifel mufs schwinden gegenüber den von Petrarca für das Leuchtfeuer der Pisaner gebrauchten Worten, die oben bei Besprechung des Turmes zu Magnale angeführt sind. Sie bezeichnen die Flammen des dortigen Turmes als das signum, welches die Schiffer führt.

Falsterboe war zudem aller Wahrscheinlichkeit nach nicht das einzige Feuer, welches zu jener Zeit an den Küsten des dänischen Reiches entzündet wurde, denn von Schlözer in »Die Hansa und der Deutsche Ritter-Orden in den Ostseeländern, 1851« sagt von der ersten Hälfte des 13. Jahrhunderts: »Schon gewährten auch England und Holland den lübischen Kaufherren Berechtigungen jeder Art; Dänemark begünstigte vornehmlich ihr Geschäft in Skanör an der schonischen Küste, und von dem Hafen zu Falsterboe, an der äufsersten Südspitze des heutigen Schweden, leuchteten bereits wohl unterhaltene Feuersignale den Schiffern entgegen, die sich allmählich um die Herbstzeit in grofser Anzahl von Lübeck nach dorthin zum Heringsfang begaben.« Nach alledem dürfte das signum auf Falsterboe mit Sicherheit als Leuchtfeuer anzusprechen sein. Auch hatten Kullen und Nidingen, etwas weiter nördlich, am nördlichen Ausgange des Sundes, nach von Otter bereits Leuchtfeuer, ehe sie an Schweden kamen.

2. Der Leuchtturm zu Travemünde.

Das Feuer in Travemünde war wahrscheinlich der Vorgänger desjenigen von Falsterboe. Es wird in dem Freibrief Kaiser Friedrichs II. (siehe Anlage XXXII i) zwar auch als signum bezeichnet, doch gelten die eben für Falsterboe angeführten Beweise auch hier; hier ist ebenfalls das signum als Feuerzeichen anzusprechen. Dies wohl um so mehr, als in dem Vertrage vom Jahre 1320 Graf Johann von Holstein die Festung Travemünde mit Bohlwerk und »Leuchtturm« der Stadt Lübeck abtritt.

Dieser Angabe des damals vorhandenen Leuchtfeuers entspricht die Aufzeichnung in dem ältesten Lübecker Kämmereibuch von 1316 bis 1338 (siehe Anlage XXXII c)[1]), welche das Gehalt des Wärters der Leuchte zu Travemünde angibt. Leider finden sich ältere Aufzeichnungen nicht, und ebensowenig ist dort etwas über die Art der Leuchte und über das Brennmaterial bemerkt. Dagegen geht aus der folgenden Anlage XXXII d hervor, dafs zu dieser Zeit Lichte gebrannt wurden, welche die Stadt Lübeck zu liefern hatte. Es scheint, dafs diese Art der Befeuerung weit zurückreicht und sich lange erhielt, auch den damaligen Ansprüchen genügte; denn in dem der Zeit nach nächsten Schriftstück, das sich im Lübecker Archiv befindet

[1]) Diese und die folgenden Mitteilungen aus dem Lübeckschen Staatsarchiv u. s. w. verdanke ich der grofsen Güte des Herrn Staatsarchivars Professor Dr. Hafse in Lübeck.

und welches in einer Reisebeschreibung von 1710 den Travemünder Leuchtturm beschreibt (siehe Fig. 32), sah der Reisende auf dem Turme noch den eisernen Armleuchter für 12 Lichte, welche nach der Aussage des Wärters früher gebrannt worden waren und Wachskerzen gewesen sein sollten. Zu der Zeit dieses Besuches wurden dagegen schon Öllampen gebrannt. Es waren zwei Scheinwerfer von einem (?) Schuh Durchmesser vorhanden, vor welchen je zwei Lampen mit je 2 Dochten brannten, die nur alle 5 bis 6 Stunden »geschürt« wurden; 1778 werden diese Öllampen noch erwähnt. Wir erfahren auch bei dieser Gelegenheit, dafs diese Leuchte 1537 wieder hergestellt wurde, nachdem der Turm 1534 von den Holsteinern zerstört worden war; Anlage XXXII e.

Die Travemünder Leuchte diente übrigens anderen Feuern an der Ostsee zum Vorbilde, wie wir dies z. B. für Colbergermünde, errichtet 1666 (siehe Anlage XXXVIII b), speziell erwähnt finden. Dieses, sowie dasjenige zu Weichselmünde, brannten, wie wir weiter unten sehen werden, Lichte, welche vor Einführung der Steinkohlen in den Handel (für Deutschland in der zweiten Hälfte des 17. Jahrhunderts) das alleinige Befeuerungsmaterial unserer Türme bildeten.

Dafs die oben erwähnten 12 Kerzen, wie andererseits die zwei Scheinwerfer mit vier Lampen eine für die damaligen Ansprüche genügende Sichtweite ergaben, erklärt sich daraus, dafs das Travemündener Feuer nur einen kleinen Winkel zu erleuchten hat. Er beträgt auch heute nur gegen 62°, für welche heute nur drei Parabole vorhanden sind. Dennoch erscheint die Angabe jenes Reisenden, dafs 1710 das Feuer neun Seemeilen sichtbar gewesen sei, als eine sehr reichliche.

1827 brannte die alte hölzerne Laterne, vom Blitz getroffen, ab. Nach der Wiederherstellung derselben bestand das Feuer aus drei Parabolen mit Argandschen Lampen, die 1873 erneut, verstärkt und verbessert wurden.

Fig. 32. Der Leuchtturm zu Travemünde.

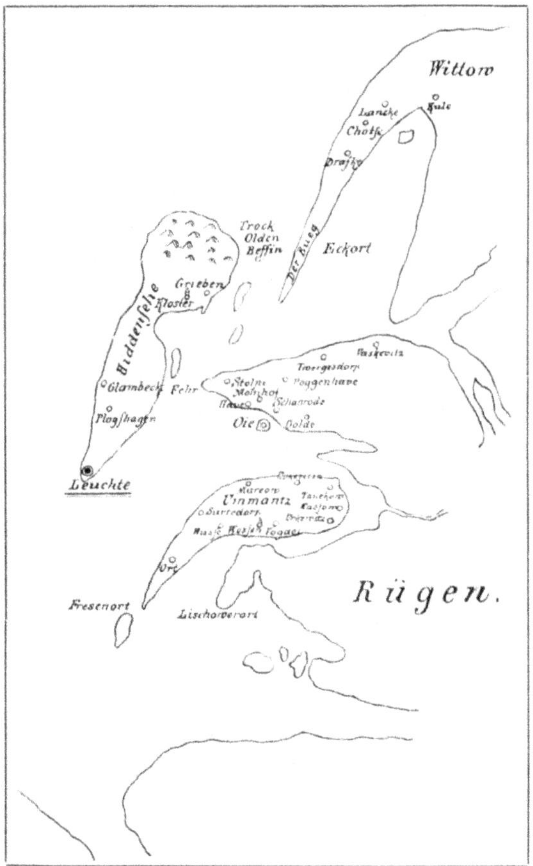

Fig. 33. Aus der Karte von Pommern des E. Lubini. Erste Hälfte des 17. Jahrhunderts.

3. Das Leuchtfeuer auf Neuwerk.

Auf Lübeck folgte schon 1286 Hamburg (siehe Anlage XXXIII a bis d)[1], in welchem Jahre das Leuchtfeuer auf Neuwerk eingerichtet wurde. 1299 bis 1310 wurde ein hölzerner Turm dort erbaut, der zugleich als Wachthaus für die dort zur Erhebung der Zölle u. s. w. postierten Mannschaften diente. Dieser brannte etwa 1380 ab, und es wurde Ende des 14. Jahrhunderts der noch stehende alte Turm erbaut, der jedoch nicht das Feuer trug. Dieses brannte nach einer erhaltenen Zeichnung aus der Mitte des vorigen Jahrhunderts auf einem hohen hölzernen Gerüst (siehe Fig. 53) und zwar seit der Mitte des 17. Jahrhunderts regelmäfsig als Steinkohlenfeuer, seit welcher Zeit Steinkohlen als gängiger Handelsartikel nach Hamburg kamen. Vorher wurden Kerzen gebrannt, wahrscheinlich in einer grofsen aufgehifsten Laterne. Näheres ist aus den älteren Rechnungen nicht zu ersehen; dieselben geben nur summarisch die Ausgaben für Neuwerk an; der Hauptmann der dortigen Besatzung hatte die verschiedenen nötigen Arbeiten zur Erhaltung des Werkes und für Unterhaltung des Feuers ausführen zu lassen, auch das Brennmaterial, die Kerzen, für letzteres zu beschaffen. Erst 1814 wurde der steinerne Turm zum Leuchtturm eingerichtet, indem er eine Laterne und 21 Parabole mit Argandschen Lampen erhielt. Seit 1892 krönt ihn ein Fresnelscher Apparat zweiter Ordnung.

4. Das Leuchtfeuer auf Hiddensoe.

Nur 20 Jahre später als Neuwerk, 1306, richtete Stralsund das Leuchtfeuer auf Hiddensoe ein, dessen Unterhaltung und Wartung der Abt Peter des dortigen Klosters St. Nicolai kontraktlich übernahm (siehe Anlage XXXIV a u. c). Nähere Angaben über Art u. s. w. des Feuers fehlen; nur das ist in der Urkunde bedingt, dafs das Feuer regelrecht brennen sollte von Mariä Geburt bis Walpurgis, das ist vom 8. September bis 1. Mai. Das Feuer ist wahrscheinlich im Dreifsigjährigen Kriege eingegangen. Auf der Karte von Pommern von E. Lubini, welche

[1]) Die das Feuer auf Neuwerk betreffenden Dokumente verdanke ich zum gröfsten Teil der Güte des zu früh verstorbenen Herrn Baudirektors Nehls in Hamburg und dem Bibliothekar der dortigen Kommerzbibliothek, Herrn Dr. E. Baasch.

in der ersten Hälfte des 17. Jahrhunderts erschienen ist, ist es noch angegeben (siehe Fig. 33). Erst 1889 wurde auf dem nördlichen Teil der Insel ein Turm erbaut, der einen Fresnelschen Apparat zweiter Ordnung erhielt.

---

5. Das Feuer zu Warnemünde.

Ein altes Feuer jener Zeit, dessen Geburtsjahr wir leider nicht kennen, ist das zu Warnemünde, errichtet und unterhalten von der Stadt Rostock. Die älteste erhaltene Urkunde über dasselbe ist ein Bürgerbrief (?) von 1408, und eine Stiftung (siehe Anlage XXXV), beide die Unterhaltung des schon vorhandenen Feuers betreffend. Das Feuer bestand aus Lichten, welche in einer Laterne auf oder an einem hohen Holzgerüst brannten. Das Feuer ist mit dem Dreifsigjährigen Kriege verschwunden. Schon anfangs des vorigen Jahrhunderts war nicht einmal mehr die Stelle bekannt, wo jenes Gerüst gestanden hatte. Jetzt hat Warnemünde seit langen Jahren einen Sideral-Apparat.

---

6. Die Feuer zu Weichselmünde und Neufahrwasser.

Eingehendere Angaben als über die früheren alten Feuerstellen besitzen wir über das Feuer, das 1482 zu Weichselmünde eingerichtet und später, 1758, nach Neufahrwasser verlegt wurde (siehe Anlagen XXXVI). Der erstere Turm stand im Innern des zum Schutz der damaligen Weichselmündung erbauten Kastells, das, in sehr frühen Zeiten als Blockhaus angelegt, mehrfach zerstört und wieder aufgebaut und erweitert wurde. Der alte Turm stand bis 1709, in welchem Jahre er abbrannte; 1729 wurde er durch einen neuen ersetzt. Wie aus den genannten Anlagen und den Fig. 34 und 35 ersichtlich ist, war der Turm mit einer Laterne gekrönt; in dieser brannten Lichte.

1758 wurde das Feuer nach Neufahrwasser verlegt, nachdem die Mündung der Weichsel bei Weichselmünde immer mehr versandet war (siehe Anlage XXXVI a und b). In Neufahrwasser wurde für das Feuer ein runder Turm ohne Spitze, die alte Blise[1]) genannt, erbaut und statt der Lichte wurden Steinkohlen gebrannt. Von dieser Blise ist uns eine Zeichnung erhalten in »Chodowiecki's Reise nach Danzig«. Nach dieser ist Fig. III der farbigen Tafel gefertigt.

Der Feuerapparat war eine sogenannte Wippe, an deren langem Arm der Feuerkorb hing. Ich werde weiter unten eingehender auf diese Art der Befeuerung einzugehen haben.

Da die Einfahrt durch ähnliche Versandungen wie zu Weichselmünde auch in Neufahrwasser immer schwieriger wurde, so wurde schon 1775 ein zweites Steinkohlenfeuer, niedriger als das vorhandene, angelegt, um mit diesem in Linie genommen ein Richtfeuer zu bilden.[2]) Über die Kohlenfeuer wurde vielfach geklagt; bei ruhigem Wetter brannte das Feuer schlecht,

---

[1]) Die Worte Baake oder Blise kommen frühzeitig für Feuerzeichen vor und sind wohl desselben Stammes, nur verschiedenen Dialekten angehörend. Nach dem Etymologischen Wörterbuch der deutschen Sprache von Ferd. Kluge 1899, liegt das gotische baukn zu Grunde; (angelsächsisch: béacen, Zeichen, altniederdeutsch: bôkan, Zeichen, Vorbild). Erst 1727 wird Baake als Feuerzeichen gebraucht.

[2]) Siehe L. Hagen, Zeitschrift für Bauwesen, 1883.

bei starkem Winde verbrauchte es übermäſsig viel Kohlen. 1817 wurden daher die Steinkohlen verlassen, und die Feuer erhielten je drei Wachskerzen von zwei Zoll Durchmesser mit sehr starken Dochten, die in Laternen brannten[1]); diese geringe Zahl der Kerzen genügte selbst für den zu erleuchtenden Winkel nicht, und so wurde im Jahre 1819 eine kleine Gasanstalt für die beiden Feuer eingerichtet.[2]) Jedes Feuer erhielt drei Flammen, jede in einem Parabol von 530 mm Öffnung bei 229 mm Tiefe.

Fig. 34. Weichselmünde, 1563.

Neufahrwasser dürfte daher die erste Feuerstelle der Welt sein, welche Gas in parabolischen Reflektoren brannte. Aldini führt als erstes Gasfeuer Salvore bei Triest aus dem Jahre 1818 an; aber dort bildeten das Feuer nur eine groſse Anzahl frei brennender Flammen, wie früher die Lichte. Zudem beweisen die im Königlichen Archiv zu Danzig noch vorhandenen

[1]) Nähere Angaben fehlen.

[2]) Die Zeichnungen zu dieser Gasanstalt sowie das Projekt zu einer gleichen für Rixhöft, die aber nicht ausgeführt wurde, befinden sich in dem Archiv der Königlichen Regierung zu Danzig.

Zeichnungen u. s. w., daſs die dortige Anlage eine selbstständige war und an die bei Triest sich nicht anlehnte; auch die Jahreszahlen sprechen hierfür.[1]) Als 1825 in Neufahrwasser der Bau der Molen beendet war, wurde das zweite Feuer eingezogen und das Turmfeuer auf fünf Parabole erweitert; der östliche Molenkopf erhielt erst 1845 ein eigenes Feuer in einem Fresnelschen Apparat sechster Ordnung Dieser wurde später durch einen solchen fünfter Ordnung mit zweidochtiger Mineralöl-Lampe ersetzt. 1860 wurde das Turmfeuer auf sieben Parabole verstärkt und erhielt Argandsche Lampen für Rüböl. Diese wurden 1870 für Mineralöl eingerichtet.

1890 wurde versuchsweise elektrisches Licht eingeführt mit einem metallenen Reflektor[2]), und da dieses sich bewährte, 1894 ein neuer Turm für dasselbe gebaut. Es war dies das erste elektrische Feuer an den deutschen Küsten.

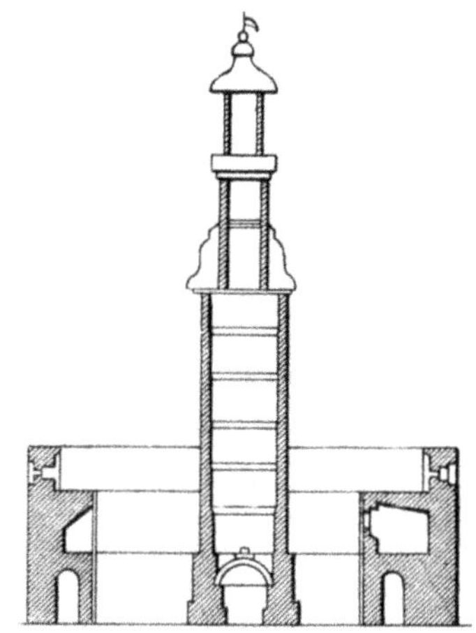

Fig. 35.
Der Leuchtturm zu Weichselmünde.

7. Das Feuer auf Hela.

Dieses ist wahrscheinlich gleichzeitig mit dem vorher besprochenen oder wenig später eingerichtet worden, und zwar wie dieses von der Stadt Danzig. Eine genaue Jahreszahl der ersten Befeuerung ist nicht mehr festzustellen. Nach den alten Urkunden (siehe Anlage XXXVII a) war der $116^1/_2$ Schuh hohe Turm der alten Kirche von Neu-Hela oben mit einer 10 Schuh im Quadrat haltenden Plattform versehen, auf welcher eine Laterne stand, in welcher Lichte brannten, hinter denen auf der Landseite die Laterne mit Messing ausgeschlagen war, was wohl als Scheinwerfer dienen sollte. Nach Zerstörung der alten Kirche bei einem Stadtbrande wurde anfangs des 17. Jahrhunderts eine Blise eingerichtet. Schon vor 1670 brannte diese Steinkohlen »in einem Kessel an einem Galgen«. Auf einer sehr genauen Karte von Hela aus dem genannten Jahre ist diese Blise mit dem Wärterhaus angegeben. Diese Einführung der Steinkohlen steigerte die Helligkeit so auffallend, daſs der Ruf dieses neuen Feuers sich schnell verbreitete und den König Johann III. von Polen veranlaſste, am 25. September 1678 nach Hela hinüber zu segeln und das neue Wunderding zu besichtigen.

Im Jahre 1702 wurde die Blise von einem Sturm zerstört, aber sogleich wieder neu erbaut. Ebenso 1763 und 1790. Die im letzten Jahre erbaute »Baake« (Anlage XXXVII b) versah ihren Dienst, bis 1827 der jetzige Turm vollendet wurde. Der Bau war 1806 begonnen, jedoch in den folgenden unglücklichen Jahren liegen geblieben. Das Feuer, ein Drehfeuer, besteht aus sechs Parabolen von 655 mm Öffnung bei 225 mm Tiefe.

---

[1]) Nemnich teilt — leider ohne Angabe näherer Details — in der Beschreibung seiner in den Jahren 1805 und 1806 unternommenen Reise durch England (Tübingen, J. G. Cotta, 1807, Seite 127) mit: »Auf verschiedenen Leuchttürmen sind Gaslampen angebracht und, wie man hört, leisten sie den besten Nutzen.«

[2]) Die neue Hafenanlage wurde gleichzeitig elektrisch befeuert und liefert den Strom für den Turm.

8. Das Feuer bei Cöslin.

Ich habe nun eines eigenartigen Feuers zu gedenken, dessen Eingehen wir wohl genau kennen, dessen Anfang aber unbekannt ist, jedoch sehr weit zurückliegen mufs, das auch einer Stadt angehört, welche heute nicht viel mehr mit Seeschiffart zu thun hat, nämlich Cöslin (siehe Anlage XXXVIII a[1]) und Fig. 36). Cöslin wurde 1266 Stadt. Es trieb zur See Handel nach Schweden, Dänemark, Danzig, Stralsund, Lübeck u. a. m.; das Frische Haff, heute der Jamunder-See, diente als Hafen. Schon frühzeitig stand auf dem 137 m über Mittelwasser der Ostsee hohen Gollenberg eine Kapelle, auf deren Glockentürmchen nächtlich eine Laterne ausgehängt wurde. In derselben brannten vor einem polierten »Becken« ein oder mehrere Lichte, um den Schiffern als Richtfeuer in der gegen 8 km langen Auffahrt von dem See her zu dienen. 1532

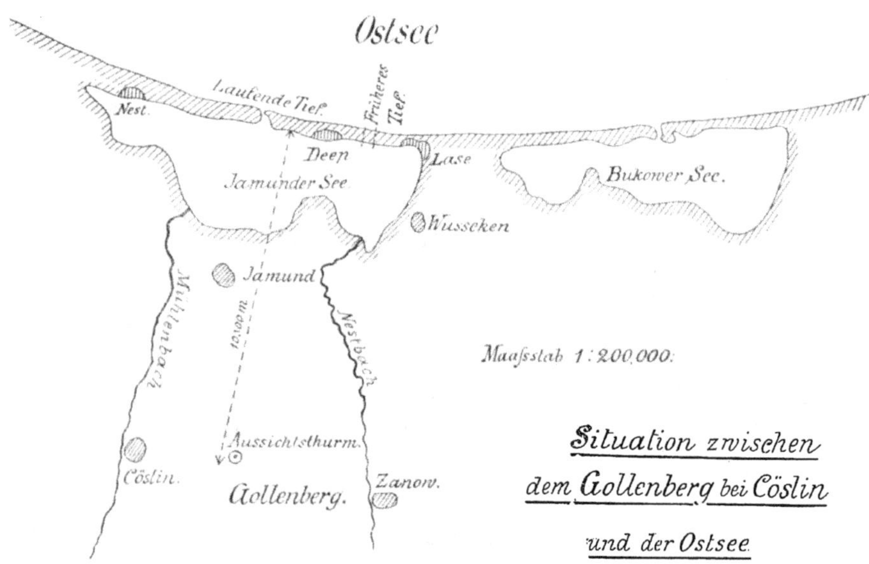

Fig. 36.

wurde der Turm abgebrochen; derselbe stand ungefähr an der Stelle des jetzigen Aussichtsturmes. Bei der raschen Entwickelung, welche die Stadt und ihr Handel bald nach 1266 nahm (selbst Seeschiffe wurden dort gebaut), ist die Anordnung des Feuers auf dem Gollenberge und seine Bedienung durch den Eremiten der dortigen Kapelle wohl in die erste Hälfte des 14. Jahrhunderts zu setzen.

Von den deutschen Feuern schliefst sich hier Pillau an, das nach den Akten im Königlichen Archiv zu Königsberg 1562 befeuert wurde. Von der Art der ersten Befeuerung habe ich leider nichts ermitteln können. Wahrscheinlich waren es nach dem Vorbilde von Travemünde (das als solches bei Colbergermünde (Anlage XXXVIII b) bestimmt bezeichnet wird) und Weichselmünde Lichte in einer Laterne zum Aufhissen, die, wie in Neufahrwasser und Hela, wohl später einer Steinkohlenwippe weichen mufsten. Der jetzt noch stehende Turm und noch

[1]) Ich verdanke diese Mitteilungen sowie die über Colbergermünde Herrn Geheimen Baurat Benoit.

im Dienst befindliche Apparat wurde anfangs dieses Jahrhunderts erbaut und warf zum erstenmal im Jahre 1813 bei dem Einzug der russischen Truppen in Pillau sein Licht in See. Der Apparat besteht aus 13 silberplattierten Parabolen von 520 mm Öffnung und 215 mm Tiefe mit Argandschen Lampen.

9. Das Wangeroger Feuer.

Erst 1602 erhielt die deutsche Küste der Nordsee ihr zweites Feuer. Auf der Insel Wangeroge wurde 1597/1602 ein Turm (Fig. 37) erbaut, der den Schiffern nicht nur als Tageszeichen dienen sollte, wie das vielfach üblich war, sondern der auch nachts ein Feuer zeigen

Fig. 37. Wangeroge, 1602.

sollte.[1]) Schon vor dem 14. Jahrhundert hatten die beiden Kirchtürme im Westen und Osten der langgestreckten Insel als Tageszeichen und Richtlinie gedient. Beide waren im 14. Jahrhundert von den Holländern zerstört, doch wieder aufgebaut worden. Aber das Meer verschlang im 16. Jahrhundert die westliche Kirche, nachdem vorher schon die östliche zu Grunde gegangen war. Zum Ersatz wurde an der Westseite der Insel ein neuer Turm, 1597/1602, erbaut. Sein oberes Stockwerk diente als Kapelle, und seine drei Spitzen bezeichneten den Meridian. In der höchsten der drei Spitzen war eine Laterne eingebaut, die 48 Fenster hatte, und in ihr befand sich ein Lampenfeuer, das von Michaelis bis Weihnachten und von Ostern bis Fastnacht brannte. Das Feuer erwies sich aber als gänzlich unzulänglich, so dafs eine Steinkohlenbaake daneben als Ersatz errichtet werden mufste. Für diese wurde 1687 auf der Westseite der Insel ein neuer runder Feuerturm erbaut, 38 Fufs hoch und 25 Fufs im Durchmesser, auf dessen Plattform der Feuerkorb für das Steinkohlenfeuer auf einer gemauerten Erhöhung stand. Dieser Turm wurde 1807 in ein Kastell umgebaut. Etwas später wurde er durch eine Sturmflut stark beschädigt. Wieder hergestellt, erhielt er 1815 eine bessere Lampen-Einrichtung, die den ganzen Winter hindurch brannte, bis am 3. Februar 1825 eine Sturmflut, die auch den alten Turm sehr gefährdete, den ganzen Turm und die Umgegend zerstörte. In demselben Monat wurde jedoch noch ein Notfeuer in Form einer Pfostenlaterne hergerichtet, bis in der Nähe des alten Turmes eine Blise mit Steinkohlenfeuer hergestellt war. Ein neu erbauter massiver Turm mit Laterne und Parabolen mit Argandschen Lampen, Drehfeuer, trat im Oktober 1830 in Dienst, wurde aber schon Neujahr 1855 durch eine Sturmflut so stark beschädigt, dafs auf der Ostseite der Insel der jetzige Turm erbaut werden mufste, der 1856 mit einem Fresnelschen Apparat vierter Ordnung in Dienst trat. Sein Feuer liegt 104 Fufs = 30,7 m über ordinärer Flut gegen 65 Fufs im alten Turme.

1878 wurde der Fresnelsche Apparat erneuert und 1896 ein elektrisches Feuer eingerichtet.

Der Befeuerung von Wangeroge schliefst sich die von Borkum und Helgoland an.

10. Das Feuer auf Borkum.

Auf Borkum erbaute die Stadt Emden 1576 einen 150 Fufs hohen Turm mit hohem keilförmigem Dache als Tageszeichen, der 1780 erneuert wurde. Derselbe liegt merkwürdigerweise nicht dem Strande möglichst nahe, sondern bei der Kirche im Dorfe; vielleicht wurden auf ihm bei Nebel die Kirchenglocken geläutet, wozu der Küster verpflichtet war. Der Turm war quadratisch, 20 Fufs im Lichten, und die Mauern waren durch sehr starke eichene Balken (bis 18 Zoll im Quadrat) etagenweise, aber ohne Fufsboden, abgesteift. Nur oben war ein abgeschlossener bewohnbarer Raum, über welchem sich das sehr hohe keilförmige Dach erhob. Der Abschlufs zwischen jenem oberen Raum und dem Dache bestand aus zwei kreuzweise zu einander gelegten geschlossenen Balkenlagen, deren eichene Balken 18 Zoll im Quadrat mafsen. Ungefähr 1760 erhielt Borkum ein Steinkohlenfeuer. Dasselbe befand sich auf einer hohen Düne an der Westnordwest-Küste der Insel, und war die Feuerstelle mit Ziegeln abgepflastert,

[1]) Siehe Lasius, Verhandlungen des Hannoverschen Architekten- und Ingenieur-Vereins, XXIII (1867).

etwas erhöht gegen die umliegende Düne; auf dieser Plattform stand der Feuerkorb. Es sollen hier jede Nacht 2000 Pfund Steinkohlen verbraucht worden sein, was entschieden als übertrieben zu bezeichnen ist.

Erst 1817 wurde ein besseres Feuer eingerichtet, und zwar auf dem alten Turme. Nach Abtragung des hohen Keildaches desselben wurde auf der Plattform eine Laterne errichtet, deren Apparat aus Parabolen mit Argandschen Lampen bestand. Statt dieses Apparates erhielt der Turm 1857 einen Fresnelschen Apparat zweiter Ordnung, festes Feuer mit dreidochtiger Lampe. Dieser Apparat war jedoch nicht lange in Thätigkeit; am 14. Januar 1879 entstand nachmittags in der Wärterstube unter der Laterne Feuer, welches an den alten trockenen Balken so reichliche Nahrung fand, daſs der ganze Apparat mit Laterne vollständig zusammenschmolz, und der ganze Turm ausbrannte. Aber noch in demselben Jahre wurde der neue groſse Turm auf der Düne an der Westnordwest-Seite der Insel erbaut, der schon vorher projektiert war. Derselbe erhielt einen Fresnelschen Apparat erster Ordnung mit fünfdochtiger Lampe zum Brennen von Mineralöl, dessen Licht 63 m über mittlerem Hochwasser liegt. Das Feuer ist ein festes, von zwei zu zwei Minuten von einem hellen Schein unterbrochen.

Zu diesem Hauptfeuer auf Borkum gesellt sich seit 1891 ein elektrisches Feuer auf einem zweiten Turm an der Südwest-Seite der Insel zur Markierung der Ein- und Ausfahrt in der Ems.

11. Das Feuer auf Helgoland.

Nicht so eingehende Nachrichten besitzen wir über das Helgoländer Feuer. Dieselben sind erst von 1673 an zuverläſslicher, in welchem Jahre Hamburg die Insel und die Befeuerung übernahm. Nach Berichten von 1652 hat jedoch auf Helgoland schon viel früher eine »Feuerbake oder Blise« gestanden, welche Kerzen gebrannt haben soll. Dieses alte Feuer scheint jedoch mehrfache Unterbrechungen erfahren zu haben. Mit der Übernahme durch Hamburg 1673 wurden zuerst versuchsweise Steinkohlen gebrannt, von 1675 ab bilden solche das bleibende Befeuerungsmaterial. Das Feuer brannte auf dem Hochlande in einem eisernen Korbe auf einem niedrigen runden Unterbau, der auf seiner Oberfläche gepflastert und mit einer Brüstungsmauer umgeben war. Der bezeichnete Aufbau war 1853 noch vorhanden. Dieses Steinkohlenfeuer hat wahrscheinlich bis 1810 bestanden, in welchem Jahre der jetzt noch dienende Turm erbaut wurde und Parabole mit Argandschen Lampen erhielt. 1875 trat der jetzige Apparat in Dienst, ein Fresnelsches festes Feuer erster Ordnung mit fünf-, später sechsdochtiger Mineralöl-Lampe.

12. Die Feuer zu Memel, Brüsterort und Rixhöft.

Von den anderen heutigen deutschen Leuchtfeuern reicht allein das zu Memel in das vorige Jahrhundert hinein; dasselbe trat 1796 in den Dienst. Die aus Akten der dortigen Königlichen Wasserbauinspektion in Anlage XXXVIII c mitgeteilten hochinteressanten Angaben über die Lichtgebung dieses Feuers zeigen, wie wenig man damals auf diesem Gebiete bei uns bewandert war, und wie geringe Mittel darauf verwandt werden konnten. Damit hängt es auch zusammen, daſs uns so wenig Aufzeichnungen aus jener Zeit erhalten sind. So erfahren wir nur aus einem

Königlichen Erlafs vom 15. Februar 1806[1]), dafs damals neben Memel und Pillau auch Brüsterort befeuert war; und doch ist es mir nicht gelungen, über dieses Feuer sowie über Rixhöft Eingehendes zu beschaffen. Da aber Pillau schon 1562, Weichselmünde schon 1482 — selbst Colbergermünde 1666, Hela wahrscheinlich vor 1500 Feuer zeigten, so ist als sicher anzunehmen, dafs auch die zwei genannten so wichtigen, weil hervorspringenden Punkte schon längere Zeit vor 1806 befeuert waren. Dafs für Hela und Rixhöft schon in den ersten Jahren dieses Jahrhunderts Türme mit Parabolen und Argandschen Lampen projektiert waren, wissen wir aus dem Königlichen Archiv zu Danzig, in dem die betreffenden Zeichnungen aufbewahrt werden, doch fehlen, wie gesagt, alle früheren Nachrichten über Memel, Brüsterort und Rixhöft. Wahrscheinlich sind die genannten Orte mindestens um 1750 herum befeuert worden.

Die neuere Befeuerung der deutschen Küste.

Der heutige Turm auf Hela war schon 1806 begonnen und zwar von dem bekannten Geheimen Oberbaurat Severin, als er noch junger Kondukteur war. Die mit dem genannten unglücklichen Jahre für Preufsen eintretenden schweren Zeiten legten aber alle jene Projekte brach; auch der Bau auf Hela wurde eingestellt. Erst nach den ruhmvoll vollendeten Freiheitskriegen erwachte ein neues arbeitsfrohes Leben und Streben im Volk und im Staate, und unter Beuths Leitung wurde die regelrechte Befeuerung der preufsischen Küste begonnen. So wurde 1819 der Turm zu Memel erhöht und mit einem neuen Apparat versehen; so wurden erbaut die Türme zu:

Rixhöft 1822, Arcona 1824, Hela 1826, Jershöft 1830.

Nur für Brüsterort habe ich, wie für die erste Befeuerung, so auch nicht das Jahr der neuen Befeuerung feststellen können, doch erfolgte sie ziemlich gleichzeitig mit den Genannten. Der Apparat, der 1846 bei Erbauung des jetzigen Turmes mit einem Fresnelschen Apparat zweiter Ordnung dort noch in Dienst war, bestand in einer eisernen Laterne zum Aufhissen, in welcher drei silberplattierte Parabole mit Argandschen Lampen angebracht waren. Auch die anderen genannten Türme erhielten solche Befeuerung, selbstredend mit einer gröfseren dem zu beleuchtenden Winkel entsprechenden Anzahl von Parabolen.

Seit jener Periode ist die deutsche Küste fortschreitend regelrecht befeuert worden. Es wurden in Dienst gestellt nach 1830 die folgenden **Seefeuer:**

a) Leuchttürme.

1846 Brüsterort,
1848 Darfs,
1855 Greifswalder Oie,
1856 Wangeroge, neuer Turm,
1857 Swinemünde,
1857 Bremerbaake,
1858 Borkum, neuer Apparat,
1866 Grofs Horst,
1866 Rixhöft, neuer Apparat,
1867 Bülk,
1872 Heisternest,
1874 Nidden,
1874 Rixhöft, 2. Turm,
1874 Scholpin,
1874 Norderney,
1874 Amrum,
1877 Funkenhagen,
1877 Marienleuchte,
1878 Buckspitze,
1879 Dahmeshöft,

[1]) Der Erlafs ordnet an, dafs die genannten Feuer, die bis dahin nur 7 Monate im Jahre brannten, von nun an 10 Monate brennen sollen, nur Juni und Juli nicht.

1879 Borkum, neuer Turm,
1881 Westermarkelsdorf,
1885 Rote Sand,
1888 Hiddensoe,
1890 Neufahrwasser, elektrisches Feuer, neuer Turm,
1892 Borkum, zweiter Turm mit elektrischem Feuer,
1896 Rote Sand und Wangeroge: elektrische Feuer,
1896 Kahlberg.

b) Feuerschiffe:

1814 Innere Eider,
1867 Aufsen-Eider,
1874 Aufsen-Jahde,
1873 Bremen,
1875 Borkum, Riff.

1846 wurde der erste gröfsere Fresnelsche Apparat zweiter Ordnung auf Brüsterort aufgestellt. 1890 leuchtete das erste elektrische Feuer in Neufahrwasser auf. Eine Zusammenstellung der Feuer an den deutschen Küsten bis 1889 mit genauen Angaben über die Apparate u. s. w. findet sich in Veitmeyer: Die deutschen Seefeuer. Berlin, bei Ernst und Korn 1889.

Alte Feuer in anderen als Deutschen Ländern.

Aufser den besprochenen, durch Urkunden beglaubigten Leuchtfeuern sind aus ganz früher Zeit noch zwei Feuer zu erwähnen, deren Vorhandensein aber sehr zweifelhaft ist. In Goughs Addition to Camden: »Britannia«, wird nach Alan Stevenson ein Leuchtfeuer bei der St. Edmunds Chapel an der Küste von Norfolk erwähnt, und zwar um 1272. Stevenson selbst nennt den Bericht mager und unverständlich.[1]) Ähnliche, ganz unbestimmte Angaben werden von einer Reihe Küstenorte in England erzählt. Sicher scheint nur zu sein, dafs frühzeitig Klostergeistliche, besonders Eremiten[2]), es für ein Gott gefälliges Werk ansahen, durch Aushängen von Laternen die Fischer und Schiffer vor Unglücksfällen zu bewahren, sie sicher in ihren Hafen zu leiten. Dafs diese Art Feuer sehr verbreitet war, die Eremiten in allen Ländern sich dem Leuchtfeuerdienst widmeten und deren Unterhaltung übernahmen, haben wir bei Magnale, Cordouan, Hiddensoe, Cöslin gesehen. Auch zu St. Catherine auf der Insel Wight soll um 1323 ein Feuer bestanden haben, das von einem Eremiten unterhalten wurde. Leider sind alle diese Feuerzeichen zur Zeit der Reformation verschwunden.

Ebenso unbewiesen ist die Nachricht, dafs Dieppe Ende des 14. Jahrhunderts ein Leuchtfeuer gehabt haben soll. War dies der Fall, so war es eine Laterne, welche als feu de marée, d. i. zum Anzeigen von Ebbe und Flut, diente.

Ich möchte hier nochmals auf das schon auf Seite 24 erwähnte Feuer am Bosporus zurückkommen, das wahrscheinlich aus einer viel früheren Periode als 1453, seiner ersten Wiedererwähnung durch Pierre Gilles, stammt und, da es Öllampen benutzte, an die ersten italienischen Feuer erinnert.

---

[1]) Es ist hier zu bemerken, dafs über Dänemark und Holland und auch über England eingehende Forschungen, die alten Leuchtfeuer betreffend, fehlen.

[2]) Ein solcher Eremit mit einer Laterne soll sich auf fast allen alten Darstellungen des St. Christophorus finden, wo dieser nicht als Einzelfigur, sondern in landschaftlicher Umgebung dargestellt ist; so auf einem alten Danziger Kupferstich v. J. 1442. Der Eremit mit der Laterne weist sinnbildlich, äufserlich und geistig dem irdischen Wanderer den rechten Weg.

Pierre Gilles, gelehrter Reisender in der ersten Hälfte des 16. Jahrhunderts (1515 bis 1547), erwähnt auf dem Vorgebirge Panium am Bosporus einen Leuchtturm, welcher eine Lampe brenne, die mit einer Laterne umgeben sei, und dafs diese Laterne durch kleine Glasscheiben, in Blei gefafst, geschlossen sei. Daraus, dafs die Scheiben in Blei gefafst seien, nicht in Gips oder Kitt, schliefst er, dafs die Laterne noch von den Christen vor der Eroberung Konstantinopels durch die Türken, 1453, errichtet worden sein müsse, weil die letzteren dazu nicht Blei, sondern Gips (Kitt?) zu verwenden pflegten. Es ist dies derselbe Turm, der nach Stevenson von Hakluyt in seinen Voyages 1595 Vol. II., p. 448 an der Mündung des Bosporus erwähnt wird. Die Lampe und Laterne, die auch er erwähnt, und die Lage sprechen dafür. Der Turm hatte nach ihm 120 Stufen, die Laterne 4 Yards Durchmesser und 3 Yards Höhe. Das Feuer war ein Ölfeuer von 20 Flammen, die um eine Schale als gemeinschaftlichen Ölbehälter angeordnet waren. Wann dieses Feuer eingegangen ist, ist nicht bekannt.

Aufser den vorstehenden Feuern ist nur noch ein einziges zu nennen, das bis in das 15. Jahrhundert zurückgeht. Es ist Spurn Point in England. Nach Hardy soll es 1427 als Holzfeuer bei der Kapelle des St. Nikolas eingerichtet worden sein. Es wäre demnach das älteste Leuchtfeuer in England. Wie lange es unterhalten wurde, ist nicht bekannt; aber zu den Zeiten der Königin Elisabeth (1558 bis 1603) und auch 1618 war es nicht vorhanden; es soll durch Abspülung der Küste zu Grunde gegangen sein. 1675 wurde dort ein neues Feuer und zwar ein Zwillingsfeuer, das zugleich Richtfeuer war, errichtet, d. h. zwei Feuer in verschiedenen Höhen, welche, in Linie genommen, den Schiffern eine bestimmte Richtung angaben. Das obere Feuer brannte auf einem Turm Steinkohlen in einer Wippe; der Feuerkorb lag 14 Fufs über der Plattform des Turmes; das untere Feuer brannte in einer auf einem Pfahl befestigten Laterne zwei bis drei Stück Talglichte. Die letztere Anordnung war gewählt, um nötigenfalls dieses Feuer leicht versetzen zu können. — Diese Feuerstelle ist auch dadurch in der Entwickelung der Leuchtfeuer bedeutsam, dafs Smeaton 1776 bei Verlegung resp. Neubau derselben wegen Abbruch der Küste das obere Feuer als Steinkohlenfeuer in einer geschlossenen Laterne konstruierte, das erste derartige Steinkohlenfeuer, welches Erfolg hatte; ich werde weiter unten hierauf zurückzukommen haben.

Wie langsam sich die Zahl der Feuer vermehrte, zeigt auch das 16. Jahrhundert. Es sah nur acht neue Feuer entstehen, von denen zwei den schon besprochenen deutschen Feuern angehörten, Cöslin und Pillau; zwei den Niederlanden, nämlich Goereë und Terschelling, und zwei England: North Shields und Caister bei Winterton. In Frankreich entstand ein Feuer: Ciotat; in Dänemark: Skagen und Anholt. Dagegen fällt in das genannte Jahrhundert die Gründung des so einflufsreich gewordenen Trinity-House in London, 1512, sowie die erste Königliche Verordnung in Schweden, betreffend die Aufstellung von Seezeichen auch bei Nacht.

Erst mit dem 17. Jahrhundert treten die Leuchtfeuer zahlreicher auf, und zwar geht hier Schweden voran. Aber erst im 18. Jahrhundert beginnt ihre eigentliche Entwickelung, besonders gegen Ende desselben, indem die Wissenschaft sich mehr mit der zu lösenden Aufgabe beschäftigte, und Argands Lampe eine neue und wirkliche Lichtquelle darbot.

Da es nicht die Aufgabe dieser Abhandlung sein kann, die Entwickelung der Leuchtfeuer in allen Ländern einzeln zu verfolgen, so habe ich in der am Schlusse meines Buches folgenden Zusammenstellung, soweit das erforderliche Material vorhanden und ich es beschaffen konnte, die Leuchtfeuer von Mitte des 12. bis Anfang des 19. Jahrhunderts in ihrer historischen Folge aufgeführt; auch die ihre Umgestaltungen im Laufe der Zeit betreffenden Ermittlungen sind beigefügt, ebenso die Einsetzung königlicher oder korporativer Behörden für die Überwachung oder Anlage der Seezeichen und Feuerstellen. Der genannte Zeitabschnitt ist gewählt, weil, wie wir gesehen haben, die älteste beglaubigte Urkunde der nachrömischen Zeit von 1157 datiert, und nach den napoleonischen Kriegen mit 1815 die Zahl der Leuchtfeuer mit der neu belebten Entwickelung des Handels und der Schiffahrt in immer steigendem Mafse rasch zunimmt, und immer mehr die fortschreitende Ausbildung und Vervollkommnung der Leuchtapparate, nicht mehr die Zahl der Feuer, das Interesse in Anspruch nimmt. Diese historische Entwickelung der Leuchtapparate selbst werde ich später zu besprechen haben.

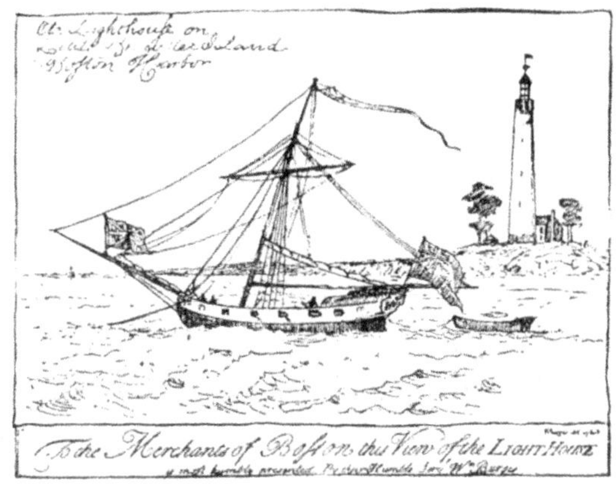

Fig. 38. Leuchtturm bei Boston, 1783.

Aus der genannten Zusammenstellung mag hier noch erwähnt werden, dafs Frankreich nach Leonore Fresnel gegen Ende des vorigen Jahrhunderts nur elf Türme und einige Feuerstellen hatte, ja 1825 nur 15 eigentliche Seefeuer. England unterhielt mehr, doch sollen sie weniger befriedigend gewesen sein. Das erste amerikanische Feuer wurde 1716 auf der Insel Little Brewster für die Einfahrt nach Boston errichtet. Von dem dort 1783 errichteten steinernen Turm gebe ich eine Abbildung nach einem alten Holzschnitt (siehe Figur 38). Dieselbe zeigt eine geschlossene Laterne, das Feuer mufs daher damals in Öllampen oder Lichten bestanden haben; Steinkohlen kommen zu jener Zeit für Amerika wohl noch nicht in Frage.

Die zentralen Verwaltungsbehörden der Leuchtfeuer bis zum Beginn des 19. Jahrhunderts.

In Bezug auf England sind wohl die wichtigsten die Leuchtfeuer behandelnden Urkunden bei dem Brande des Trinity-House 1714 zerstört worden, und andere ruhen wahrscheinlich im Staube der Archive einzelner Städte. Aber wir wissen, dafs bereits Heinrich VIII. 1536 dem Trinity-House zu Newcastle upon Tyne den Charakter einer »maritime society« verlieh, um vorhandene Leuchtfeuer weiter zu pflegen und neue einzurichten; namentlich genannt werden zwei an der Einfahrt des Hafens der genannten Stadt. Wann die 1512 gegründete Brotherhood of the Trinity-House zu London diese Aufgabe zugewiesen erhielt, ist, wie wir sogleich sehen werden, nicht bekannt.

Die von Elisabeth 1566 erlassene Akte bezieht sich auf die Errichtung und Erhaltung von Seezeichen und Landmarken im allgemeinen für England und Wales. Doch ist sie nicht die erste derartige Verordnung, wie englische Schriftsteller behaupten, sondern die schwedische von 1550, welche das Errichten von Leuchtfeuern, Landmarken u. s. w., sowie die Bezeichnung der Fahrrinnen durch Wippen und dergl. vorschreibt und regelt, ist um 16 Jahre älter.

Ebenso scheint es, dafs die englischen Verordnungen damals immer nur lokaler Natur waren. Das jetzt in England tonangebende Trinity-House trat erst unter William IV. (1830 bis 1837) voll und ganz in seine jetzige dominierende Stellung und Wirksamkeit ein. Bei seiner Begründung 1512 hatte es zunächst rein geistliche Ziele. Die Verordnung Heinrichs VIII. vom 20. März des genannten Jahres, welche die: »Brotherhood of the Trinity-House of Deptford of Strand and St. Clement« bestätigt, beginnt mit der Erklärung: »Aus der aufrichtigen und vollständigen Hingabe (Devotion), welche wir haben für die ruhmvolle und unteilbare Dreieinigkeit und auch für St. Clement den Beichtvater, gewährt und gibt Se. Majestät Erlaubnis zur Errichtung einer Korporation oder beständigen Brüderschaft zwischen Ihren Unterthanen und Ihren Gesellschaftern, Männern oder Frauen.« Zunächst bezeichnet die Stiftungsurkunde die neue Gesellschaft als eine maritime wie die zu Newcastle; es scheint die Thätigkeit der Verbindung zu Anfang nur darin bestanden zu haben, für die Seelen der auf See Verunglückten und für die in Gefahr Befindlichen zu beten und vielleicht für die Schiffbrüchigen zu sorgen. Aber rasch wohl dehnte sich die Thätigkeit aus, und unter Elisabeth, James I., Charles II. und James II (1685 bis 1688) kam allmählich die Kontrolle der Handelsmarine, ja unter gewissen Einschränkungen selbst der Königlichen Marine, an das Trinity-House. Doch erst unter König William IV. wurden, wie schon oben bemerkt, die Verwaltung und Errichtung der Leuchtfeuer endgültig geregelt und die Rechte der Krone definitiv auf Trinity-House übertragen. Bis dahin waren fast alle Leuchtfeuer Privatunternehmungen einzelner Personen oder von Korporationen, so selbst das wichtige Feuer auf Eddystone. Die für die Feuer zu zahlenden Gebühren gewährten so erhebliche Einnahmen, dafs unter James I. (1603 bis 1625) die Errichtung von Leuchtfeuern neben dem Trinity-House wieder der Krone zugesprochen wurde, und die Übertragungen dieser Erlaubnis auf Privatpersonen bildeten erhebliche Einnahmen für den König. Es war bald »kein Winkel oder Felsen mehr«, für den solche Licenzen nicht vom König erbeten und erteilt wurden. Viele derselben wurden nicht ausgeführt, aber die Abgaben wurden erhoben. Eddystone z. B. ging erst 1817 in die Verwaltung von Trinity-House über. Wir besitzen noch Quittungen über die erhobenen Leuchtfeuerabgaben aus jener Zeit, welche mit rohen Bildern der betreffenden Türme versehen sind (siehe Fig. 54 und 55).

Für Schottland wurde der Board of northern Lighthouses erst 1786 eingesetzt; ein gleicher für Irland noch später.

Dafs an den Küsten des vereinigten englischen Königreiches gegen Ende des vorigen Jahrhunderts bereits eine gröfsere Zahl von Leuchtfeuern nächtlich brannte, zeigt schon die später folgende Zusammenstellung. Aber dieselben waren wohl mit wenigen Ausnahmen schlecht unterhalten und wenig sichtbar. Selbst Eddystone brannte bis 1817 nur 24 Talgkerzen ohne Scheinwerfer frei in der Laterne; und doch hatte Cordouan seit 25 Jahren schon tiefe Parabole mit innerhalb derselben brennenden Argandschen Lampen. So gering waren damals noch die Ansprüche der Schiffahrt an die wichtigsten Leuchtfeuer! Die gefährlichsten Punkte der Küste, Klippen oder Einfahrten nur auf Entfernungen von wenigen Seemeilen kenntlich zu machen, galt schon für die Segelschiffahrt als grofse Hilfe und Gewinn.

Stand der Befeuerung am Ende des 18. Jahrhunderts und die als Bauwerke hervorragenden Türme.

Wie sehr die Befeuerung, für welche die Türme gebaut wurden, hinter diesen zurückstand an Leistungen der Wissenschaft und Kunst, das hat schon Cordouan bewiesen. Dieser Turm, der ganz allgemein schon, besonders aber für die Zeit, in der er geschaffen wurde, als eine ganz aufserordentliche Leistung bezeichnet werden mufs, trug ein Holzfeuer einfachster Art. Noch Schlimmeres finden wir, wie schon angeführt, bis in dieses Jahrhundert hinein bei dem berühmten Turm auf Eddystone, einer der gefährlichsten Klippen, mitten in dem so belebten Schiffsweg zwischen England und Frankreich liegend.

Eddystone.

Die Gefährlichkeit der dortigen Klippengruppe veranlafste schon gegen Ende des 17. Jahrhunderts eine Gesellschaft, dort ein Leuchtfeuer zu errichten. Der Bau wurde von Winstanley 1696 nach seinen Plänen begonnen und 1698 vollendet; er glich aber nach dem Urteil der Zeitgenossen mehr einer chinesischen Pagode als einem Bauwerk, das der Wut der Wellen und des Sturmes Widerstand leisten sollte. Doch war er in seinem niedrigen Unterbau bis zu 20 Fufs Höhe massiv und wurde bis zum Jahre 1700 mehrfach, so auch im unteren Durchmesser, verstärkt. Fig. 39 gibt sein Bild nach einem alten von Smeaton wiedergegebenen Stiche; die äusseren Zieraten, die dieser zeigt, sind selbstverständlich nur Zugaben des Zeichners. Der Turm hielt sich wirklich fünf Jahre. 1703 verschwand er in einem der stärksten bekannten Orkane mit Mann und Maus; auch Winstanley, der sich auf dem Turme befand, ging mit unter. Aber schon drei Jahre nach diesem Ereignis begann der Neubau eines zweiten Turmes auf der Eddystone-Klippe; so unentbehrlich und auch wohl so einträglich hatte sich das nur in einer Anzahl Talgkerzen bestehende Feuer, so dürftig es war, gemacht.

Das Projekt und die Bauleitung gingen diesmal von einem Seidenhändler in London aus, Rudyerd mit Namen. Er hatte richtig erkannt, dafs zum Widerstande gegen Wind und Wellen ein entsprechendes Gewicht bei möglichst geringer Angriffsfläche erforderlich sei, und hatte deshalb das Unterteil seines runden Turmes auf fast $^1/_2$ der Höhe massiv gemacht und zwar die untere Hälfte voll und geschlossen massiv aus Hausteinmauerwerk mit dazwischen liegenden und mit jenem verankerten Kreuzlagen von starken eichenen Balken. Der Felsen war, der Basis des Turmes entsprechend, sauber und abgetreppt bearbeitet, und um das Eindringen des Wassers in das Mauerwerk zu verhindern, hatte er den ganzen Turm aufsen fafsartig mit sechszölligen eichenen Planken umkleidet (siehe Fig. 40). Nach einer Bauzeit von $2^1/_2$ Jahren war der Bau (1709) vollendet. Er trotzte fast 50 Jahre den Stürmen und dem Wogenandrange, und nicht durch die Wut der Elemente, sondern durch Feuer wurde er 1755 zerstört. Das Feuer war in der hölzernen Laterne durch die Talglichte der Befeuerung ausgekommen und fand in dem so reichlich in der Konstruktion verwendeten ausgetrockneten Holze reichliche Nahrung.

Einen dritten Turm auf Eddystone baute der bekannte Ingenieur Smeaton, 1756/59, ganz aus Stein und mit eiserner Laterne (siehe Fig. 41 und 42). Er ist das Vorbild für alle folgenden Klippentürme geworden und hat bis in unsere Zeit ausgedauert. Da jedoch der Fels, auf dem er stand, vom Meere unterwaschen war, mufste der Turm verlassen werden, und Sir James Douglafs erbaute 1882 auf einer der daneben gelegenen Klippen einen neuen höheren Turm. Das massive Unterteil des alten Turmes aber ist stehen geblieben und zeugt auch heute noch von den Leistungen einer vergangenen strebsamen Zeit und von dem siegreichen Kampfe

Fig. 39. Winstanleys Leuchtturm auf Eddystone, 1699.

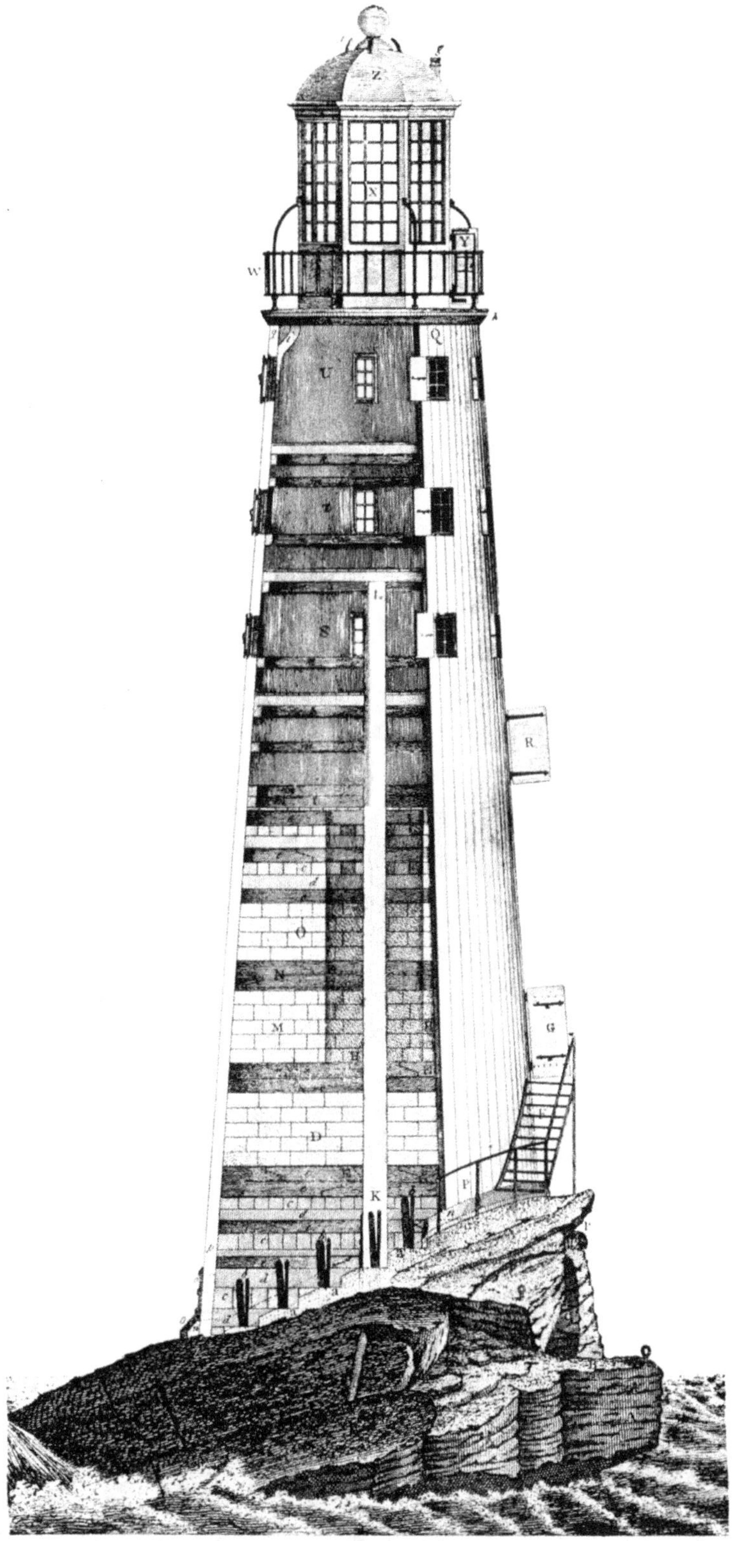

Fig. 40. Rudyerds Leuchtturm auf Eddystone, 1709.

Fig. 41. **Smeatons Leuchtturm auf Eddystone, 1759.**

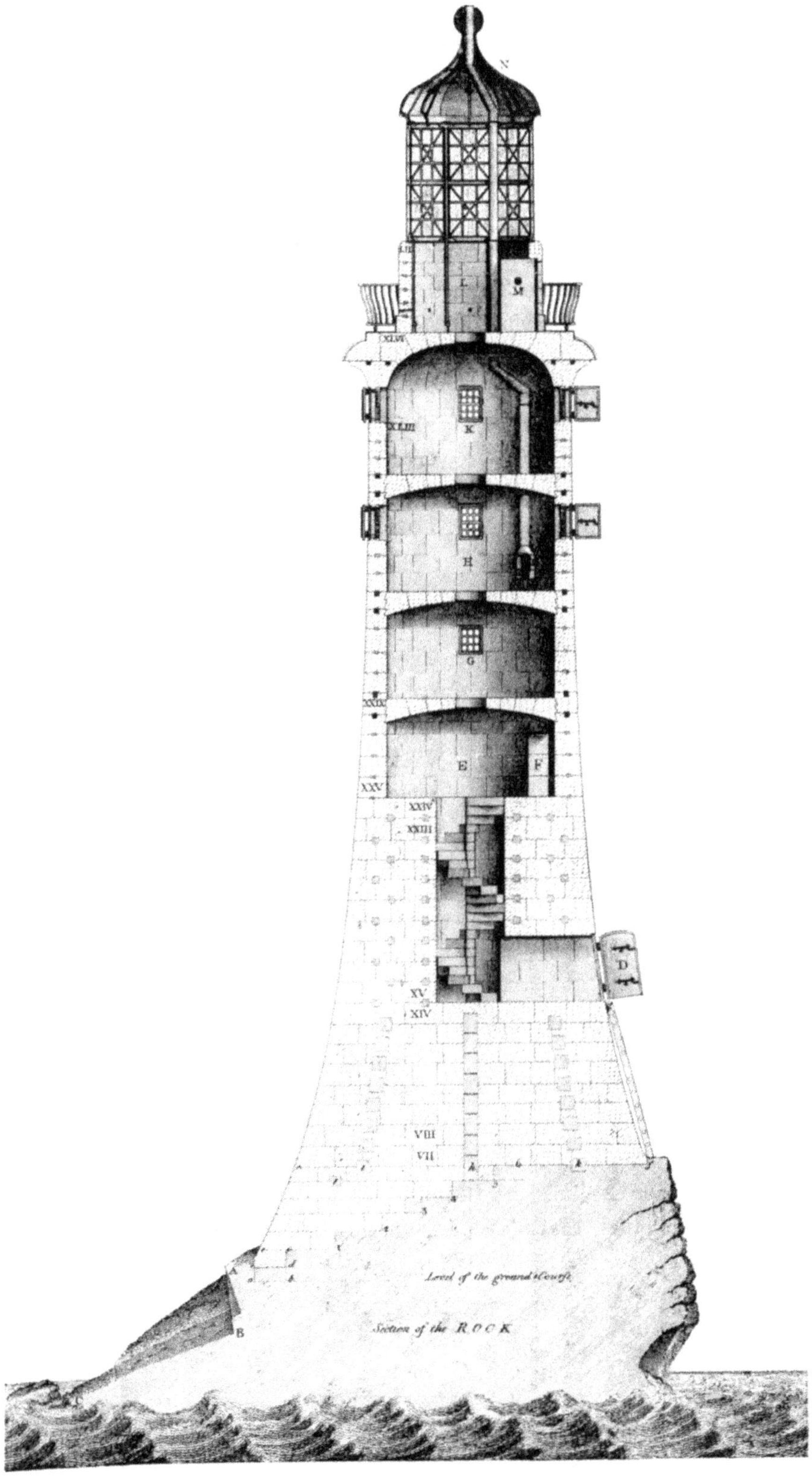

Fig. 42. Smeatons Leuchtturm auf Eddystone, 1759.

des Menschen mit den Elementen. Aber auch der Smeatonsche Turm erhielt als Befeuerung nur 24 Stück frei brennende, wenn auch starke Talgkerzen und erst im Anfang dieses Jahrhunderts Parabole mit Argandschen Lampen.

St. Davids Head.

Noch eines alten englischen Turmes mufs ich gedenken, der in einfachster Bauart an einer der bedrohtesten, selbst mehr als Eddystone bedrohten Stelle der englischen Küste 60 Jahre lang allen und zwar den direkten Angriffen des Sturmes und der Wellen getrotzt hat. Es ist der alte Turm auf den Smalls Rocks, St. Davids Head, erbaut 1778. (Fig. 43.) Ich gebe die Beschreibung nach Mr. Walker in den Proceedings of Civil Engr. IX 1880, Seite 10:

Fig. 43. Leuchtturm auf St. Davids Head, 1778.

Die Höhe des Lichtes über dem Felsen betrug 56 Fufs; das Bauwerk bestand aus neun eichenen Baumstämmen als Ständern, die in den Fels in einer nahezu senkrechten Stellung eingelassen waren, und vier Streben gegen die östlichen Ständer, welche die Hauptstütze des Bauwerks gegen die westlichen Stürme bildeten. Obgleich dem direkten Andrange des Atlantischen Ozeans ausgesetzt, hat der Bau 60 Jahre bestanden, und die hölzernen Ständer fanden sich beim Abbruch so unversehrt, dafs ihre Widerstandsfähigkeit für ungeschwächt erachtet wurde. Aber ein heftiger Sturm im Frühjahr 1831 hatte den gröfsten Teil des Fufsbodens des Wohnraumes eingeschlagen, und den Ofen umgestürzt, so dafs zwischen ihm und der Wand einer der Wärter eingeklemmt und stark verletzt wurde. Zwei Seiten des achteckigen Raumes waren so eingedrückt, dafs die Lebensmittel während acht Tagen über den Flammen der Lampen gekocht werden mufsten, der Zeit, die vom Beginn des Sturmes verstrich, bis eine Landung auf dem Felsen bewerkstelligt werden konnte. Erst dieses Ereignis veranlafste einen Neubau.

Leucht- oder Feuerschiffe, Leuchtbojen, Leuchtbaken.

Bisher hatten wir nur von Feuertürmen zu sprechen gehabt als Trägern der Leuchtfeuer Selbst auf frei im Meere liegenden Klippen, auf Sandbänken, auch wenn sie nur bei Ebbe und auf wenige Stunden vom Wasser entblöſst waren, oder auch dann noch tief unter Wasser

Fig. 44. **Erstes Leuchtschiff, im Jahre 1731 auf the Nore Sands in der Themse-Mündung ausgelegt.**

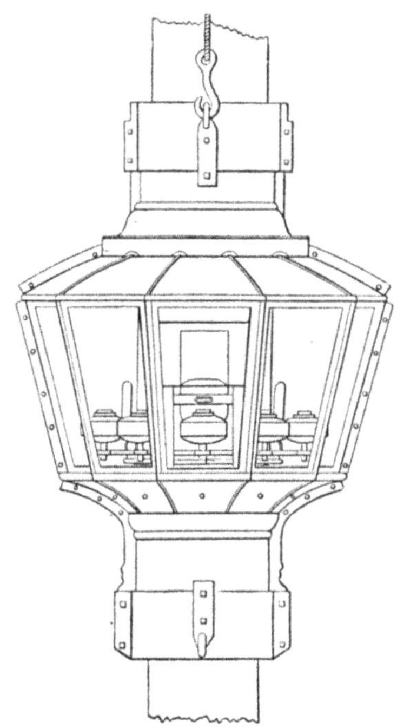

Fig. 45. **Robert Stevensons Laterne für Feuerschiffe, 1807.**

blieben, sind solche vielfach errichtet. Nicht die Schwierigkeiten und die Gefahren des Baues und des Dienstes schrecken heute vor solchen Bauten zurück, die Geldkosten des Baues und des Dienstes sind es allein. Nur auf den wichtigsten Punkten und an den gefährlichsten Stellen werden sie daher errichtet, und, wie wir sehen werden, geht auch bei diesen das Bestreben dahin, sie mehr und mehr unabhängig vom Lande, ihr Licht selbstständig ausdauernd, ja automatisch zu machen.

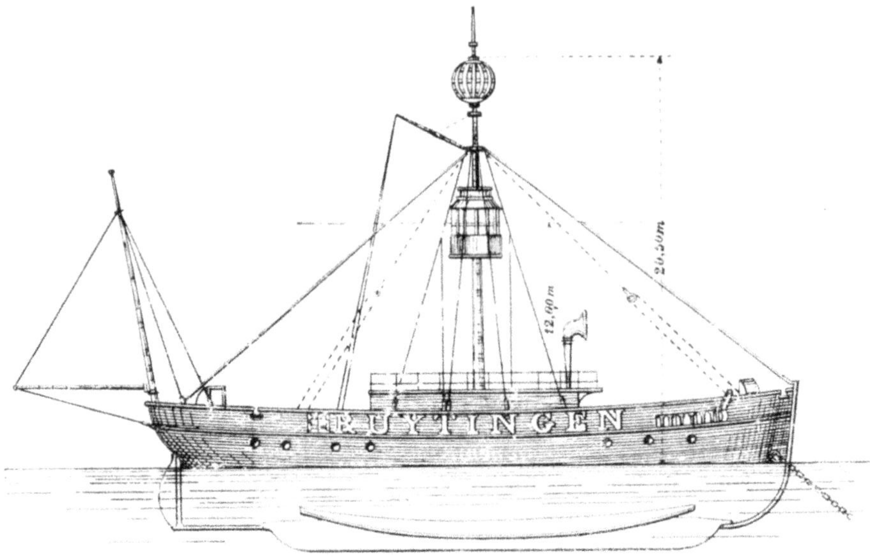

Fig. 46. Französisches Feuerschiff.

Zahlreiche Örtlichkeiten im Meere, als Sandbänke und Untiefen, unterseeische Klippen und Felsen, Einfahrten u. a. m., müssen aber dem Schiffer auch bei Nacht bezeichnet

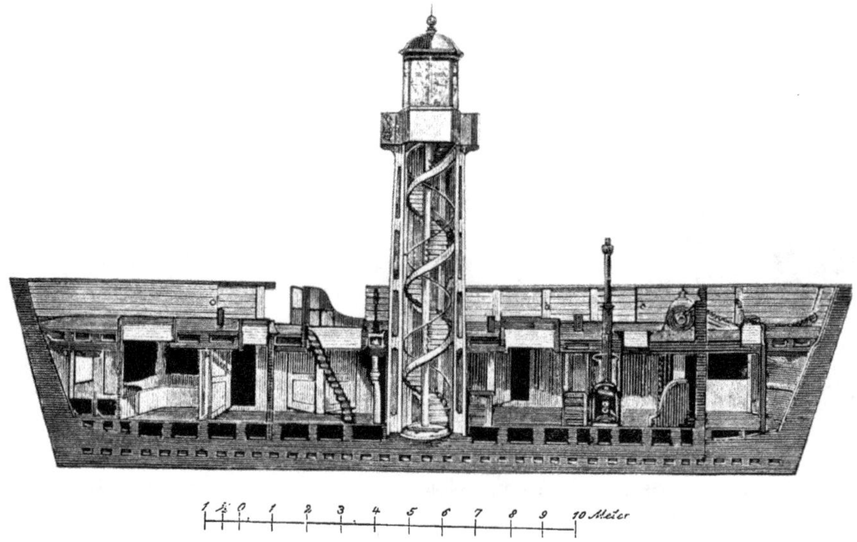

Fig. 47. Österreichisches Leuchtschiff mit Turm, 1872.

werden. Zwei Mittel stehen uns dazu zu Gebote: das ältere der Leuchtschiffe und das der neuesten Zeit angehörige, der Leuchtbojen und Leuchtbaken. In neuester Zeit verdrängen die Leuchtbojen die Leuchtschiffe immer mehr, indem sie mit Annahme von deren

Form auch deren Plätze einnehmen, während die selbstthätigen Leuchtbaken von sonst unzugänglichen Vorgebirgen und Felsen und ähnlichen Punkten ihr Licht aussenden.

Die Idee, an solchen gefährdeten Punkten Leuchtschiffe auszulegen, tauchte schon 1674 in England auf, doch erklärte Trinity-House dieselbe für die Idee »eines Tollen«. Erst etwa 50 Jahre später nahm Robert Hamlin dieselbe wieder auf und nahm ein Patent auf ein Projekt, die ganze englische Küste mit einem Kranz von Feuerschiffen zu umgeben. 1731 wurde dann das erste Feuerschiff von David Avary wirklich ausgelegt, und zwar in der Themse-Mündung auf the Nore Sands. Das Trinity-House übernahm dasselbe später, sowie das bezügliche Patent gegen eine jährliche Rente von 100 £. Das zweite Leuchtschiff folgte schon 1736 zu Dudgeon Shoals. In Deutschland wurde das erste Leuchtschiff 1815 vor der Eider-Mündung ausgelegt, in Frankreich erst 1845 in der Gironde. — Diese ersten Feuerschiffe zeigten als Feuer nur zwei gewöhnliche Laternen mit frei brennenden Lichten oder Kerzen, welche an jedem Ende einer Rahe aufgehifst waren (siehe Fig. 44). In dieser oder ähnlicher Weise erhielten sich die Leuchtschiffe das ganze 18. Jahrhundert hindurch. Erst Robert Stevenson brachte 1807 den Fortschritt. Er konstruierte eine den Mast, an dem das Feuer aufgehifst werden sollte, umgebende Laterne (siehe Fig. 45), in welcher zehn Lampen mit Saugdochten und kleinen Scheinwerfern kompafsartig aufgehängt waren. Diese Art, das Feuer mit vielen Lichtquellen, aber als einen Apparat rings um den Mast herum anzuordnen, um dadurch zu verhindern, dafs der letztere nicht einen Teil des Feuers oder dasselbe ganz decke, ist bis auf die neueste Zeit die Grundlage aller Feuerschiffsapparate geblieben, unter Verwendung katoptrischer parabolischer Reflektoren oder dioptrischer Fresnelscher Cylinderlinsen. Die Laternen wachsen bei ersteren dabei auf 2,50 m Durchmesser an; die letzteren sind als drei oder vier selbstständige Apparate in einem beweglichen

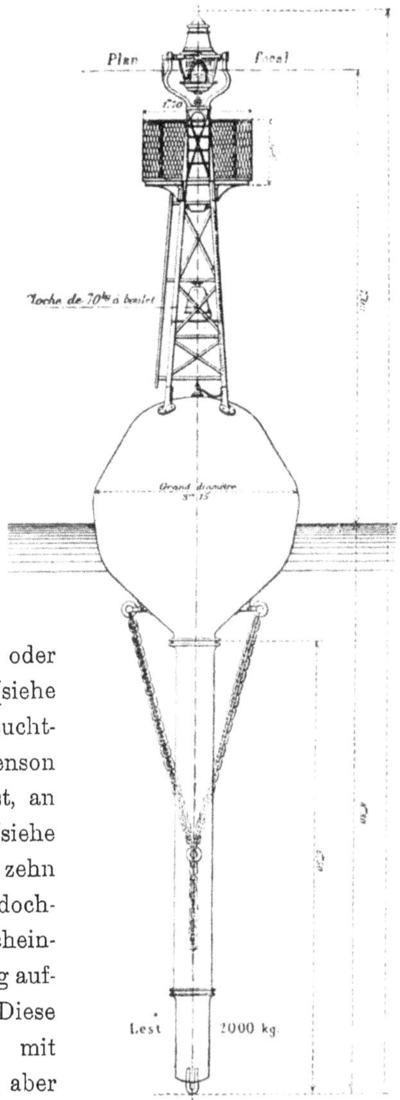

Fig. 49.
Grosse französische Gas-Leuchtboje.

Fig. 48. Schwimmende Pintschsche Gas-Leuchtboje.

Gestell rings um den Mast verteilt. Fig. 46 stellt ein solches französisches Feuerschiff dar. — Erst in der neueren Zeit treten Feuerschiffe auf, welche einen kleinen Turm mit Laternen tragen, aus denen ein vollständiger Fresnelscher Glasapparat vierter Ordnung sein Licht frei nach allen Seiten hin ausstrahlt, wie bei einem Leuchtturme (siehe Fig. 47).

Die Leuchtbojen und -Baken verdanken ihr Entstehen den Gebrüdern Pintsch in Berlin und sind als eine weitere Ausbildung und Anwendung der von den Genannten zur Beleuchtung der Eisenbahnwagen erfundenen Apparate zum Brennen von Öl- oder Fettgas anzusprechen. Dieses Gas hat die Eigenschaft, sich sehr stark komprimieren zu lassen, so dafs grofse Mengen desselben in einem verhältnismäfsig kleinen Raum untergebracht werden können.

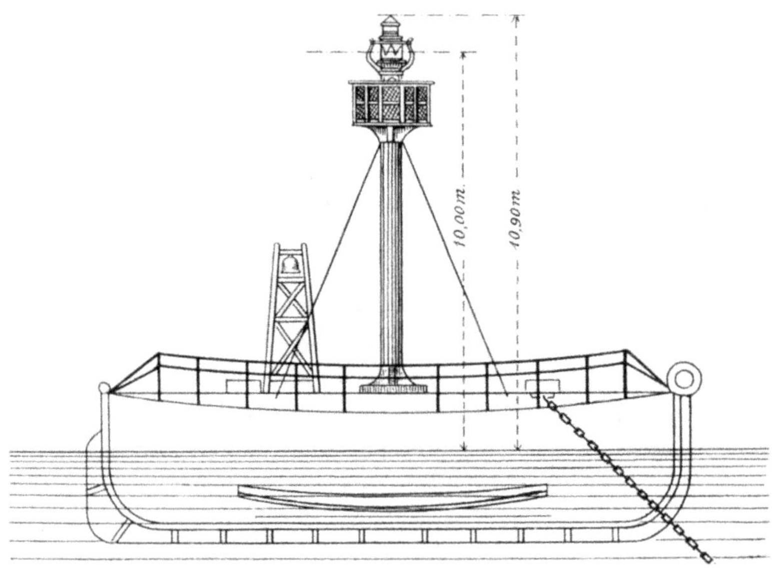

Fig. 50. Französisches Leuchtschiff ohne Bemannung.

Die Pintschsche Erfindung löste nun zunächst die Aufgabe, von diesem stark komprimierten Gas den Flammen nur so viel Gas und unter solchem Druck zuzuführen, als dieselben zum Brennen bedürfen. Das komprimierte Gas befindet sich im Körper der Boje oder Bake (siehe Fig. 48 und 49 und 51), der Leuchtapparat oben auf demselben. Die Leuchtbojen brennen Tag und Nacht, ebenso die meisten Leuchtbaken, doch hat man auch an geschützten Küstenpunkten solche, bei denen in geschlossenen Türmen das zeitweise Brennen von einem Uhrwerk geregelt wird. Die Füllung mit dem komprimierten Gas geschieht nach zwei bis vier Monaten durch Tender von bestimmten Küstenpunkten aus.

1878/79 wurden die ersten Versuche mit Pintschschen Gasleuchtbojen vom Trinity-House angestellt. 1894 brannten schon 415 an den Küsten der verschiedenen seefahrenden Völker! Diese Zahlen sprechen für ihre grofse Bedeutung zur Befeuerung der Küsten, Einfahrten und Kanäle, sowie für ihre Tauglichkeit. An den ausgesetztesten Stellen und in der heftigsten Brandung an Sandbänken haben sie sich auf das beste bewährt. Ihre Form und ihr Fassungsvermögen ist sehr verschieden, je nach den Örtlichkeiten und der Möglichkeit der Wiederfüllung u. a. m., wie auch die Gröfse des Leuchtapparates und ihrer Brenner verschieden ist. — Fig. 48 zeigt die Ansicht einer schwimmenden Leuchboje, Fig. 49 eine grofse neuere Boje für tieferes Wasser; sie trägt einen kleinen Laternenapparat in Kompafsaufhängung. Nachdem diese Bojen sich jahrelang nach allen Richtungen bewährt hatten, hat man in neuester Zeit auch solche mit gröfseren Apparaten und in Schiffsform, aber ohne Besatzung ausgeführt. Diese haben den grofsen Vorteil, dafs bei ihnen das Feuer, wie bei den alten Leuchtschiffen, drei- bis viermal höher über See liegt, nämlich 10 bis 12 m. Fig. 50 zeigt ein solches Schiff.

Von diesen Bojen zur gleichartigen Befeuerung von ausgesetzten schwer zugänglichen Punkten, Sanden, Klippen und Felsvorsprüngen war nur ein Schritt. Fig. 51 zeigt eine solche Gasbake. Die Bedienung ist die gleiche wie bei den Gasbojen.

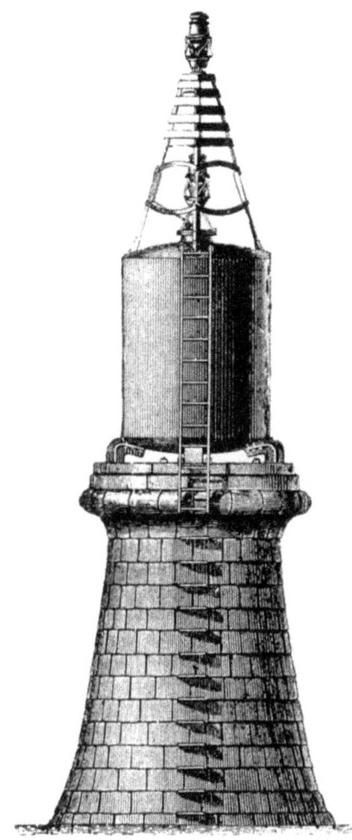

Fig. 51. Gas-Leuchtbake.

Die Apparate derselben sind Fresnelsche Cylinderlinsen von 20 bis 30 mm, ja 375 mm Durchmesser. Der Fassungsraum, also die Gröfsenverhältnisse der Boje sind im Verhältnis zum Gasverbrauch der Flamme so bemessen, dafs bei einer Kompression des Gases auf etwa 10 Atmosphären Überdruck die Flammen drei bis vier Monate Nacht und Tag brennen. Zu geeigneter Zeit bei günstigem Wetter werden dieselben, wie schon angeführt, durch einen Tender wieder gefüllt. Bis 17 Seemeilen und mehr Entfernung der Boje von der betreffenden Station ist solcher Dienst anstandslos Jahre hindurch ausgeführt worden.

Diese Gasleuchtbojen geben nicht nur ein festes Feuer, sondern die Gaszuführung zur Flamme kann auch so konstruiert werden, dafs sie in bestimmten Intervallen unterbrochen wird, wodurch aussetzende Feuer sowie Gruppenfeuer verschiedener Art gebildet werden.

Auch der elektrische Strom ist in den letzten Jahren zur Lichtgebung auf Bojen herangezogen worden. Das benutzte elektrische Licht ist starkes Glühlicht ohne lichtverstärkende Apparate. Der elektrische Strom wird durch ein Kabel den Bojen zugeführt und zwar von einer Zentralstation, die stets eine Gruppe oder ein System von Bojen versorgt. Das erste derartige System wurde in der Einfahrt von New York im Juli 1889 ausgelegt und ist seitdem ununterbrochen in Thätigkeit.

Die Lichtgeber.

Holz als Befeuerungsmaterial.

Nach der vorstehenden Darlegung der geschichtlichen Entwickelung der Leuchtfeuer, ihrer Entstehung und Verbreitung kommen wir nun zu derjenigen ihrer Befeuerung, d. h. ihrer Lichtgeber.

Schon bei der Besprechung der antiken Leuchttürme haben wir gesehen, dafs dieselben ausnahmslos H o l z als Befeuerungmaterial verwendeten. Es war dies das von der Natur direkt dargebotene, das am leichtesten zu beschaffende und das billigste. Zudem konnte es ohne künstliche umständliche Einrichtung verwertet werden; ein Feuerkorb, wie wir solche schon in der Odyssee im Hause des Odysseus finden (vergl. Odyssee XVIII. 307 u. f.. XIX. 63 u. f., u. a. m.) genügte. Es war schon ein grofser Fortschritt, das Holz auf einem Rost und in einem den Turm krönenden Schacht, aus dem die leuchtende Flamme mächtig emporschlug, zu brennen; Holz brannte der Pharos von Alexandrien, Holz brannten die römischen Leuchtfeuer, Holz brannte wahrscheinlich Falsterboe bei seiner ersten Befeuerung, Cordouan brannte Holz bis 1717, La Hève bis 1774. Ja, Holz brennen wahrscheinlich heute noch einige Feuer im Norden, wie es auch noch heute, u. a. am Bodensee, bei Anlegepunkten der Dampfschiffe benutzt wird, um zur Zeit des Nahens derselben in später Abendstunde oder bei Nebel die Landungsbrücke zu kennzeichnen.

In Körben von Eisenstäben flammen Holzstücke, brennbarer Abfall aller Art, oft mit Theer genetzt, hell auf. Sie geben in dunklem Wetter ein nach meiner Schätzung wohl 2—3 Seemeilen sichtbares, dem niedrigen Stande der Feuerkörbe entsprechendes Licht. Bei Wind und Sturm gestaltet sich jedoch die Erscheinung ungünstiger. Das Feuer wird dann stofsweise hell auflohend vom Winde angefacht und sinkt dann wieder, von dickem Rauch ganz oder teilweise eingehüllt, fast verschwindend. Dies mufste bei grofsen freien Feuern, welche Holzscheite brannten, verstärkt hervortreten und war wohl der Grund, dafs die römischen Türme jene besprochenen schachtartigen Bekrönungen mit Rost und Zuglöchern erhielten, aus welchen die Flammen hervorschlugen. Wenn hierdurch auch nicht ganz der oben bezeichnete Übelstand vermieden werden konnte, so wird derselbe doch dadurch sehr erheblich gemildert worden sein, so dafs der Ausspruch des Plinius (siehe Anlage IX) nicht unwahrscheinlich klingt, »das Feuer der Leuchttürme sei in der Entfernung wie ein Stern erschienen«. Leider sind uns von diesen antiken oder dergleichen späteren Feuern eingehende Zeichnungen oder Beschreibungen der

Feueranlage selbst nicht erhalten. Selbst diejenige des monumentalen Turmes auf Cordouan, der nach der Erbauung 1610 noch mehr als ein Jahrhundert, bis nach 1717, Holz brannte, kennen wir nicht. Die speziellen Zeichnungen des überaus reich ausgebildeten Turmes selbst hat uns Belidor erhalten; über die Einrichtung des Feuers, dessentwegen allein der Turm erbaut wurde, gibt er nur dürftige Nachrichten. Wir wissen nur, dafs Cordouan eine offene Laterne mit starken Steinpfeilern hatte, welche eine Kuppel mit einem Abzug für den Rauch trugen. Ebensowenig ist über die verbrauchte Menge des Holzes bekannt, in welcher Gröfse es verwendet wurde u. s. w.; es wird nur angegeben, dafs auf Cordouan alle drei Stunden das Holz neu aufgegeben wurde.

Alle alten Schriften erwähnen jedoch, dafs besonders harzreiches Holz für den Leuchtfeuerdienst gewählt wurde.

Die Steinkohlenfeuer.

Den Holzfeuern schliefsen sich ihrer Natur und ihrer Unterhaltung und Bedienung nach die Steinkohlenfeuer an, obgleich diejenigen, welche Kerzen oder Lichte von Wachs oder Talg brennen, der Zeit nach die früheren sind.

Die erste sichere Nachricht über die Verwendung von Steinkohlen fand ich für das schwedische Feuer zu Kullen 1560. Für England gehen die erhaltenen Nachrichten nicht soweit zurück; Dungenefs 1616 ist das erste englische Steinkohlenfeuer, das ich auffand. Es erscheint dies auffallend, da 1611 bis 1619 die Steinkohlen in England schon im Hochofenbetrieb eingeführt waren. Von genannter Zeit ab geht die Anwendung der Steinkohle zur Befeuerung der Seeleuchten rasch vor sich, wie wir schon oben bei der Besprechung der einzelnen alten Türme gesehen haben. Um 1650 kommt die Steinkohle als Handelsartikel nach Deutschland und führt sich rasch für die deutschen Feuer ein, die Kerzen und Lichte verdrängend, u. a. auf Neuwerk und Helgoland, ferner in Frankreich. Sie erhielt sich bis Ende des vorigen Jahrhunderts fast überall als das beste Befeuerungsmaterial, ja in Schweden bis gegen Mitte dieses Jahrhunderts. Erst den Argandschen Lampen mit Parabolen wich sie von 1792 ab, doch vollzog sich selbstredend dieser Übergang, der Umbau der alten Feuerstellen, sehr allmählich; so brannten die beiden Türme auf Lizard-Point bis 1813 Steinkohlen.

Die Steinkohlen, welche zu den Leuchtfeuern verwendet wurden, waren möglichst stark flammende und wenig Asche gebende. Sie wurden in eisernen Körben und Schachtherden gebrannt, welche frei auf der Plattform eines Turmes und Gerüstes oder wenigstens einer erhöhten Feuerstelle standen und Wind und Wetter ausgesetzt waren. Diese Körbe und Herde waren oft so grofs, dafs der ganze Bedarf für die Nacht in einer Schüttung aufgegeben wurde. Frühzeitig wurden zwar schon Versuche gemacht, diese Feuer besonders gegen die ungünstigen Einflüsse des Windes zu schützen, das Feuer innerhalb einer verglasten Laterne zu unterhalten und dadurch zu einem gleichmäfsig brennenden, nicht zeitweise von Rauch verhüllten zu machen. Aber erst in der zweiten Hälfte des 18. Jahrhunderts gelang dies Smeaton. Es ist besonders seine Konstruktion, welche die Kohlenfeuer in Schweden so lange erhalten hat.

Fig. I. Nidingen 1635.

Fig. II. Djursten 1765.

Fig. III. Neufahrwasser 1758.

Fig. IV. Wipp-Feuer 1560.

Fig. V. Jsle of May 1635.

Fig. VI. Spurn-Point 1776.

Fig. VII. Cordouan.

Frei einem längere Zeit gleichrichtigen Wind ausgesetzt, mufsten die Kohlenfeuer auch einseitig abbrennen. Robert Stevenson erzählt, er habe die Kohlen an der Windseite solcher Feuer stets schwarz gefunden. Auch ist bereits oben bei Danzig angeführt, dafs die Steinkohlen bei Windstille schlecht brannten und wenig Licht verbreiteten, dagegen bei starkem Winde überrasch sich verzehrten. Dennoch gaben sie erhebliche Vorteile gegenüber Holz, in Transport, Bedienung und an vielen Stellen wohl auch im Kostenpunkte. Es wurde den offenen Kohlenfeuern nachgerühmt, dafs sie bei Nebel noch mehr als Holz sich dadurch markierten, dafs sie die den Turm umgebende Nebelmasse erleuchteten, so dafs die Stelle des Turmes sich als ein roter Schein sichtbar machte, oder die Wolken über dem Turm beleuchtet wurden, die dann das Licht reflektierten, in Folge dessen ein Feuerschein sichtbar oder erkennbar blieb, wenn das Feuer als solches nicht sichtbar war. Diese Sichtbarkeit konnte jedoch nur eine beschränkte sein. Allein auch die Weitsichtigkeit der Steinkohlenfeuer war höchstens bei mittlerer Luft fünf bis sechs Seemeilen, wie Belidor dies für Cordouan angibt. Leider liegen über diesen wichtigen Punkt keine eingehenden Berichte vor. Dennoch waren diese Feuer für die langsam fahrenden Segelschiffe von hohem Werte.

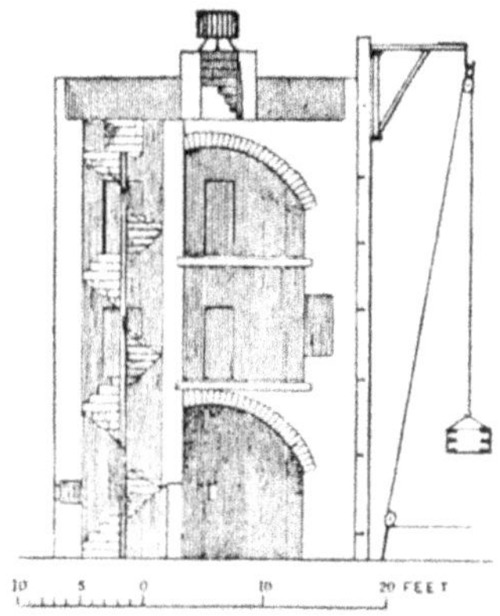

Fig. 52. Isle of May. 1635.

Die Leuchtfähigkeit der Kohlenfeuer war selbstredend von der guten Verbrennung der Kohlen abhängig, also von der Konstruktion der Feuerstelle im engeren Sinne des Wortes und von ihrer Gröfse. Die erstere bestand fast bis zum Schlufs der Steinkohlenperiode aus einfachen Feuerkörben, seltener Rosten mit Herd. Leider ist hier die Ausbeute der historischen Forschungen gering. Selbst über den Verbrauch von Kohlen sind nur wenige und noch dazu widersprechende Angaben erhalten. Allard gibt an, dafs auf Cordouan durchschnittlich pro Nacht 225 altfranzösische Pfund, livres, Kohlen verbrannt sein sollen, die in einer Schüttung aufgegeben wurden und die Nacht hindurch abbrannten. Dies würde 82125 Pfund für das Jahr ergeben. Rob. Stevenson gibt dagegen für die grofsbritannischen Feuer als Norm 200 Tons im Jahre an, das sind 400000 Pfund engl. im Jahr oder durchschnittlich 1096 Pfund engl. pro Nacht, also fast fünfmal so viel als die obige Angabe. Dazu fügt Rob. Stevenson hinzu, dafs am Feuer der Isle of May die Rostfläche auf drei Quadratfufs engl. vergröfsert worden sei, um die doppelte Menge Steinkohlen zur Erzielung einer gröfseren Sichtweite des Feuers zu verbrennen. Diese Angabe von Rob. Stevenson dürfte wohl als übertrieben zu betrachten sein.

Nach Hardy sollen in den neu errichteten beiden Feuern zu Spurn-Point 1675/77 in 26 Monaten für 903 Lstr. Steinkohlen verbrannt sein; das wären durchschnittlich in der Nacht für 22,86 Schillinge. Der Preis der Steinkohlen ist leider nicht angegeben.

Die farbige Tafel stellt in den Figuren I bis V verschiedene Arten dar, in denen die offenen Steinkohlenfeuer zur Verwendung kamen.

Figur I stellt ein Doppelfeuer auf einem erhöhten Küstenpunkt ohne Unterbau dar. In Figur II steht der Feuerkorb auf einem gemauerten hohen Pfeiler, zu dem eine Leiter hinauf führt; Fig. IV zeigt die schon früh verwendete Feuerwippe, bei welcher der Feuerkorb an einem beweglichen Schwengel hängt, wie bei den alten Ziehbrunnen der Eimer. Aus diesen Wippen ist offenbar die Einrichtung Figur III hervorgegangen, in der eine ähnliche Vorrichtung auf einem Turm angebracht ist, der wohl vorher einen Feuerkorb auf seiner Plattform trug. In Figur V steht der Feuerkorb frei und erhöht auf dem Turm, der zugleich den Wärtern als Wohnung dient und an dessen einer Seite der Drehkran zum Aufwinden der Kohlen angebracht ist.

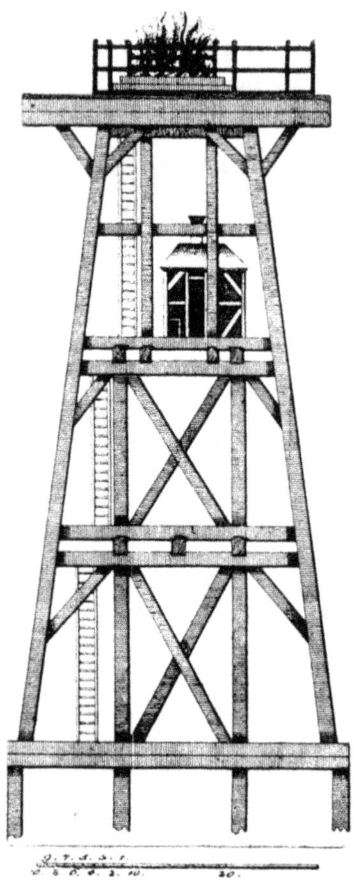

Fig. 53. Die Feuerblise auf Neuwerk.

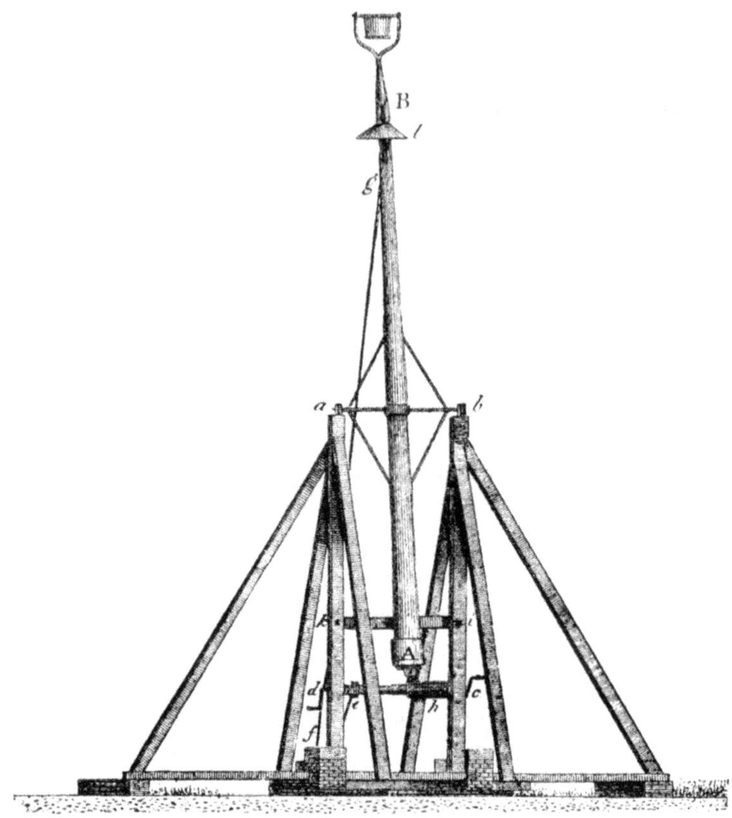

Fig. 56. Feuer-Wippe.

Figur 52 gibt den Turm im Vertikalschnitt wieder. Fig. VI zeigt ein Kohlenfeuer in einer Laterne, und zwar in einer geschlossenen und bedachten; Fig. VII endlich einen Turm, dessen Licht einem Fresnelschen Apparat mit Parabolen entstrahlt.

Diesen Darstellungen schliefsen sich die Fig. 53, 54 und 55 an. Die erstere stellt das Gerüst dar, auf welchem 1751 das Feuer auf Neuwerk unterhalten wurde. Die Fig. 54 und 55 sind alten englischen Zollquittungen entnommen; die eine zeigt ein ganz offenes Feuer, die andere ein Feuer mit einer verglasten Schutzwand ohne Dach, wohl einer der ersten derartigen Versuche, aus denen dann die schon oben erwähnte ganz geschlossene Laterne Smeatons, das Problem lösend, hervorging.

Ehe ich zu dieser und den Feuerherden selbst übergehe, mufs ich noch näher der Feuerwippen gedenken, welche schon sehr frühzeitig aufkamen und rasche Verbreitung fanden. So hatte Falsterboe schon 1635 eine solche. Sie bestanden (siehe Fig. 56) in einem starken hölzernen Gerüst, das einen Mast trug, $A-B$, welcher um eine horizontale Achse a—b drehbar und oben mit einer starken eisernen Gabel versehen war, in welcher der Feuerkorb um zwei Zapfen hing. Der obere Teil des Mastes war mit Eisen beschlagen, und ein konisches

Fig. 54.
Leuchtturm von Dungenefs. (Nach einer Quittung über Leuchtfeuergefälle aus dem Jahre 1690.)

Fig. 55.
Leuchtturm von St. Agnes, Scilly-Inseln. (Nach einer Quittung über Leuchtfeuergefälle aus dem Jahre 1690.)

Schutzblech, l, wies die fallenden glühenden Zünder von dem Maste ab. Am Gestell war eine Winde befestigt, c—d, die zwei entgegengesetzt aufgewundene Zugtaue trug, e—f—g und g—h. Letzteres war am Unterteil des Mastes A befestigt, ersteres lief über eine Rolle am Erdboden und dann nach dem Oberteil des Mastes A und bestand in seinem oberen Teil aus einer Kette. Durch diese Einrichtung konnte man durch Rechts- und Linksdrehen der Winde den Mast niederholen und aufrichten. Aufgerichtet, wurde er dann gegen den Querhaken $i-k$ durch einen Überfallbügel befestigt. Der Mast war durch ein Gegengewicht A ausbalanciert.

Diese Feuerwippen waren, wie schon angeführt, sehr verbreitet und wurden in bedeutender Gröfse ausgeführt, so dafs sie den Feuerkorb 30 Fufs und mehr über den Standort hoben. Der Korb konnte jedoch nur mäfsige Gröfse haben, so dafs er in den langen Nächten und bei starkem Winde wohl mehrfach neu gefüllt werden mufste.

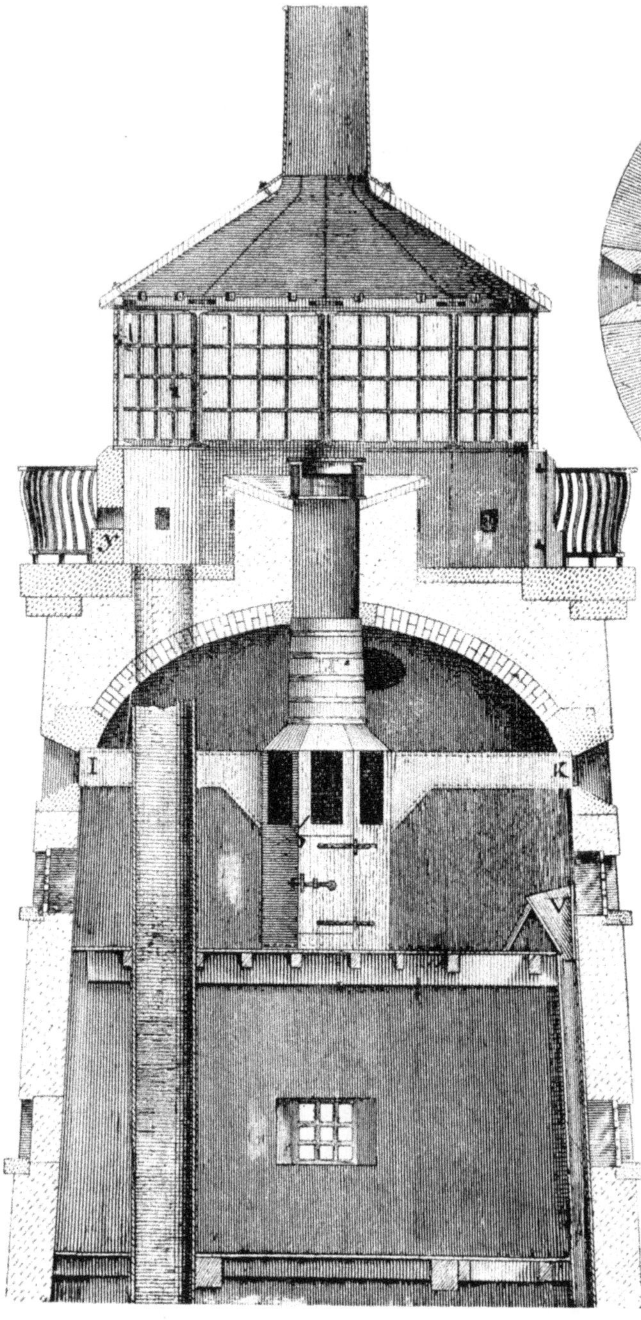

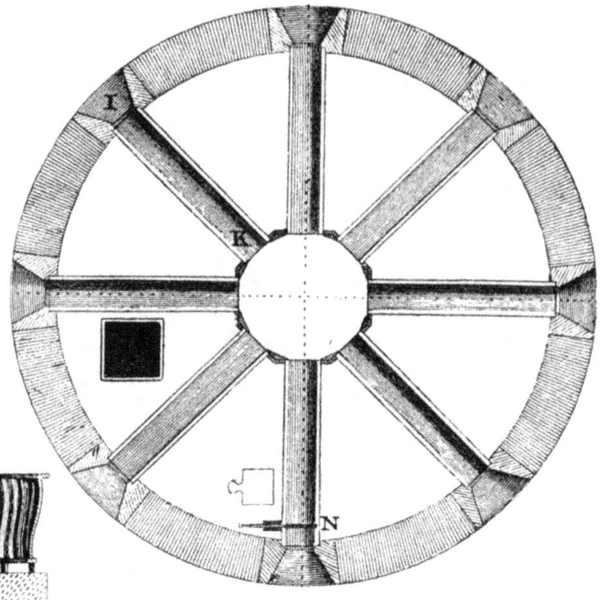

Fig. 57 und 58. Steinkohlenfeuer in Laterne, von Smeaton auf dem Leuchtturm von Spurn-Point errichtet, 1776.

Ich habe bereits oben darauf hingewiesen, daſs es schon frühzeitig das Bestreben war, die Kohlenfeuer gegen die üblen Einwirkungen des Windes zu schützen und zwar durch eine um die Feuerstelle umgebaute, oben offene Glaswand oder durch eine ganz geschlossene verglaste Laterne. Fig. 55 zeigt einen solchen Versuch von 1690. Beide Arten bewährten sich aber nicht. Die Scheiben wurden nicht nur vom Rauch geschwärzt, sondern sehr bald durch die strahlende Glut des Feuers calciniert. Erst Smeaton gelang es, auf dem 1772/76 erbauten Turm zu Spurn-Point alle diese Mängel zu überwinden.

Die Fig. 57 und 58 stellen das Oberteil dieses Turmes in senkrechtem Schnitt und Grundriſs dar. Eine sehr weite verglaste Laterne von 15 Fuſs engl. Durchmesser umgibt den Feuerherd, mit Luftlöchern *y—y* in ihrer Tambourmauer und weitem und hohem Rauchrohr versehen. Der Herd ist geschlossen, trägt oben den Rost für die Feuerung und ist nach unten verlängert als ein Schacht, der unten sich erweitert zu einem achtseitigen Raum, der die Asche aufnimmt und in seinem Oberteil durch acht Luftrohre I—K mit der äufseren Luft in Verbindung steht. Durch diese Einrichtung erhält das Feuer auf dem Rost stets von unten her Zug, der Wind mag herkommen, woher er will, während das weite und hohe Rauchrohr die Hitze und den Qualm rasch abführt, unterstützt von den Luftlöchern y. Diese sowie die Luftkanäle I—K lassen bei starkem Winde eine Regulierung zu, so dafs das Feuer bei aufmerksamer Bedienung fast gleichmäfsig hellbrennend erhalten werden kann.

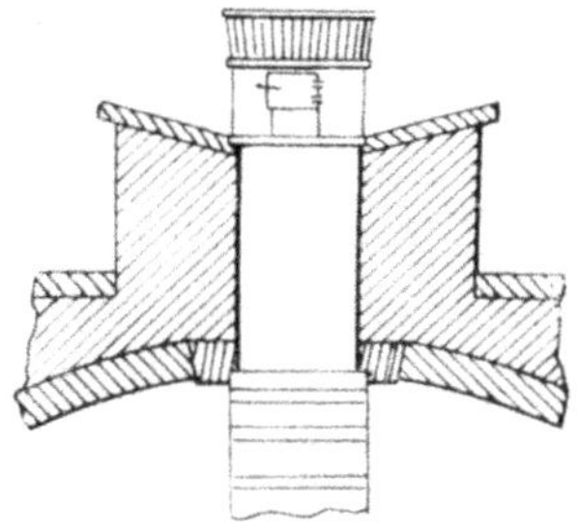

Fig. 59.
Herd des Kohlenfeuers auf Spurn-Point.

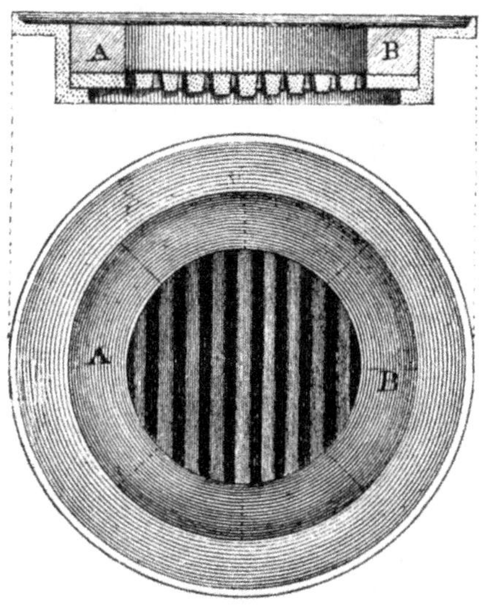

Fig. 60. Rost des Kohlenfeuers auf Spurn-Point.

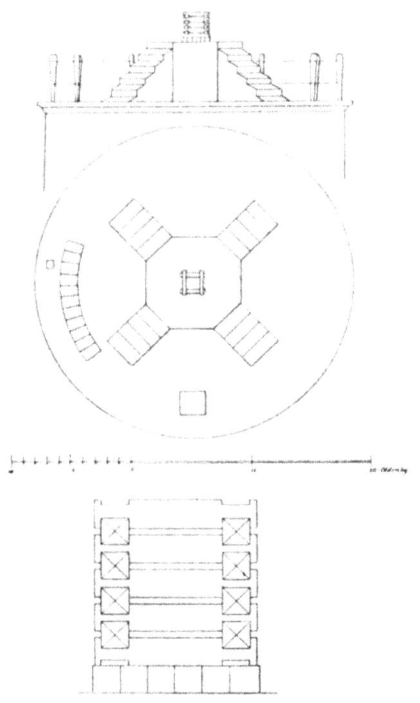

Fig. 61 und 62. Feuerstelle und Feuerherd des 1687 erbauten Turmes auf Wangeroge.

Aber nicht durch diese Zugvorrichtung allein erzielte Smeaton seinen günstigen Erfolg. Während in den alten Kohlenkörben das Brennmaterial in einer grofsen Masse, für die ganze Nacht hinreichend, dick aufgeschüttet wurde, wie wir oben gesehen haben, hatte sein Rost bei $1^1/_4$ Fufs engl. Durchmesser nur 3 Zoll Tiefe (siehe Fig. 59 und 60). Wenn nun auch die Kohlen gehäuft aufgegeben wurden, so lagen sie doch in einer verhältnismäfsig dünnen Schicht und erforderten eine regelmäfsige Bedienung.

In Fig. 61 und 62 führe ich noch die Feuerstelle und den Feuerherd auf dem 1687 erbauten Wangeroger Turm vor. Der Herd war aus vierzölligen gufseisernen Barren aufgebaut mit einzölligen Luftspalten; seine Tiefe betrug etwa 21 Zoll bei etwa 14 Zoll lichtem Quadrat; er bildete mehr einen Schacht. Über den Kohlenverbrauch und die Art der Feuerunterhaltung habe ich nichts ermitteln können.

Ob viele Feuer nach dem Smeatonschen Vorbilde eingerichtet worden sind, ist nicht bekannt; mir ist es nicht wahrscheinlich, weil bald nach Fertigstellung dieser Türme sich der Umschwung in der Konstruktion der Leuchtfeuer vollzog, welcher dieselben erst ihrer Bestimmung entgegenführte und der an die Erfindung Argands geknüpft ist, an die Lampe mit doppeltem Luftzug und mit Zugrohr oder Glascylinder. Nur in Schweden sind Türme mit verglaster Laterne und Schacht unter dem Rost des Feuers noch bis 1820 erbaut und bis 1842 in Gebrauch gewesen.

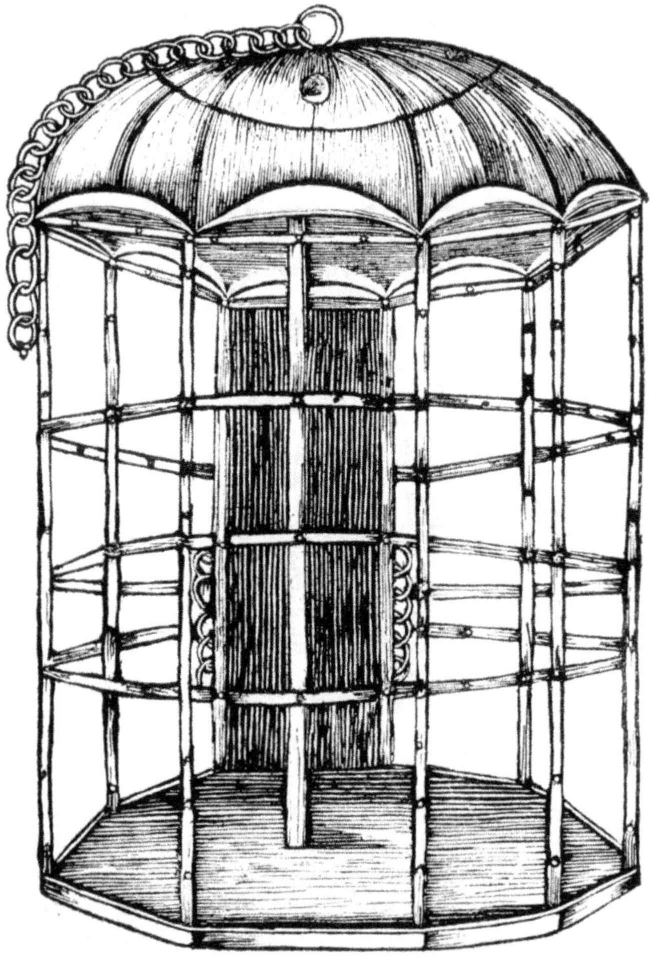

Fig. 63. Laterne des ersten vor 1408 errichteten Leuchtfeuers zu Warnemünde.

Ehe ich indessen auf die neue Epoche übergehe, habe ich noch zwei Arten der alten Befeuerung zu besprechen, diejenige durch Kerzen und die durch die primitiven antiken Öllampen mit Saugdochten.

Befeuerung durch Kerzen oder Lichte.

Die erstere dieser beiden Arten, die Anwendung von Kerzen von Talg und Wachs[1]) für Leuchtfeuer, geht, wie bei der historischen Vorführung der ältesten Türme des Mittelalters angegeben ist, und wie die Zusammenstellung der Leuchtfeuer von 1157 bis 1815 zeigt, weit zurück. Die erwähnten, von Kloster-Geistlichen und Eremiten bedienten Feuer (siehe u. a. Cordouan — Cöslin) können sicher als Kerzenfeuer in kleinen Handlaternen bezeichnet werden. Selbst in gröfseren Laternen zum Aufhissen oder Aufhängen an hohen Holzgerüsten treten Kerzen schon früh auf, so zu Neuwerk 1286. Eine Zeichnung einer solchen Laterne ist uns von Warnemünde erhalten und in Fig. 63 wiedergegeben. Auch ist mir sehr wahrscheinlich, dafs der älteste Leuchtturm des Mittelalters, der auf Meloria (1157) zu Anfang Kerzen gebrannt hat,

[1]) 1558 wurden eine Anzahl Strafsen von Paris durch verglaste kleine Laternen mit Lichten (chandelles) beleuchtet; 1667 wurde dies auf alle Stadtteile ausgedehnt. Um 1745 wurden Öllampen mit kleinen muschelförmigen Scheinwerfern versucht, und 1765 wurden Öllampen mit flachen Dochten und sphärischen Scheinwerfern eingeführt.

ebenso St. Catherine 1323. Dieppe soll Ende des 14. Jahrhunderts in einer Laterne Lichte zu einem Hafenfeuer benutzt haben, das zu Zeiten des Hochwassers aufgezogen wurde.

Ihrer Natur nach mufste die Anwendung solcher Laternen, selbst mit mehreren Lichten, zu Anfang wohl eine beschränkte sein und war zunächst wohl nur für kleine Feuer, Eremitenfeuer, oder solche, die nur zeitweise bei Hochwasser oder für ansegelnde Schiffe ausgehängt wurden, zu gebrauchen.[1]) Die leichte Einrichtung und bequeme Befeuerung durch Lichte oder Kerzen führte sich jedoch bald auch auf Leuchttürmen ein; so bildeten z. B. das Feuer zu Travemünde (zuerst und wahrscheinlich mit Lichten befeuert 1316) im Jahre 1616 12 Wachskerzen in einer verglasten Laterne. Eine gleiche Anlage fanden wir zu Warnemünde vor 1408, zu Weichselmünde 1482.

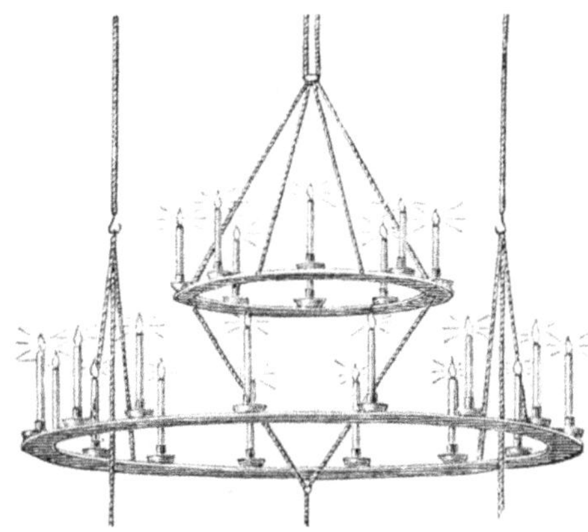

Fig. 64. Kerzenträger des Eddystone-Turmes, 1759.

Trotz des grofsen Übelstandes, dafs die Lichte von Zeit zu Zeit geputzt werden mufsten, erhielten sich die Kerzenfeuer doch lange gegenüber den Kohlenfeuern und den antiken Öllampen mit Saugdochten, besonders an Orten, wo Kohlen oder Holz schwer zu beschaffen waren, oder der Transport und die Unterbringung derselben grofse Schwierigkeiten und Kosten machten. Nur so ist es zu erklären, dafs selbst auf einem so wichtigen Punkte wie Eddystone, der, wie wir gesehen haben, nach jeder Zerstörung immer wieder von neuem befeuert wurde, der als Bauwerk so hervorragende Smeatonsche Turm 1759 nur Talglichte als Lichtquelle erhielt, und diese bis 1817 beibehalten wurden. Allerdings waren es wenigstens 24 Talglichte.

Diese 24 Talgkerzen waren in 2 Reihen, zu 16 und 8, auf 2 eisernen Ringen übereinander angeordnet (siehe Fig. 64). Die Ringe hingen an über Rollen gehenden Seilen derart, dafs sie sich in jeder Stellung das Gleichgewicht hielten, und dafs, wenn der eine nach unten bewegt wurde, der andere sich hob, und umgekehrt. Durch diese Anordnung war man im stande, die richtige Stellung der Flammen zu einander und zur Laterne zu regeln, auch die Lichte zum Putzen handgerecht zu stellen. Die 24 Kerzen hatten etwa $1^1/_4$ engl. Zoll Durchmesser = 32 mm und wogen 5 Stück = 2 Pfund engl.; 3,4 Pfund wurden in der Stunde verbraucht. Die Lichtstärke der einzelnen Kerze betrug nach Douglafs 2,8 (?) der heutigen Standard sperm-candles, die Lichtmenge aller 24 Kerzen also = 67,2 Cdls., etwas mehr als die Lichtstärke einer heutigen zweidochtigen Mineralöllampe. Die Kosten berechneten sich auf 1 s $6^3/_4$ d für die Stunde, fast so viel als heute ein sechsdochtiger Mineralölbrenner verbraucht.

Wie weit, selbst bei heller Luft, können diese 24 Kerzen, welche den ganzen Horizont zu beleuchten hatten, sichtbar gewesen sein? Nicht weiter als eine einzelne jener Kerzen; das wäre hier nach Allard bei mittlerer Luft 2,4 Seemeilen, bei klarer Luft 2,8 Seemeilen; durch die Zahl der Kerzen wird das Feuer nur innerhalb dieser Grenzen deutlicher erkennbar.

[1]) Zu Colbergermünde geschah dies noch im Jahre 1666.

Die alten Ölfeuer.

Die Lampen, in denen Ol, Rüböl, gebrannt wurde, waren bis gegen das Ende des XVIII. Jahrhunderts die wenig verbesserten antiken Lampen mit runden, später mit flachen Saugdochten. Möglich, ja wahrscheinlich ist, dafs in der Anfertigung der Dochte Verbesserungen, die deren loses Gefüge in ein passendes Geflecht oder Gewebe umwandelten, eingeführt waren, wie Aldini solches für Genua beschreibt. Auch der Ersatz der runden Dochte durch Flachdochte, deren zuerst 1763 gedacht wird, wird mit dem Ölverbrauch die Helligkeit der Lampen etwas erhöht haben. Ebenso suchte man die Wirkung der Flamme durch Scheinwerfer von poliertem Metallblech, welche hinter derselben angebracht wurden, zu erhöhen, brachte auch zwei oder mehr solcher Scheinwerfer an, doch wurde durch alle diese Mittel nur wenig erreicht, sowohl in Bezug auf den Lichtgeber, als auf die Zusammenfassung des Lichtes, um gröfsere Sichtbarkeit zu erzielen. Der entscheidende Schritt geschah erst 1785 durch Argands Erfindung der Lampe mit doppeltem Luftzug. Erst mit dieser Erfindung wurden nicht nur die Wege zur richtigen Ausnutzung des Öles sowie aller flüssigen Brennmaterialien zu Leuchtzwecken eröffnet, sondern die neue Lampe, mit einem Zugrohr, dem Glascylinder versehen, gestattete die wissenschaftliche Ausbildung der Hilfsmittel zur Erzielung einer gesteigerten Lichtwirkung, d. h. zum Zusammenfassen und Zusammenhalten (Konzentrierung) der von den Lichtquellen ausgehenden Lichtstrahlen und deren bewufste Verwendung zur Beleuchtung des ganzen Horizontes oder von bestimmten Richtungen und Winkeln.

Die Benutzung des Öles in antiken Lampen mit runden Saugdochten zu Leuchtfeuern ist wahrscheinlich sehr alt, doch war dieselbe an eine bestimmte Bedingung gebunden, nämlich an den Schutz der Flammen durch eine verglaste Laterne. Denn Wind und Wetter ausgesetzt konnten die Lampen nicht brennen. Wann aber war die Glasmacherkunst im stande, weifse gerade Scheiben von hinreichender Durchsichtigkeit und Gröfse herzustellen, die für unsere Zwecke verwendbar waren, ohne einen sehr grofsen Teil des Lichtes, vielleicht den gröfsten Teil jener schon an sich so lichtschwachen Lampen zu verschlucken? Es ist mir nicht gelungen, diese hier so entscheidende Frage zu lösen. Glasscheiben nach Art der das ganze Mittelalter hindurch benutzten »Butzenscheiben« waren unbrauchbar für den vorliegenden Zweck. Wohl besafsen die Römer die Kunst, weifse Glasscheiben herzustellen. Die in der Saalburg bei Homburg gefundenen Bruchstücke beweisen dies und zeigen zugleich durch ihre Ränder, dafs diese Scheiben, obwohl nur gegen 3 mm dick, gegossen waren. Die Saalburg wurde Ende des 3. Jahrhunderts n. Chr. zerstört, und in der Völkerwanderung ging mit so vielem anderen auch die Kunst des Glasmachens fast ganz verloren. Zwar werden schon im 3. Jahrhundert Fenster von gefärbtem Glas erwähnt, und im 5. Jahrhundert erhielt die Sophien-Kirche in Konstantinopel solche, 674 die Kirche zu Weremouth in England, Grafschaft Durham; aber auf Kirchen blieben diese farbigen Fenster beschränkt, und selbst die 1180 in England in den Burgen und Schlössern der Reichsten zuerst eingeführten waren wahrscheinlich ebenfalls aus farbigem Glase zusammengesetzt und so kostbar, dafs sie bei Abwesenheit der Schlofsherren herausgenommen wurden, um sie zu schonen. Erst im 14. Jahrhundert werden Fenster aus weifsem Glase gebräuchlich, und erst 1673 wird das erste Tafelglas zu Spiegeln und Portechaise-Fenstern verwandt.

Dieser Rückblick macht es schwer, ja unmöglich, mit Gewifsheit zu entscheiden, wann wohl die ersten verglasten Laternen auf Leuchttürmen zur Anwendung kommen konnten. Die erste bestimmte Mitteilung über eine verglaste Laterne betrifft den schon mehrfach erwähnten Turm auf Panium; er hatte kleine Glasscheiben in Blei gefafst. Pierre Gilles, der zuerst über diesen Turm in der ersten Hälfte des 16. Jahrhunderts berichtet, schliefst, wie schon S. 25 angeführt, aus der Art der Verglasung, dafs die Laterne vor der Eroberung Konstantinopels durch die Türken, also vor 1453, errichtet sein müsse. Auch die Konstruktion der dortigen Lampe spricht für höheres Alter und erinnert an die antiken Lampen mit mehreren Dochten. Alle anderen Türme jener Zeit, die Öl brannten, zeigen einzelne Lampen mit einem Docht; erst spät treten zweidochtige Lampen auf. Auch ist es nicht bekannt, dafs die Türken in damaliger Zeit Leuchttürme oder verwandte Bauwerke errichtet hätten, und sicherlich würde der Turm in diesem Fall auch äufserlich den Charakter ihrer Minarets erhalten haben, was die beiden Berichterstatter sicherlich mit den anderen so genau aufgeführten Einzelheiten erwähnt hätten. Leider aber besitzen wir über diesen Turm keine über 1453 zurückreichenden Nachrichten.

Die älteste Urkunde, welche über die Verwendung von Öl auf einem Leuchtturm auf uns gekommen ist, datiert vom 13. März 1282 (siehe Anlage XXXIb). Sie bezieht sich auf den am Meere gelegenen Laternenturm des Hafens von Pisa und ist ein Kontrakt zwischen den Konsuln der genannten Stadt und dem Prior eines Klosters, welches den Dienst und die Unterhaltung des Leuchtfeuers übernimmt, während die Stadt Pisa sich verpflichtet, Öl, Dochte u. a. m. zu liefern, und auch eine Entschädigung an Geld zu zahlen. Da der Turm 1158 in Dienst gestellt wurde, ist wahrscheinlich in den zwischenliegenden 124 Jahren ein anderes Brennmaterial benutzt worden. Ja, es könnte selbst angezweifelt werden, ob die bezeichnete Lieferung sich auf das Leuchtfeuer selbst bezogen habe? Zwar scheint der Wortlaut des Kontraktes, das Öl, die Dochte u. s. w. dem Leuchtdienst zuzuweisen, aber die zu liefernde Ölmenge ist eine so geringe, 6 staja alle drei Monat, dafs diese nur für sehr wenige Lampen von geringster Leuchtkraft ausgereicht hätte, zumal, wenn man bedenkt, dafs zu jener Zeit, 1158, das Raffinieren des Brennöles noch nicht bekannt war, und wenn man von der oben erörterten Frage der Verglasung der Laternen absieht.

Ein stajo ist ein Gewicht, gleich 16 kg. Die zu liefernden vierteljährlichen 6 staja ergaben also pro Jahr $4 \cdot 6 \cdot 16 = 384$ kg (etwa $7^2/_3$ Ztr.). Nun verbrauchten die französischen Öllampen mit schmalsten Flachdochten von 23 mm Breite pro Jahr 68 bis 70 kg incl. Leckage.[1]) Solcher Lampen hätten also von der obigen Ölmenge nur 5 bis 6 unterhalten werden können. Nimmt man den Ölverbrauch der alten Lampen mit runden Saugdochten aber auch noch geringer an, so kommt man, wenn nur irgend eine brauchbare Lichtstärke erzielt sein sollte, doch nur auf höchstens 9 oder 10 Lampen.

Wann das Feuer, das 1304, wenn nicht früher, nach dem noch jetzt bei Livorno stehenden Turm verlegt wurde, die 12 Öllampen mit Flachdochten und metallenen Scheinwerfern erhalten hat, die Aldini in seiner Abbildung darstellt, gibt dieser nicht an. Die Laterne des Leuchtfeuers

[1]) Siehe: Détail estimatif des dépenses annuelles du service de l'éclairage des phares et fanaux des côtes de France, 1838. S. 26.

zu Genua zeigt bei Aldini 32 solcher Lampen ohne Scheinwerfer. Freilich gibt Aldini nicht an, ob seine Abbildung die ursprüngliche Laterne von 1326 oder eine spätere darstellt. Letzteres ist schon um deswillen wahrscheinlich, weil er im Text nur 25 Lampen angibt und sagt, daſs die Ständer der Laterne aus guſseisernen Röhren hergestellt seien; solche sind aber nach Wedding erst in den achtziger Jahren des 17. Jahrhunderts in allgemeineren Gebrauch gekommen, ja bis gegen 1500 ist Guſseisen nur zu Ofenplatten, Kanonen und Kugeln verwendet worden. Jedenfalls reichte die angegebene Ölmenge nicht aus, um auf Meloria ein irgendwie der Bedeutung des Ortes entsprechendes Licht zu zeigen, selbst wenn man annimmt, daſs nur der halbe Horizont zu belichten war.

Es dauerte sehr lange, ehe die Olfeuer mit den alten Lampen sich zu einiger Bedeutung hervorarbeiteten, eigentlich gelangten sie nie zu gröſserer allgemeiner Anwendung. Selbst die Einführung von Flachdochten statt der runden, also gewebter Dochte, förderte sie nur wenig, wenn diese auch als eine entschiedene Verbesserung zu bezeichnen sind. Erst 1763 sind solche mit Bestimmtheit nachzuweisen. Auch die Zuhilfenahme von Scheinwerfern hinter den einzelnen Flammen zeigte im allgemeinen wenig Erfolg. Ihre Form war zuerst eine dem Gefühl des Herstellers angepaſste, eine muschelförmige, später ein Kugelabschnitt; und selbst eine annähernd richtige parabolische Form derselben konnte auch nur wenig zur Geltung kommen, weil die Flamme der Lampe stets frei vor dem Scheinwerfer angebracht sein muſste, um diesen nicht zu berussen.

So hatte das 1602 auf Wangeroge eingerichtete Feuer, das auf Antrieb Bremens errichtet worden war, ursprünglich Öllampen in einer verglasten Laterne Allein das Licht zeigte sich so ungenügend, daſs sehr bald eine Bake mit Steinkohlenfeuer neben dem Turm eingerichtet werden muſste, bis 1687 ein neuer Turm für Steinkohlen erbaut wurde. Ähnliches vollzog sich an anderen Feuerstellen, so u. a. auf dem 1680 erbauten Turm des Baleines, der 1733 bei seinem Umbau Steinkohlenfeuer erhielt. Freilich waren die damals benutzten Lampen noch die antiken mit Runddochten. Aber selbst Cordouan brannte bis 1782 Steinkohlenfeuer; und als es dann 80 Öllampen mit 18 mm breiten Flachdochten vor muschelförmigen Scheinwerfern von 217 mm Öffnung erhielt, blieb es in seiner Sichtbarkeit gegen das alte Steinkohlenfeuer zurück; dies war auch dann noch der Fall, als es auf drei Brenner vor gröſseren Scheinwerfern verstärkt wurde. Gleiches wird von anderen Türmen berichtet.

Das erste Ölfeuer, welches einen guten Effekt erzielte und von den Schiffern sehr gerühmt wurde, war das Feuer auf Orskär in Schweden, 1687 erbaut und mit Öllampen und Scheinwerfern versehen. Der ursprünglich hölzerne Turm wurde 1738/40 durch einen steinernen ersetzt, welcher wahrscheinlich nicht den ganzen Horizont erleuchtete und fünf groſse konkave Reflektoren erhielt von 1 Elle 2 Zoll Öffnung mit 6 Lampen vor jedem. Daſs diese kolossalen Reflektoren, jeder mit 6 Lampen, welche die ganze Fläche derselben zur Wirkung brachten, ein für die damalige Zeit auſsergewöhnliches Licht in See warfen, ist erklärlich. Ähnliches dürfen wir wohl von dem Travemünder Turm annehmen, der bei einem Beleuchtungswinkel von nur etwa 61° mit zwei groſsen Scheinwerfern von etwa einem Schuh Durchmesser und zwei Lampen zu je zwei Dochten vor jedem ausgerüstet war. Diese Einrichtung war vor 1710 gemacht, und das Feuer soll bis neun Seemeilen sichtbar gewesen sein, was eine den Steinkohlen überlegene Leistung gewesen wäre und als übertrieben oder nur als in auſsergewöhnlichen Fällen beobachtet zu bezeichnen ist.

Alle diese Apparate litten an dem bereits angeführten Fehler, dafs die Flammen vor den Scheinwerfern angebracht werden mufsten. Die Flammen brannten frei und hätten, nahe an die Reflektoren herangestellt, in kürzester Zeit durch Rufs diese unwirksam gemacht. Bei dieser Stellung der Flamme zum Scheinwerfer konnte letzterer nur auf den kleinsten Teil der von der Flamme ausgehenden Strahlen einwirken. Erst durch die Argandsche Lampe mit Glaszugrohr wurde es möglich, die Scheinwerfer zu wirksamen Reflektoren auszubilden, bei welchen die Flamme innerhalb derselben steht, so dafs die Reflektoren auf den gröfsten Teil der Strahlen ihren Einflufs ausüben.

Aus diesem Grunde blieben die Öllampen bis in die letzten Jahre des XVIII. Jahrhunderts im allgemeinen ein wenig wirksames lichtgebendes Mittel für die Leuchtfeuer. Mögen auch einige wenige günstige Erfolge, wie auf Orskär erzielt worden sein, weder die in verschiedenen Formen angewendeten muschel- oder calottenartigen Scheinwerfer, noch die Verbesserungen der Dochte konnten die in der Natur dieser Lampen liegenden Mängel beseitigen. Namentlich in Frankreich wurden mit solchen Apparaten viele Versuche, besonders nach der Mitte des vorigen Jahrhunderts gemacht, doch, wie Cordouan und La Hève zeigten, ohne Erfolg, selbst bei Anwendung einer grofsen Lampenzahl.

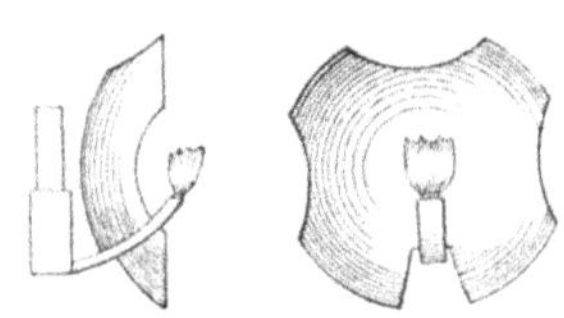

Fig. 65. Sphärischer Reflektor, Cordouan, 1782.

Cordouan erhielt 80 Lampen mit kleinen Scheinwerfern von 217 mm Öffnung und Flachdochten von 18 mm Breite (s. Fig. 65). La Hève hatte 1781 16 Stück dergleichen in zwei Reihen erhalten (s. Fig. 66); die der unteren Reihe hatten 508 bis 675 mm Öffnung und waren mit je drei Brennern mit Flachdochten von 40 mm Breite versehen, diejenigen der oberen Reihe 502 bis 560 mm mit je zwei solchen Brennern. Die gleiche Einrichtung erhielt Barfleur und l'Ailly 1781 und 1783, und dann des Baleines und Chassiron. D' Ouessant und St. Matthieu folgten mit Scheinwerfern von 200 mm und Flachdochten von 18 mm Breite bei 60 Scheinwerfern, welche in vier Reihen übereinander in einer konischen Form aufgebaut waren. Aber selbst diese so zahlreichen Apparate führten, wie gesagt, zu keinem Erfolg und mufsten auf Verlangen der Schiffer teils wieder dem Steinkohlenfeuer weichen, so z. B. selbst Cordouan.

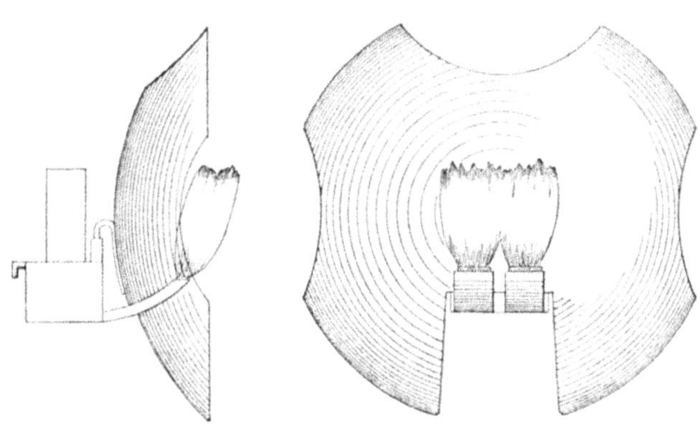

Fig. 66. Sphärischer Reflektor, La Hève, 1781.

Von diesen kleinen muschelförmigen Reflektoren über Lampen mit Saugdochten wurde noch ein eigenartiger Gebrauch gemacht. Die eben besprochenen Lampen mufsten in einer grofsen verglasten Laterne untergebracht werden. Diese zu vermeiden, setzte man jede Lampe in eine eigene Laterne von der Art gewöhnlicher gröfserer Handlaternen, nur dafs deren Seiten konisch zu einander standen (siehe Fig. 67). Dies letztere hatte den Zweck, aus einer gröfseren Zahl solcher Laternen einen Kreis resp. Winkel zusammenzusetzen. Hierzu war der betreffende

Turm oben mit einer Plattform versehen, auf welcher ein eisernes einfaches Gerüst errichtet war, das dem zu beleuchtenden Winkel entsprach und im Grundrifs so viel der Form der Laternen angepafste Öffnungen zeigte, als Lampen angewendet werden sollten. In diese Öffnungen wurden die Laternen von oben her eingehängt. Die Lampen hatten bis fünf runde Saugdochte und hingen in einer sehr primitiven Kompafsaufhängung, damit sie und ihr Reflektor unabhängig von dem Gestell sich richtig einstellten, auch beim Tragen horizontal hingen. Zur Beleuchtung des ganzen Horizonts wurden 24 bis 36 solcher Laternen verwendet. Die Laternen wurden tagsüber im Turm untergebracht und dort auch bedient; abends wurden sie eingesetzt. So ausgerüstete Türme haben sich bis in dieses Jahrhundert hinein erhalten, namentlich in Dänemark. Auch zu Feuerschiffen sind diese Lampen lange in Anwendung geblieben. Das Gestell umgab dort den Mast und wurde, mit den Laternen versehen, aufgehifst; am Tage waren die Laternen unter Deck.

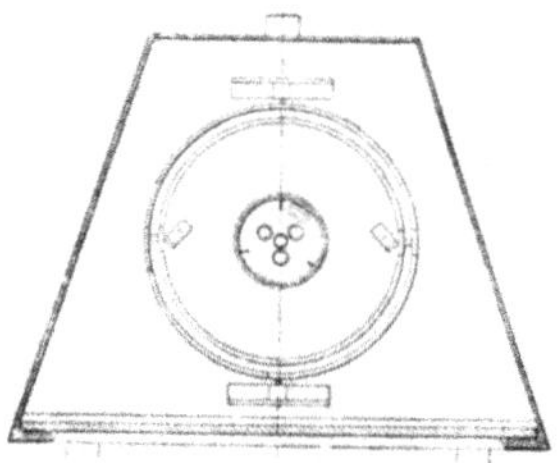

Fig. 67. Konische Laterne.

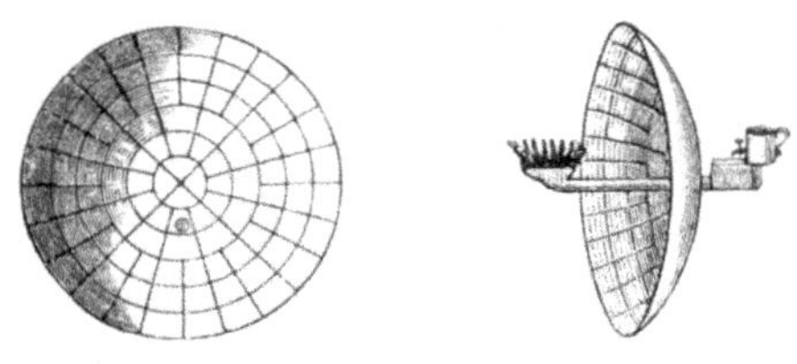

Fig. 68. Facetten-Reflektor, 1763.

Einen Fortschritt bezeichnen zuerst die Türme, welche 1763 am Mersey errichtet wurden. Nach den Angaben des Mr. Hutchinson, Dockmeisters in Liverpool, in seiner 1777 veröffentlichten practical Seamanship, waren dieselben mit Scheinwerfern hinter Öllampen mit Flachdochten ausgerüstet, welche Scheinwerfer möglichst die Form einer Parabel haben sollten. Sie waren aus kleinen Stücken von Glasspiegeln gebildet, die in einer vertieften parabolischen Mulde mit Gips befestigt waren (s. Fig. 68). 1787 wurden solche Scheinwerfer in Schottland eingeführt. Wenn auch hier schon die richtige Form des Reflektors angestrebt wurde, auf welche ich gleich eingehen werde, so konnte dieselbe doch nur einen sehr unbedeutenden Einflufs haben, weil auch hier noch die Flamme vor dem Reflektor liegen mufste, auch die Parabel nur sehr ungenau dargestellt werden konnte.

Die Argandschen Lampen und die Parabel-Reflektoren.

Die Parabel-Apparate und ihre Charakteristiken.

Der erste, der auf die im vorstehenden gekennzeichneten Fehler hinwies und sie eingehend wissenschaftlich erörterte, war kein geringerer als der junge Lavoisier Als nämlich 1765 eine Preisbewerbung für die beste Art der Beleuchtung der Strafsen von Paris ausgeschrieben wurde, reichte der damals erst 18jährige Lavoisier eine Abhandlung ein, die, weil zu den anzustellenden Versuchen eine ausgeführte fertige Lampe verlangt war, zwar nicht mit dem Preise gekrönt werden konnte, aber von der Akademie der Wissenschaften die goldene Medaille erhielt. In dieser wies Lavoisier nach, dafs:

1. Wenn es sich um Zusammenfassen möglichst aller von einem leuchtenden Punkt ausgehender Lichtstrahlen zu einem Bündel handelt und um Aussendung dieses Lichtbündels in einer bestimmten Richtung, der hierzu bestimmte Reflektor die Form einer Parabel haben müsse, in deren Brennpunkt sich der leuchtende Punkt befinde. Das Strahlenbündel fällt dann parallel der Achse der Parabel aus, und diese macht umsomehr das Licht nutzbar, je weiter sie den leuchtenden Punkt umfafst (siehe Fig. 69). Es ist jedoch zu beachten, dafs eine der Öffnung der Parabel entsprechende Lichtmenge ungenutzt sich zerstreut.

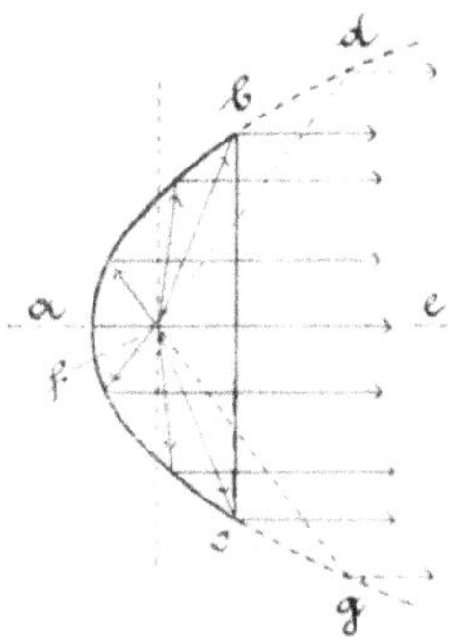

Fig. 69.

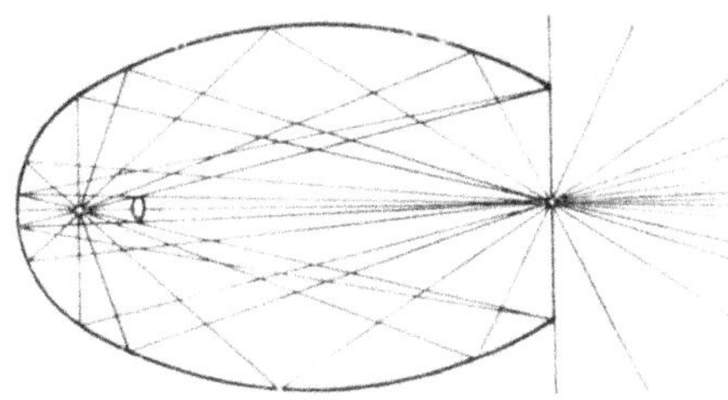

Fig. 70.

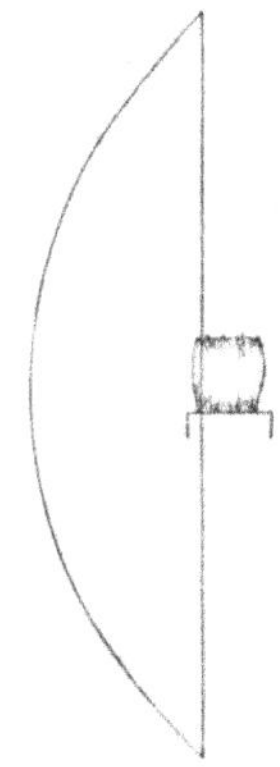

Fig. 71. Erste Ausführung eines parabolischen Reflektors nach dem Vorschlage Teulères, Cordouan, 1783.

2. Wenn es sich darum handelt, die von einem Punkt ausgehenden Lichtstrahlen gleichmäfsig im Raum über 180° zu verteilen, eine Ellipse als Scheinwerfer anzuwenden sei, in deren einem Brennpunkte der lichtgebende Körper sich befindet, während die Ellipse durch eine Ebene senkrecht zur Achse, welche durch den anderen Brennpunkt geht, begrenzt wird (siehe Fig. 70).

Obschon hierdurch der Weg gewiesen war, erhielten sich doch, wie wir gesehen haben, noch über 20 Jahre, selbst in Frankreich, Scheinwerfer in Form von Muscheln, Kalotten mit davor liegenden Flachdochten, und selbst die von Hutchinson angestrebte parabolische Form führte sich wenig ein.

Erst 1783, am 26. Mai, reichte Teulère, Chefingenieur der Generalität zu Bordeaux, mit der Bearbeitung der Erhöhung und Aufbesserung des Turmes auf Cordouan betraut, eine Denkschrift, betreffend das dortige Feuer, ein (siehe Anlage XXXb), in welcher er parabolische Reflektoren von 21 französischen Zoll Öffnung = 578 mm bei einem Brennpunkt-Abstand von $5^1/_2$ Zoll = 149 mm vorschlug; die Tiefe der Parabeln war 131 mm; der Mittelpunkt der Flamme lag also auch hier vor der Öffnung, nämlich 18 mm (siehe Fig. 71). Die Flamme sollte

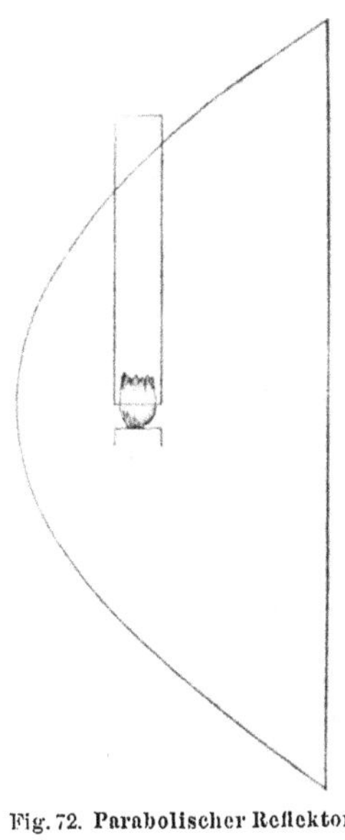

Fig. 72. Parabolischer Reflektor, von Lenoir für Cordouan ausgeführt.

rund und hohl sein, damit die Luft auch innen hinzutreten könne, der Dochtgang war zu 2 Zoll = 34 mm Durchmesser bei 3 Linien = 7 mm Öffnung angenommen. 24 solcher Reflektoren sollten in drei Reihen übereinander kreisförmig angeordnet und durch ein Uhrwerk in Umdrehung versetzt werden, um durch diese Drehung das an sich ungleich starke Licht gleichmäfsiger über den ganzen Horizont zu verbreiten. Teulère hatte wahrscheinlich von Lavoisiers Arbeit keine Kenntnis; Argands Erfindung war noch nicht veröffentlicht. Teulères Projekt führte demnach zuerst die Parabel in Verbindung mit einer Lampe mit doppeltem Luftzug vor. Es wurde jedoch erst 1784 ein Probeapparat gebaut mit 5 Stück Parabolen, welche, gedreht, Scheine von 2 zu 2 Minuten gaben.

Inzwischen wurden, während 1787 bis 1791 der Leuchtturm zu Cordouan erhöht wurde die Bestrebungen in der von Teulère eingeschlagenen Richtung fortgesetzt, und nachdem Argands Lampe bekannt geworden war, liefs der Chevalier Borda nach Teulères Angaben, und weil dieser in Bordeaux, seinem Wohnsitz, keine dazu befähigte Werkstatt fand, in Paris von dem Optiker Lenoir einen Apparat von zwölf parabolischen Reflektoren ausführen, die 812 mm Öffnung bei 325 mm Tiefe hatten und mit Argandschen Lampen von 33 mm Durchmesser im Brenner versehen waren; siehe Fig. 72.

Fig. 72 zeigt, dafs die Flamme nicht mehr vor dem Reflektor liegt, sondern im Brennpunkt der Parabel steht, so dafs sie von dieser voll umfafst wird, also ihr nach allen Seiten ausstrahlendes Licht in ein volles Strahlenbündel zusammengefafst wird, das nun für die Leuchtturmzwecke voll und richtig benutzt werden konnte.

Der Teulère-Bordasche Apparat ordnete 12 Parabole in Form eines Dreiseits an, jede Seite zu 4 Stück, die ihr Licht zu einem gemeinsamen Lichteffekt, Blick, vereinigten, so dafs drei lichtstarke Strahlenbündel von jeder der drei Seiten ausgingen. Um nun aber allen Teilen des Horizontes dieses Licht zuzuführen, mufste der Apparat sich im Kreise herumdrehen. Ein solches Dreh- oder Blickfeuer zeigt ein wechselndes Licht, das kommt und geht; die Zeit, in der die Lichtblicke sich folgen, hängt von der Geschwindigkeit ab, mit der sich der Apparat dreht, und von der Zahl seiner Seiten.

Der Bordasche Apparat führte somit auch eine neue Charakteristik der Erscheinung der Leuchtfeuer ein, denn alle bisherigen Feuer, von den Holz- und Kohlenfeuern bis zu denen mit Lampen und Scheinwerfern, waren mit Ausnahme eines einzigen in Schweden, des schon erwähnten Orskär, das wenig bekannt geworden war, feste Feuer gewesen, die nach allen Seiten dieselbe gleiche Lichterscheinung ohne Unterbrechung zeigten.

Der Teulère-Bordasche Apparat wurde 1790 in Versailles dem Könige vorgeführt und 1791 auf Cordouan aufgestellt. Die Scheine standen zuerst nur 5 Sekunden und wurden erst durch Vergröfserung der Lampendurchmesser auf 10 Sekunden verlängert. — Die Feuer zu Chaume und Sables d'Olonne erhielten bald nach Cordouan ähnliche Apparate.

In England hatte Argand inzwischen auch seine Lampen eingeführt, und 1792 liefs Trinity-House einen regelrechten Apparat, ähnlich dem obigen und mit 533 mm Öffnung der Parabole, für Scilly-Isles ausführen. Auch dieser Apparat war als Drehfeuer konstruiert (revolving light), ein Blickfeuer mit Perioden von 2, 3 bis 4 Minuten, d. h. der Lichtschein, der Blick, kehrte alle 3 bis 4 Minuten wieder.

Dafs man in beiden Fällen unabhängig von einander zu Drehfeuern kam, liegt in der Natur der Parabel. Das von ihr ausgehende Licht bildet nämlich ein etwas konisches Strahlenbündel, dessen Winkel von dem Durchmesser der Flamme und der Lage des Brennpunktes (Stand der Flamme) in der Parabel abhängt. Dieser in der Praxis für eine Parabel zu rechnende Lichtwinkel beträgt bei richtig bemessenen Parabolen 12 bis 15°. Um den ganzen Horizont zu erleuchten, wie es die alten Kohlenfeuer thaten, sind daher 24 bis 30 Stück erforderlich. Da aber das Streben, eine bessere Lichtwirkung, lichtstärkere Feuer zu schaffen, zur Parabel geführt hatte, so war es nur ein Schritt weiter auf diesem Wege, die gewonnenen neuen einzelnen Lichtquellen in einige wenige Bündel zu konzentrieren. Hierzu kam, dafs auf diese Weise in Verbindung mit der dadurch erforderlich werdenden Drehung der Apparate eine neue Charakteristik für die Leuchtfeuer geschaffen wurde, welche bei der damals sich rasch ausbreitenden Befeuerung der Küsten zur Unterscheidung der nahegelegenen Türme oder zur Hervorhebung von wichtigen Punkten höchst erwünscht war. Solche Erwägungen waren es, welche den ersten Parabolapparat zu einem Blick- oder Drehfeuer werden liefsen und auch seine Nachfolger zunächst zu solchen gestalteten. Erst später treten auch feste Feuer von Parabolen gebildet auf.

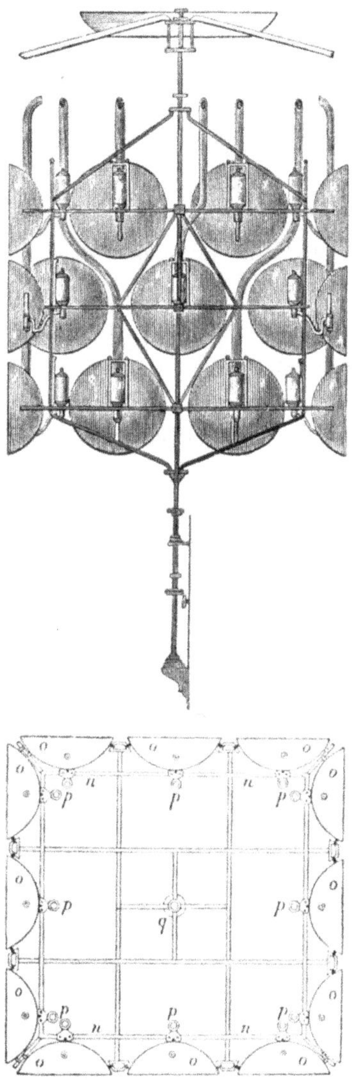

Fig. 73 und 74. Vierseitiges katoptrisches Blickfeuer (Drehfeuer).

Die Dauer der Blicke hing von der Zahl der Seiten und der Zeitdauer der Perioden von 2, 3 bis 4 Minuten ab, und betrug z. B. bei einem vierseitigen Apparat 20, 30 bis 40 Sekunden, bei 100, 150 bis 210 Sekunden Dunkelheit.

Fig. 73 und 74 zeigen ein solches Blickfeuer nach A. Stevenson. Es ist vierseitig mit 7 Parabolen auf jeder Seite, mit im ganzen also 28 Stück. Die Parabole sind sehr flach gewählt, wohl zu flach.

Die Umgangszeit und Seitenzahl dieser alten Parabolapparate war, um die Blicke länger stehen zu haben, so gewählt, dafs dieselben, wie bereits angegeben, alle 2 bis 3 ja nur alle 4 Minuten erschienen, was für die damals allein üblichen Segelschiffe genügte. Man zog ein längeres Stehen des Feuers bei möglichst grofser Lichtstärke einer rascheren Wiederkehr vor.

Mit den Parabolfeuern und der Argandschen Lampe beginnt die neue Epoche der Leuchtfeuer, obgleich schon nach 30 Jahren die Parabolapparate anfingen, von den besseren Fresnelschen Glasapparaten verdrängt zu werden. Die Wissenschaft übernahm eben immer mehr die Führung und wandelte die Apparate zu der staunenerregenden Vollendung und Leistung um, welcher wir später begegnen werden.

Die absolute Gröfse der Parabel richtet sich selbstredend nach den örtlichen Zwecken und der Art ihrer Verwendung; die gröfsten erhielten bald nach ihrer Einführung 500 bis 600 mm Öffnung, die kleinsten nicht unter 200 bis 250 mm. Die Lampen blieben bis in die neueste Zeit eindochtige, und erst nach der Mitte des neunzehnten Jahrhunderts erhielten die Parabole zweidochtige Lampen, obgleich mehrdochtige Lampen, bis vierdochtige, schon in den zwanziger Jahren auf Leuchttürmen brannten, nämlich in den neuen schon erwähnten Fresnelschen Glasapparaten. Aber obgleich diese in ihrer Ausbildung heute die Befeuerung beherrschen, haben sich die Parabolapparate doch für bestimmte Zwecke und Örtlichkeiten erhalten, so z. B. vielfach auf Leuchtschiffen und für Feuer, welche nur kleine Winkel zu versorgen haben.

Schon aus diesem Grunde, aber auch weil durch die Parabolfeuer neue Charakteristiken eingeführt wurden, ja durch dieselben erst möglich wurden, gehe ich genauer auf ihre wenn auch kurze Entwickelung ein.

Es ist schon oben angeführt, dafs die Parabole sich ihres kleinen Lichtwinkels wegen mehr für Blickfeuer als für feste Feuer eignen. Da jedoch diese letzteren nicht entbehrt werden konnten, ja die den Schiffern gewohnten waren, so mufsten auch solche von Parabolen hergestellt werden; doch ergaben selbst 24 solcher keine gleichmäfsige Erleuchtung des Horizontes. Die grofse Zahl der Parabole bedingte zugleich einen sehr grofsen Durchmesser der Laternen. Um diesen beiden Übelständen abzuhelfen, strebte man zunächst dahin, den Lichtwinkel des einzelnen der zu diesem Zweck zu verwendenden Parabole zu vergröfsern. Es war die Fabrik von Bordier-Marcet (Nachfolger von Argand), welche in dieser Richtung vorging.

Doppelparabol und Sideral von Bordier-Marcet.

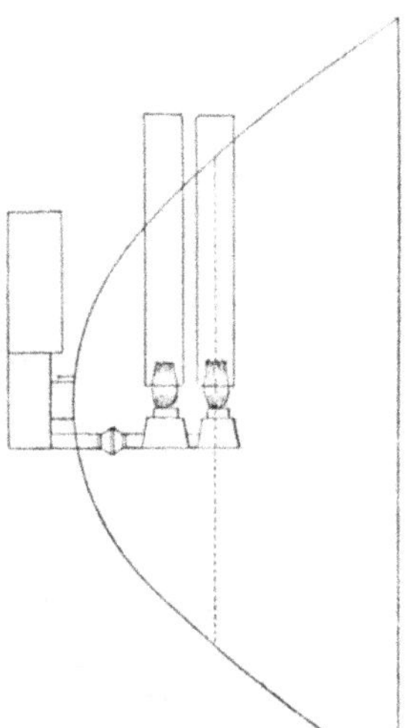

Fig. 75.

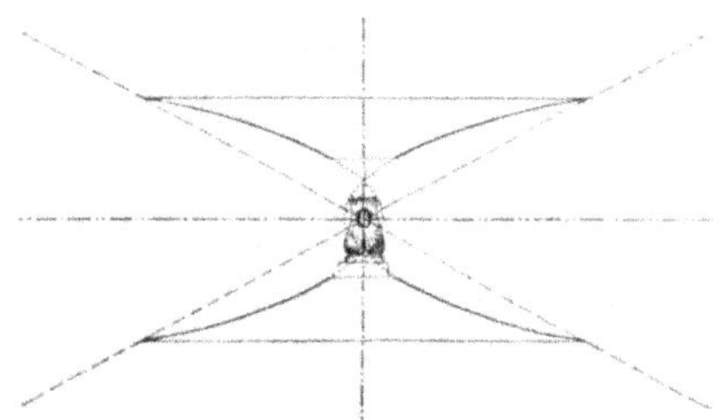

Fig. 76.

Fig. 75. Doppelparabol von Bordier-Marcet, 1811.
Fig. 76. Sideral von Bordier-Marcet.

Zwei eigenartige parabolische Reflektoren sollten dem genannten Zwecke dienen, nämlich ein Doppelparabol und ein »Sideral« genanntes Parabol.

Der erstere ist in Fig. 75 dargestellt. Er ist aus zwei Parabeln zusammengesetzt. Die Brennpunkte der beiden Parabeln liegen in der Achse hintereinander, und in einen jeden derselben setzte man eine Lampe. Die hintere Parabel erstreckte sich bis zu einer durch den Brennpunkt der vorderen gelegten Ebene, also bis zur Mitte der Lampe; die vordere Parabel begann in dieser Ebene, bildete also von da ab einen Ring. Da jede der beiden Lampen excentrisch zur Parabel der andern stand, so mufste diese letztere das Licht der für sie excentrisch stehenden Lampe mehr zerstreuen als das Licht der Lampe in ihrem eigenen Brennpunkt. Es bildete sich hierdurch ein gröfserer Lichtwinkel. Die doppelte Lichtquelle sollte den durch den gröſseren Zerstreuungswinkel entstehenden Lichtverlust ersetzen Diese Doppelparabeln hatten 0,7515 m Öffnung bei zusammen 0,32 m Tiefe; die innere Parabel war 14 cm tief, die äuſsere 18 cm. Die Lampen hatten 18 mm Durchmesser im Docht.

Sechs solcher Reflektoren wurden 1811 zuerst probeweise auf dem einen der beiden Türme auf La Hève aufgestellt; dann 1814 auf dem zweiten; 1819 wurde ihre Zahl von 6 auf 10 erhöht. Noch fünf andere Türme sind mit solchen Doppelparabolen versehen worden. Fresnels Erfindung, die Einführung der Glasapparate, schnitt wohl ihre weitere Verbreitung ab.

Die zweite eigenartige Erfindung Bordiers waren die sogenannten Sideralreflektoren. Auch sie waren für feste Feuer bestimmt, aber für kleinere Hafenfeuer und dergleichen. Dieselben waren dadurch gebildet, daſs er eine Parabel um eine vertikale durch den Brennpunkt gehende Achse drehte (siehe Fig. 76). Die sich dabei innen überschneidenden Teile der Parabeln fielen fort, und an ihre Stelle trat die im Brennpunkt stehende Lampe. Das Sideral bestand also aus einem oberen und einem unteren parabolischen ringförmigen Teile, die sich in jedem durch die vertikale Achse gehenden vertikalen Schnitte zur vollen Parabel ergänzten. Sie muſsten also das Licht gleichmäſsig über den ganzen Horizont verteilen. Die Höhe der Parabelöffnung ergab in Verbindung mit der durch die Höhe der Flamme herbeigeführten vertikalen Divergenz den Lichtkegel. Die von Bordier ausgeführten Siderale hatten 190 mm Offnung bei 174 mm halbem Durchmesser. Diese Sideralfeuer waren bis Mitte des neunzehnten Jahrhunderts vielfach in Anwendung, bis auch sie durch Fresnels Apparate verdrängt wurden. Ihr Lichteffekt war ein mäſsiger. Die Greifswalder Oie hatte z. B. bis 1855 ein solches Feuer von 785 mm ganzem Durchmesser bei 373 mm Offnung.

Man hat später auch versucht, sehr groſse Siderale, bis etwa 2 m ganzem Durchmesser, herzustellen, die durch Drehung um eine durch den Parameter gehende vertikale Achse gebildet waren. In dem durch den sich mitdrehenden Brennpunkt gebildeten Kreise waren bei einem Sideral von 1,95 m Durchmesser 27 Argand-Brenner angebracht; allein der Effekt entsprach nicht dem gemachten Aufwande an Öl und den 27 Brennern.

Bis vor nicht langer Zeit wurden diese Sideralfeuer in Schweden auf den Feuerschiffen als Lichtgeber benutzt, sowohl hängend als auf besonderen festen Gerüsten. In Norwegen besonders sind die Sideral-Apparate vielfach benutzt worden und haben sich dort bis über die Mitte des neunzehnten Jahrhunderts erhalten, den örtlichen Anforderungen und Gewohnheiten entsprechend. Erst allmählich wichen sie den kleinen Fresnelschen Apparaten.

Teulères Gruppenblickfeuer. R. Stevensons Flashing Lights.

Mit der Entwickelung der Parabolfeuer und der gleichzeitigen Erweiterung der Schiffahrt im Anfang des XIX. Jahrhunderts trat immer mehr das Bedürfnis auf, die nahe oder an hervorragenden Punkten liegenden Feuer von einander zu unterscheiden, um Verwechslungen und damit Gefahren vorzubeugen. Die neuen Parabolfeuer boten hierzu die ersten wirksamen Mittel. Wie wenig bis dahin nach dieser Richtung geschehen war, zeigt der folgende Rückblick.

Das einfachste und das nächstliegende Mittel hierzu war, solche Stellen durch zwei Feuer auszuzeichnen, Zwillingsfeuer zu errichten. Für Steinkohlenfeuer war dies zudem das einzig Mögliche. Die Feuer lagen der Fahrt parallel, also nebeneinander und hinreichend entfernt von einander, um sie in der nötigen Entfernung noch als zwei getrennte Feuer unterscheiden zu können. Solche Zwillingsfeuer wurden denn auch schon frühzeitig angewendet. Schon 1536 erhielt North Shields ein Zwillingsfeuer, dessen Lichte aber in verschiedenen Höhen lagen; 1635 Nidingen, 1680 Chassiron, 1751 Lizard, 1755 La Hève.

Eine andere Art der Benutzung von zwei Feuern bildeten die Richtfeuer, d. h. zwei in hinreichender Entfernung hintereinander und verschieden hoch liegende Feuer, welche »in Linie« genommen, d. h. senkrecht übereinander gesichtet, eine bestimmte Richtung bezeichneten, eine Ein- oder Ansegelung. Ein solches Feuer wurde als erstes 1675 auf Spurn-Point errichtet und 1775 von Smeaton erneut.

Mit Einführung der Parabole trat, wie schon oben angeführt ist, eine neue Charakteristik auf, die Dreh- oder Blickfeuer. Zwar war bereits früher ein Drehfeuer schon in Schweden zu Orskär seit 1768 als solches in Betrieb [1]) (Korsö folgte bald darauf), doch war der ursprüngliche Zweck des Feuers nicht der gewesen, eine neue Charakteristik zu schaffen, sondern, wie wir gesehen haben, allein der, ein sehr lichtstarkes Feuer zu erhalten. Man hatte zu diesem Zweck vier sehr grofse Scheinwerfer mit sechs Lampen vor jedem, also 24 Lampen, in eine Richtung vereinigt und mufste nun, da der ganze Horizont zu decken war, den ganzen Apparat sich drehen lassen. So entstand allerdings ein Blickfeuer, aber mit so langer Periode, dafs es kaum als ein solches angesprochen werden kann, sondern eher als ein aussetzendes Feuer mit langer Periode zu bezeichnen ist. Die vier Scheinwerfer hatten 1 Elle 2 Zoll Öffnung, und vor jedem waren, wie gesagt, sechs Lampen angebracht. Wie diese Scheinwerfer zum Apparat vereinigt waren, wie diese Drehung erfolgte, darüber wissen wir nichts Näheres. Auch haben die genannten Feuer keine Nachfolger gefunden, obschon ihr Effekt ihrer Zeit sehr gerühmt wurde. Erst mit den Parabolapparaten traten die Drehfeuer lebensfähig in die Praxis ein.

Dafs die ersten Apparate dieser Art, 1790 und 1792, Dreh- oder Blickfeuer waren, (Cordouan und Scilly-Isles,) ist bereits angeführt, ebenso dafs die oben für Orskär angeführten Ursachen auch zu ihrer Konstruktion führten. Sie hatten die für Dreh- oder Blickfeuer richtige Form erhalten, nämlich die eines Drei- und Vierseits, auf deren Seiten die Parabole angebracht waren, so dafs drei oder vier breite Lichtmassen annähernd senkrecht zu den Seiten ausfielen, welche bei der Drehung des Apparates, allmälich fortschreitend, den ganzen Horizont bestrichen, dunkle Winkel ohne Licht [2]), in gleicher Weise fortschreitend, zwischen sich lassend. Hierdurch zogen an dem Auge des Beobachters in bestimmten Zwischenpausen, die von der langsameren oder rascheren Drehung des Apparates abhingen, helle Scheine und Schattenwinkel abwechselnd vorüber. Die ersteren, die Scheine, tauchten langsam auf, nahmen allmählich anwachsend an Helligkeit bis zu einem Gipfelpunkt, der kurze Zeit stand, zu und verschwanden dann, ebenso langsam abnehmend. Die Dauer, das Stehen des Blicks hing von der horizontalen Achsenstellung der Parabole zu einander ab. Die

---

[1]) Als Teulère und dann Borda das Drehen seines projektierten Apparates zu gleichem Zweck 1783 vorschlug, wies die französische Akademie darauf hin, dafs in Schweden bereits ein drehendes Feuer bestände, nur wurde irrtümlicherweise Marstrand als Ort genannt.

[2]) Ich werde diese lichtlosen Winkel im folgenden stets als »Schattenwinkel« bezeichnen, obgleich diese Bezeichnung nicht genau der Erscheinung entspricht.

Zeitintervalle zwischen dem Auftreten der Scheine bildeten die Charakteristik dieser Feuer und wurden ihre Perioden genannt. Diese waren zu jener Zeit der langsam fahrenden Segelschiffe sehr lang bemessen, 2 bis 4 Minuten, sehr selten weniger oder mehr. Das Bedürfnis der Zeit ging auf lichtstärkere, weiter sichtbare und längere Zeit stehende Feuer, nicht auf kürzere Perioden, d. h. eine rasch sich kennzeichnende Charakteristik. So wurden denn auch mit diesen Dreh- oder Blickfeuern Entfernungen gedeckt, die 3 bis 4mal so grofs waren als bei den alten Kohlenfeuern, nämlich 18 bis 20 Seemeilen.

Mit der sehr rasch wachsenden Verbreitung und Zahl dieser Feuer trat aber als natürliche Folge ebenso rasch das Bedürfnis ein, eine gröfsere Zahl von Charakteristiken zur Verfügung zu haben, um mehrere nahe zusammenliegende Feuer sowie hervorragende oder gegefährliche Punkte zu kennzeichnen.

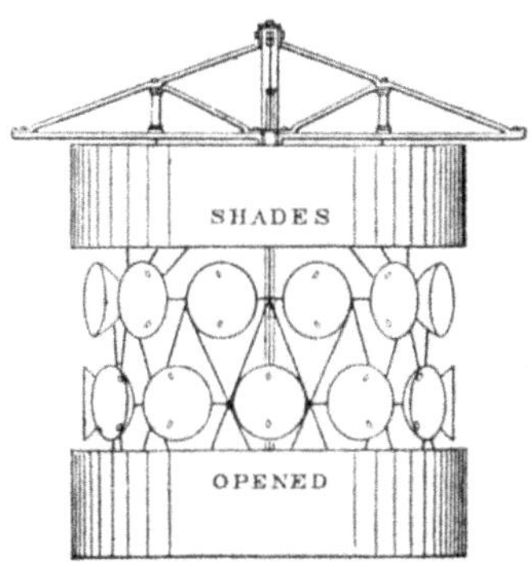

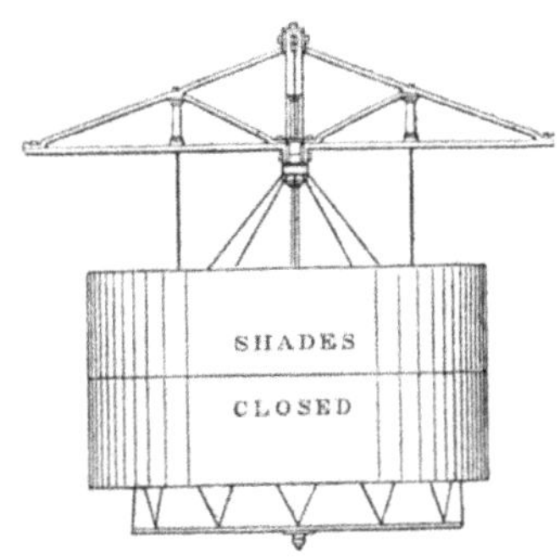

Fig. 77. Fig. 78.
Intermittierendes Feuer von R. Stevenson, 1811.

Diesem Verlangen abzuhelfen, schlug Robert Stevenson 1811 zwei neue Charakteristiken, die intermittierenden Feuer und die Blinkfeuer, die flashing lights, vor. Stevensons Konstruktion für die ersteren, die intermittierenden Feuer, fand damals weitere Anwendung nicht. Diese Feuer sind jedoch in der neuen und neuesten Zeit, die immer mehr und immer rascher auftretende scharfe Charakteristiken fordert, wieder aufgenommen worden, wenn auch mit anderen Konstruktionsmitteln.

R. Stevenson erzeugte ein in bestimmten Zeitabschnitten plötzlich auflohendes und nach bestimmter Zeit ebenso plötzlich wieder verschwindendes Feuer dadurch, dafs er um ein festes Feuer zwei cylinderische Schirme anordnete (siehe Fig. 77 und 78), einen oberen und einen unteren, welche gemeinsam, wenn sich berührend, die Parabole deckten. Durch ein Uhrwerk sollten sie dann auseinanderbewegt werden, je nach oben und unten, und dann das Licht freigeben, es ebenso deckend, wenn sie sich wieder schlossen. Die rasche Bewegung der Schirme rief ein plötzliches Aufflammen und plötzliches Verschwinden des Lichtes hervor. Je nach der Bewegung der Schirme in bestimmten Zeitintervallen, welche nicht gleich zu sein brauchten, stand das Feuer länger oder kürzer und war von kürzeren oder längeren Pausen unterbrochen; es setzte aus, intermittierte. Die Zeitdauer, die zwischen dem einen und dem anderen Öffnen und Schliefsen verflofs, bestimmmte die Dauer, das Stehen des Lichtscheines und die Dauer der Verfinsterung, die Periode. Derartige Feuer sind, wie gesagt, damals nicht ausgeführt worden, wahrscheinlich der mechanischen Schwierigkeiten wegen.

Die flashing lights waren Parabolfeuer, die kurz und hell aufblickten und deren gleichsam aufblitzende Scheine sich sehr rasch, bis zu 5 zu 5 Sekunden, folgten. Die Scheine wurden durch eine eigenartige Anordnung der Parabole bei rascher Drehung des Apparates hervorgebracht. Der Apparat war achtseitig und trug auf jeder Seite drei grofse Parabole. Waren die Parabole und Lampen so konstruiert, dafs sie z. B. 15° deckten, und drehte der Apparat in 40 Sekunden, so entstand eine Periode von 5 zu 5 Sekunden und das Feuer stand 2 Sekunden. Diese flashing lights sind besonders an den schottischen Küsten vielfach ausgeführt worden und als Vorläufer der heutigen Blitzfeuer zu bezeichnen.

Eine dritte neue Charakteristik und zwar der hervorragendsten Art wurde schon 1783 von Teulère angegeben, als er an seinem ersten Parabol-Apparat arbeitete. Dieselbe ist in Fig. 79 dargestellt. Er gruppierte die Parabole (in der Zeichnung acht Stück), so dafs sie zwar ein N-Eck im Grundrifs bildeten (in der Zeichnung ein Viereck), dafs aber die Seiten gebrochen waren, während jede Halbseite von einem oder mehreren Parabolen übereinander gedeckt war. Durch diese Anordnung mufsten beim Drehen des Apparates je zwei Lichtbündel sich rasch folgen, während zwischen je zweien eine gröfsere Pause statthatte; es entstand so ein zweiblinkiges Gruppen-Blinkfeuer. Der von Teulère projektierte Apparat kam leider nicht zur Ausführung.

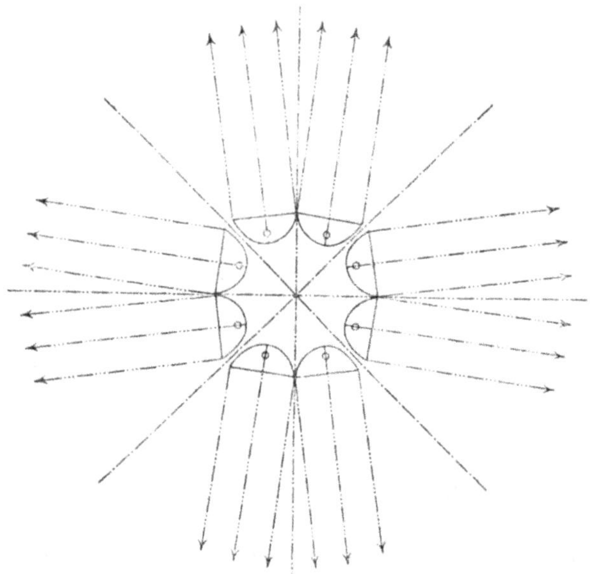

Fig. 79. Parabol-Gruppen-Blink-Feuer von Teulère, 1783.

Noch nach einer ganz anderen Richtung wurde durch die Argandsche Lampe und die Parabol-Apparate die Charakteristik der Leuchtfeuer erweitert. Zu dem wechselnden Licht gesellte sich ein Wechsel in dessen Farbe. Durch farbige Vorsatzscheiben oder farbige Zuggläser der Lampen konnte dem ganzen Feuer oder bei den Drehfeuern einem Teil desselben eine bestimmte Farbe gegeben werden; z. B. bei vierseitigen Blickfeuern abwechselnd je zwei Seiten, so dafs weifse und z. B. rote Scheine einander abwechselnd folgten. Das erste derartige Feuer war dasjenige auf dem 1811 von R. Stevenson erbauten Klippenturm Bell-Rock.

Fast ausschliefslich wird die rote Färbung benutzt. Rote feste Feuer kommen jedoch nur für nicht sehr weit sichtige kleine Feuer zur Anwendung, also für Binnen- und Molenfeuer. Für Seefeuer wählt man die lichtstärkeren Blick- und Blitzfeuer und läfst stets Weifs und Rot wechseln, damit der Vergleich die verschiedene Farbe der Scheine deutlicher kennzeichnet.

Bis in den Anfang der zwanziger Jahre des neunzehnten Jahrhunderts behielten die Parabolapparate die Führung in der Beleuchtungspraxis und verdrängten in allen Ländern allmählich die Steinkohlen- und die anderen Feuer. Aber schon zu der genannten Zeit erwuchs ihnen der Gegner, dem sie weichen mufsten, der Fresnelsche[1]) Glasapparat mit einer Lampe, dioptrisch und katadioptrisch, meist kurz Linsenapparat genannt.

Fresnel, der berühmte Physiker, wurde 1819 in das Bureau des Phares berufen; er beschäftigte sich zunächst mit dem Studium und mit der Verbesserung der Parabolapparate und mit der Bildung neuer Charakteristiken derselben. Unter den verschiedenen Anordnungen, die er entwarf, zeichneten sich zwei besonders aus: die aussetzenden Feuer und die Gruppe Blickfeuer Teulères. Seine Entwürfe kamen aber nicht zur Ausführung, weil er sich den optischen Glasapparaten zuwendete, welche dann die Parabole ganz verdrängten.

An dieser Stelle müfsten nun eigentlich die Fresnelschen Glasapparate von ihrer Erfindung an und bis zu ihrer heutigen Entwickelung folgen. Ich führe aber vorher noch die verschiedenen benutzten neueren Lichtgeber (Rüböl — Mineralöl — Leuchtgas — Elektricität) vor, da zuerst die Gröfsen der Flammen und damit die Konstruktion der Lampen sich mit den Fresnelschen Apparaten entwickeln und sich diesen und ihrer Gröfse anpassen mufsten, später aber umgekehrt die Apparate sich nach der Gröfse der intensiveren lichtgebenden Körper richten mufsten, seien diese die glühenden Kohlen des elektrischen Lichtes, seien es die vieldochtigen oder vielflammigen neuesten Brenner für Mineralöl und Leuchtgas. Es ist jedoch schon hier anzuführen, dafs die Fresnelschen Apparate entgegengesetzt den Parabolen nur einen Lichtgeber (Lampenbrenner) haben, welcher im Mittelpunkt, dem Brennpunkt des Apparates, steht. Der Apparat selbst besteht aus geschliffenen Gläsern, welche den Lichtgeber nach allen Seiten umgeben und durch Brechung oder Reflektion (dioptrisch oder katadioptrisch) die Lichtstrahlen in die erforderlichen Richtungen lenken.

Das Mineralöl.

Bis in die neue, ja neueste Zeit hinein hat das Rüböl als Leuchtmaterial für die vorliegenden Zwecke allein geherrscht und sich den fortschreitenden Anforderungen an die Lichtstärke der Flammen angepafst. Von den eindochtigen Lampen mit doppeltem Luftzug und gleichbleibendem Ölstand ausgehend entstanden durch Fresnel schon sogar vierdochtige Brenner, bei denen das Öl durch mechanische Vorrichtungen, von Uhrwerken getriebene Pumpen, zugeführt wurde und über die Brennerkrone, zum Schutze derselben gegen die Hitze der Flamme, in bestimmter Menge überlief.

Der erste Mitbewerber erstand dem Rüböl in dem Leuchtgas aus Steinkohlen, Kohlengas, später auch in dem Gas aus Harzen und schweren Ölen. Zunächst konnte das erstere nur vereinzelt angewendet werden, nämlich ausschliefslich an Orten, welche dazu Gelegenheit boten und Gasanstalten besafsen. Erst das Petroleum vermochte das Rüböl zu verdrängen und

[1]) Augustin Fresnel, geb. 10. Mai 1788, gestorben 14. Juli 1827, war der Begründer der wissenschaftlichen neuen Optik. Er trat in das Bureau des Phares ein, was ihn veranlafste, sich dem Studium der Leuchtfeuer-Apparate zuzuwenden. Diese Studien u. s. w. sind veröffentlicht in: Oeuvres de Augustin Fresnel, 1870, Teil III, bearbeitet und mit einer Einleitung versehen von Leonor Fresnel.

beherrscht noch heute die Leuchtfeuer fast ausschliefslich; doch ist auch ihm schon der dereinstige Obsieger im elektrischen Licht erstanden. Zwischen beide drängt sich in neuester Zeit wieder das Gas (meist aus Harzen oder schweren Ölen) in verschiedener Erscheinungsweise ein, zu dessen Herstellung bei den Türmen nur kleine einfache Gasanstalten erforderlich sind.

Die Benutzung des Minarolöles, Petrols, in den Lampen der Leuchtapparate ist der des Rüböles identisch. Selbstverständlich aber müssen die Brenner und Brenneinrichtungen in anderer Weise konstruiert, dem leichter entzündbaren Material angepafst sein. Es gelang dies zunächst nur für die eindochtigen Lampen. Ende der sechsziger Jahre gelang es dann dem amerikanischen Kapitän Doty Petrol mit heller Flamme und gefahrlos auch in mehr- und vieldochtigen Brennern zu benutzen und zwar unter Wiedereinführung eines gleichbleibenden Ölstandes. Mit den siebziger Jahren führte sich dann das Mineralöl und Petrol auch für die mehr- und vieldochtigen Brenner rasch ein. Die Vorteile, die es bietet, sind: Einfachheit des Dienstes, gröfsere Reinlichkeit, bessere Ausdauer der Lichtstärke auch bei längster Brennzeit in den langen Winternächten, Gefrieren erst bei sehr niedriger Temperatur und, last not least, der erheblich billigere Preis, der es ermöglichte, bei gleichem Kostenaufwand eine viel gröfsere Lichtstärke zu erzielen. So entstanden alsbald mit der Einführung des Petrols die fünf- und sechsdochtigen Brenner. Heute sind sieben- und achtdochtige im Gebrauch, ja zehndochtige sind von James Douglafs konstruiert.

Das Leuchtgas als Befeuerungsmaterial.

(Komprimiertes Gas. — Gasglühlicht. — Carbid.)

Leuchtgas an Stelle der Öllampen zu setzen liegt und lag überall da nahe, wo dasselbe direkt zur Verfügung stand oder die erforderliche Gasbereitung leicht eingerichtet werden konnte, also in Hafenorten mit Gasbeleuchtung oder billigen Kohlen. Da die Gasbrenner mit Glascylindern und doppeltem Luftzuge (auch hier Argandsche genannt) sich ohne Schwierigkeit in die Parabole an Stelle der Öllampen einführen liefsen, so stand ihrer Anwendung in solchen durchaus kein Hindernis entgegen, während sie in Bezug auf Helligkeit, Bedienung und Reinlichkeit erhebliche Vorteile boten. Am leichtesten konnten feste Feuer mit Gasbrennern versehen werden. Ein solches ist z. B. in Neufahrwasser schon 1819 eingerichtet worden.[1]) Es ist dies meines Wissens die erste Anwendung von Gas in Parabolen. Zu Leuchtfeuerzwecken freibrennend ist es nach Aldini ein Jahr früher (1818) auf dem Turm von Salvore bei Triest angewendet worden, doch brannten dort die Flammen frei, nicht in Parabolen, ähnlich wie die Kerzen auf Eddystone. Es waren dort 42 Gasflammen auf drei übereinander liegenden Kränzen angeordnet, derart, dafs sie eine abgestumpfte Pyramide bildeten »von einem Klafter unterem Durchmesser und 6 Fufs Höhe«.

Auch in kleineren Fresnelschen Apparaten ist Gas direkt und mit Vorteil anwendbar, und dies um so mehr, als auch die Gasbrenner mit zwei konzentrischen Flammen seit langer Zeit hergestellt werden.

---

[1]) Siehe Seite 40 und 41: Neufahrwasser, sowie die dortige Fufsnote, betreffend Nemnichs Reise durch England im Jahre 1805/1806.

Brenner mit mehr als zwei konzentrischen Flammen sind in der neuen und neuesten Zeit mehrfach konstruiert und auch für Leuchtfeuerzwecke verwendet worden. Schon Fresnel hat Gasbrenner mit fünf konzentrischen Flammen konstruiert und versucht. Dieselben verbrauchten 12—15 Hektoliter Steinkohlengas in der Stunde, wurden aber in Bezug auf ihre Leuchtkraft von dem vierdochtigen Rübölbrenner, der 750 Gramm in der Stunde verbrannte, übertroffen. Heute liegt die Frage günstiger für das Gas. Nicht nur wird dasjenige aus Steinkohlen reiner und leuchtkräftiger hergestellt, dann aber ist das Gas aus gewissen Kohlenarten und das sogenannte Fettgas ein sehr lichtstarkes, das zudem noch auf einfache Weise bedeutend in seiner Leuchtkraft gesteigert werden kann, nämlich durch Erhöhung seines Kohlenstoffgehaltes dadurch, dafs es über Albumin geleitet wird, ehe es zur Flamme tritt. So sind denn auch die Konstruktionen von mehr- und vielflammigen Gasbrennern in der neuesten Zeit mehrfach wieder aufgenommen worden und haben hervorragende Resultate gegeben. Sir James Douglafs hat bis zehnflammige Brenner herstellen lassen, die zur Zufriedenheit brannten.

Dennoch hat sich für die Praxis in weiteren Kreisen das Leuchtgas nicht einführen können, obgleich die bei den Türmen zu errichtenden Gasanstalten für Fettgas sehr einfach und verhältnismäfsig klein sind. Sollte sich jedoch das aus Carbid in einfachster Weise herzustellende Acetylengas, welches in neuester Zeit aufgetreten ist, bewähren, und der Preis des Carbid ein billiger werden, so dürfte dieses rasch das Petrol verdrängen und dies um so erfolgreicher, als ihm in dem sogleich zu erwähnenden Gasglühlicht eine kräftige Hilfe erwachsen ist.

Eigenartige Brenner für Leuchtgas, welche von den übrigen wesentlich abweichen, sind von Mr. Wigham, Dublin, konstruiert worden. Sie haben den Zweck, die Lichtstärke der Flamme dem günstigen oder ungünstigen Zustande der Atmosphäre anpassen zu können, also vergröfsern und verkleinern zu können. Die Flammen dieser Brenner setzen sich aus einzelnen Strahlen zusammen, welche in konzentrischen Ringen angeordnet sind. Die Zahl der Flammen oder Strahlen kann von 28 bis 108, ja 148 Strahlen vermehrt werden, immer um je 20 steigend. Wigham erlangte auf diese Weise Flammen bis 11 Zoll englisch im Durchmesser. Sein Bestreben war, für neblige Luft eine Flamme von aufsergewöhnlich grofsem Durchmesser, grofser Lichtmenge, zu schaffen, um dadurch die nebeldurchdringende Kraft zu steigern. Es handelt sich diesen Brennern gegenüber um die Frage, was für die vorliegenden Zwecke, zur Durchdringung des Nebels, besser ist: eine Flamme von entsprechender Helligkeit bei grofsem Durchmesser zu erzielen, oder eine solche von kleinem Durchmesser, aber um so gröfserer Intensität, wie das elektrische Licht sie in so hoher Vollkommenheit bietet. Diese Frage dürfte wohl heute zu Gunsten der lezteren Flammenart entschieden sein.

Eine ganz eigenartige Anwendung des Leuchtgases ist, wie schon oben beschrieben, in neuester Zeit vielfach mit gröfstem Erfolge gemacht worden; doch benutzt diese nicht das gewöhnliche Steinkohlengas, sondern das Fett- oder Harzgas. Dieses läfst sich nämlich ohne Nachteil stark zusammendrücken derart, dafs in einen verhältnismäfsig kleinen Raum eine grofse Menge dieses verdichteten Gases aufgenommen und in diesem Zustande, wenn nötig, versendet werden kann. Die übliche Verdichtung beträgt bis 10 Atmosphären Überdruck. Für das Brennen sind dagegen nur wenige Linien Überdruck erforderlich. Die Überführung des einen Druckes in den anderen wird durch den Pintschschen Patentregulator bewirkt. Diese Gasfeuer werden als feste Feuer sowie als intermittierende Feuer ausgeführt und sind besonders für Leuchtbojen, für schwer und oft nur in langen Zwischenpausen zugängliche Leuchtbaken und sodann mit grofsem Vorteil auch für die sehr exponierten und oft nur mit Gefahr zu erreichenden Feuer auf den Molenköpfen angewendet. Die ersteren, die Gas-Leuchtbojen, haben sich seit 1880, wie bereits oben angeführt, überaus rasch eingebürgert und dienen nicht nur zur Markierung von Einfahrten — engen Fahrten zwischen Sandbänken — Kanälen (im Suez-Kanal), sondern auch zur Deckung von weit gedehnten Untiefen, welche dem heftigsten Wind- und Wellenandrange ausgesetzt sind. Über 415 solcher Leuchtbojen und über 134 derartiger Leuchtbaken gesellten sich schon 1895 als Hilfsfeuer den Ketten der Leuchttürme zu. Sie brennen Tag und Nacht, und der Vorrat des in ihnen aufgespeicherten verdichteten Gases reicht drei Monate und selbst wenn nötig mehr, so dafs sie nur in solch langen Zwischenzeiten wieder gefüllt zu werden brauchen. Als eines der ersten derartigen Feuer auf Molenköpfen wurde 1880 dasjenige in Pillau auf meinen Vorschlag eingeführt. Der Vorrat an verdichtetem Gas ist in einem Hause am Fufse der Mole untergebracht und durch Rohrleitung mit dem kleinen Turm auf dem Molenkopf verbunden. Von diesem Hause aus kann die eigentliche Flamme des Leuchtapparates bei Tage abgestellt werden, derart, dafs nur eine kleine Lockflamme brennen bleibt, welche dann abends nach Lösung der Absperrung die Hauptflamme entzündet.

In allerneuester Zeit tritt eine neue Befeuerungsart für Gas auf, das Gas-Glühlicht. Dieses ist aber für Leuchtfeuer gegenwärtig noch im Stadium der Experimente, obgleich schon grofse Fresnelsche Apparate erster und zweiter Ordnung damit versehen sind. Die Auerschen Strümpfe dieser Apparate haben 4 cm Durchmesser bei 7 cm Höhe, und sind die Gläser dementsprechend berechnet und geschliffen. Das Gas ist schweres Öl- oder Harzgas. Diese Feuer sind ungefähr dreimal stärker in ihrer Lichtenergie. Die erforderliche Gasanstalt am Turm ist überaus einfach. Neben dem Gasglühlicht erscheint schon das Petroleum-Glühlicht und das Spiritus-Glühlicht, letzteres in selbständigen Lampen sich das nötige Gas direkt aus den genannten Brennstoffen erzeugend.

Zwischen diesen verschiedenen Gasfeuern wird seiner Zeit der Preis, besonders das Billigwerden des Carbids, entscheiden.

Die elektrischen Feuer.

Die elektrischen Feuer[1]) sind wohl ohne Zweifel diejenigen der Zukunft, denn sie sind die intensivsten, diejenigen der gröfsten Energie, indem sie in einem Lichtbündel von sehr geringem Querschnitt ihre ganze sehr grofse Lichtmenge vereinigen, ein Kernlicht aussenden. Hierzu kommt, dafs ihre Intensität weit über die der übrigen Lichtquellen erhöht werden kann, während dieselbe andererseits an demselben Feuer ermäfsigt werden kann, so dafs die Lichtstärke desselben Feuers dem Bedürfnis, d. h. der Beschaffenheit der Luft, klar bis nebelig, angepafst werden kann. Aber die Erhöhung über ein gewisses Mafs hinaus würde ohne Nutzen

[1]) Unter »elektrischen Feuern« verstehe ich allein Apparate, deren Lichtquelle das elektrische Licht ist. Eine direkte Anwendung desselben als Glühlicht haben wir schon auf Seite 63 bei den Leuchtbojen kennen gelernt.

und daher zwecklos sein, weil starker Nebel ja selbst das Licht der Sonne erstickt, geschweige denn ein irdisches Feuer. Mit dieser Erhöhung wachsen nämlich die Kosten sehr erheblich. Das gewöhnliche elektrische Licht ist heute noch absolut viel teurer als Gas- und als Petroleumlicht, wenn es auch relativ, auf die Lichteinheit berechnet, billiger ist.

Ein anderes Hemmnis für die Einführung des elektrischen Lichtes ist, daſs es bis heute gröſsere mechanische Anlagen erfordert, magneto-elektrische oder Dynamomaschinen, Kraftmaschinen u. s. w., und zwar mit kostspieliger, sachkundiger Bedienung, denn leider genügen die Accumulatoren noch nicht. Aus diesen Gründen wird das elektrische Licht bis heute nur auf Punkten von hervorragender Bedeutung angewendet oder an solchen, deren Beleuchtung bei groſser Lichtstärke eine Flamme von möglichst kleinem Durchmesser verlangt.

Es ist jedoch hier zu bemerken, daſs die allerneuesten Fortschritte in der Elektrotechnik sowie in der Konstruktion und Behandlung der Fresnelschen Apparate die Anschaffungs- und Unterhaltungskosten für elektrische Anlagen schon sehr ermäſsigt haben; sie stehen den groſsen Fresnelschen Öl- und Gasfeuern in beiden zwar noch nach, übertreffen dieselben aber an Intensität und damit an nebeldurchdringender Kraft um ein sehr Bedeutendes, so daſs sie bei nebeliger Luft das leisten, was jene nur bei mittlerer Luft vermögen, d. h. ihr Schein dringt bei nebeliger Luft soweit, als der Schein jener bei mittlerer Luft. Dieselben werden daher, wenn möglich, jetzt schon auf den gefährlichsten oder sonst wichtigsten Punkten angewendet und auf solchen, bei denen es sich um groſse Tragweite handelt.

Das elektrische Licht ist in neuester Zeit auch auf Leuchtbojen, Leuchtschiffen und Leuchtbaken angewendet worden, ja auch auf Inseln und Punkten, auf denen ihrer Entlegenheit, ihrer geringen Fläche oder Unzugänglichkeit wegen die elektrischen Anlagen selbst nicht herzustellen oder zu unterhalten waren, so z. B. 1896 auf dem frei im Meere liegenden Leuchtturm Rothesand vor der Wesermündung.

Selbstredend dürfen diese nicht allzuweit von einem gesicherten Uferpunkt abliegen, auf welchem die zugehörige elektrische Station errichtet werden kann, die ihnen den elektrischen Strom durch ein im Meer versenktes Kabel liefert. Für Rothesand befindet sich diese Anlage auf der Insel Wangeroge; die Länge des Leitungskabels beträgt rund 18 km.

Das erste elektrische Feuer wurde noch unter Faradays Leitung durch Holmes zu Blackwall 1857 experimentell versucht. In Dienst trat das elektrische Licht in England: auf South Foreland 1858, Dungeneſs 1862, Souter-Point 1871, Lizard 1874 u. s. w., in Frankreich auf den zwei Türmen von La Hève 1863 und 1865, Grisnez 1867 u. s. w., in Deutschland 1890 in Neufahrwasser.

Aus den oben angeführten Gründen haben sich aber die elektrischen Leuchtfeuer bis jetzt nicht so eingeführt, wie von vielen Seiten erwartet wurde. Das Leuchtfeuer-Verzeichnis der Kaiserlichen Admiralität von 1892 wies Leuchtfeuer mit elektrischem Licht nach: in Frankreich 12, darunter 2 Doppelfeuer; in England 8, darunter 2 Doppelfeuer; in Deutschland, Neufahrwasser-Campen und Borkum, kleiner Turm; die letzteren beiden sind Leitfeuer mit von Otterschen Apparaten.

Die Fresnelschen Apparate.

Erste Periode.

Wenn durch die Benutzung des Mineralöles, des elektrischen Lichtes und eventuell des Leuchtgases die Feuermaterialien, d. h. die lichtgebenden Quellen für die Leuchtfeuer[1]), ihren Abschlufs wohl für lange Zeit gefunden haben, so sind doch die Mittel zu ihrer Ausnutzung für Leuchtfeuerzwecke mit der Einführung der parabolischen Reflektoren nicht abgeschlossen gewesen. Die letzteren sind vielmehr von 1823 ab allmählich fast ganz durch die schon erwähnten Fresnelschen Glasapparate verdrängt worden und werden heute nur noch zu einzelnen besonderen Zwecken, so zu Hafenfeuern und auf Leuchtschiffen verwendet, oder sie haben sich noch auf älteren Türmen erhalten, bei deren zeitgemäfsem Umbau sie auch dort verschwinden werden, ähnlich wie eine Anzahl Kohlenfeuer ja bis tief in das neunzehnte Jahrhundert hinein ihr lichtschwaches Leben fristeten.

Die Fresnelschen Glasapparate benutzen statt des Parabols die Glaslinse (das Brennglas) und lichtbrechende Prismen, statt der Reflektion die Refraktion. An die Stelle der reflektierenden polierten Metallfläche treten die geschliffenen Gläser mit ihren lichtbrechenden Eigenschaften, welche je nach der Art der Schleifung und ihrer Stellung zur Lichtquelle dioptrisch und katadioptrisch wirken.[2]) Durch dieses neue Hilfsmaterial wird es möglich, von einem einzigen

---

[1]) Ich sehe ab von dem Drummondschen Kalklicht, dem Magnesialicht, dem Petroleumstaublicht, welche wohl auch für Leuchtfeuerzwecke vorgeschlagen und versucht worden sind, doch ohne Erfolg und ohne Aussicht auf Benutzung in der Praxis, wenn einige von ihnen auch zu Feuersignalen, resp. zur Feuertelegraphie Anwendung gefunden haben.

[2]) Über eine vorherige Anwendung katadioptrisch wirkender Glaskörper ist folgende Stelle aus Nemnichs ›Tagebuch einer der Kultur und Industrie gewidmeten Reise‹ (Erster Band. Tübingen, in der J. G. Cottaschen Buchhandlung, 1809) von Interesse:

›Mastrichter Laternen im Brevet: Photoperiphores catadioptriques genannt. Der Prokureur Michils und der Uhrmacher Fraiture, ein sehr geschickter Mechaniker, haben selbige vor zwei Jahren in Mastricht erfunden und ein Patent darüber erhalten. Anfänglich hatten diese Laternen an jeder ihrer drei oder vier Seiten eine mit Vitriolsäure und Wasser angefüllte linsenförmige Flasche. Nach einer neueren Verbesserung haben sie nur zwei solcher Linsen und an jeder der vier Ecken eine mit derselben Flüssigkeit angefüllte Prismaflasche. In der Mitte der Leuchte befindet sich eine Argandsche Lampe, welche ihre Lichtstrahlen, sowie das griechische Beiwort es andeutet, durch die Linsen und Prismen verbreitet und den bewundernswürdigen Effekt einer weit ausgedehnten und in der Nähe fast allzu blendenden Erleuchtung hervorbringt.

Man nennt in Frankreich die Argandschen Lampen Lampes à Quinquet. Sie heifsen so nach einem Blechschmied, Namens Quinquet in Paris, mit welchem Argand zur Verfertigung der von ihm erfundenen Lampen in Compagnie getreten war. Huile à Quinquet nennt man das Öl zu den Argandschen Lampen, welches nach englischer Art durch Holzkohlen filtriert wird.

Die Fabrik zu diesen Laternen ist auf dem ehemaligen Kalvariberg etabliert. Alle Teile von Blech und Eisen, woraus eine Laterne zusammengesetzt wird, findet man hier durch Maschinerie hervorgebracht; Maschinen zum Walzen der Platten und Leisten, Stampfmaschinen, Bügelformen, Maschinen, um den Docht schnell zu schneiden u. s. w. Es ist ein Vergnügen, die rasche Beförderung der Arbeit hier zu sehen. Die Fabrik steht unter Direktion der obengenannten Erfinder und des Herrn Hauptmanns Behr. Sie haben schon Rotterdam mit dieser Erleuchtung versehen und kontrahieren mit Amsterdam, Utrecht und anderen holländischen Städten, welche die Mastrichter Laternen einzuführen willens sind.

Punkte aus als Lichtquelle, dem Brennpunkt, alle zu dem einen Apparat verbundenen Teile mit Licht zu speisen, also eine einzige Lampe an die Stelle der 20 bis 30 Lampen der starken Parabolapparate zu setzen. Freilich mufs diese Lampe dementsprechend lichtstärker sein und genau richtig zu den optischen Teilen des Apparates stehen, d. h. in ihrem Brennpunkte. Zu seinen Apparaten mufste daher Fresnel die mehrdochtigen Lampen nach Argands Prinzip weiter ausbilden. Bis zu vier konzentrischen Dochten ging er seiner Zeit für Rüböl. Für Mineralöl sind, wie bereits erwähnt, jetzt sieben- und mehrdochtige Brenner in Gebrauch.

Für das so lichtstarke elektrische Licht ist seiner geringen Abmessungen wegen die zentrale Stellung der Lichtquelle in den Apparaten, ich möchte sagen, eine Lebensbedingung. Die Fresnelschen Apparate haben demselben den Weg gebahnt.

Die Glasapparate konnten sich nur langsam entwickeln, denn das Giefsen der Gläser sowie die Technik ihres Schleifens mufste als eine ganz neue Kunst mit erfunden und ausgebildet werden. Es hat sich die Ausbildung der Glasapparate, d. h. die verschiedene wissenschaftlich bestimmte Formgebung der einzelnen Gläser zur Erzielung der bestimmten Effekte mit der fortschreitenden Technik nicht nur unter Fresnel selbst, sondern bis in die neueste Zeit allmählich weiter und weiter entwickelt. Dennoch gebührt Fresnel das unbestrittene Verdienst, nicht nur die dioptrischen und katadioptrischen Apparate für Leuchtzwecke erfunden, sondern auch alle Hilfsmittel für dieselben, optische und mechanische, begründet und zugleich auch, soweit es die damalige Technik gestattete, zur Ausführung gebracht zu haben. Alle späteren neu hinzutretenden Anordnungen und Konstruktionsteile sind nur als Weiterbildungen der Fresnelschen Gedanken, als eine Weiterentwickelung auf den von ihm geschaffenen Grundlagen, ein Fortschreiten auf dem von ihm eröffneten Wege zu bezeichnen.

Augustin Fresnel wurde 1819 in die Commission des Phares berufen. Es waren damals die Leuchtapparate aus Parabolen mit Argandschen Lampen zur vollen, allgemeinen Anerkennung und immer weiteren Anwendung gelangt, und die betreffenden Kreise beschäftigten sich eingehend mit ihrer weiteren Ausbildung. Auch Fresnel hatte sich zunächst mit diesen Apparaten zu beschäftigen. Aber gleich nach seinem Herantreten an diese Arbeiten erfafste ihn, den schon rühmlichst bekannten Begründer der wissenschaftlichen Optik, die Idee, statt der reflektierenden Flächen der metallenen Parabole die brechenden der Glaslinsen, des Brennglases, einzuführen, weil jene, selbst bei der vollendetsten Politur, mehr als die Hälfte des auffallenden Lichtes verschlucken, auch ein grofser, der Öffnung des Parabols entsprechender Lichtwinkel ungenutzt sich zerstreut[1]), während bei guten Linsen nur etwa ein Zehntel des auffallenden Lichtes verloren geht.

Die Linse und die Parabel haben das Gemeinsame, dafs sie die von einem Punkte, ihrem Brennpunkte, ausgehenden divergierenden Lichtstrahlen parallel zu ihrer Achse ablenken und als ein ihrer Öffnung entsprechendes Strahlenbündel auswerfen. Fresnel wählte die planconvexe Linse als diejenige, welche die wenigste Glasmasse bei gleichem Brechungsvermögen enthält. Allein er fand, dafs selbst bei dieser, wenn die von dem lichtgebenden Körper ausgehenden Strahlen nur einigermafsen ausgenutzt werden sollten, der Lichtwinkel der vom

[1]) Nach Experimenten von Th. Stevenson mit Parabolmetall, d. i. mit silberplattiertem Kupfer, hochpoliert, wurden von einer ebenen Fläche von dem unter 45° auffallenden Lichte nur 0,556 reflektiert.

Brennpunkte ausgehenden auf die Linse fallenden Strahlen mindestens 45° betragen müsse, wodurch der Winkel der Linse an ihrem Rande auf etwa 40° stieg.

Hierdurch aber wurde eine so dicke Glasmasse bedingt, dafs diese bei grofsen Linsen den gröfsten Teil des Lichtes verschluckt hätte. Da nun für die Brechung der Lichtstrahlen nur die Form der Linse, d. h. die Stellung ihrer Flächen zu den auffallenden Lichtstrahlen, mafsgebend ist, nicht aber die Masse des Glases, so suchte Fresnel die letztere zu vermindern, indem er die Linse in Zonen teilte und diese wieder zu einer selbständigen Polygonallinse mit gerader Innenfläche verband (siehe Fig. 80 und 81). Durch diese Teilung wurde es möglich, jede einzelne Zone für sich gesondert schleifen zu können und die Linse dann aus den einzelnen Zonen zusammenzusetzen. Hierdurch aber wurden wieder die einzelnen Teile auch in ihrer Form vollkommen unabhängig voneinander, und konnte nun auch jede Zone selbständig in ihren Winkeln und in ihren Krümmungsradien berechnet werden, wodurch wieder ein einschneidender Fehler vermieden werden konnte, welcher grofsen Linsen mit verhältnismäfsig kleinem Brennpunktabstand anhaftet, die Aberration der Lichtstrahlen. Bekanntlich werden nur die nahe der Achse einer Linse auffallenden Strahlen parallel zu dieser gebrochen; je weiter von der Achse entfernt, je schräger sie auffallen, desto mehr weichen, irren sie bei der einfachen Linsenform von dieser Richtung ab. Die Teilung in Zonen gab also die Möglichkeit, die ausfallenden, aus dem Brennpunkt kommenden Lichtstrahlen wirklich parallel zu gestalten, indem jede Zone den ihr zukommenden Krümmungsradius mit bestimmter Lage seines Mittelpunktes erhielt. In der Figur 81 sind diese angegeben.

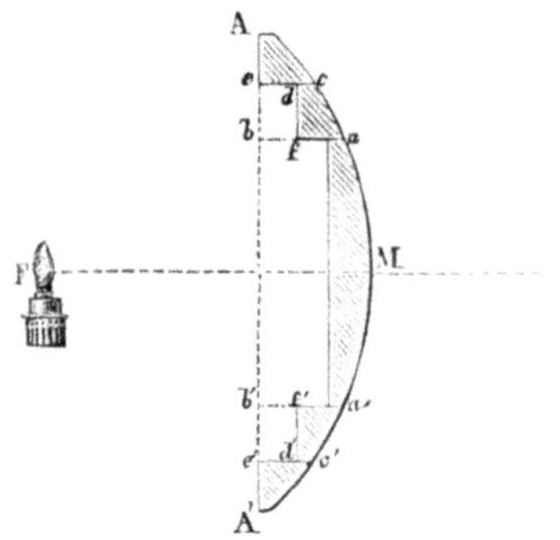

Fig. 80. Wirksame Flächen einer Linse.

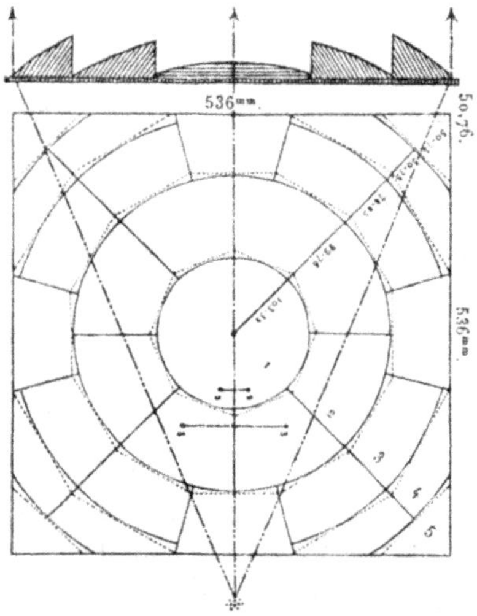

Fig. 81. Erste Fresnelsche Linse, 1819/1820. 1/10 natürl. Gröfse.

Nun war aber leider die Kunst des Schleifens grofser optischer Gläser und auch die des Giefsens derselben damals nicht im stande, für eine Polygonallinse von hinreichender Gröfse und Brennweite die Zonen aus wenigen gröfseren, geschweige denn aus einem Stücke herzustellen. Nicht einmal in Kreisform konnten diese beschafft werden. Fresnel sah sich daher genötigt, die ersten Linsen aus geraden Prismen zusammenzusetzen, wie Fig. 81 dies zeigt. Nachdem zu Anfang des Jahres 1820 eine Probelinse von 40 cm Brennweite bei 35 cm Durchmesser und ein viereckiger Linsenschirm von 70 cm Brennweite bei 536 mm Seitenlänge hergestellt waren, legte er am 8. Oktober desselben Jahres der Commission des Phares die Zeichnung eines Linsenschirmes von 0,920 m Brennweite bei 76 cm Seitenlänge vor, der zur Ausführung angenommen wurde. Fig. 81, welche ihn darstellt, zeigt noch die polygonartige Zusammensetzung aus geraden Stücken; die Zonen als Ringe zu schleifen, war eben noch nicht möglich.

Auch der erste Fresnelsche Apparat, welcher 1823 am 20. Juli auf Cordouan sein Licht in See warf, hatte noch solche aus geraden Prismen zusammengesetzte Linsen.

Zu gleicher Zeit mit den Linsen arbeitete Fresnel an der Vergröſserung der Lampen, denn da er nur eine Lichtquelle im Brennpunkt verwenden konnte, muſste diese sehr erheblich lichtstärker sein, als die bis dahin bekannten. Er schuf daher schon Lampen mit vier konzentrischen Dochten, also ebenso vielen Flammen, deren jede doppelten Luftzug hatte. Die vierdochtigen Lampen entwickelten eine massive Lichtmasse von 90 mm Durchmesser am Brenner. Weiter

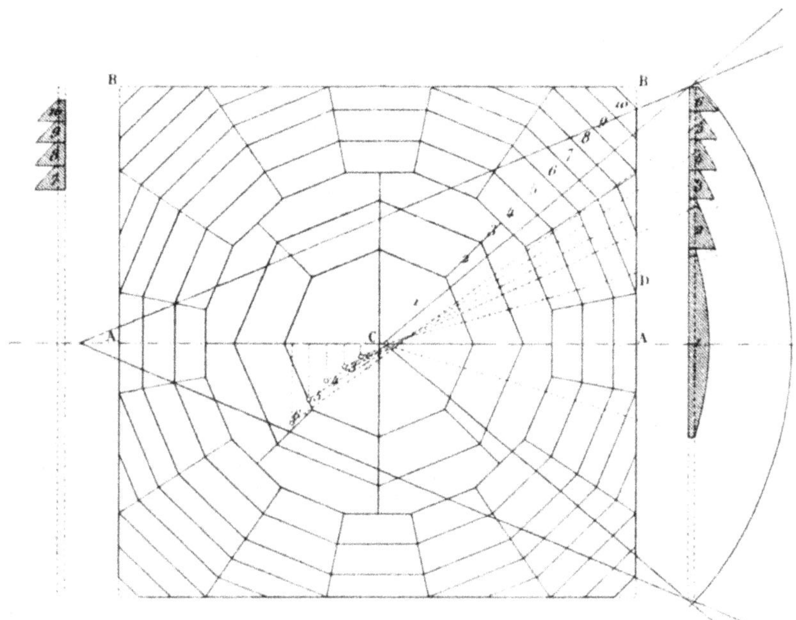

Fig. 82. Erste grosse Fresnelsche Linse, 1820/1821. 1/10 natürl. Gröſse.

als bis zu vier konzentrischen Flammen ging Fresnel nicht; einmal weil die Technik ihm nicht zu folgen vermochte, sodann aber, weil er feststellte, daſs die Abmessungen der Apparate, Durchmesser und Höhe, mit der Gröſse der Flammen, welche dieselben speisen sollten, in Einklang sein, d. h. in einem gewissen Verhältnis stehen müſsten, um ein Maximum des Lichteffektes zu geben. Noch gröſseren Apparaten aber näher zu treten, erlaubte die damalige Technik und die zur Verfügung stehenden Geldmittel nicht; auch gingen damals die Anforderungen der Schiffahrt nicht so weit als heute.

Die Überlegenheit dieses neuen Systems zeigte sich schon bei den ersten Versuchen mit dem noch so unvollkommenen Probeschirm von 92 cm Brennweite, der sein Licht von einem vierdochtigen Rübölbrenner erhielt, welcher 700 bis 750 g Öl in der Stunde verbrannte, was etwa dem Verbrauch von 20 damaligen Carcel-Lampen entspricht.[1]) Diese Ver-

[1]) Die jetzt in Frankreich üblichen Carcel-Lampen, d. h. Lampen, bei denen ein Uhrwerk das Öl zum Brenner hinaufdrückt, so daſs es überflieſst, verbrennen bei 2 cm Durchmesser des Dochtes 40 g Öl in der Stunde. Die von Fresnel gebrauchte hatte nach obigem weniger Ölverbrauch, war also lichtschwächer.

suche ergaben trotz der unvollkommenen Gestaltung der Zonen in der Achse $3^1/_4$ mal den Effekt der grofsen Parabole von Lenoir mit einem Argand-Brenner, und viermal den des Bordier-Marcetschen mit zwei Brennern.

Ehe ich aber die Konstruktion und Entwickelung der Fresnelschen Apparate und die von Fresnel weiter erfundenen optischen Hilfsmittel verfolge, ist zu erwähnen, dafs Polygonallinsen schon vor Fresnel, aber diesem vollständig unbekannt und zu anderen als Leuchtzwecken nämlich als Brenngläser gedacht, jedoch nicht hergestellt waren. Man hatte hierzu bikonvexe Linsen im Auge (siehe Fig. 83). Eine solche grofse bikonvexe Linse aus einem Stück hergestellt, schlug Buffon 1748 vor. Condorcet kam 1788 in seinem »Éloge académique de Buffon« auf diese Linsen zurück und schlug vor, sie aus getrennten Ringen herzustellen, wodurch man im stande wäre, durch entsprechende Schleifung der einzelnen Zonen der Aberration

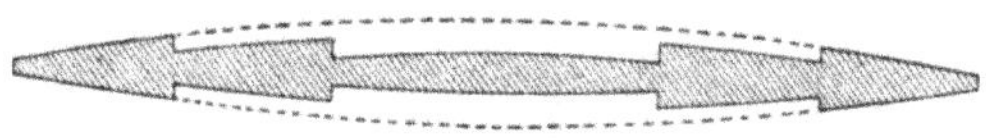

Fig. 83. Bikonvexe aus einem Stück gearbeitete Linse von Buffon 1748; von Brewster 1811 als Brennglas vorgeschlagen.

der Lichtstrahlen zu begegnen. Das Gleiche schlug David Brewster 1811 in der Edinburgh Encyclopedia (article: Burning Instruments) vor. Ein Abbé Rochon soll, wie Condorcet anführt, 1780 eine Linse aus einem Stücke nach Buffons Idee hergestellt haben, welche denn auch als Brennglas grofse Erfolge gehabt haben soll.

Aufser diesen werden noch Linsen erwähnt, die 1789 auf dem Leuchtturm zu Portland als Verglasung der achtseitigen Laterne angewendet worden sein sollen, und Th. Stevenson gibt die Skizze einer solchen Laterne, welche nach einer Zeichnung von 1801 angefertigt sein soll. Welche Lichtquelle diese Linsen speiste, ist nicht angegeben. Jedenfalls mufs dieselbe in dem gemeinschaftlichen Brennpunkt der acht Linsen gestanden haben und von grofsem Durchmesser gewesen sein, um durch Streuung der aus den acht Linsen ausfallenden Lichtbündel den ganzen Horizont zu decken. Kohlenfeuer scheint ausgeschlossen, und es können daher nur alte Lampen mit Saugdochten oder Kerzen benützt sein; Argands Lampen waren noch nicht bekannt. Von einer solchen schwachen Lichtquelle müfste aber durch die dicke Glasmasse der grofsen Linsen noch der gröfste Teil verschluckt worden sein. Zudem würden die acht Linsen mit ihren Lichtbündeln immer nur acht Winkel der See beleuchtet haben, und da doch die Laterne nicht gedreht werden konnte, mufsten die übrigen Teile des Horizontes dauernd ohne Licht geblieben sein. Die ganze Sache erscheint daher sehr fragwürdig und ist als eine unklare Idee, ohne Sachkenntnis aufgestellt, zu bezeichnen.

Aber wie dem auch sei; alle diese Ideen waren vergessen. Fresnels Erfindung ist daher eine durchaus selbständige, ein bestimmtes Ziel verfolgende gewesen, bahnbrechend für ein Jahrhunderte lang umworbenes Ziel.

Der erste dienstfähige Fresnelsche Apparat, der auf Cordouan 1823 in Thätigkeit trat, brannte Rüböl in einem vierdochtigen Brenner, jeder Docht mit doppeltem Luftzug. Die Flamme hatte am Brenner 90 mm Durchmesser. Das Öl wurde von vier Pumpen, die von einem Uhrwerke im Unterteil der Lampe getrieben wurden, derart zum Brenner emporgehoben, dafs dreimal soviel Öl überflofs, als verbrannte. Dieser Apparat, Fig. 84 bis 88, bildete in seinem Mittelteil, dem sogenannten Tambour, ein achtseitiges Prisma aus Linsenschirmen von 920 mm Brennweite. Die Zonen derselben waren nicht mehr aus geraden Stücken polygonartig zusammengesetzt, sondern, wenn auch noch nicht aus einem Stücke, doch nun schon kreisförmige Ringe bildend, die in jedem zentrischen Querschnitt die dem berechneten Radius entsprechende Krümmung und Neigungswinkel zeigten (siehe Fig. 84). Dieser erste Apparat zeigte schon einen anderen sehr wesentlichen Fortschritt. Um das über den Linsenschirmen ausstrahlende Licht auszunutzen, hatte Fresnel nach einigen Versuchen in anderer Richtung[1]), oberhalb der Linsenschirme, eine

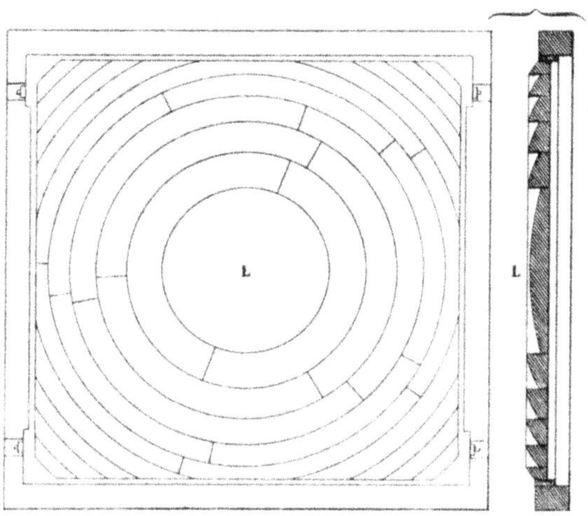

Fig. 84.

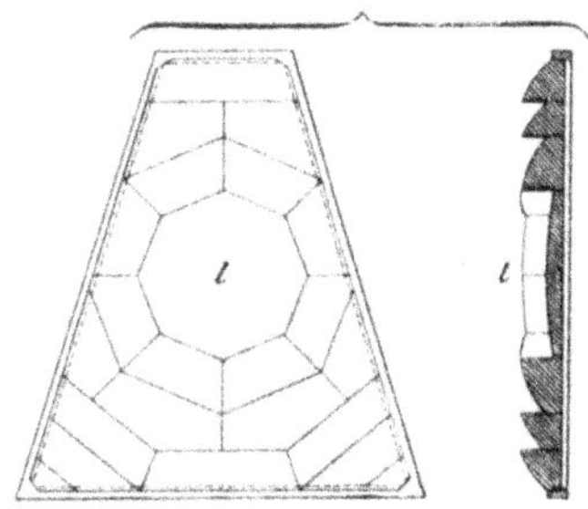

Fig. 85.

Fresnelsche Linsen, 1823.

abgestumpfte Pyramide, Kuppel, von acht konischen Linsenschirmen *l*, Fig. 85 bis 87, gebildet, welche das auf sie fallende Licht zu acht Strahlenbündeln zusammenfafsten und es auf acht in geneigter Lage angeordnete Planspiegel *M* von entsprechender Form leiteten, durch welche dasselbe, von der durch die Form der Flamme bedingten Divergenz abgesehen, horizontal in See geworfen wurde.

Da der Apparat achtseitig war und sich in acht Minuten einmal drehte, so entstand ein Blickfeuer[2]) von 1 zu 1 Minute, das von dem Tambour und der Kuppel gebildet wurde. Diese je acht Strahlenbündel konnten nun mit ihren Achsen zusammengelegt werden zur Verstärkung der Blicke, oder ihre Achsen konnten gegeneinander verschoben werden, um dadurch den Blick zu verlängern. Fresnel wählte das letztere, Fig. 87. Er liefs die Kuppel $7^1/_2{}^0$ voreilen und zwar erzielte er dadurch einen viel längeren Blick, der allmählich anwuchs und nach dem hellsten Punkt, der Achsstellung der Linse, rascher abnahm. Die Dauer des Blickes wurde

[1]) Fresnel wollte zuerst dieses Licht zur Beleuchtung der See in der Nähe des Turmes benutzen und entwarf dazu Planspiegel in zwei Zonen übereinander. Er kam aber bald hiervon zurück.

[2]) Da das von dem Brenner ausstrahlende Licht in acht Strahlenbündel sich teilt, so müssen diese acht Schattenwinkel zwischen sich lassen, so dafs beim Drehen des Apparates am Auge des Beobachters abwechselnd Schattenwinkel und Lichtbündel vorübergehen. Der Lichtwinkel der letzteren wurde durch die Brennerweite der Linse und den Durchmesser der Flamme bestimmt und betrug 6 bis 7^0.

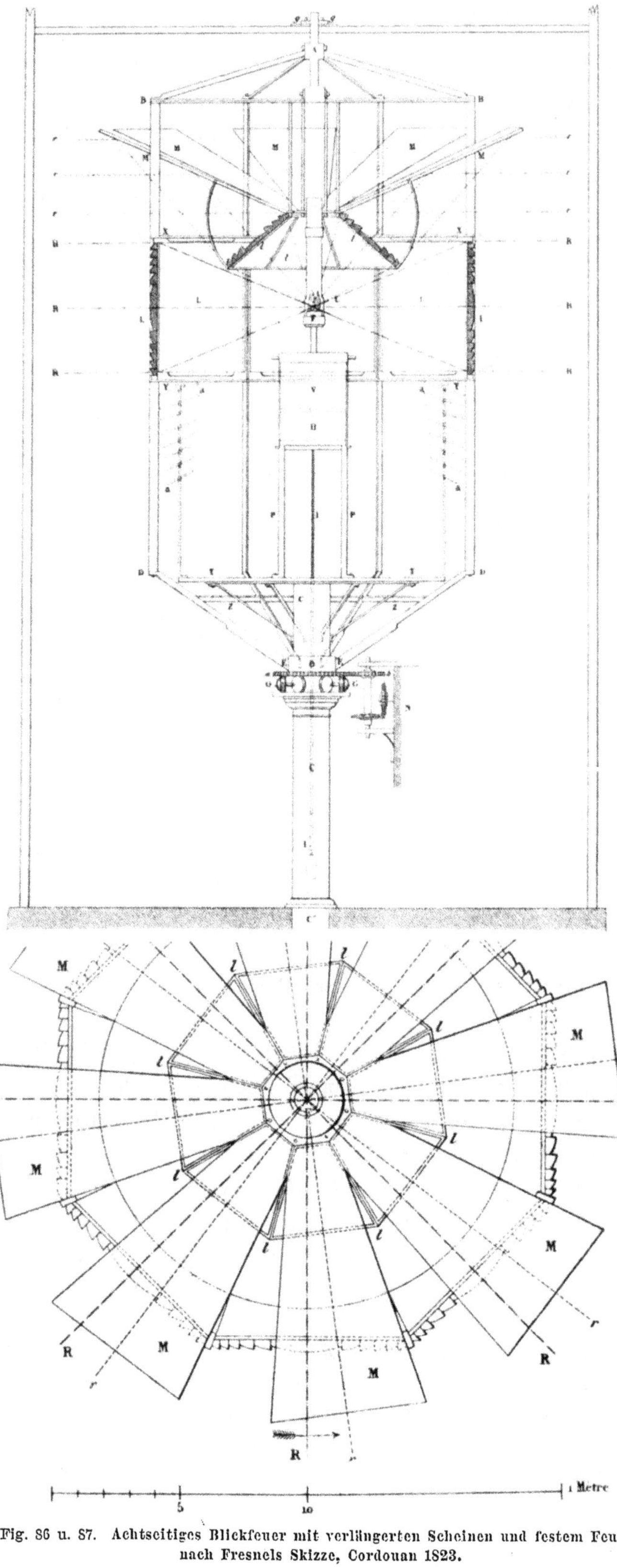

Fig. 86 u. 87. Achtseitiges Blickfeuer mit verlängerten Scheinen und festem Feuer nach Fresnels Skizze, Cordouan 1823.

so auf fast das Doppelte verlängert, hatte aber selbst zwei Kulminationspunkte. Später hat man bei ähnlichen Apparaten die Voreilung geringer genommen.

Zur Benutzung des nach unten ausfallenden Lichtes brachte Fresnel später kleine Spiegel in acht Reihen übereinander an; sie sind in Fig. 86 einpunktiert. Dieselben ergaben, da sie feststanden und gleichmäſsig ringsum verteilt waren, ein schwaches festes Feuer, das aber, weil in der Nähe des Turmes auf mehrere Seemeilen sichtbar und ausdauernd, sehr erwünscht war.

Auf diese Weise kamen nach Abzug der für das Rauchrohr der Lampe nötigen Öffnung in der Kuppel und des von der Lampe selbst gedeckten Raumes in der Vertikalen oben 50°, unten 20 bis 25° zur Ausnutzung. Da die Höhe des Tambours 45° umspannte, traten im ganzen bis 120° des vertikalen Flammenquerschnittes in Wirksamkeit.[1])

[1]) Als Zahl der Seiten seines Polygones hatte Fresnel acht gewählt, abweichend von den Parabolfeuern, welche drei- und vierseitige waren. Es geschah dies, um die Folge der Lichterscheinungen, die Periode, zu verkürzen, die Lichtblicke rascher aufeinander folgen zu lassen und dadurch das Erkennen des Feuers und sein örtliches Festhalten zu erleichtern. Die Parabolfeuer, mit Ausnahme der flashing lights, hatten Perioden von 2 bis höchstens 4 Minuten. Bei der mittleren Periode von 3 Minuten und vier Seiten, den stärksten und besten der Parabolfeuer, war also die Umgangszeit 12 Minuten = 720 Sekunden oder 2 Sek. auf 1°. Nehmen wir den Lichtwinkel

Die Sichtweite des Apparates bei mittlerer Luft betrug 16 Seemeilen.

Ein ähnlicher Apparat von 70 cm Brennweite, von 16 Halblinsen gebildet und in der Kuppel mit zwei Reihen Pyramidallinsen und Spiegeln versehen, wurde 1824 ausgeführt. Derselbe empfing sein Licht von einer dreidochtigen Lampe und gab Blicke von $^1/_2$ zu $^1/_2$ Minute.

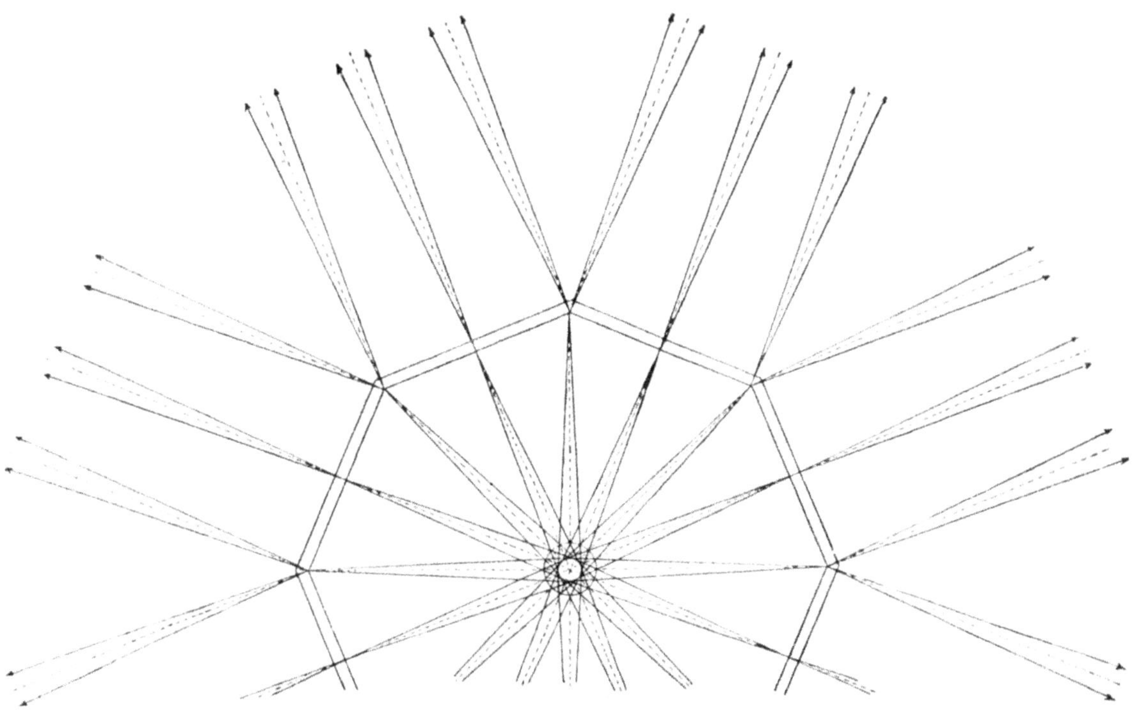

Fig. 88. Tambour des achtseitigen Blickfeuers von Fresnel, Cordouan 1823.

der Parabole zu 12 bis 15°, so dauerte die Lichterscheinung von dem ersten schwachen Erscheinen durch das langsame Anwachsen hindurch bis zur vollen Wirkung und zu dem allmählichen Wiederverschwinden 24 bis 30 Sekunden, das eigentliche Stehen des Feuers, die Dauer des hellsten weittragenden Kernlichtes war nur ungefähr 4 bis 5°, also 8 bis 10 Sekunden. Die vollen Lichtpausen dauerten daher 150 Sekunden oder $2^1/_2$ Minuten.

Diese Übelstände zu vermeiden, boten sich zwei Wege dar: Vermehrung der Seitenzahl des drehenden Polygones und damit Teilung und Schwächung des zur Verfügung stehenden Lichtes und raschere Drehung, wodurch wieder das Stehen des Feuers verkürzt wurde. Fresnel stand nur ein vierdochtiger Brenner zur Verfügung. Dem Durchmesser desselben und der Brennweite seiner Linsen erster Ordnung (welche beide für die Maximalleistung in bestimmter Beziehung zu einander stehen) entsprechend ergab sich ein Lichtwinkel von ungefähr 6 bis 7°. Um nun eine möglichst große Lichtstärke zu erzielen und doch die Perioden zu kürzen, wählte er für seinen ersten Apparat (erster Ordnung) das Achteck bei $1^1/_8$ Sekunden Winkelgeschwindigkeit oder 8 Minuten (480 Sekunden) Umgangszeit. Die Periode stellte sich dementsprechend von Minute zu Minute bei 9 bis 10 Sekunden Lichtblick und 51 bis 50 Sekunden Pause; es lag also ein sehr bedeutender Fortschritt auch in dieser Beziehung gegen die Parabolapparate vor. Zudem traten die Blicke, den größeren Polygonwinkeln entsprechend, rasch anwachsend auf.

Bei der späteren weiteren Ausbildung der Fresnelschen Apparate und der Brenner wurden diejenigen erster Ordnung mit fünf- bis sechsdochtigen Brennern versehen und bis 24seitig gestaltet. Bei letzteren betrug bei Perioden von 10 Sekunden die Andauer der Lichterscheinung ungefähr 5 Sekunden. Erst in der neuesten Zeit und auf anderen Wegen ist es gelungen, die Perioden auf 5 zu 5 Sekunden zu verkürzen bei einer Einschränkung der Seitenzahl der Apparate auf 4, ja 2, also unter Erhöhung der Lichtstärke.

Hiermit waren die Glasapparate für Blickfeuer zur Geltung gebracht. Es blieb aber noch die Frage zu lösen, ob dieselben auch für feste Feuer herzustellen und ob solche notwendig seien. Fresnel glaubte, Blickfeuer in so abweichender Lichterscheinung voneinander herstellen zu können, daſs jene, die selbstredend lichtschwächer ausfallen muſsten, nicht erforderlich sein würden. Er entwarf zahlreiche Linsenschirm-Zusammenstellungen hierzu. Dieselben setzten sich bis aus 14 Linsenschirmen von verschiedenen Breiten zusammen, die so gruppiert waren, daſs immer mehrere schmälere mit einem bis drei breiten Linsenschirmen wechselten.

Durch diese Anordnungen bildeten die Achsen der Linsen und damit diejenigen der Lichtbündel verschieden groſse Winkel miteinander, die Figuren 89 und 90 zeigen zwei

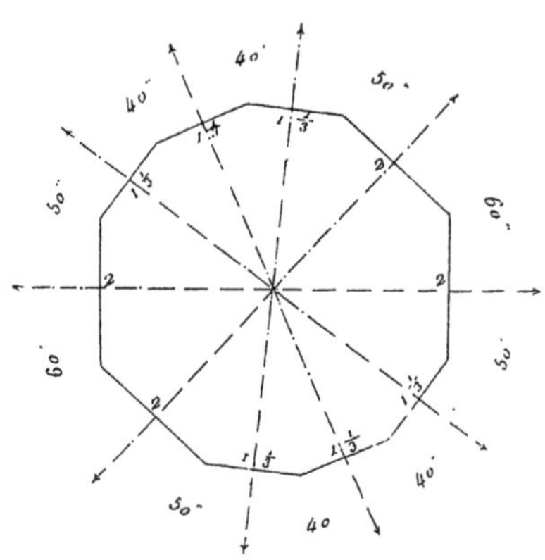

Fig. 89.

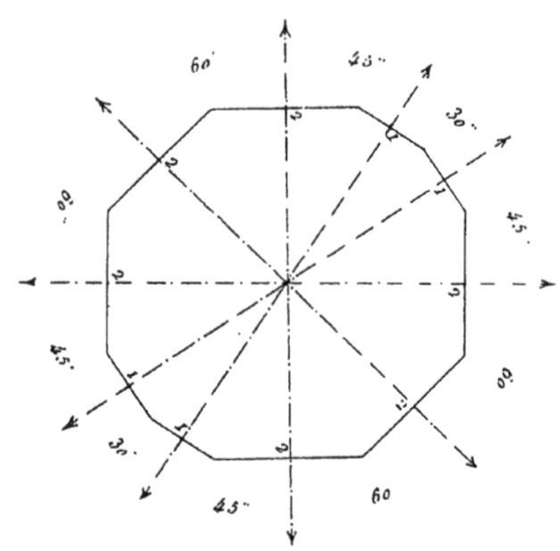

Fig. 90.

Verbindungen von Linsen nach Fresnel zur Hervorrufung ungleich langer Verfinsterungen zwischen den Lichtblicken und zur Bildung von Gruppen von Blicken.

Beispiele. Die Achsen der schmalen Linsen bildeten kleinere Winkel miteinander als diejenigen der breiten und die zwischen schmalen und breiten, und dadurch entstanden ungleich groſse Schattenwinkel zwischen den Lichtbündeln. Beim Drehen der Apparate muſsten daher die Blicke aus den schmalen Linsen rascher aufeinander folgen als diejenigen aus den breiten und zwischen beiden, nämlich im Verhältnis der Gröſse der Schattenwinkel. Es entstand also eine Folge von zwei, drei u. s. w. sich rasch folgenden Blicken, die durch ein oder mehrere lichtstärkere, sich langsamer folgende getrennt waren, eine Charakteristik, die heute als Gruppen-Blickfeuer bezeichnet worden wäre, aber die sich, wohl zu ihrem Vorteile, dadurch von den heutigen Gruppen-Blick- und Blinkfeuern unterscheidet, daſs zum trennenden Elemente hier das stärkere, länger stehende Licht gewählt ist, bei den heutigen dagegen meist der längere Schattenwinkel.

Diese Fresnelschen Entwürfe sind aber nicht zur Ausführung gekommen, weil die Commission des Phares zwar die Fresnelschen Apparate allgemein einzuführen, aber die festen Feuer beizubehalten beschloſs. Erst in der neuesten Zeit, als bei der Vermehrung der Leuchtfeuer immer neue Charakteristiken derselben notwendig wurden, traten die Gruppen-Blickfeuer in ihr Recht und sind heute nach den Allardschen und Hopkinsonschen Konstruktionen sehr verbreitet.

Fresnel nahm sechs Gröſsen für seine Apparate in Aussicht, welche er den Flammen der für sie bestimmten Lampen anpaſste und umgekehrt. Die von ihm festgesetzten Apparate-

Gröfsen sind bis heute beibehalten worden, wenn auch die Lampen verstärkt, d. h. in der Zahl der Dochte und im Durchmesser vergröfsert worden sind. Diese sechs Gröfsen werden Ordnungen genannt und sind die folgenden:

Ordnung	Lichter Durchmesser des Apparates	Brennweiten	Zahl der Dochte der Lampe
	m	mm	
I.	1,840	920	4
II.	1,400	700	3
III.	1,000	500	2 gröfsere
IV.	0,500	250	2 kleinere
V.	0,375	187½	1 grofser
VI.	0,300	150	1 kleinerer

Erst in der neuesten Zeit nach Einführung der fünf- und mehrdochtigen Lampen sind, um das von diesen grofsen Flammen ausgehende Licht besser auszunutzen, Apparate von 1,330 m Brennweite hergestellt worden.

Durch den obigen Beschlufs gezwungen, trat Fresnel den festen Feuern näher. Den Tambour derselben schuf er aus dem vertikalen Querschnitt der Polygonallinse, indem er denselben um eine vertikale durch ihren Brennpunkt gehende Achse drehte. Es entstand auf diese Weise ein cylindrischer Körper, welcher in jedem vertikalen zentralen Querschnitt den der Polygonallinse zeigte, also nach allen Richtungen hin durch die 360° des Kreises in der Vertikalen ebenso wirkte wie diese, d. h. alle aus dem Brennpunkt kommenden, in der Vertikalen divergierenden Strahlen in der Höhe des Tambours zusammenhielt, während in der Horizontalen das Licht frei und ohne Ablenkung sich gleichmäfsig über den Horizont verbreitete. Das über und unter dem Tambour ausfallende Licht wurde durch zwei resp. eine Reihe von Pyramidenlinsen mit Planspiegel nutzbar gemacht.

Der erste derartige Apparat wurde 1824 ausgeführt. Es war ein Feuer vierter Ordnung von 500 mm Durchmesser bei 30 cm Tambourhöhe mit zweidochtiger Lampe. Leider konnten die Zonen des Tambours noch nicht als Ringe hergestellt werden; sie mufsten, wie zu Anfang diejenigen der Linsen, polygonartig aus geraden Prismen zusammengesetzt werden. Der Apparat erhielt 16 Seiten im Tambour und ebensoviel in der Kuppel und im Unterteil. Die der beiden letzteren wurden gegen diejenigen der ersteren derart versetzt, dafs ihre Meridiane auf den Zusammenstofs der Teile des Tambours fielen, dafs also die Meridiane beider um $^1/_{16}$ des Kreises versetzt waren. Da bei den zur Verwendung kommenden geraden Stücken der Tambourteilung ($^1/_{16}$) und der Kuppel und des Unterteils die hellsten Stellen der ausfallenden Lichtmengen in deren Mitte lagen, so wurde durch diese Versetzung eine etwas bessere und gleichmäfsigere Verteilung des Lichtes über den Horizont herbeigeführt.

Schon bei einem folgenden Apparate, der dritter Ordnung war, also von 1 m Durchmesser, wandte Fresnel für die Kuppel eine Pyramide von Zonen an, welche aus kleineren Glasspiegeln gebildet waren. Für Apparate erster Ordnung ergaben sich sieben solcher Zonen für die

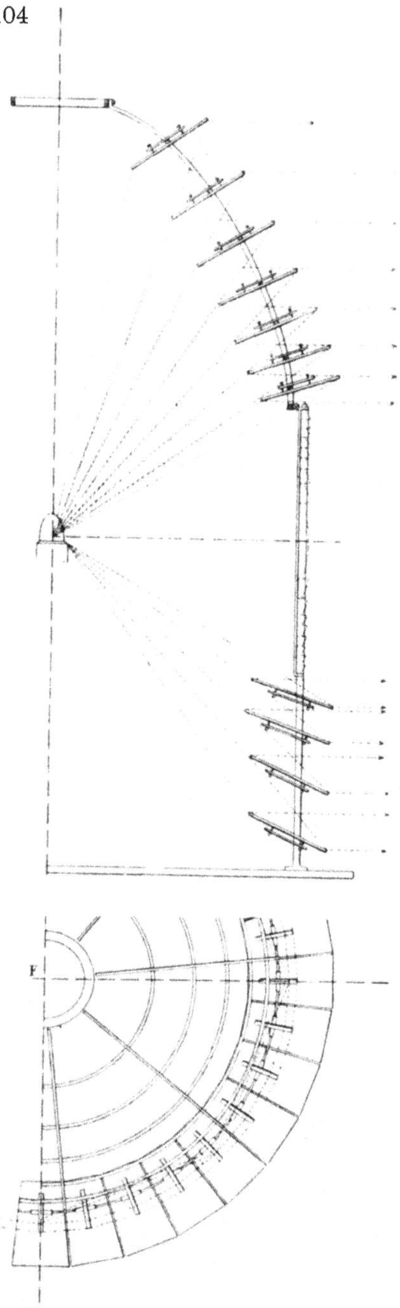

Fig. 91 und 92.
Erstes Fresnelsches festes Feuer, 1825.

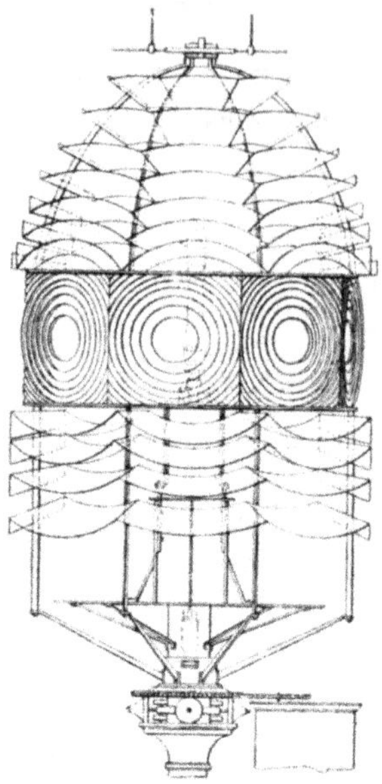

Fig. 93. Skizze eines Blickfeuers mit Scheinen in der ganzen Höhe des Apparates. (Nach einem Briefe Fresnels an Robert Stevenson vom 26. April 1825.)

Kuppel, und vier für das Unterteil (siehe Fig. 91 und 92). Jede Zone bestand aus 12 bis 32 Spiegeln. Diese Spiegel hätten eigentlich Teile einer Sideralparabel, siehe S. 84, sein müssen, in deren Brennpunkte die Flamme sich befand; aber da dies nicht herzustellen war, so wurden sie nach dem oskulierenden Kreise an den betreffenden Stellen der Parabel geschliffen. Der erste solche Apparat, festes Feuer erster Ordnung, von 92 cm Durchmesser bei 1 m Tambourhöhe, wurde 1825 für den Turm auf Chassiron vollendet. Leider aber mufsten auch für ihn die Zonen des Tambours noch aus geraden Prismen als Polygone zusammengesetzt werden. Sie erhielten 32 Seiten, die, wie oben, gegen die Seiten der Kuppel und des Unterteils versetzt waren. Mit der vierdochtigen Lampe ergab dieser Apparat schon eine Lichtstärke von 260 + 140 = 400 becs Carcel.

Diese aus solchen Spiegeln gebildeten Kuppeln und Unterteile wurden demnächst auch bei den Drehfeuern eingeführt. Sie gaben selbstredend ein festes Feuer zwischen den Blicken, schwächten und verkürzten also das Hauptfeuer, die Blicke; doch war dies den Schiffern sehr erwünscht, weil dadurch um den Turm ein 5 bis 6 Seemeilen sichtbares festes Feuer auftrat, so dafs sie das Feuer in dieser Zone nicht mehr verloren.

Von einigen Seiten, so von englischer, wurde dies jedoch nicht gewünscht, sondern volle Verfinsterung zwischen den Blicken der Drehfeuer gefordert bei voller Ausnutzung des Lichtes. Fresnel glaubte auch hierfür die Spiegelzonen zur Kuppelbildung besser geeignet als die Pyramidenlinsen, Fig. 85, in Verbindung mit grofsen Planspiegeln. In einem Schreiben vom 26. April 1825 an R. Stevenson setzte er seine Ideen klar auseinander. Wie die Polygonallinse durch Drehung des Fresnelschen Querschnittes um ihre horizontale Achse entsteht, so sollte die

Oberfläche der einzelnen Spiegel durch Drehung der für ihren Meridian festgestellten erzeugenden Linie um diese selbe horizontale Achse gebildet werden. Fig. 93 zeigt einen nach dieser Idee entworfenen Apparat. Ein solcher ist zwar nicht ausgeführt worden, weil diese Art Spiegel nicht herzustellen waren. Ich führe denselben aber an, weil Fresnel auf dieselbe Idee, wenn auch in anderer Weise ausgeführt, bald zurückkam, ein Beweis, wie allseitig er dieses Feld beherrschte, und nur die Technik seinem Geiste nicht folgen konnte.

Auch schuf er sogleich eine neue Charakteristik, als neben den bisher zur Anwendung gekommenen festen Feuern und den verschiedenen Blickfeuern von Minute zu Minute und $^1/_2$ zu $^1/_2$ Minute eine solche erforderlich wurde. Es waren dies die Feux variés par des Eclats, feste Feuer, die in bestimmten Perioden von einem viel helleren Schein unterbrochen werden, dem eine kurze Verdunkelung oder vollständige Verfinsterung vorhergeht und folgt. Diese hellen Scheine rief er dadurch hervor, dafs er um den Tambour des festen Feuers drei Schirme von vertikalen Prismen kreisen liefs, welche im horizontalen Querschnitt denjenigen der Polygonallinsen hatten. Hierdurch werden die in der Horizontalen bei ihrem Austritt aus dem Tambour gleichmäfsig sich ausbreitenden Strahlen, soweit sie auf die Fläche des Schirmes fallen, wie bei den Linsen, zu dieser Fläche senkrecht abgelenkt und bilden ein Lichtbündel, das zu beiden Seiten der Vertikallinse einen Schattenwinkel läfst. Drehen die Linsen sich nun um den Apparat, d. h. um das feste Feuer, so geht an dem Auge des Beobachters abwechselnd — das feste Feuer — ein Schattenwinkel — der helle Schein — ein Schattenwinkel — das feste Feuer u. s. w. vorüber. Die hellen auflohenden Scheine stehen nur kurze Zeit, eine Anzahl Sekunden, das feste Feuer dagegen steht viel länger, meistens eine oder mehrere Minuten. Die Zeit von Schein zu Schein bildet die Periode des Feuers, ergibt neben dem bezeichneten Wechsel der Helligkeit, dem Aufflammen der Scheine, seine Charakteristik. Diese Vertikal-Linsen sind bei den gröfseren Apparaten meist nur vor dem Tambour zur Anwendung gekommen, jedoch, wenngleich selten, auch vor Kuppel und Unterteil. Im letzteren Fall tritt zwischen den hellen Scheinen und dem festen Feuer vollständige Verfinsterung ein, im ersteren bleibt das viel schwächere feste Feuer der Kuppel und des Unterteiles stehen; es tritt also nur eine Verdunkelung ein. Bei den kleinen Apparaten sind die Vertikal-Linsen stets in der ganzen Höhe derselben ausgeführt worden. In diesem Falle tritt also zwischen dem festen Feuer und dem hellen Schein und umgekehrt keine Verdunkelung, sondern eine volle Verfinsterung ein. Übrigens ist die Gröfse des Schattenwinkels auch von der Breite der Linse abhängig.[1])

Das Bestreben Fresnels, das ober- und unterhalb des Tambours ausfallende Licht immer mehr und besser auszunutzen, ging indessen ununterbrochen fort. Die Spiegel konnten, wie erwähnt, nicht voll ihrer Aufgabe entsprechend ausgeführt werden, waren nur schwer richtig einzustellen und dauernd zu befestigen, mühsam zu putzen und verschluckten viel Licht. Sie zu ersetzen und dadurch erst seine Apparate zu vollendet optischen zu machen, schienen ihm

---

[1]) Derselbe Lichteffekt wie indirekt durch die Vertikallinse vor festem Feuer, also durch zweimalige Brechung der Lichtstrahlen, wird durch entsprechend breite Polygonallinsen, welche in den Tambour des festen Feuers eingesetzt sind, bei einmaliger Brechung direkt hervorgerufen. Selbstverständlich mufs sich dann der ganze Tambour, statt sonst nur die vertikalen Vorlinsen, drehen. Fresnel wählte das erstere, wahrscheinlich um eine geringere zu bewegende Masse zu erhalten, da die Drehmaschinen damals noch nicht genügend gleichmäfsig arbeiteten. Erst in neuerer Zeit hat die Polygonallinse bei den gröfseren Apparaten die Vertikallinse verdrängt.

die reflektierenden Prismen[1]) geeignet. Er wandte diese zuerst als vierseitige an (Fig. 95) und gestaltete ihre, den einfallenden Strahlen zugewendeten Seiten nach Kreisen um den Brennpunkt als Mittelpunkt, die Seiten der ausfallenden Strahlen aber senkrecht zu letzteren.[2]) Beides geschah, um die einfallenden und ausfallenden Strahlen, da sie senkrecht zu den entscheidenden Flächen standen, beim Ein- und Austritt in und aus der Glasmasse keine Ablenkung durch Brechung erleiden zu lassen. Die Herstellung dieser Prismen sowie ihre genaue Adjustierung ergab sich aber als zu schwierig. Fresnel kam daher auf die dreiseitigen Prismen (Fig. 96.) Mit diesen wurde zuerst ein eigenartiger kleiner Apparat ausgeführt, 1825, auf den ich sogleich eingehender zurückzukommen habe. Sodann folgte 1826 ein vollständiger Apparat vierter Ordnung, festes Feuer von 50 cm Durchmesser, beide von Tabouret gebaut. Die Prismenzonen sowie

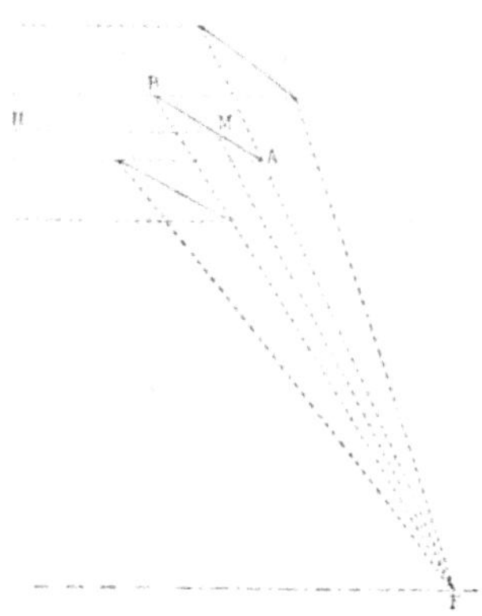

Fig. 94.

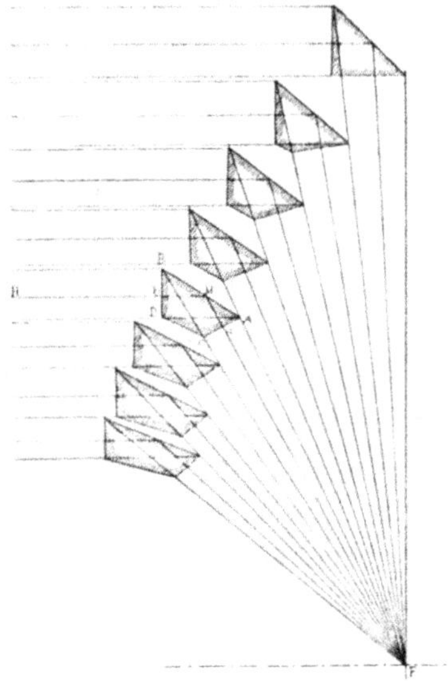

Fig. 95.

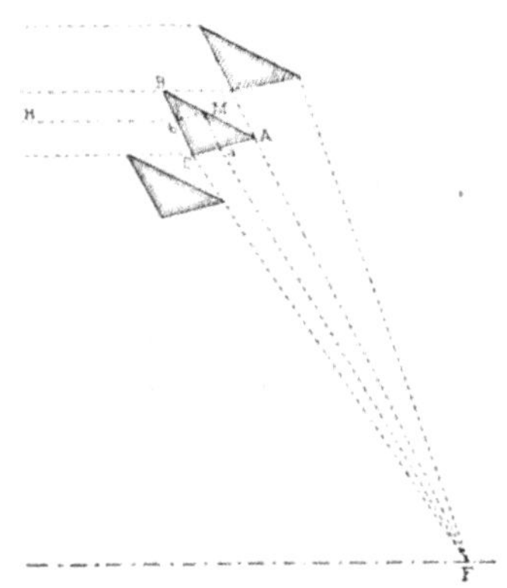

Fig. 96.

die Zonen des Tambours waren an beiden Apparaten endlich in richtiger Form, d. h. als Ringe, hergestellt, nicht mehr als Polygone aus geraden Prismen zusammengesetzt. Sie waren die ersten vollkommenen Fresnelschen Apparate.

Der soeben erwähnte kleine Apparat von 1825 war nicht für unsere Zwecke, als Leuchtfeuer zu dienen, bestimmt; eine gröſsere Anzahl solcher Apparate sollte einen weiten und langen

---

[1]) Das Reflektieren solcher Prismen beruht auf zwei optischen Gesetzen: 1) Wenn ein Lichtstrahl in geneigter, nicht senkrechter Richtung aus einem dünneren in ein dichteres Medium eintritt, wird er in diesem zur Senkrechten auf der Einfallsfläche herangezogen — gebrochen — macht also in diesem dichteren Medium mit dieser Senkrechten einen kleineren Winkel als vorher. 2) Das Umgekehrte vollzieht sich beim Eintritt aus einem dichteren Medium in ein dünneres. Ist nun bei dem Austritt aus dem dichteren Medium in das dünnere die Richtung des Strahles derart, daſs er bei seiner Ablenkung in dem dichteren Medium bleiben muſs, also nicht zum Austritt kommen kann, so wird der Strahl von der Austrittsfläche wie von einer spiegelnden Fläche reflektiert.

[2]) Die Fig. 94, 95 u. 96 zeigen nebeneinander, wie von den kleinen Spiegeln zu den dreiseitigen Prismen sich diese Hilfsmittel entwickelt haben.

Platz, den Quai St. Martin in Paris, möglichst gleichmäſsig erhellen. Dies gelang zwar nicht, weil solches besser viele schwächere Lichte als wenige sehr lichtstarke erfüllen. Aber der von Fresnel entworfene und von Tabouret hergestellte Apparat[1]) zeigte einen neuen Fortschritt. Dieser Apparat war nicht nur der erste, bei welchem die reflektierenden Prismen wirklich zur Anwendung kamen und bei dem die Prismen sowie der Tambour richtig ringförmig hergestellt waren, sondern, um nach zwei Richtungen ein starkes konzentriertes Licht zu werfen, während 180° zwischen diesen Punkten ein gleichmäſsig verteiltes erhalten sollten, hatte Fresnel diese 180° als festes Feuer ausgeführt, zu beiden Seiten desselben aber einen linsenförmigen Körper geschaffen, der durch die Drehung des gesamten vertikalen Querschnittes, des Tambours und der Prismen, um die horizontale Achse gebildet war (siehe Fig. 97). Die Zonen desselben hatten also in jedem zur Drehachse zentrischen Schnitte den Querschnitt teils der Polygonallinse, teils denjenigen der reflektierenden Prismen. Sie vereinigten daher, brechend und reflektierend, alles auf sie fallende Licht, d. h. alles Licht in der ganzen Höhe des Apparates, in ein Strahlenbündel; sie wirkten in ganzer Höhe des Apparates so wie bis dahin nur die Polygonallinsen. Dieselbe Idee, welche Fresnel in seinem Brief an R. Stevenson ausgesprochen hatte, war hier mit Hilfe der reflektierenden Prismen verwirklicht und ausgeführt.

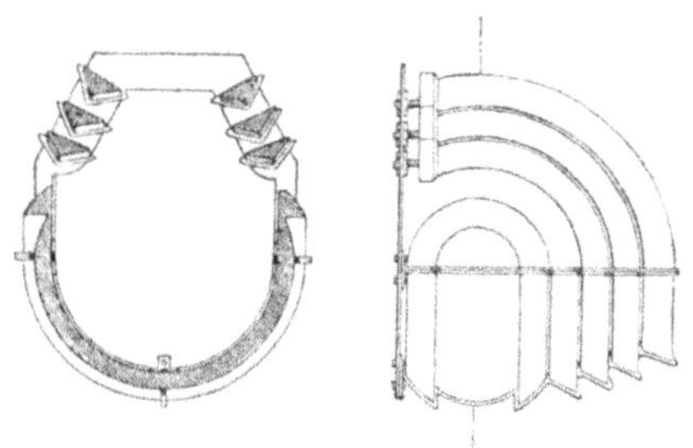

Fig. 97. Erster Fresnelscher Apparat mit katadioptrischen Linsen, 1825.

Leider ist durch die Ungunst der Zeiten nach Fresnels Tode, 1827, diese Art der Herstellung katadioptrischer Linsen sowie seine Zeichnung in Vergessenheit gekommen, wie auch die noch lange Zeit mangelhafte Technik es noch nicht erlaubte, die ihnen zu Grunde liegende Idee auf gröſsere Apparate anzuwenden. Dies geschah erst viel später durch Th. Stevenson 1850.

Mit diesen Apparaten schlieſst die erste Periode der Fresnel-Apparate und damit diejenige der neuen Leuchtfeuer ab. Die nächstfolgende Zeit hatte vollauf zu thun, die von Fresnel ausgestreuten Ideen weiter zu entwickeln und die Technik der Kunst des Schleifens der Gläser so auszubilden, daſs sie den ihr gestellten Aufgaben und Anforderungen der Wissenschaft entsprechen konnte. Erst nach Jahrzehnten gelang dies. Mit der fortschreitenden Technik erweiterte sich dann wieder der Kreis der an sie gestellten Anforderungen. Neue Hilfsmittel konnten eingeführt, neue Charakteristiken geschaffen, die vorhandenen Lichtquellen immer besser ausgenutzt werden. Ehe ich jedoch zu diesen übergehe, gebe ich in Fig. 98 und 99 Abbildungen eines achtseitigen Drehfeuers und eines festen Feuers I. Ordnung, wie solche mit mannigfachen Verbesserungen noch 1845 zur Ausführung kamen. Fig. 98, das achtseitige Dreh- oder Blickfeuer, hat über dem Linsentambour noch den oben besprochenen Aufsatz von schräg gestellten Linsen mit Planspiegeln zur Verlängerung des Blickes, unterhalb des Tambours aber ein Unterteil von sechs Ringen katadioptrischer Prismen. Das feste Feuer, Fig. 99, trägt über der Cylinderlinse des Tambours nach die oben besprochenen kleinen Spiegel in sieben Zonen, unten solche in vier Zonen.

[1]) Dieser Apparat befindet sich heute in der Sammlung des Bureau des Phares; die von Fresnel zu demselben angefertigte Zeichnung ist wiedergegeben im III. Bande seiner Werke, Paris 1870.

Nach Fresnel haben zunächst an der Weiterbildung seiner Ideen und an der Entwickelung der optischen Apparate die schottischen Ingenieure Alan und Thomas Stevenson einen hervor-

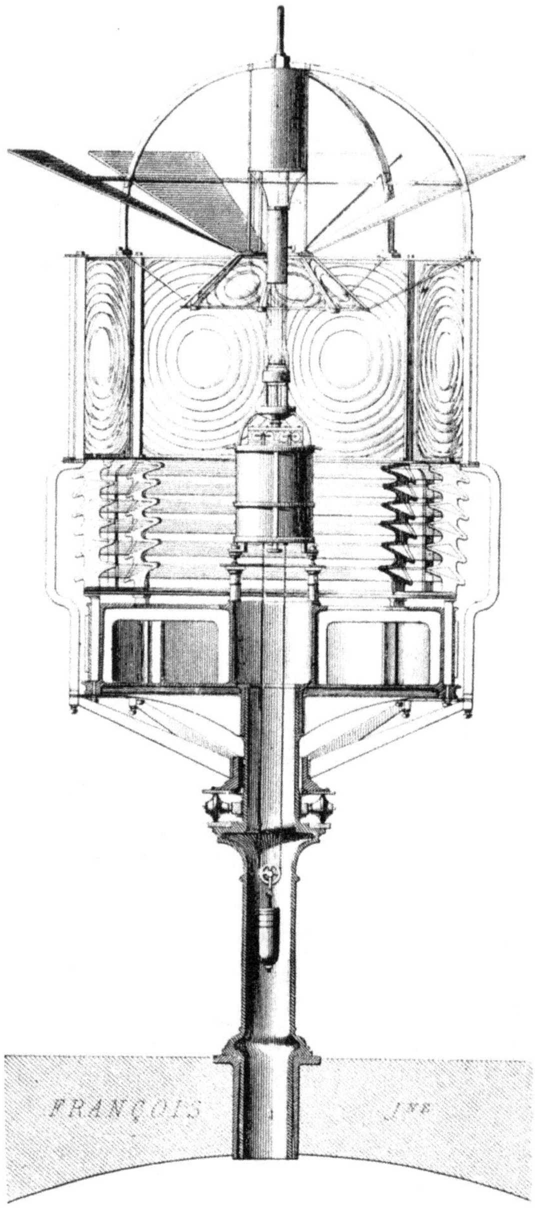

Fig. 98 Fresnel-Blickfeuer I. Ordnung von 1 zu 1 Minute. Alte Anordnung.

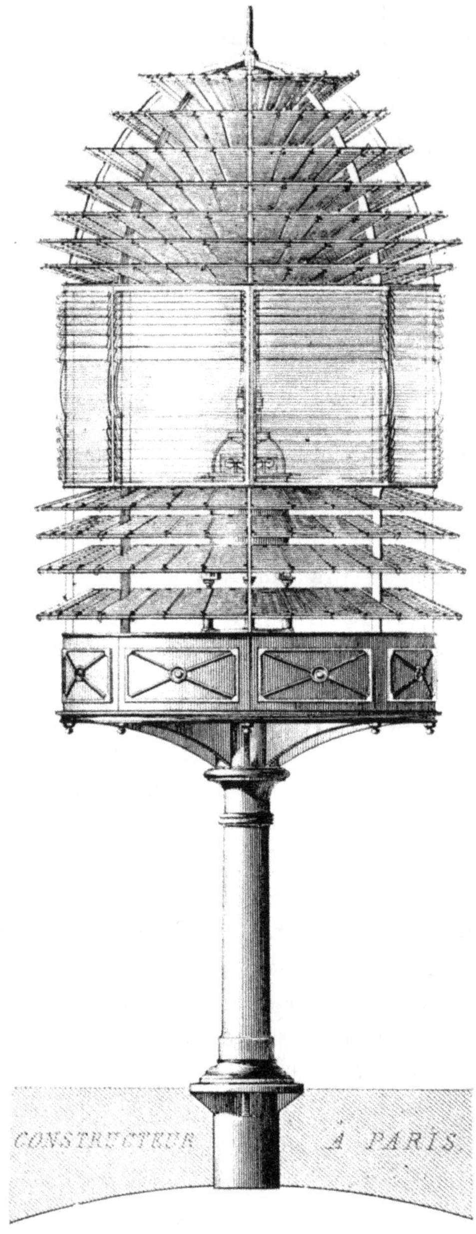

Fig. 99. Fresnelsches festes Feuer I. Ordnung. Alte Anordnung.

ragenden Einfluſs gehabt. Auf Anregung des ersteren wurden 1836 die Tambourzonen für ein festes Feuer erster Ordnung zum erstenmal in ihrer richtigen kreisförmigen Form hergestellt, nachdem sie bis dahin aus 32 geraden Prismenstücken zusammengesetzt worden waren. Er war es auch, der 1835 zuerst damit vorging, die Reihen kleiner Spiegel unterhalb des Tambours der festen Feuer bei den gröſseren Apparaten durch reflektierende Prismen zu ersetzen. Er

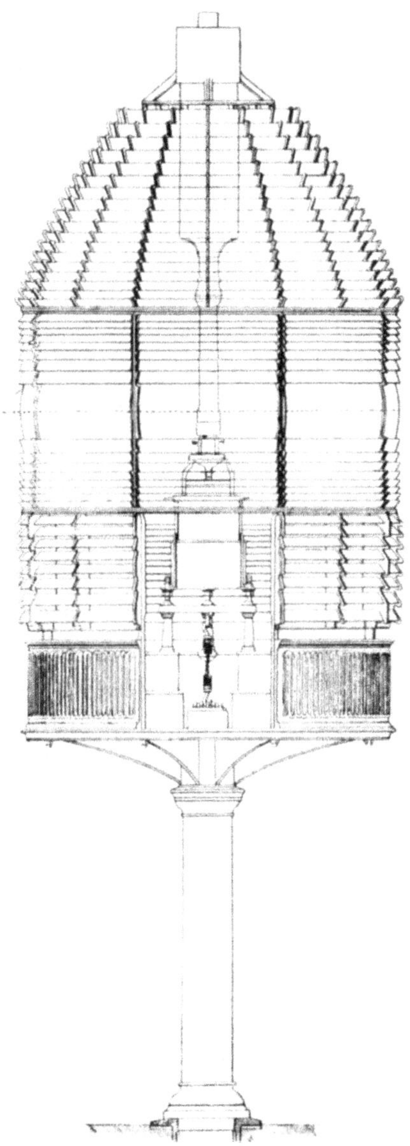

Fig. 100. Festes Feuer I. Ordnung von A. Stevenson.

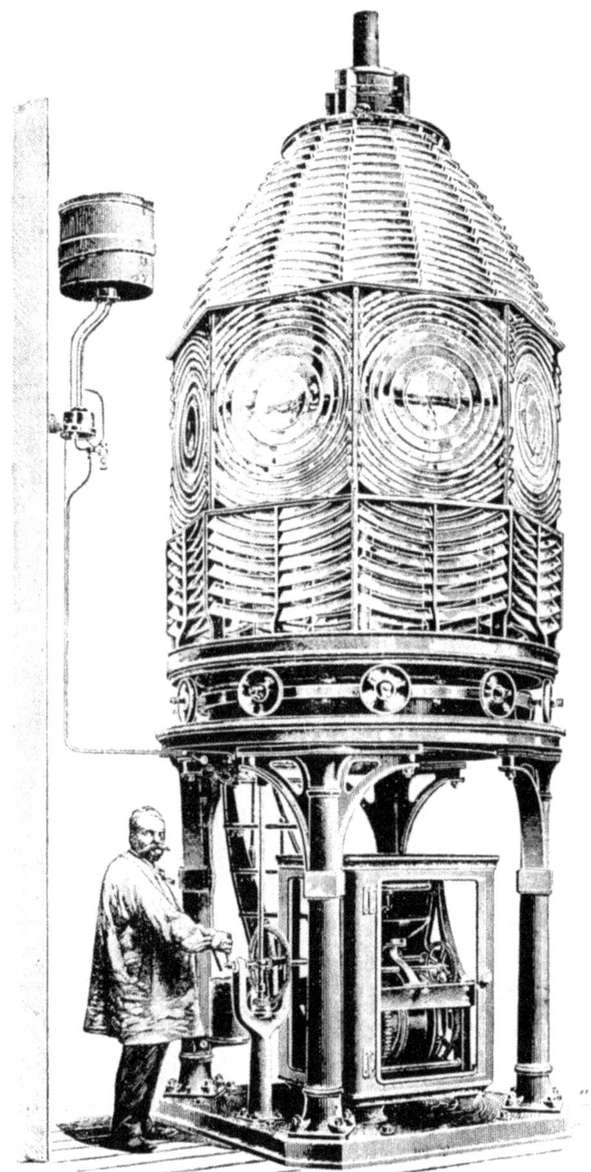

Fig. 101. Fresnel-Apparat I. Ordnung. Achtseitiges Blickfeuer mit verlängerten Scheinen.

verfolgte dieses Ziel unter der bereitwilligen Mitarbeiterschaft von Leonor Fresnel, des Bruders des verstorbenen Augustin Fresnel, der ihm auch alle Vorarbeiten des letzteren in dieser Richtung übermittelte, unausgesetzt, bis er Ende 1843 nicht nur das Unterteil, sondern auch die Kuppel

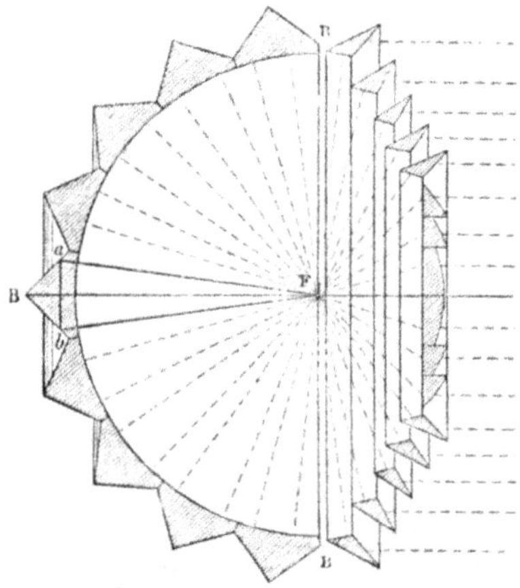

Fig. 102. Katadioptrischer Scheinwerfer mit katadioptrischem Reflektor.

eines Apparates erster Ordnung aus kreisförmigen Zonen von reflektierenden Prismen vollendet sah (siehe Fig. 100). Dieselben waren von François Soleil in Paris hergestellt. Der Apparat krönte im folgenden Jahre den auf Skerryvore, einer frei im Meere liegenden und von jeder Flut hoch bedeckten Klippe erbauten Leuchtturm. Ein solcher kleinerer Apparat dritter Ordnung war bereits vorher, probeweise, für Gravelines ausgeführt worden; der erste derartige zweiter Ordnung wurde 1845 für Brüsterort angefertigt.

Die weitere Entwickelung der Fresnelschen Apparate.

(Thomas Stevenson.)

Noch länger währte es, bis die Idee wieder aufgenommen wurde, den erzeugenden Querschnitt der reflektierenden Prismen durch Drehung um die horizontale durch den Brennpunkt gehende Achse den Polygonallinsen gleichwirkend zu machen und die auf sie fallenden Lichtstrahlen ebenfalls in entsprechende Strahlenbündel zusammenzufassen. Fresnel hatte dies, wie wir sahen, schon 1825 an einem sehr kleinen Apparat ausführen lassen.

Thomas Stevenson trat 1850 mit dieser Verbesserung auf, ohne von dem oben angeführten alten Fresnelschen Apparat Kenntnis zu haben. Er liefs 1850/51 einen kleinen derartigen Apparat für Horsburgh bei Singapore ausführen. 1851 erfolgte dann die Herstellung eines solchen Apparates erster Ordnung (Fig. 101). Die 45° in der Vertikalen, die Fresnel ursprünglich seinen Polygonallinsen gegeben hatte, wurden hierdurch auf 130° erweitert und bei rings geschlossenen Apparaten wurde alles Licht in geeignetster Weise nutzbar gemacht. Gleichzeitig konstruierte er nach diesem Prinzip geschlossene Linsen, wie eine solche in Fig. 102 verwendet ist, die also in der Ansicht einen geschlossenen Kreis zeigt, in dem die einzelnen Prismen geschlossene konzentrische Ringe bilden. Diese Linsen umspannen 180°, machen also schon an sich gegen die Hälfte des von der Lichtquelle ausgehenden Lichtes nutzbar. Das Licht der übrigen 180° nutzte Th. Stevenson anfangs durch einen metallischen halbkugelförmigen Reflektor aus, indem dieser das nach dorthin ausstrahlende Licht wieder der Flamme und durch diese hindurch der Linse zuführte. Den metallischen Reflektor ersetzte er dann durch die sogleich zu besprechenden doppeltreflektierenden Prismen, welche auch Fig. 102 zeigt. Er führte auf diese Weise alles von der Lichtquelle ausstrahlende Licht in den nur wenige Grade umfassenden Lichtwinkel der Linse über und erhielt so selbst bei eindochtigen Lampen ein Feuer von sehr hoher Lichtenergie.

Derartige lichtstarke Linsen werden zu bestimmten Zwecken vielfach angewandt. Sie wurden zunächst nur für kleine Apparate ausgeführt; erst in der neuesten Zeit, werden solche Linsen für die modernen Blitzfeuer bis erster Ordnung, ja für die Apparate von 1,330 Brennweite hergestellt. Durch diese Vereinigung, Konzentrierung aller Strahlen in eine geringe Zahl von Lichtbündeln oder in ein einziges, werden diese verhältnismäfsig verstärkt. Es entstanden also durch diese Anordnungen Feuer von gröfserer Lichtmenge aus derselben Lichtquelle und damit weitsichtigere, auch in ungünstigen Luftverhältnissen weitertragende Feuer.

Th. Stevenson nannte diese seine Apparate sowie andere, welche alles von der Lichtquelle ausgehende Licht für wenige bestimmte Winkel nutzbar machen, holophotale. Hier sind noch die anderen neuen optischen Hilfsmittel anzuführen, welche er zu solchen Zwecken verwendete. Es sind dies neben den obigen katadioptrischen Linsen: die doppelt reflektierenden Prismen (1850), die Seitenprismen (1855), die back-prisms oder Rückenprismen (1867), und die rechtwinkeligen Prismen (1866).

Alle diese stellen sich die oben genannte Aufgabe, bei nur teilweiser Beleuchtung des Horizontes dem oder den zu erleuchtenden Winkeln womöglich alles von der Lichtquelle ausgehende Licht zuzuführen, es auf diese ganzen Winkel oder auf einen Teil derselben, wie es die örtlichen Verhältnisse verlangen, zu konzentrieren oder, wie Stevenson sich ausdrückt, zu kondensieren.

Die doppeltreflektierenden Prismen.

Wie soeben dargelegt, schuf Th. Stevenson, entsprechend den holophotalen grofsen Apparaten auch vollständig in sich geschlossene katadioptrische Linsen (siehe Fig. 102), welche s. Z. nur für Apparate bis zur fünften Ordnung hergestellt werden konnten. Diese konzentrierten, wie ebenfalls bereits angeführt wurde, das Licht von gegen 180° der Lichtquelle, einer eindochtigen Lampe, auf einen kleinen Winkel, während dasjenige der anderen 180° durch einen halbkugelförmigen metallischen Reflektor eben diesem selben Winkel zugeführt wurde. Dieser metallische Reflektor verursachte aber selbstredend dieselben grofsen Verluste, wie wir sie oben bei den Parabolen haben kennen gelernt. Diese auf ein geringstes Mafs zurückzuführen, griff Stevenson wie Fresnel zum katadioptrischen Mittel, dem geschliffenen Glase an Stelle des katoptrischen Mittels, des polierten Metall. Allein die Fresnelschen einfach reflektierenden Prismen waren hierzu nicht anwendbar; er schuf daher die doppeltreflektierenden (Fig. 103) und setzte aus solchen die den Apparat rückwärts schliefsende Halbkugel zusammen (siehe Fig. 102). Diese Figur stellt einen vertikalen, resp. einen horizontalen Schnitt durch den Brennpunkt des Apparates dar oder den erzeugenden Querschnitt, welcher, um die horizontale Axe gedreht, die Linse sowie den Reflektor ergibt.

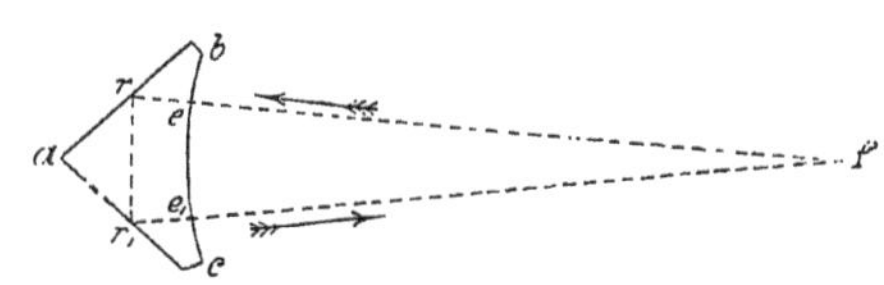

Fig. 103.
Doppeltreflektierendes Prisma von Th. Stevenson, 1850.

Der letztere bildet, da der erzeugende Querschnitt auf seiner Innenseite ein aus dem Brennpunkt geschlagener Kreis ist, auf seiner Innenfläche eine Halbkugel; die aus dem Brennpunkte, ihrem Mittelpunkte, kommenden Strahlen treffen also diese Fläche senkrecht und treten ohne Brechung in die Gläser ein (siehe Fig. 103). Die beiden Rückenflächen der Gläser sind so gestellt, dafs die eine die Strahlen durch Reflektion der anderen zuweist, diese andere aber die Strahlen in der Richtung des Brennpunktes reflektiert, so dafs dieselben wieder rechtwinkelig die innere Fläche treffen und nun auch ohne Brechung austreten und dem Brennpunkte zugeführt werden. Die Strahlen werden auf diese Weise zweimal reflektiert, erleiden aber keine Brechung.

Die nur auf kleine Apparate beschränkte Anwendung dieser halbkugelförmigen, ausgezeichnet wirkenden Reflektoren zu erweitern und dieselben auf alle Fresnelschen Apparate anwendbar zu machen, konstruierte Chance 1862 einen solchen Reflektor aus doppeltreflektierenden Prismen (Fig. 104 u. 105). Derselbe war nur für die Tambourteile der gröſseren Apparate bestimmt, entsprach also in seiner Höhe nur diesen; Chance drehte ferner den erzeugenden Querschnitt um die vertikale Achse des Apparates, bildete also einen cylindrischen Reflektor, der sich leicht aus einzelnen Ringen zusammensetzen lieſs, welche leichter als die Kugelsegmente zu schleifen waren. Diese Glasreflektoren lieſsen sich bequem in jedem Durchmesser ausführen und dem dioptrischen Tambour der verschiedenen Apparate anpassen.

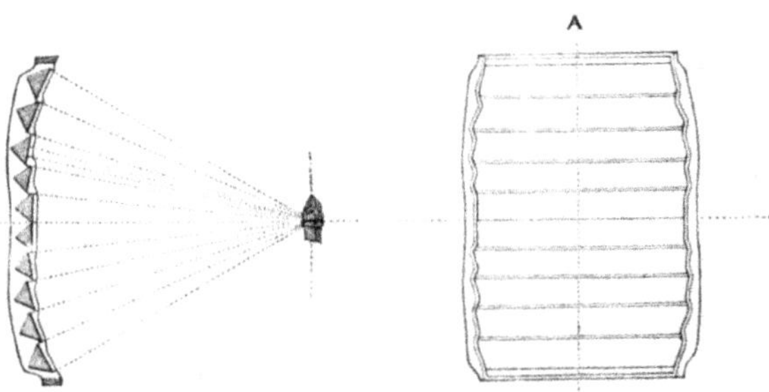

Fig. 104 u. 105. Katadioptrischer Reflektor für grössere Apparate von Chance, 1862.

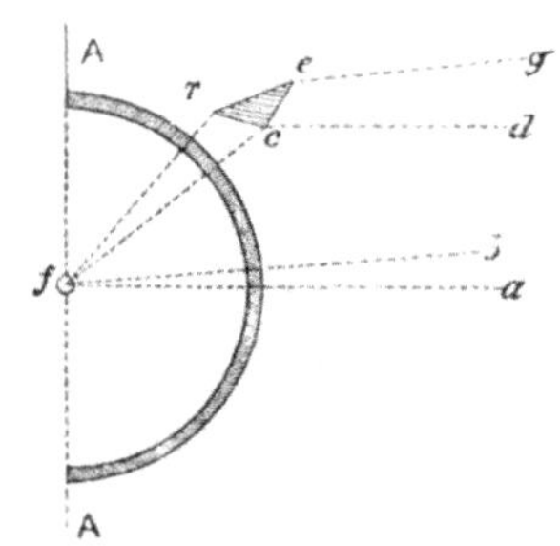

Fig. 106. Seitenprisma von Th. Stevenson im Grundriss, 1855.

Die Seitenprismen.

Die Seitenprismen sind eine erweiterte Anwendung der Fresnelschen katadioptrischen, reflektierenden Prismen oder die Übertragung deren Wirkungsweise auf die Vertikallinsen. Es sind vertikale dreiseitige Prismen, welche die von dem Apparate eines festen Feuers in der Horizontalen zentrisch divergierend ausfallenden Strahlen in bestimmte berechnete Winkel ablenken. Fig. 106 zeigt die Wirkung eines solchen Prismas im Grundriſs. Wie die Vertikallinsen werden diese Prismen nicht selbständig, sondern ausschlieſslich in Verbindung mit festen Feuern, meist vor kleineren Apparaten angebracht, um das Licht kleinerer oder gröſserer Sektoren, welche desselben nicht bedürfen, für einzelne andere Winkel oder für den ganzen zu erleuchtenden Winkel nutzbar zu machen und dadurch die Lichtstärke desselben oft sehr erheblich zu erhöhen. Der Grad der Ablenkung hängt von der Gestaltung der Prismen und dem Brechungskoeffizienten des Glases ab. Ihre Wirkung erstreckt sich nur auf die Horizontale, in der Vertikalen üben sie keine Wirkung aus. Vor festen Feuern verwandeln sie also (von der durch den Durchmesser der Flammen hervorgerufenen Divergenz abgesehen) die zentrische Richtung der ausfallenden Strahlen in eine andere gewollte Richtung, während in der Vertikalen (wieder von dem Divergenzwinkel, den die Strahlen vermöge der Flammenhöhe annehmen, abgesehen) die ausfallenden Strahlen ihre horizontale Richtung beibehalten.

In Fig. 106 z. B. lenkt das Prisma *r—c—e* die Strahlen des Winkels *r—f—c* den Schenkeln des Winkels *b—f—a* des festen Feuers parallel ab in das zwischen *c—d* und *e—g* liegende Strahlenbündel. Die Strahlen verstärken also das Licht dieses Winkels.

Durch solche Prismen kann das Licht selbst grofser Winkel der Landseite, welche nicht erhellt zu werden brauchen, auf den oder die zu erleuchtenden Winkel übergeführt werden. Es werden dann eine entsprechende Anzahl vertikaler Prismen zu dieser Wirkung vereinigt, und wird jedem derselben ein aliquoter Teil des zu verstärkenden Winkels der Reihe nach zugewiesen, um den Brechungswinkel jedes einzelnen Prismas möglichst klein zu halten.

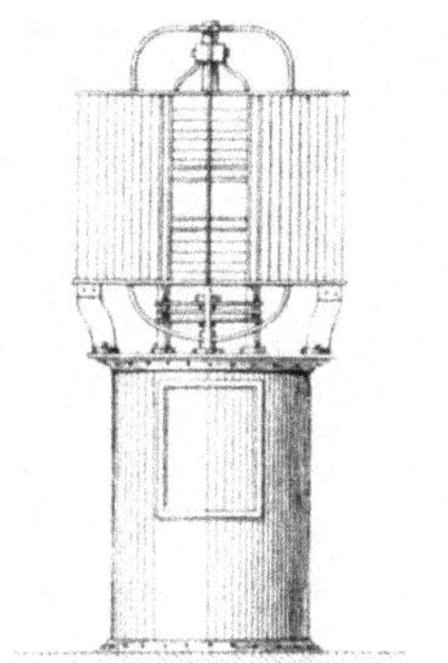

Jeder Winkel, er sei klein oder grofs, dessen Strahlen in der angegebenen Weise von einem oder mehreren Prismen abgelenkt werden, wird zum Schattenwinkel.

Diese Prismen werden meist in der ganzen Höhe des Apparates, des festen Feuers, angebracht. Ist der Winkel, den die auffallenden Strahlen mit der empfangenden Seite des Prismas bilden, ein entsprechend günstiger, so kann statt des reflektierenden Prismas ein nur brechendes Element, ähnlich den Elementen der Vertikallinsen, mit Vorteil angewendet werden.

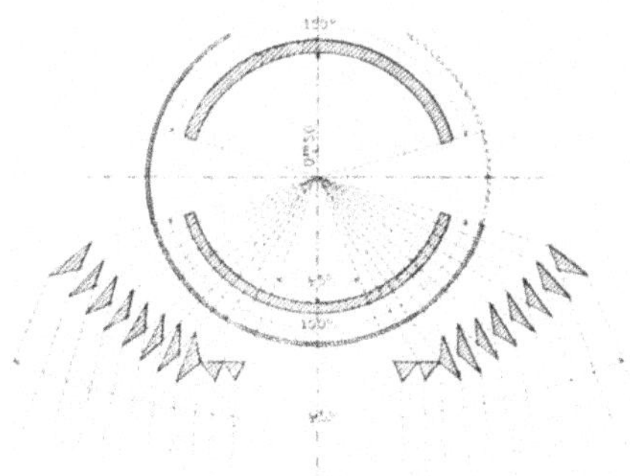

Fig. 107 und 108. Verstärktes festes Feuer, Apparat IV. Ordnung.

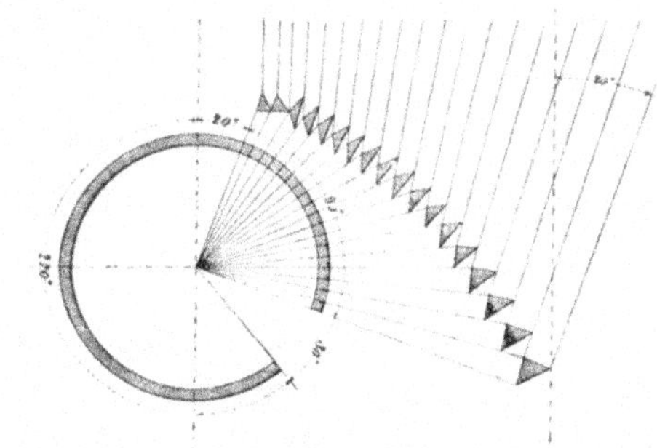

Fig. 109. Seitenprismen zur Verstärkung des Lichtes im anschliessenden Winkel.

Fig. 107 u. 108[1]) stellen in Grundrifs und Ansicht einen Apparat vierter Ordnung dar, der nur 45° zu erleuchten hat. Derselbe umspannt aber 150° und hat einen katadioptrischen Reflektor von derselben Gradzahl. Zu beiden Seiten des zu erleuchtenden Winkels von 45° verbleiben also je $52\frac{1}{2}$°, deren Licht durch zwei Schirme von Seitenprismen jenem zugeführt wird. Das Licht von 150° wird also hier auf 45° konzentriert, das ist im Verhältnis $1 : 3\frac{1}{3}$, und aufserdem noch durch den Reflektor verstärkt.

Fig. 109 zeigt eine andere Anwendung solcher Prismen. Der zu beleuchtende Winkel beträgt hier 240°, von welchen aber der eine Seitenwinkel von 20° eines stärkeren Lichtes bedarf. Die überschiefsenden 90° des festen Feuers können daher zur Verstärkung dieses Winkels

[1]) Von dem im Grundrifs eingezeichneten runden Schirm ist hier abzusehen.

verwendet werden. Dies geschieht, wie die Figur zeigt, durch eine Reihe von Seitenprismen. Die Verstärkung seines Lichtes im Verhältnis zu seinem eigenen beträgt also $20^0 : 90^0$ oder $1 : 4^1/_2$; hierzu kommt sein eigenes Licht; die Lichtstärke dieses Winkels wächst also um $1 : 5^1/_2$ an.

Aber nicht immer oder nur unter Zuhilfenahme von Glas von stärkerem Brechungskoeffizenten als dem des gewöhnlich zu den Leuchtapparaten verwendeten Kronglases läfst sich durch Vorprismen allein der erwünschte Zweck erreichen. Es treten dann zu denselben dioptrische Hilfsmittel hinzu. Fig. 110 zeigt ein solches Beispiel. Es sind $127^0\ 30'$ zu erleuchten, und von diesen sollen die beiden Seitenwinkel von je 10^0, a—b und a' — b' besonders kräftig, d. h. weitsichtig sein. Um das gesamte über diese $127^1/_2{}^0$ hinausgehende Licht hierzu zu benutzen, ist

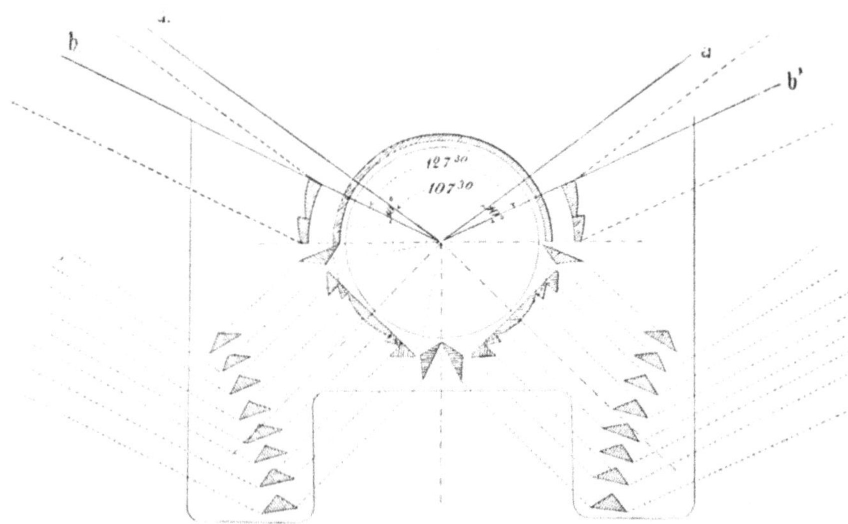

Fig. 110. Benutzung des Lichtes der Landseite zur Verstärkung des Lichtes zweier Seitenwinkel.

ein festes Feuer von 180^0 angeordnet, dessen Seitenwinkel von je $26^1/_4{}^0$ mit Seitenprismen versehen sind, welche durch rein dioptrische Wirkung das Licht dieser $26^1/_4{}^0$ jenen Winkeln von je 10^0, a—b und a'—b', zuführen. Sodann ist das Licht der übrigen 180^0 auf zwei katadioptrische Linsen verteilt, die es als paralleles Lichtbündel einer Zahl von je acht Seitenprismen zuführen. Diese lenken die Strahlen so ab, dafs dieselben denen der zu verstärkenden Winkel parallel ausfallen. Jedem derselben wird also das Licht von $26^1/_4{}^0 + 90^0 = 116^1/_4{}^0$ aufser seinem eigenen Licht zugewiesen. Letzteres wächst also an im Verhältnis $10 : 126^1/_4$, also um mehr als das $12^1/_2$fache.

Diese Beispiele zeigen, von welcher Bedeutung diese Seitenprismen sind, und welche Effekte mit denselben erzielt werden können. Sie ermöglichen bei richtiger Anwendung in geeigneten Fällen mit kleinen Apparaten und nicht sehr lichtstarken Lampen, die also wenig Öl verbrauchen, sehr starke weittragende Feuer herzustellen.

In welcher Weise die Seitenprismen ihr Licht dem zu verstärkenden Winkel zuführen, nämlich ob jedes derselben jenen ganzen Winkel speist oder nur einen aliquoten Teil desselben, wird von dem Grade der Ablenkung abhängen, der erforderlich ist, und fällt der Entscheidung des Konstrukteurs anheim.

Die Rückenprismen.

Mit den Seitenprismen der obigen Form läſst sich bei Kronglas, der durchgängig für unsere Glasapparate angewendeten Glasart, nur eine Ablenkung der Strahlen bis gegen 90^0 erzielen; darüber hinaus tritt nicht mehr Reflektion an der betreffenden Fläche ein. Um eine noch gröſsere Ablenkung zu erzielen und dadurch noch weitere Strahlen direkt nutzbar zu machen, entwarf Th. Stevenson 1860 die Rückenprismen, die ihre Wirkung bis 130^0 ausüben und wie die Seitenprismen als gerade vertikale oder wie die Fresnelschen katadioptrischen Prismen

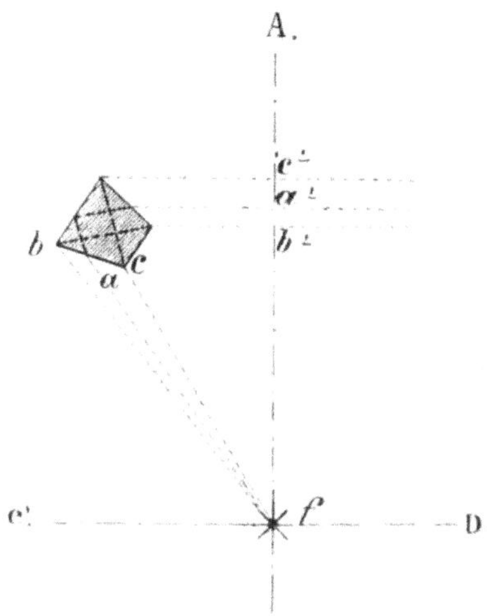

Fig. 111.

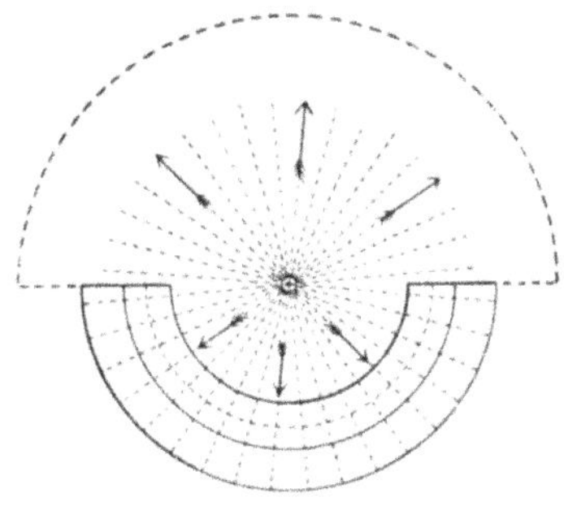

Fig. 112.

Fig. 113.

Fig. 111 bis 113. Rückenprismen.

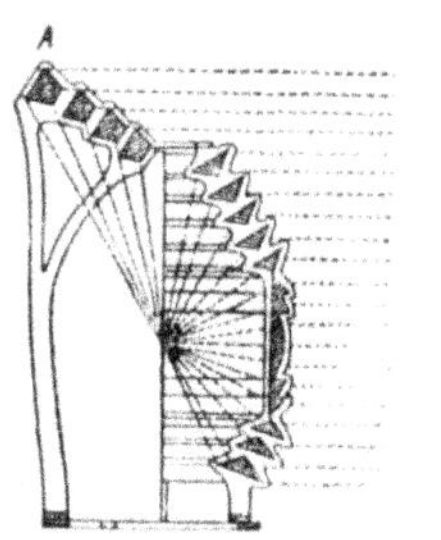

Fig. 114.
Festes Feuer mit Rückenprismen.

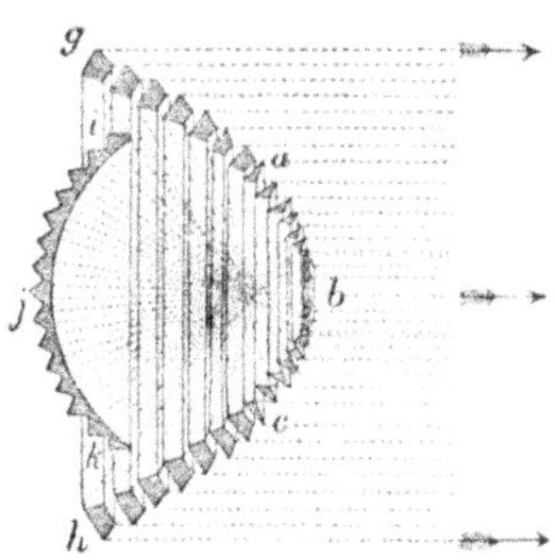

Fig. 115.
Scheinwerfer mit Rückenprismen.

als Ringe angewendet werden können. Fig. 111 zeigt den Querschnitt dieser Prismen und die Art ihrer Wirkung. Die aus dem Brennpunkt f kommenden Strahlen fa—fb—fc werden nach a'—b'—c' abgelenkt, parallel zu der durch den Brennpunkt gelegten horizontalen Achse. Die Art der Strahlenablenkung ist aus der Zeichnung zu ersehen. Wird dieser Querschnitt um die durch den Brennpunkt gehende vertikale Achse $A\ B$ gedreht, so erzeugt er einen Ring (Fig. 112) im Grundriſs der in der Horizontalen diese Strahlen gleichmäſsig im Kreise, die vertikale Achse kreuzend, zerstreut, wie für ein festes Feuer. Wird Fig. 111 als Grundriſs oder horizontaler Schnitt genommen, so ergibt sich ein vertikales Prisma, wie es Fig. 113 zeigt. Dieses wird das von einem Apparate ausgehende Strahlenbündel $f\,b\,c$ Fig. 111 in seiner ganzen Höhe (der Höhe des Apparates) in einen vertikalen Streifen paralleler Strahlen von der Breite $b'\ c'$ umsetzen.

In dieser Form können die Rückenprismen auch für parallel ihnen zugeleitete Strahlen benutzt werden, die sie dann in einem Winkel auswerfen, ähnlich wie wir dies oben bei den Seitenprismen haben kennen gelernt.

Wird endlich der Querschnitt (Fig. 111) als vertikaler um die Horizontale $e'—f—D$ gedreht, so entstehen Ringe, welche die aus f kommenden Strahlen parallel zu $e'—f—D$ auswerfen, aber hinter der vertikalen Achse $A—f—B$ liegen.

Die Figuren 114 u. 115 zeigen Anwendungen der ringförmigen Art der Rückenprismen und zwar die erstere für ein festes Feuer, den erzeugenden Querschnitt um die vertikale Achse des Apparates gedreht, Fig. 115 aber für einen Scheinwerfer, den erzeugenden Querschnitt um die horizontale Achse gedreht.

Die Rückenprismen bewirken durch ein Agens eine Winkelablenkung von solcher Gröfse, wie sie bis dahin nur mit zwei solchen zu erreichen war.

Die rechtwinkeligen Prismen.

Ein vierter von Th. Stevenson eingeführter Konstruktionsteil sind die rechtwinkeligen Prismen, welche das rechtwinkelig auf sie fallende Licht rechtwinkelig ableiten. Damit aber dieses geschieht, mufs das auf der Landseite bezw. nach oben verfügbare Licht durch eine Linse nach Bedürfnis zu einem Bündel paralleler Strahlen konzentriert werden. Diese rechtwinkeligen Prismen wirken, wenn sie zu einem Schirm vereinigt werden, wie eine reflektierende Fläche und können gerade oder gebogen angewendet werden (Fig. 116—118). Die Seiten derselben, welche den rechten Winkel bilden, stehen stets rechtwinkelig zu den einfallenden und austretenden Strahlen, so dafs diese dort keine Brechung erleiden; sie erinnern also an die ersten reflektierenden Prismen Fresnels (siehe Fig. 95).

Fig. 116 u. 117 stellen eine Vereinigung gerader rechtwinkeliger Prismen zu einem solchen reflektierenden Schirme dar, und es kann $a—b$ oder $c—d$ als vertikale Achse angenommen werden. Da der Schirm unter 45° zu dem von der Linse ihm zugeführten Licht geneigt ist und zwar diesem zugeneigt, so lenkt er das Lichtbündel rechtwinkelig nach unten ab. In der entgegengesetzten Stellung würde das reflektierte Lichtbündel nach oben gerichtet sein. Die Ablenkung nach unten wird z. B. benutzt, um in einem unter dem Hauptfeuer gelegenen Raum zu einem besonderen selbständigen Zwecke ein zweites Feuer anordnen zu können, das von diesem so gewonnenen Lichte gespeist wird.

Fig. 118 zeigt die Anwendung dieser Prismen, um bei einem festen Feuer das nach oben strahlende Licht der Rückseite des Apparates nach vornhin nutzbar zu machen. Die rechtwinkeligen Prismen sind hier um die vertikale Achse des Apparates gedreht und erscheinen daher im Grundrifs als Ringe; die von ihnen reflektierten Lichtstrahlen kreuzen daher diese Achse.

Fig. 119 u. 120 zeigen die Rechtwinkelprismen um einen zurückliegenden Punkt gebogen, um bei einem Apparat $3^1/_2$er Ordnung oder von 750 mm Durchmesser das nach oben über den katadioptrischen Reflektor hinausfallende Licht einem bestimmten Winkel zuzuführen. Dasselbe wird durch eine Halblinse vertikal und parallel den Prismen zugeführt und durch sie zentrisch ausstrahlend wie das des festen Feuers in den bestimmten Winkel konzentriert, diesen verstärkend.

Dieser Apparat, 1866 von Th. Stevenson ausgeführt, vereinigt alle für die eigentlichen Leuchtfeuer bisher angewendeten optischen Hilfsmittel mit Ausnahme der Rückenprismen. Er ist bestimmt 45° in festem Feuer zu beleuchten. Er umfafst 180° festes Feuer, hat einen ebenso grofsen katadioptrischen Reflektor, welcher das nach der Landseite fallende Licht in der Höhe des Tambours und mehrerer katadioptrischer Prismenringe über und unter demselben nutzbar

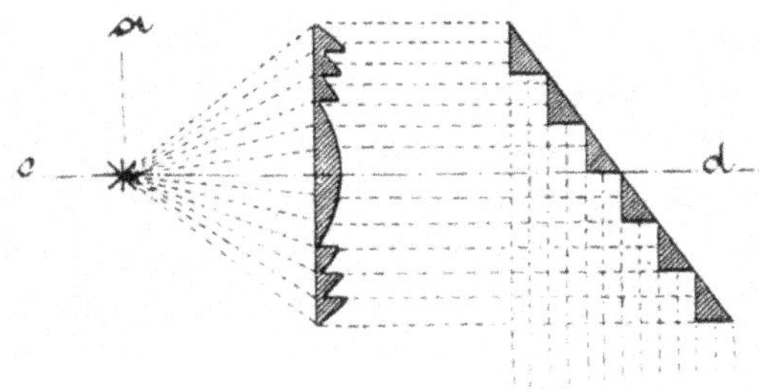

Fig. 116.

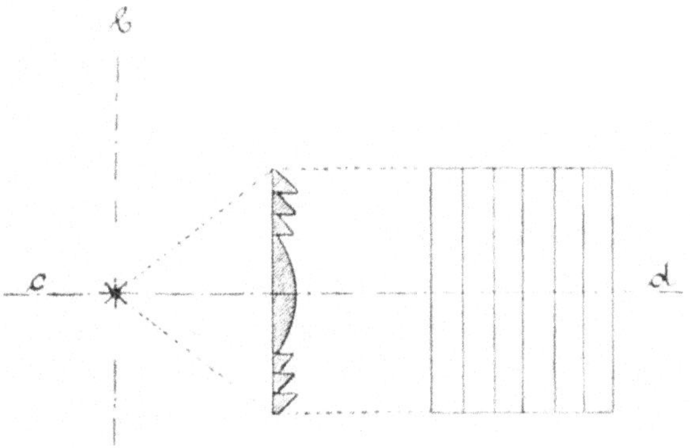

Fig. 117.

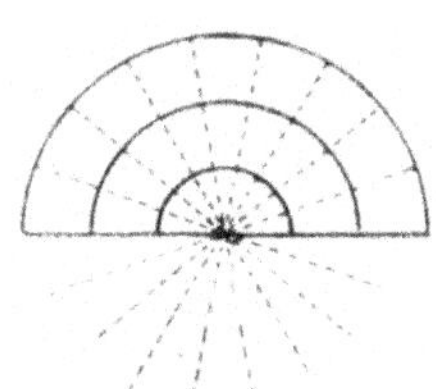

Fig. 118.

Fig. 116 bis 118. Rechtwinkelige Prismen, Th. Stevenson, 1866.

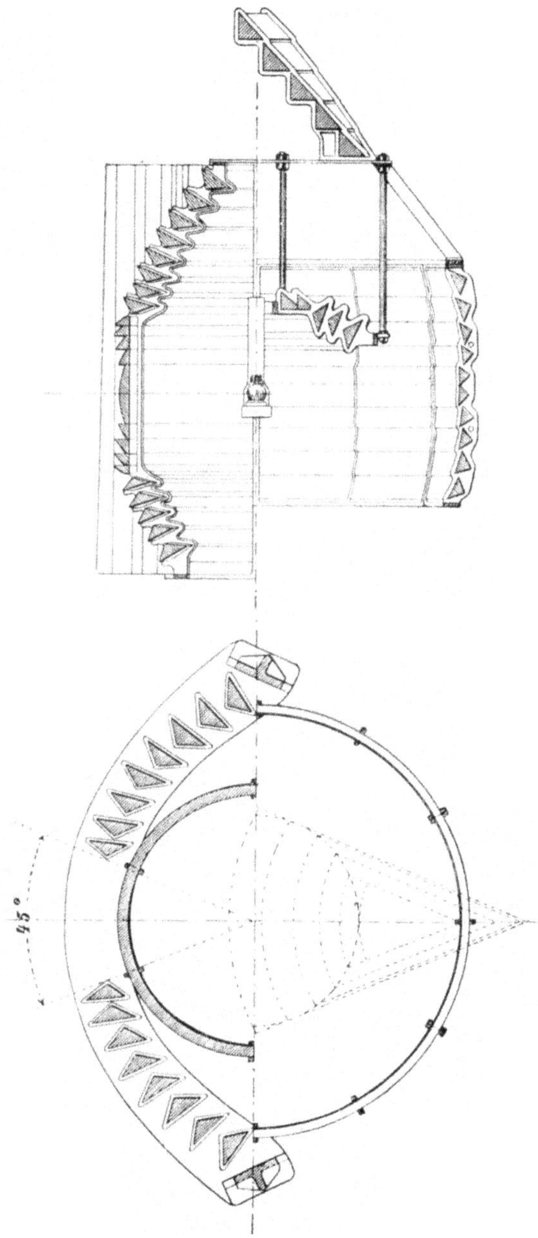

Fig. 119 u. 120.
Apparat mit rechtwinkeligen Prismen, Th. Stevenson, 1866.

macht; er benutzt ferner Seitenprismen, welche das Licht von je $67\frac{1}{2}^0$ dem zu erleuchtenden Winkel zuführen, und leitet endlich durch Halblinse und rechtwinkelige Prismen das über dem Reflektor oben ausstrahlende Licht dem bestimmten Winkel zu. Durch diese Hilfsmittel wird fast das ganze von der Lampe ausstrahlende Licht in den zu beleuchtenden Winkel konzentriert.

Die Scheinwerfer.

Es ist oben der Scheinwerfer gedacht (Fig. 102 u. 115), welche mit Hilfe einer katadioptrischen Linse und eben solchen Reflektors das gesamte von der Lichtquelle ausgehende Licht in ein einziges Strahlenbündel von geringer Divergenz zusammenfassen. Solche Apparate werden aufser auf den Leuchttürmen zu Winkel- und Richtfeuern in neuester Zeit mit elektrischem Licht zu militärischen und Marinezwecken vielfach angewendet. Dabei haben dieselben eine eigenartige Ausbildung gewonnen. Man ist dabei teilweise von den katadioptrischen Hilfsmitteln wieder zu rein reflektierenden zurückgekehrt, nämlich zu nicht tiefen parabolischen Reflektoren aus Glas. Der Grund hiezu war die Anwendung des elektrischen Lichtes, und zwar die eigenartige Form, welche die glühenden Kohlenspitzen bei Gleichstrom annehmen. Dieselbe ist eine einseitige und ermöglicht, dafs das von den Kohlen ausgehende Licht fast ganz einem Reflektor zugewendet werden kann, und zwar vorteilhafter, als dies einem katadioptrischen Apparate gegenüber geschehen könnte. Bei diesen Scheinwerfern hat sich nun neben parabolisch geschliffenen Glasreflektoren eine eigenartige neue Art katadioptrischer Reflektoren eingeführt, konstruiert von dem belgischen Hauptmann Mangin. Dieselben sind hier als ein neues Hilfsmittel auch für Leuchtfeuerzwecke zu erwähnen.

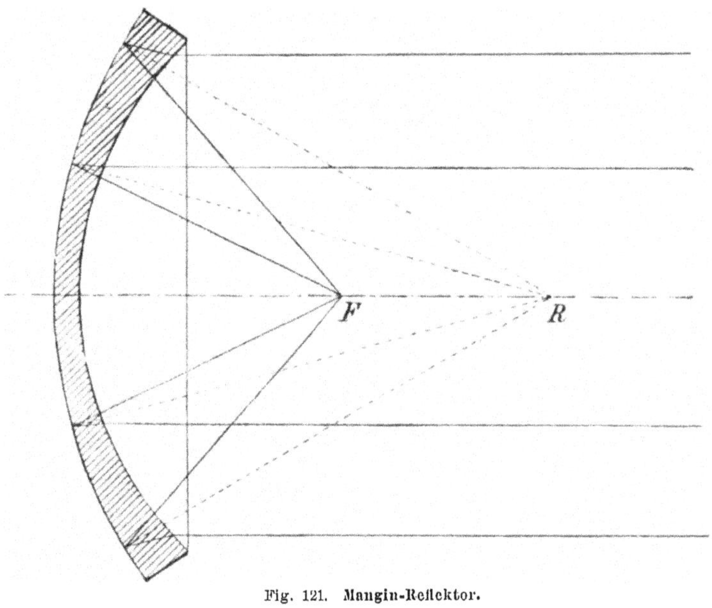

Fig. 121. Mangin-Reflektor.

In Fig. 121 ist ein solcher Manginscher Reflektor dargestellt. Die Figur zeigt den erzeugenden Querschnitt des Reflektors, der, um die horizontale Axe gedreht, denselben bildet. Die innere Seite ist von einer Kugelcalotte gebildet, deren Radius dem Brennpunkt F d. h. der Stellung der Lichtquelle, entspricht, während die äufsere Fläche um R als Mittelpunkt gebildet ist. Die von F aus auf die innere Fläche fallenden Strahlen treffen diese rechtwinkelig, treten also ungebrochen, d. h. ohne Ablenkung, in das Glas ein und verfolgen ihren Weg geradlinig bis zur Rückenfläche; hier aber können sie deren Krümmung wegen (wie bei den Fresnelschen reflektierenden Prismen) nicht austreten, sondern werden regelrecht reflektiert und dann beim Austritt aus dem Glas der Achse parallel gebrochen, wie die Figur solches zeigt. Bei richtiger Berechnung der äufseren Krümmungsfläche werden die Strahlen daher zu einem cylindrischen Lichtbündel zusammengefafst, das senkrecht zur Fläche des Reflektors ausfällt.

Die neuen Charakteristiken.

a) Gruppenfeuer.

Mit der weiteren Ausbildung und Entwickelung der optischen Hilfsmittel und der Möglichkeit ihrer Herstellung durch die Fortschritte in der Kunst des Schleifens der Gläser ging Hand in Hand das Bestreben, neue Charakteristiken zu schaffen, um die von 1815 an sich rasch mehrenden Feuer auch unterscheiden zu können, wenigstens die in gewissen Grenzen sich aneinander anschliefsenden. Wir haben oben schon gesehen, dafs Fresnel nach diesem Ziele strebte und durch Aneinanderreihen von Linsen verschiedener Breite eine wechselnde Lichterscheinung erreichen wollte, während er andererseits die festen Feuer von hellen Scheinen unterbrechen liefs und durch die gröfsere Zahl der Seiten der Drehfeuer schneller sich folgende Blicke hervorrief. Durch letzteres wurde allerdings die Lichtstärke des Feuers geschwächt. Als aber die Prismenringe linsenartig geschliffen werden konnten, und ihr Licht sich dem der Tambourlinsen zugesellte, statt nur ein festes Feuer zu geben, ging man zu noch vielseitigeren Apparaten über und schuf solche bis zu 24 Seiten. Die achtseitigen ersten Fresnelschen Apparate erster Ordnung zeigten ihr Licht von Minute zu Minute, die zwölfteiligen von $^1/_2$ zu $^1/_2$ Minute und dementsprechend auch die kleineren Apparate. Die 24 teiligen Apparate erster Ordnung zeigten Perioden von bis 10 zu 10 Sekunden.

Wenn wir in dieser Richtung in der Zeitfolge der Lichterscheinungen weiter vorgehen, so konstruierte Hopkinson 1875 die katadioptrischen Gruppen-Blinkfeuer. Fresnel hatte, wie wir gesehen haben, die Idee, die Lichtbündel nicht in gleichen Intervallen sich folgen zu lassen, sondern mehrere derselben zusammenzufassen — einander zu nähern, Gruppen zu bilden, welche durch längere Pausen voneinander getrennt waren, schon bei den katoptrischen, aus Parabolen gebildeten Feuern vorgeschlagen. Auch Hopkinson bildete seinen ersten Apparat aus solchen für das Feuerschiff Royal Sovereign, übertrug dann aber sogleich diese Anordnung auf die Glasapparate und liefs noch 1875 ein dreigruppiges Blinkfeuer zweiter Ordnung für Mexiko und ein zweigruppiges erster Ordnung für Ceylon (Little Bassas-Rock) herstellen. Zur Hervorbringung dieser Gruppen teilte er die Seiten der Blinkfeuer-Apparate in zwei oder drei Unterabteilungen unter Einführung von Halblinsen, die jede ein Lichtbündel auswarf (siehe die Fig. 122—125). Indem nun die Achsen dieser Teillinsen miteinander kleinere Winkel bildeten als diejenigen der Apparatseiten miteinander, so traten jene in eine sich rasch folgende Reihe von Blinken zusammen, in Gruppen, welche durch längere Schattenwinkel, Verfinsterungen, voneinander getrennt waren. Fig. 122 und 123 zeigen ein solches zweischeiniges Gruppenfeuer dritter Ordnung im Grundrifs, Vertikalschnitt und Ansicht, Fig. 124 ein solches dreischeiniges zweiter Ordnung. Es ist selbstverständlich, dafs eine gleiche Lichterscheinung wie diejenige, welche durch die eben erläuterte Verbindung von Halblinsen und Linsen hervorgerufen wird, auch durch einen geschlossenen Tambour von Vertikallinsen geschaffen werden kann, ähnlich denen bei festen von hellen Scheinen unterbrochenen Feuern, doch von einer der beabsichtigten Wirkung entsprechenden Schleifung.

Das zweischeinige Feuer dritter Ordnung gibt Blinke von 3 Sekunden Dauer bei 6 Sekunden zwischen den beiden Blinken und 18 Sekunden Trennungspause, also $3 + 6 + 3 + 18 = 30$ Sekunden Periode bei einer Umgangszeit von 150 Sekunden.

Das dreischeinige Feuer zweiter Ordnung zeigt Blinke von je 2 Sekunden bei 3 Sekunden Zwischenpause, also $2 + 3 + 2 + 3 + 2 + 18 = 30$ Sekunden Periode. Hierbei beträgt die Umgangszeit 180 Sekunden.

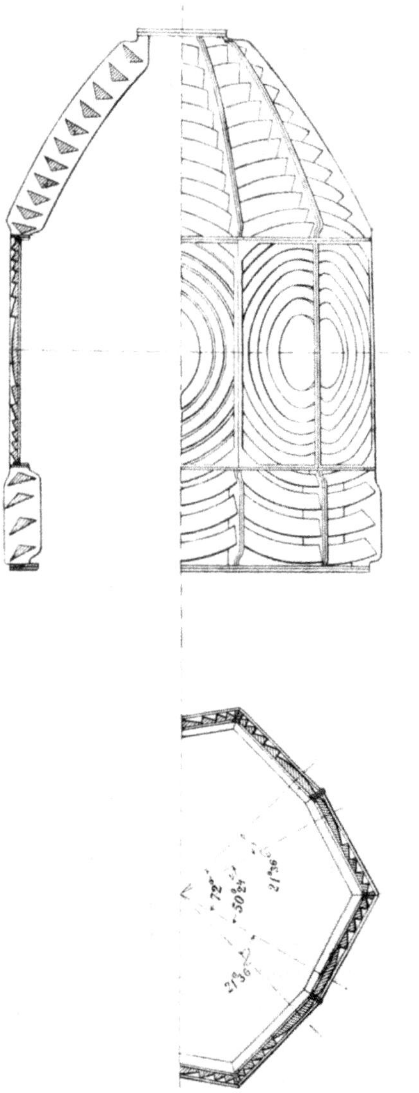

Fig. 122 und 123. Zweischeiniges Gruppen-Blinkfeuer III. Ordnung.

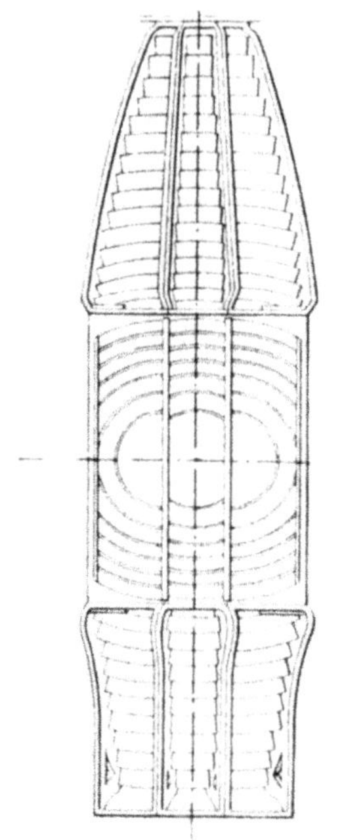

Fig. 124. Dreischeiniges Gruppen-Blinkfeuer II. Ordnung.

b) Unterbrochene und aussetzende (intermittierende) Feuer.

Aufser den Gruppenfeuern sind die schon von Robert Stevenson für Parabolapparate projektierten unterbrochenen oder aussetzenden Feuer[1]) in neuester Zeit vielfach ausgeführt. Der eigenartige Lichteffekt dieser Feuer besteht in einem plötzlichen Verschwinden und plötzlichen Wiederauftauchen des Feuers nach bestimmter Zeit, z. B. 30 Sekunden Licht — 30 Sekunden Pause u. s. w. oder 10 Sekunden Licht — 5 Sekunden Pause u. s. w. Die Lichterscheinungen u. s. w. können auch gruppiert sein: z. B. 5 Sekunden Licht — 3 Sekunden Pause, 5 Sekunden Licht —

[1]) Die beiden genannten unterscheiden sich dadurch, dafs bei den unterbrochenen Feuern die Unterbrechungen des Lichtes, die Pausen, nur kurze sind, bei den aussetzenden dagegen kurze Lichterscheinungen die langen Pausen unterbrechen. Letztere sollten niemals benutzt werden! Die Lichterscheinung mufs immer das Wesentliche der Feuer bilden und bleiben, nicht die Pausen, d. h. die Finsternis.

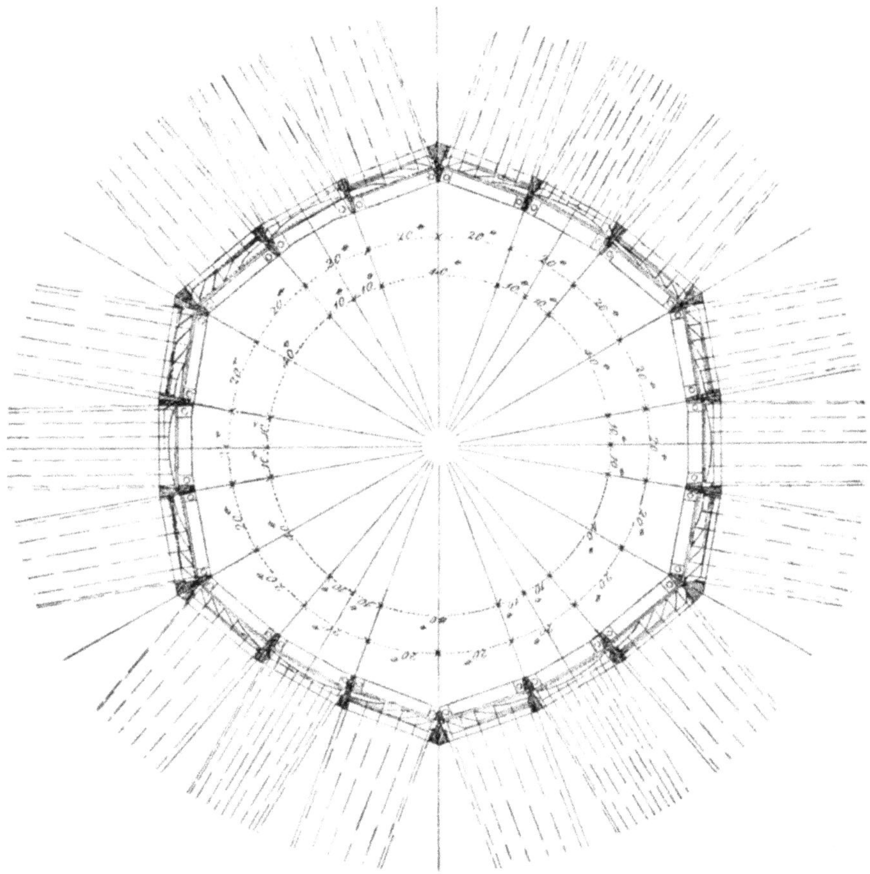

Fig. 125. Dreischeiniges Gruppenfeuer von Hopkinson, 1875.

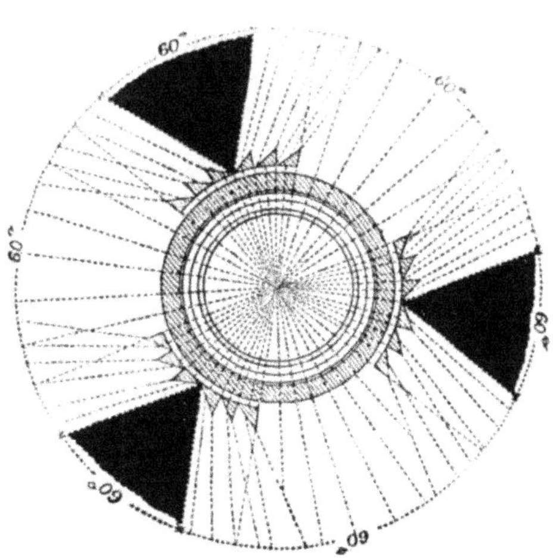

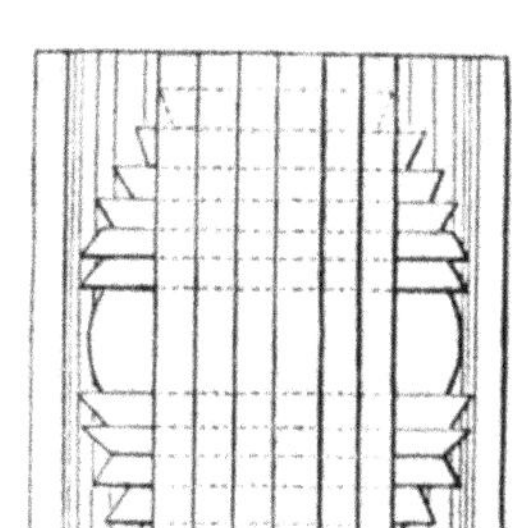

Fig. 126 und 127. Aussetzendes Feuer von Th. Stevenson.

3 Sekunden Pause, — 5 Sekunden Licht — 9 Sekunden Pause = 30 Sekunden Periode. Die Stevensonschen vertikal bewegten Blenden sind bei den Fresnelschen Apparaten (festes Feuer mit nur einer Flamme) um diese, d. h. um den Brenner, angeordnet oder werden durch um den Apparat kreisende Blenden ersetzt.

Da aber die Blenden wohl das Licht decken, aber nicht nutzbar machen, so werden, um letzteres zu erreichen, die um den Apparat kreisenden Blenden durch Schirme von Seitenprismen ersetzt (siehe Fig. 125 u. 126), welche das auf sie fallende Licht den Nebenwinkeln zuweisen und dadurch diese verstärken, zwischen denselben aber nun einen Schattenwinkel erzeugen; beim Drehen um den Apparat rufen sie also denselben Effekt hervor wie Blenden, verstärken aber den Lichteffekt auf das Doppelte.

c) Die von Otterschen Blitzfeuer.

Diesen intermittierenden Feuern schliefsen sich die von Otterschen Blitzfeuer an, das sind feste Feuer, deren Licht durch Jalousien von vertikalen schmalen Blenden gedeckt wird, welche den Apparat entweder ganz oder in denjenigen Winkeln umgeben, in denen das Blitzfeuer erscheinen soll. Diese vertikalen Blenden werden von einer mechanischen Vorrichtung, Maschine, in bestimmten Zeitabschnitten plötzlich geöffnet und geschlossen, das Licht wird also zeitweise gedeckt und zeitweise freigegeben wie bei den intermittierenden Feuern, und man kann auch die gleichen oder ähnliche Lichterscheinungen wie bei diesen hervorrufen. Meist jedoch dauern die Lichtblicke nur 1 bis $1^1/_4$ Sekunde, blitzen plötzlich auf und verschwinden ebenso plötzlich, weshalb diese Feuer auch Blitzfeuer genannt werden. Schlagen die Blenden gleichzeitig von 1 zu 1 Sekunde, so entsteht ein blitziges Feuer mit 1 Sekunde Licht und 1 Sekunde Pause. Werden sie zu Gruppen vereinigt und diese Gruppen durch ihnen gleich lange Pausen getrennt (während die einzelnen Blitze der Gruppe bei 1 Sekunde Pause je 1 Sekunde stehen), so entsteht eine Periode in zwei- — drei- — u. s. w. blitzigen Gruppen, deren Charakteristik aber nicht mehr wie bei den früheren Blinkfeuern und aussetzenden Feuern in der Zeitdauer der Periode, d. h. in der Zeit der Wiederkehr der Lichterscheinung besteht, sondern in der Zahl der Blitze, die, aneinander gereiht, die Gruppe bilden. Hiermit tritt ein neues, sehr wichtiges, die Beobachtung sehr erleichterndes Moment in die Reihe der Charakteristiken ein, die Zahl an Stelle der Zeit.

Diese Blitzfeuer sind also einblitzig — zweiblitzig — dreiblitzig u. s. w., d. h. Perioden von je ein — zwei — drei u. s. w. Blitzen von je einer Sekunde werden durch ebensolange Perioden von einander getrennt.

Die Leuchtapparate der Gegenwart.

Die Anforderungen der Neuzeit.

Mit den im vorstehenden aufgeführten wissenschaftlichen und praktischen Fortschritten auf dem Gebiete der Leuchtapparate dürfte voraussichtlich der Kreis der uns zu Gebote stehenden optischen Hilfsmittel vorläufig erschöpft sein. Aber wie in der neuesten Zeit auf allen Gebieten der Technik die Fortschritte sich weniger in der Art des Neugeschaffenen bekunden, sondern Zeit und Raum immer mehr zu überwinden suchen und vor keinem Mafs und Gewicht, sei es nach oben, sei es nach unten, zurückschrecken, so hat auch ein gleichlaufendes Streben sich in der neuesten Zeit bei den Leuchtapparaten geltend gemacht. Eine immer gröfsere luftdurchdringende Kraft bei immer rascherem Wiedererscheinen des Feuers ist mehr und mehr angestrebt worden.

Wenn wir auf die geschichtliche Entwickelung der Leuchtfeuer zurückblicken, so tritt uns zuerst nur allein das Bestreben entgegen, die wichtigsten Häfen und vereinzelte sehr gefährliche Punkte durch Feuerschein der Schiffahrt zu kennzeichnen. Offene Holz- und Kohlenfeuer und Kerzen boten das einzige, wenig wirksame Mittel, und selbst, als Oellampen mit Saugdochten in verglasten Laternen sich einführten, war, wie wir gesehen haben, kaum ein weiterer Lichtkreis zu erreichen, ja häufig mufsten letztere wieder dem Kohlenfeuer weichen, und Talg- oder Wachskerzen mufsten lange Zeit für wichtige aber schwer zugängliche Punkte genügen. Eine Sichtigkeit von 4 bis 6 Seemeilen bei mittlerer Luft galt schon für eine Errungenschaft. Dennoch wurden die Leuchtfeuer von der sich entwickelnden Schiffahrt immer dringender als unentbehrliche Hilfe gefordert. In der letzten Hälfte des Mittelalters und mit dem Beginn der Neuzeit sehen wir sie daher immer zahlreicher auftreten, und mit ihrer wachsenden Zahl zeigte sich die Notwendigkeit, wenigstens einzelne hervorragende besonders wichtige Punkte durch die Art, d. h. die Charakteristik des Feuers besonders kenntlich zu machen, sie von den anderen zu unterscheiden. Das einzige Mittel hierzu war zunächst die Zahl d. i. statt eines Feuers zwei Feuer nebeneinander zu setzen, und es entstanden die »Zwillingsfeuer«. Viel später und nur ganz vereinzelt stellten sich diesen die Drehfeuer zur Seite, Lampenfeuer, bei denen kurze Lichtblicke in einer bestimmten Zeit, Periode, wiederkehrten und von längeren Verfinsterungen getrennt waren. Die Zeit, in welcher das Feuer wiederkehrte, trat als Charakteristik ein. Erst Ende des achtzehnten Jahrhunderts, mit Argands Erfindung der Lampen mit doppeltem Luftzuge und der durch dieselbe ermöglichten richtigen Anwendung von Parabolen, konnten sich die Leuchtfeuer überhaupt und besonders die Drehfeuer zu voller Wirkung entwickeln; hierdurch erhielten wir die ersten starken fernwirkenden Feuer, sowie die Mittel, auch der Unterscheidung der Feuer Rechnung zu tragen.

Mit der Einführung und Weiterbildung der Parabolapparate trat aber zugleich eine Frage auf, welche so lange geschlummert hatte, als es sich eben nur um die einfache Herstellung von Feuern überhaupt gehandelt hatte, und der lichtgebende Körper ein gegebener unabänderlicher war, Holz — Kohlen — Kerzen — oder trübe brennende Lampen. Nun aber, wo Apparate zur Hand waren, deren Lichtstärke und Lichtdauer man wenigstens in gewissen Grenzen vermehren, steigern konnte, trat die Frage auf, welches von diesen beiden Mitteln das wichtigere wäre? ob es erwünschter sei, alle verfügbaren Mittel auf ein möglichst kräftiges lichtstarkes, wenn auch seltener erscheinendes und nur kurze Zeit stehendes Feuer zu verwenden, oder ob ein weniger kräftiges aber stetig oder möglichst oft sich zeigendes Licht den Vorzug verdiene. Die Verbindung beider Bestrebungen war zur Zeit unmöglich. Man entschied sich damals bei der noch allein herrschenden und noch nicht einmal voll entwickelten Segelschiffahrt allgemein für das erstere. Das Sichtbarwerden des Feuers überhaupt und womöglich noch unter ungünstigen Verhältnissen, d. h. bei mäfsig nebeliger Luft, galt für das Allerwichtigste. Lieber wollte man das Feuer seltener sehen als gar nicht. Die längeren Pausen brachten den überhaupt langsamen und bei Nebel doppelt vorsichtigen Segelschiffen wenig Gefahr. Da man nun einem Apparat nicht gut mehr wie 24 bis 30 grofse Parabole mit ebensoviel Lampen geben konnte, entstanden neben den festen Feuern jene langsam drehenden Apparate, welche alle 2 bis 3 — ja alle 4 Minuten einen sehr kräftigen, deutlich stehenden Blick gaben.

Als Fresnel seine lichtstarken Glasapparate mit mehrdochtigen Lampen schuf, trat auch er der obigen Frage näher und bahnte ihre Entscheidung an, indem er sie richtig stellte. Beides ist ja wichtig, nämlich möglichst unter allen Umständen und möglichst weit das Feuer zu sehen, und sodann, wenn es nicht dauernd in der dazu erforderlichen Lichtstärke zu schaffen ist oder die nötige Unterscheidung der Feuer die festen Feuer zu beschränken gebietet, das Feuer wenigstens in möglichst kurzen sich raschest folgenden Zeitabschnitten, Perioden, zu zeigen. Es fortwährend zu sehen, wäre das Erwünschteste; aber bei lauter festen Feuern würden die als so notwendig angestrebten Unterscheidungen der einzelnen Feuer wieder aufgegeben werden müssen; und andererseits haben wir gesehen, dafs wir die erforderlichen grofsen Lichtstärken nur dadurch erhalten können, dafs wir die zur Verfügung stehenden Lichtstrahlen in eine Anzahl von Bündel zusammenfassen, um hierdurch, indem sie dunkle Winkel zwischen sich lassen, das verfügbare Licht auf jene Bündel zu konzentrieren, die Lichtstärke jener Bündel also zu erhöhen. In je weniger Bündel also dasselbe Licht zusammengefafst wird, um so höher ist verhältnismäfsig die erlangte Lichtstärke, aber um so weiter rücken die Bündel auseinander, um so seltener erscheint das Feuer bei derselben Umgangszahl des Apparates, oder um so kürzer ist bei gesteigerter Umdrehungszahl, d. i. gröfserer Winkelgeschwindigkeit, der Eindruck, den das Auge des Beobachters empfängt.

Diesen Widerspruch zu lösen, war es nötig, der überhaupt erforderlichen Leistung näher zu treten. Die Lichtstärke des Lichtgebers ins Unbemessene zu vergröfsern, konnte nicht die Aufgabe sein, noch waren und sind die Mittel dazu vorhanden. Die Leistung eines Feuers wird aber durch die Entfernung bestimmt, in welcher dasselbe bei der wechselnden Luftbeschaffenheit noch sichtbar sein soll, damit der Schiffer, durch das Feuer gewarnt, noch den

Gefahren auszuweichen im stande ist, welche die Küste, Klippen oder Untiefen ihm entgegenstellen. Aber welche Entfernung reicht hierzu aus? Welche Entfernung soll mafsgebend sein?

Es können bei der Beantwortung dieser Frage selbstredend nur die eigentlichen Seefeuer in Betracht kommen. Für diese stellte nun eine französische Kommission im Anfang der zwanziger Jahre des neunzehnten Jahrhunderts fest, dafs, abgesehen von vereinzelten Fällen, 20 Seemeilen vollständig ausreichend wären, um eine erkannte Gefahr vermeiden zu können, und dafs es genügend wäre, diese Entfernung bei mittlerer Luft zu decken, d. h. durchschnittlich 183 Tage im Jahr.

Freilich hatte man und konnte man damals nur Segelschiffe im Auge haben. Und im Hinblick auf diese konnte man fordern, dafs bei dickerer Luft, welche den Sichtkreis der Feuer einschränkt, eine gröfsere Vorsicht der Schiffsführer einzutreten hätte. Dieser Entfernung von 20 Seemeilen entsprachen auch die normalen Höhen der Leuchttürme, wie solche sich bis auf den heutigen Tag bewährt haben.

Nach diesen Grundsätzen und dieser Entfernung entsprechend waren denn auch die Fresnelschen Lampen und Apparate I. Ordnung durchschnittlich bemessen; sie deckten bei mittlerer Luft gegen 20 bis 28 Seemeilen als festes Feuer und achtseitiges Blickfeuer. Erst als von Anfang der siebziger Jahre an die Mineralöle an Stelle des Rüböles traten und bei der gleichen Dochtzahl und Lichtstärke der Lampen Kostenersparnisse boten, schritt man dazu, unter Aufgabe dieser Ersparnisse, die Lichtstärke der Lampen und damit der Apparate zu erhöhen, indem man die Brenner um je einen Docht vergröfserte, die 4dochtigen I. Ordnung auf 5 Dochte u. s. w. Es geschah dies allgemein, obgleich durch diese Vergröfserung des Flammendurchmessers und der Flammenhöhe das Verhältnis zwischen der Lichtverstärkung von Flamme und Apparat ein ungünstiges wurde. Aber die absolute Lichtstärke beider wurde erhöht und dadurch die obige Deckung nicht nur noch mehr gesichert, sondern auch auf ungünstigere Luft ausgedehnt.

In den fast 50 Jahren, die bei Einführung des Mineralöles seit Fresnels Eingreifen in den Leuchtdienst verflossen waren, hatten sich aber die gerechten Anforderungen der rasch sich entwickelnden Schiffahrt sehr wesentlich gesteigert. Die Dampfschiffahrt war immer mehr und mehr an die Stelle der Segelschiffahrt getreten und die allgemein mafsgebende geworden. Die Zunahme in der Schnelligkeit der Fahrt erheischte aber gebieterisch ein weitergehendes rechtzeitigeres Erkennen der Gefahr, d. h. zunächst ein Sehen der Leuchtfeuer auch bei ungünstigerer als mittlerer Luft.

Aber nicht auf die Steigerung der Weitsichtbarkeit der Feuer konnte sich diese Forderung beziehen und bezog sie sich; man hätte die gröfste Zahl der Türme sehr erheblich erhöhen müssen, um ihren Horizont verhältnismäfsig nur wenig zu erweitern.

Jene 20 Seemeilen erweisen sich auch jetzt noch als ausreichend, denn sie erfordern ja bei 20 Knoten Fahrt, (eine für die schnellsten Dampfer auch heute noch sehr grofse Geschwindigkeit), eine Stunde Zeit. Nicht mehr für mittlere Luft, etwa 180 Tage im Jahr, sollten sie gedeckt werden, für 300 bis 320 Tage im Jahre, also auch noch bei nebeliger Luft, sollten sie gedeckt sein. Das war die immer dringender auftretende Aufgabe. Es galt, den schlimmsten Feind der Schiffahrt, den Nebel, möglichst zu bekämpfen. Zwar sind dickem Nebel gegenüber alle unsere Mittel machtlos, verfinstert dieser doch die Sonne. Aber solche Nebel sind die selteneren, und die Aufgabe während der obigen Zahl von Tagen die mehr oder weniger nebelige Luft auf 20 Seemeilen zu durchdringen, ist, allmählich fortschreitend, in der allerneuesten Zeit gelungen und zwar mit Hilfe des elektrischen Lichtes und einer neuen eigenartigen Konstruktion der Apparate. Welche enorme Steigerung aber mufs die Lichtstärke erfahren, um bei nebeliger Luft der bezeichneten Art auch nur 1 Seemeile weiter zu tragen! Ein Feuer, das bei mittlerer Luft reichlich 20 Seemeilen deckt, sinkt bei jener nebeligen Luft unter die halbe Sichtweite, auf 10 Seemeilen.

Es ist schon oben darauf hingewiesen worden, dafs die sich drehenden Blick- und Blinkfeuer ihre Überlegenheit über die festen Feuer dadurch erlangen, dafs sie das Licht, welches letztere über den ganzen Horizont ausbreiten, in eine Anzahl Lichtbündel konzentrieren. Von der Anzahl dieser Bündel ist daher die Lichtstärke des Apparates abhängig. Die Fresnelschen Apparate I. Ordnung erhielten im Laufe ihrer Entwickelung 8—12—16—24 Seiten, also ebenso viele Lichtbündel von 8 bis 6° Divergenz, bei Feuern mit verlängerten Blicken mehr. Mit der gröfseren Zahl der Lichtwinkel wuchs natürlich die Zahl der Schattenwinkel in gleichem Verhältnis, aber dieselben wurden mit der gröfseren Zahl kleiner, die Lichtblicke oder Blinke folgten sich rascher bei der gleichen Umgangszahl des Apparates, ein wesentlicher Vorteil für den Beobachter. Weiter als 24seitig konnte man nicht gehen, weil bei einer weiteren Teilung die Seiten zu schmal, die Lichtstärken zu sehr herabgemindert worden wären.

Neben dieser Teilung des Lichtes spricht aber bei der Konstruktion der Apparate noch etwas anderes mit, das auf die Lichterscheinung von Einflufs ist, das ist die Geschwindigkeit der Drehung. Von dieser hängt der Eindruck auf das Auge ab, das, was wir »das Stehen« des Blickes oder des Blinkes nennen. Bis auf die allerneueste Zeit war die Geschwindigkeit, mit welcher wir diese grofsen und schweren Apparate sich drehen liefsen (diejenigen I. Ordnung wogen bis über 86 Centner) eine beschränkte; die dazu erforderlichen mechanischen Vorrichtungen setzten ihr Grenzen.[1]) Das Stehen des Blickes erachtete man noch lange nach Fresnel zu 6 bis 7 Sekunden als mindestens erforderlich zu einem befriedigenden Erkennen der Feuer und um das nötige Besteck nehmen zu können. Man war jedoch allmählich bei der vermehrten Teilung der Apparate und schon bei den 24teiligen Apparaten erster Ordnung auf eine Umdrehungsgeschwindigkeit von 4 Minuten = 240 Sekunden oder $^2/_3$ Sekunden Winkelgeschwindigkeit heruntergegangen, wobei die Lichterscheinung 5 bis 4 Sekunden dauerte, und sich die Blicke von 10 zu 10 Sekunden folgten. Die achtseitigen Apparate drehten in 8 Minuten, Blicke folgten sich also von 1 zu 1 Minute bei 12 bis 8 Sekunden Lichterscheinung. Die Zwischenpausen betrugen hier also 5 bis 6 Sekunden und 48 bis 52 Sekunden.

Diese vorteilhafte rasch wiederkehrende Lichterscheinung der 24teiligen Apparate war aber, wie gesagt, auf Kosten der Lichtstärke gewonnen, die bei 5dochtigen Brennern nach Allard von 9250 auf 2880 becs Carcel herabgegangen war, was bei mittlerer Luft 30 Seemeilen auf $25^1/_2$ Seemeilen zurückbringt, bei nebeliger Luft 13,6 auf 11,8 Seemeilen.

Diese ungünstigen Verhältnisse sind erst durch die Einführung der elektrischen Feuer und deren allmähliche Ausbildung sowie dadurch überwunden worden, dafs man, entsprechend den Lehren der Wissenschaft erkannte, dafs eine viel kürzere Zeit zum Erkennen und Peilen eines Feuers erforderlich sei als 5 Sekunden, ja dafs $^1/_{10}$ Sekunde genüge, wenn nur die Blicke hinreichend rasch aufeinander sich folgten, nämlich von 5 zu 5 Sekunden.

---

[1]) Bei den schweren englischen Doppelapparaten mufsten kleine eigenartige Dampfmaschinen oder Gasmaschinen zum Drehen der Apparate verwendet werden.

Die Entwickelung der elektrischen Feuer. Die neuen Blitzfeuer.

Die ersten elektrischen Feuer hatten Apparate von geringem Durchmesser, dem geringen Durchmesser des Lichtgebers entsprechend. Mit nur 300 mm Durchmesser begann man, allein es stellte sich sogleich heraus, dafs man mit einem so kleinen Apparat nicht die günstigste Ausnutzung erzielte. Bei einer Vergröfserung auf 750 erzielte Allard 1875/76 für feste Feuer bei derselben Lichtstärke der Lampe (200 b. C.) fast die dreifache vom Apparate ausgehende Lichtstärke, nämlich 12900 b. C. statt 4500 b. C. Dafs man, um die gröfstmögliche Lichtstärke zu erzielen, von den festen Feuern bald und fast ausschliefslich zu Blinkfeuern überging, war natürlich. In England ist man mit dem Durchmesser des Apparates noch weiter gegangen und hat späterhin meist Apparate von 1400 mm, zweiter Ordnung, eingeführt, unter Anwendung überaus starker elektrischer Ströme und solchen entsprechender Kohlen. Diese englischen Apparate schliefsen sich aber den neueren und neuesten Apparaten für Ölfeuer in Konstruktion und Charakteristik an, haben jedoch diesen gegenüber des geringen Durchmessers des Lichtgebers wegen sehr kleine Lichtwinkel und sehr grofse Schattenwinkel. Sie geben daher verhältnismäfsig wenige, aber gegenüber den alten Apparaten sehr lichtstarke Strahlenbündel, haben aber den Fehler der sehr langen Perioden, nämlich von 30 Sekunden und mehr, eine Dauer, die selbst bei Gruppen-Blitzfeuern als eine zu lange zu bezeichnen ist, da sie das Erkennen der Charakteristik des Feuers erschwert. Dagegen erreichte man, freilich unter Anwendung von elektrischen Strömen von 200 Ampère und mehr bei 60 mm Kohlendurchmesser eine Lichtstärke, welche auch bei nebeliger Luft 19 bis 20 Seemeilen weit trägt.

Anders in Frankreich. Ihm gebührt auch hier das Verdienst, das richtige Mittel zuerst erkannt und fortschreitend ausgebildet zu haben. In den siebziger Jahren arbeitete Allard nach langjährigen eingehenden Studien, Versuchen und Beobachtungen ein vollständiges System aus, um die wichtigsten Punkte der ganzen französischen Küste mit elektrischen Feuern zu versehen, und entwarf die entsprechenden Apparate zur Hervorrufung der nötigen unterscheidenden Charakteristiken.[1]) Er verwendete Apparate von nur 600 mm Durchmesser und ging mit der Dauer der Lichterscheinungen auf 1 Sekunde herunter. Die Perioden betrugen bis $3^3/_4$ Sekunden bei 90 Sekunden Umdrehungszeit des Apparates. Dieser hatte aber noch 24 Seiten erhalten müssen, um die nötige Anzahl Lichtbündel zur Bildung der Charakteristik zur Vermeidung einer noch kleineren Umgangszahl zur Verfügung zu haben. Seine Lichtquelle wurde also wieder in 24 Bündel aufgelöst. Infolgedessen erreichte er nach seinen Messungen und Berechnungen zwar nur ca. 17 Seemeilen, aber dies mit den genannten kleinen Apparaten und Stromstärken von nur 100 Ampère und 46 Volt. Leider bewährten sich seine Apparate und sein System nicht in der gehofften Weise. Er hatte dem letzteren einfache und Gruppen-Blink- oder Blitzfeuer (2- bis 4blitzige) zu Grunde gelegt und selbst rote Scheine (Blitze) zu Hilfe nehmen müssen. Auch die Lichtstärken ergaben sich so hoch nicht, wie er sie berechnet hatte.

[1]) Sein Bericht ist datiert vom 17. Januar 1880. Er wendete als Apparate feste Feuer an, um welche er einen geschlossenen Tambour von 24 Vertikallinsen sich drehen liefs. Durch die Breite und Anordnung dieser Linsen wurden die verschiedenen erforderlichen Lichteffekte hervorgerufen.

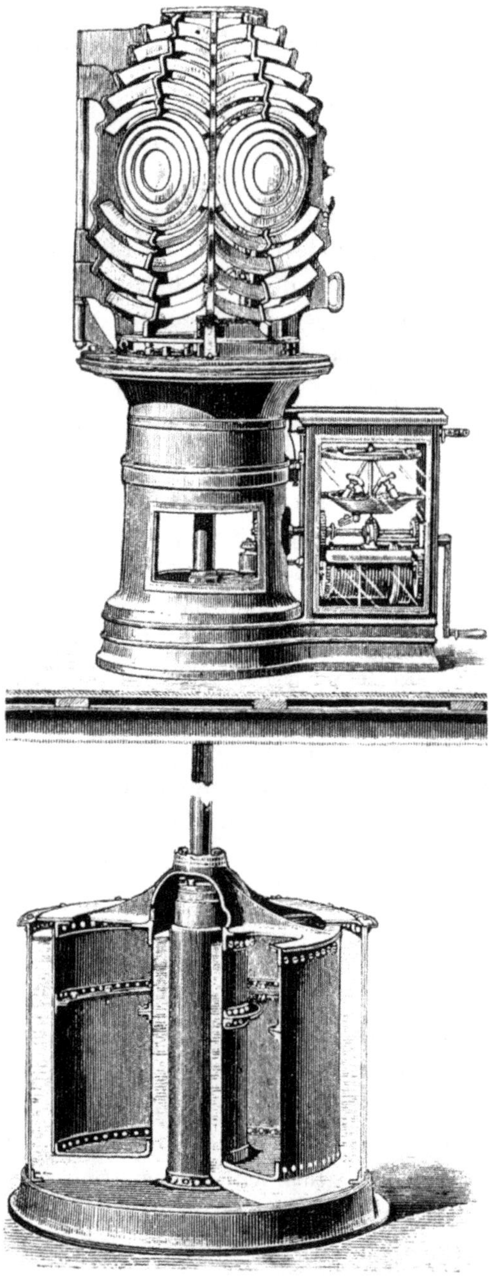

Fig. 128. Auf Quecksilber gelagertes vierseitiges elektrisches Blitzfeuer von 5 zu 5 Sekunden; La Hève, 1892.

Die weiteren fortgesetzten Arbeiten des Bureau des Phares, ausgeführt von Bernard, O. Bourdelles und A. Blondel, haben nun aber praktisch nachgewiesen, dafs, wie Helmholtz, Charpentier u. a. m. rein wissenschaftlich hergeleitet hatten, $^1/_{10}$ einer Sekunde genüge, um einen Lichteffekt in der seiner Stärke entsprechenden Entfernung bestimmt und deutlich erkennen und erfassen zu können, und dafs ein längeres Stehen des Scheines dazu nicht mehr beitrage, somit alles auf dieses längere Stehen des Feuers verwendete Licht verschwendet sei.

Diese Erkenntnis mufste auf die Idee führen, durch rascheres Drehen der alten Apparate[1]), besonders der lichtstarken erster Ordnung, deren Lichtfolge zu beschleunigen. Aber wie dies erreichen? Die alten mechanischen Einrichtungen waren bei der Schwere der Apparate schon bis aufs äufserste in Anspruch genommen. Die Not war auch hier die Mutter der Erfindung. Eine in der Technik zwar bekannte, aber bis dahin in der Praxis wenig benutzte Anordnung wurde herangezogen und für den vorliegenden Zweck umgebildet. Was der rascheren Drehung der Apparate entgegenstand, war die durch ihr Gewicht hervorgerufene Reibung in den beweglichen sie tragenden Teilen. Das Gewicht eines Körpers ist aber paralysiert, wenn er schwimmt. So verband man denn die Apparate mit einem Schwimmer, der sie trug, oder baute sie vielmehr auf einem solchen auf, indem man als tragende Flüssigkeit Quecksilber wählte (siehe Fig. 128).

Die im Jahre 1892 und 93 auf Leuchttürmen aufgestellten so ausgerüsteten Apparate vierter und dritter Ordnung ergaben die allerbesten Erfolge, so dafs nun auch die gröfseren Apparate derartig konstruiert werden konnten. Ja, es ergab sich, dafs man mit voller Sicherheit auch bei Apparaten

[1]) Die raschere Drehung darf selbstredend nicht bewirken, dafs die Lichtblitze ineinander verschwimmen. Es ist deshalb für dieselbe erforderlich, dafs zwischen den Lichtbündeln hinreichend grofse Schattenwinkel sich finden, andererseits mufs der Winkel, den das Lichtbündel bildet, so bemessen werden, dafs bei der Winkelgeschwindigkeit des Apparates sein Vorübergehen am Auge die Zeit von $^1/_{10}$ Sekunde nicht unterschreitet, eher eine etwas gröfsere ist, etwa in der Praxis $^1/_9$ Sekunde.

erster Ordnung bis auf 20 Sekunden Umgangszeit gehen könne, ja dafs man bei leichteren bis auf 10 und selbst 5 Sekunden herabgehen könne.

Durch eine so rasche Drehung wurde aber die Möglichkeit gegeben, ja, es wurde notwendig, damit die Lichterscheinungen nicht ineinander übergingen, verschwammen, das verwendbare Licht in wenige Bündel zusammenzufassen. Man ordnete 4 — 2 — ja 1 Linse an d. h. das früher auf 6, 8 bis 24 Strahlen verteilte Licht wird nun in vier, ja in ein solches

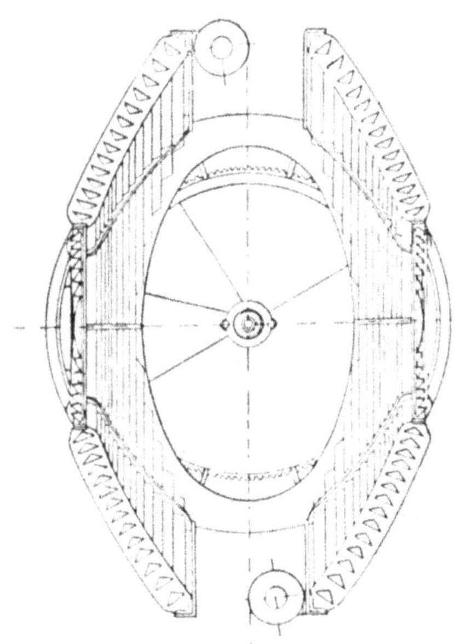

Fig. 129 und 130. Auf Quecksilber gelagertes zweiseitiges Öl-Blitzfeuer III. Ordnung.

zusammengefafst. Hierdurch aber wird das von dem Apparat ausstrahlende Licht in dem entsprechenden Verhältnis konzentriert und die Lichtenergie dadurch gesteigert. Die Lichtdauer ist dabei auf die obige $1/_{10}$ Sekunde oder, um sicher zu gehen, etwas mehr, nämlich $1/_9$, bestimmt, und die Blitze folgen sich in 5 zu 5 Sekunden. Die elektrischen Feuer sind hierdurch zu einer ungeahnten Lichtstärke entwickelt worden.

Der 1892 auf La Hève aufgestellte vierseitige elektrische Apparat von nur 600 mm Durchmesser (siehe Fig. 128) dreht sich in 20 Sekunden einmal und gibt die oben genannte Charakteristik von Blitzen von 5 zu 5 Sekunden. Mit im Maximum 100 Ampère und 46 Volt und Kohlen von 23 mm deckt er reichlich 20 Seemeilen bei nebeligem Wetter, also im Jahr 300 bis 320 Tage.

Die Fig. 129 bis 131 stellen Ölfeuer dieser Art dar und zwar ein solches zweiter Ordnung zweiseitig und eins fünfter Ordnung einseitig, ersteres für 5- bis 6dochtige Lampe, letzteres für eindochtige Lampe. Die Umgangszeit beträgt, den Seiten des Apparates entsprechend, 10 und 5 Sekunden. Die Linsen zweiter Ordnung erreichen schon 2,34 m Durchmesser; bei erster Ordnung sogar über 3 m.

Alle diese Apparate, auch der obige vierseitige elektrische, sind einblitzige Blitzfeuer mit Perioden von 5 zu 5 Sekunden. Wie weit man mit der Einschränkung der Seitenzahl, der Konzentrierung des Lichtes, gehen kann, hängt von dem Durchmesser der Lichtquelle ab, denn das Verhältnis derselben zum Durchmesser des Apparates bedingt die Gröfse des Lichtwinkels, den der Apparat aussendet und der je nach der Umgangszeit des Apparates, seiner Winkelgeschwindigkeit, unter ein gewisses Mafs nicht hinuntergehen darf, wenn der Lichteindruck auf das Auge nicht unter $^1/_{10}$ Sekunden hinuntergehen soll. Bei den Ölfeuern bietet dieses Verhältnis bei der Mehrzahl der Ordnungen einen gröfseren Spielraum dar. Bei den elektrischen dagegen kann unter 600 mm Durchmesser nicht ohne Nachteil hinunter gegangen werden, während andrerseits die Kohlen durch den erforderlichen Strom bestimmt sind. Dies ist der Grund, dafs diese einblitzigen elektrischen Feuer nicht weniger als 20 Sekunden Umgangszeit und 4 Seiten erhalten können. Eine Verstärkung derselben durch Konzentration ist daher, wenigstens bis jetzt, nicht möglich.

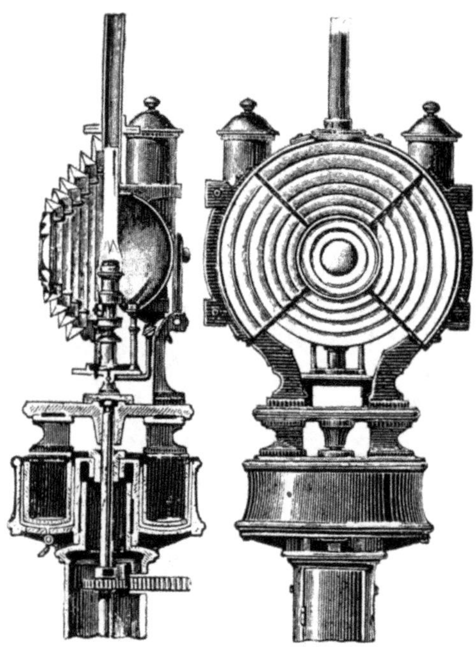

Fig. 131. Auf Quecksilber gelagertes einseitiges Öl-Blitzfeuer, V. Ordnung.

Durch das Konzentrieren des gesamten zur Verfügung stehenden Lichtes auf 1 bis 4 Lichtbündel unter gleichzeitiger entsprechend rascher Drehung des Apparates ist erreicht:

1. dafs die Olfeuer mit 1- bis 6dochtiger Lampe (sechster bis erster Ordnung) in ihrer Lichtstärke um das Drei- bis Fünffache verstärkt worden sind, während die Lichtblitze sich in 5 zu 5 Sekunden folgen;
2. dafs unter Zuhilfenahme des elektrischen Lichtes bei kleineren Apparaten und mäfsig starken elektrischen Strömen die Lichtstärke so gesteigert werden kann, dafs bei nebeliger Luft (300 bis 320 Tage im Jahre) 20 Seemeilen gedeckt werden.

Es ist noch hinzuzufügen, dafs durch diese Anordnungen die Möglichkeit, die Feuer voneinander scharf zu unterscheiden, nicht beeinträchtigt wird.

Dagegen ist zu konstatieren, dafs die letzte vorgeführte Entwickelung sich nicht so ununterbrochen in der Praxis vollführt hat, wie ich sie ihrem Gedankengange nach darstellte. Als nämlich in den sechziger Jahren das elektrische Licht sich einführte und in seiner schon damals so bedeutend gröfseren Lichtenergie die Ölfeuer überflügelte, traten in England und Irland

Bestrebungen auf, die alten Feuer kraftvoller auszubilden durch Verstärkung der Lichtquelle, der Flammen und durch das Zusammenwirken mehrerer übereinander gestellter Apparate.

Die schon oben erwähnten Wighamschen Gasfeuer thaten in dieser Richtung den ersten bedeutsamen Schritt. Wigham konstruierte anfangs der siebziger Jahre (vergl. Seite 91) Gasfeuer, deren Lichtgeber Flammen waren, welche sich aus bis 108 einzelnen einstrahligen Gasflammen zusammensetzten, und so einen Flammenkörper von 10 Zoll engl. Durchmesser und aufserordentlicher Helligkeit gaben und später noch auf 148 Strahlen und 11 Zoll engl. vergröfsert sein sollen. Um die Wirkung noch zu erhöhen, setzte Wigham 2 bis 3, ja 4 solcher Apparate,[1]) die aber nur aus den Tambourteilen erster Ordnung in der üblichen Höhe bestanden, übereinander, jeden mit einem solchen Gasbrenner versehen. Je nach der Luftbeschaffenheit konnte das Licht von $^1/_4$ eines Brenners in einem der Apparate bis zu der vollen Kraft aller drei oder vier Brenner und Apparate verstärkt werden.

Zu gleichem Zweck vergröfserte Douglass die Mineralölbrenner bis zu sieben Dochten, ja später bis zu zehn Dochten, doch sind wohl nicht mehr als siebendochtige Brenner dauernd in Dienst gekommen. Auch er baute zwei Apparate übereinander, vergröfserte aber dabei die Höhe der Linsen beträchtlich, um mehr Licht als Wigham nutzbar zu machen.

Aber von Beiden war übersehen, dafs die Glasapparate erster Ordnung für solche grofse Flammen viel zu klein im Durchmesser waren. Dieselben waren für vierdochtige Flammen von Fresnel berechnet, und schon die mit Benutzung des Mineralöles eingeführten fünfdochtigen Brenner erhöhten wohl, wie schon Seite 127 angeführt, die absolute, aber nicht die relative Lichtstärke des Apparates. In noch viel höherem Mafse trat dies nun bei jenen übergrofsen Brennern ein. Um ihr Licht ausgiebiger zu benutzen, schlug dann Th. Stevenson Linsen von 1330 mm Brennweite vor, und aus diesen, hyperradiant genannt, entstanden Apparate mit dieser Brennweite oder 2,660 m Durchmesser bei 3,670 m Höhe in den Gläsern.[2])

Von diesen überaus kostspieligen Apparaten sind nur vereinzelte und zwar fünf- und sechsseitig ausgeführt worden. Die Wighamschen Gasfeuer haben sich nur in Irland eingeführt, und auch die Douglasschen Öl- und Gasbrenner sind nicht, wie schon gesagt, über sieben- oder achtflammige in der Praxis zur Anwendung gekommen.

Dagegen ist ein heftiger Streit darüber ausgebrochen, ob es für die Fernwirkung eines Feuers bei nebeliger Luft das Richtige ist, die Lichtquelle oder das Feuer als eine grofse leuchtende Lichtmasse zu schaffen, bei welcher also das erzeugte Licht auf eine gröfsere Fläche verteilt ist, also nach grofsen Flammen zu streben, oder ob es besser ist, dieselben möglichst klein zu halten, das vorhandene Licht, wie bei dem elektrischen, in ein Strahlenbündel von geringer Abmessung aber grofser Energie zusammenzufassen, zu konzentrieren. Das letztere erscheint theoretisch wie praktisch das Bessere. Auch die sogenannten South Foreland-Experimente haben sich entschieden zu Gunsten des elektrischen Lichtes ausgesprochen. Theoretisch ist auch leicht

[1]) Durch das Zusammenwirken zweier übereinander gesetzter Apparate das Feuer zu verstärken, Doppelfeuer, beziehentlich eine eigenartige Charakteristik herbeizuführen, war schon vor Wigham bekannt und ausgeführt. In den Jahren 1876/77 sind solche in Deutschland und 1877 in Frankreich ausgeführt worden, nämlich die Feuer zu Varel, Schillighörn und Pilier.

[2]) Es sind für die Wighamschen Apparate selbst Linsen von 2 m Brennweite angefertigt worden, welche 7' 6'' engl. Durchmesser haben, das Stück zu 700 £.

nachzuweisen, daſs zwei zusammenwirkende Feuer von gleicher Lichtenergie wohl die Sichtigkeit, d. h. das bessere Gesehenwerden, innerhalb der Tragweite des einzelnen erhöhen, nicht aber diese Tragweite, das ist die Weitsichtbarkeit, vergröſsern.

Fig. 132.
Zweiblitziges Gruppenfeuer I. Ordnung für Mineralöl.

Einen nicht zu unterschätzenden Vorteil anderer Art bieten das elektrische Licht sowie jene groſsen Brenner und Doppelfeuer, nämlich den, daſs die Lichtstärke bei ihnen der Sichtigkeit der Luft angepaſst werden kann. Bei den elektrischen geschieht dies durch verschieden starken Strom mit ihm entsprechendem Kohlendurchmesser. Jene Brenner sind aber alle so konstruiert, dafs man nach Bedürfnis leicht mehrere oder wenigere ihrer Flammen zünden kann. Bei den Doppelfeuern kommt hierzu noch die Benutzung eines oder mehrerer ihrer Apparate. Doch decken letztere bei nebeliger Luft nicht 20 Seemeilen.

Selbstverständlich kann man die Blitzfeuer auch als Gruppenblitzfeuer konstruieren. Bei den elektrischen Feuern ist es jedoch bisher, wenn die obige 20 Seemeilen deckende Lichtenergie dabei beibehalten werden soll, nur gelungen, ein zweiblitziges Gruppenblitzfeuer zu schaffen, wenn man nicht zu elektrischen Strömen von 200 A. und mehr bei Kohlen bis 68 mm Durchmesser greifen will. Mit den Öl- oder Gasapparaten können jedoch, freilich bei abnehmender Lichtenergie aber doch bei hinreichend grofsen und lichtstarken Flammen, nicht nur zwei- bis vierblitzige gleichgruppige Gruppenblitzfeuer geschaffen werden, je zwei oder drei oder vier Blitze in

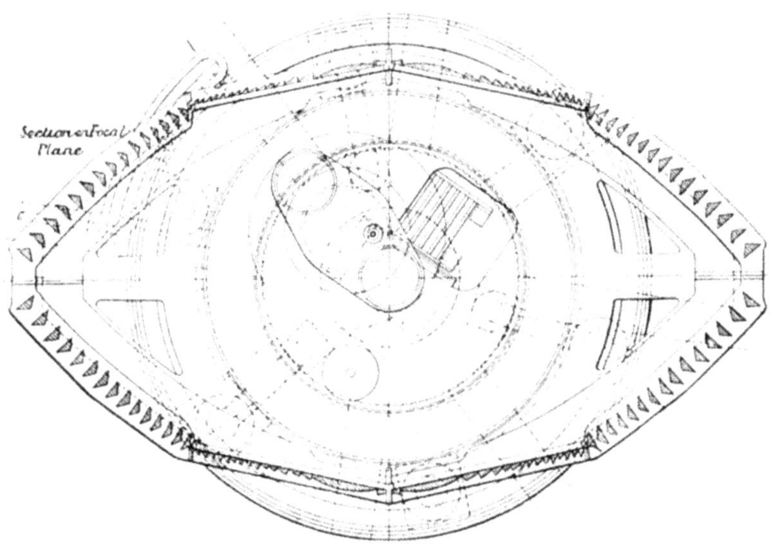

Fig. 133 Grundriss zu Fig. 132.

einer Periode oder zwei und zwei Blitze u. s. w., sondern auch ungleichgruppige, zwei und ein Blitz — ein und drei Blitze u. s. w. Ja, bei einer Umgangszahl von nur 10 Sekunden, also 10 Sekunden Periode, lassen sich unter Anwendung fünf- bis zehnseitiger Apparate bei Unterdrückung einer oder mehrerer Seiten des Apparates, ganz verschiedene ungleichgruppige Blitzfeuer bilden mit sehr wechselnden Zahlen.

Bei allen diesen wird der Schlufs der Periode, die der einmaligen Umdrehung des Apparates stets entspricht, durch eine längere Lichtpause, d. i. gröfseren Schattenwinkel, angezeigt. Die Fig. 132 bis 139 zeigen Gruppenblitzfeuer der verschiedenen eben bezeichneten Arten, und zwar 132 bis 135 für gröfsere Apparate, 136 bis 139 für kleinere, mehrteilige.

In Fig. 132 ist ein zweiblitziges gleichgruppiges Feuer erster Ordnung dargestellt, welches von 20 zu 20 Sekunden je zwei sich rasch folgende Blitze gibt. Es besteht, wie der Grundrifs zeigt, aus zwei Seiten, jede zwei Halblinsen enthaltend. Die Höhe derselben in den Gläsern beträgt ca. 1,500 m, die Breite jeder Seite in den Gläsern ca. 3,300 m. Das Gewicht des Drehteiles beträgt ca. $3^1/_2$ Tonnen, das des Quecksilbers, auf dem er schwimmt, ca. $1^1/_2$ Tonnen. Der Apparat bildet das Feuer auf der englischen Insel Lundy seit 1897. Er zeigt, bis zu welchen Abmessungen man heute mit solchen Apparaten geht. Doch verhindern selbst die hohen Linsen nicht, daſs viel Licht über und unter denselben verloren geht.

Fig. 134 und 135 zeigen das Schema zu gröſseren Apparaten: Fig. 134 je nach der Drehung eines zwei- und einblitzigen oder ein- und zweiblitzigen ungleichgruppigen Blitzfeuers; Fig. 135 eines gleichgruppigen doppeltzweiblitzigen. In beiden sind die zusammengehörigen Blitze durch kleine Schattenwinkel getrennt, die sich anschlieſsenden noch zur Gruppe gehörigen dagegen durch gröſsere Schattenwinkel und die Gruppen selbst durch groſse sich deutlich kenntlich machende, so daſs ein Irrtum nicht möglich ist. Die Dauer der Periode entspricht stets einem Umgange. Die Lichtfolge ist leicht aus der Zeichnung zu ersehen.

Fig. 136 und 137 zeigen gleichgruppige drei- und vierblitzige Blitzfeuer, das erstere unter Benutzung eines fünfseitigen, das letztere unter Verwendung eines sechsseitigen Apparates. Auch hier entspricht die Periode der Umgangszeit.

Die Figuren 138 und 139 zeigen die Schema zu zwei ungleichgruppigen Blitzfeuern, denen achtseitige und zehnseitige Apparate zu Grunde liegen, bei welchen eine Anzahl Seiten unterdrückt sind, so daſs die Lichtbündel in Gruppen von verschiedener Zahl geteilt sind, während die gröſsere Zahl der fehlenden Seiten als groſser Schattenwinkel die Periode, die wieder gleich der Umgangszeit ist, schlieſst.

So zeigt Fig. 138 je nach der Richtung der Drehung einen und drei Blitze oder umgekehrt drei und einen Blitz. Fig. 139 zeigt fünf und einen Blitz oder umgekehrt einen und fünf. Durch eine andere Zahl und Anordnung der Linsenschirme und Unterdrückung von Seiten bei richtiger Wahl der Seitenzahl der Polygone lassen sich andere Zahlen und Zahlenfolgen von Blitzen leicht herstellen. Setzt man diese Zahlenfolgen in wirkliche Zahlen um, also Fig. 138 in 1 und 3 oder 3 und 1, Fig. 139 in 5 und 1 oder 1 und 5, so schreibt jedes Leuchtfeuer eine bestimmte Zahl. Diese Zahlen lassen sich von einstelligen bis zu mindestens dreistelligen leicht ausbilden. Trägt nun jeder Leuchtturm an einer Küstenlinie eine bestimmte Zahl, so schreibt sein Leuchtfeuer in der Zahl, die es markiert, den Namen seines Turmes.

Leider ist die Ausführung dieser schönen Idee noch ein frommer Wunsch, weil mit der zu ihrer Ausführung erforderlichen Vielteiligkeit der Apparate die Lichtstärke und damit die Weitsichtigkeit der Feuer abnimmt und für diejenigen Feuer, um die es sich handelt, das sind die eigentlichen Seefeuer, eine zu geringe werden würde. Durch die Einführung des Gas-Glühlichtes und des Spiritus-Glühlichtes ist in neuester Zeit die Möglichkeit der Ausführung schon wesentlich näher gerückt, da diese in Apparaten von nur 600 bis 750 mm Durchmesser Feuer von einer Energie des Lichtes ergeben, welche diejenige der Apparate erster Ordnung mit fünfdochtiger Mineralöl-Lampe um das Dreifache und mehr übertrifft.

Es darf übrigens nicht vergessen werden, daſs die Idee, die Leuchttürme durch ihre Feuer ihre Namen schreiben zu lassen, ähnlich der antiken Feuertelegraphie, keine neue ist. In den sechziger Jahren schlug W. Thomson vor, dies nach dem Morseschen Alphabet durch Kurz-Lang der Lichterscheinungen zu bewirken; die Namen der Türme sollten dabei auf zwei bis

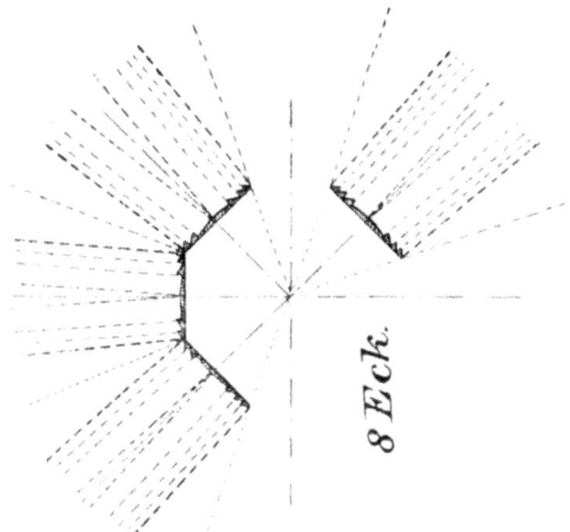

Fig. 133.

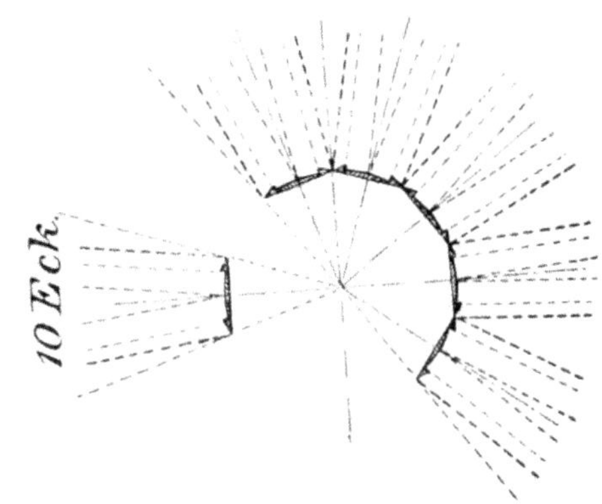

Fig. 139.

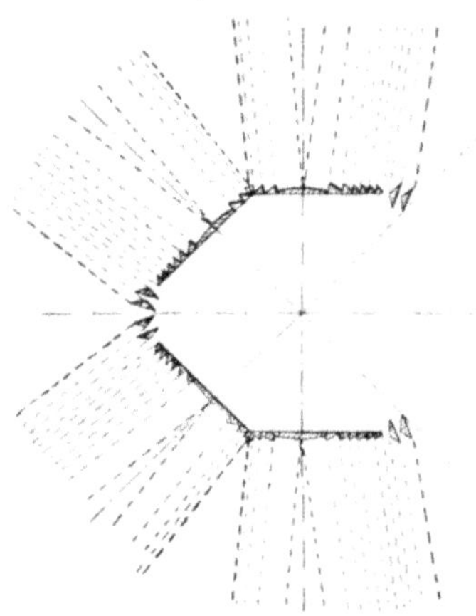

Fig. 135.

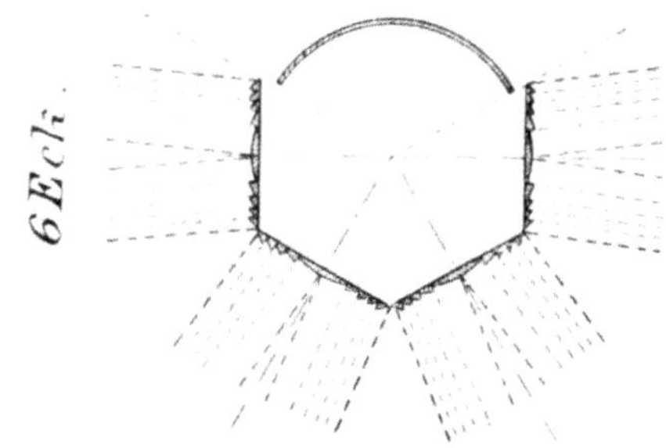

Fig. 137.

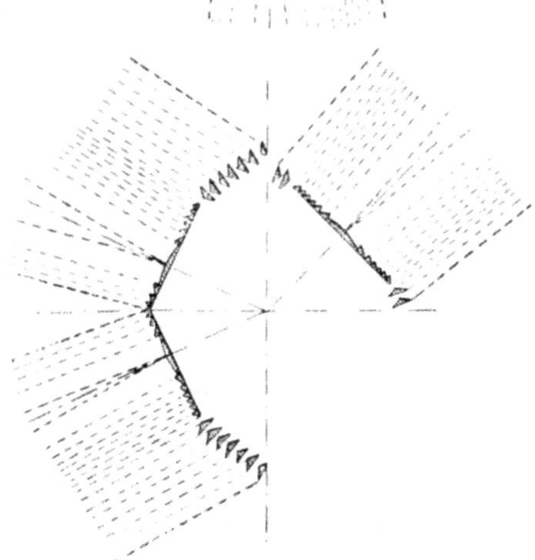

Fig. 134.

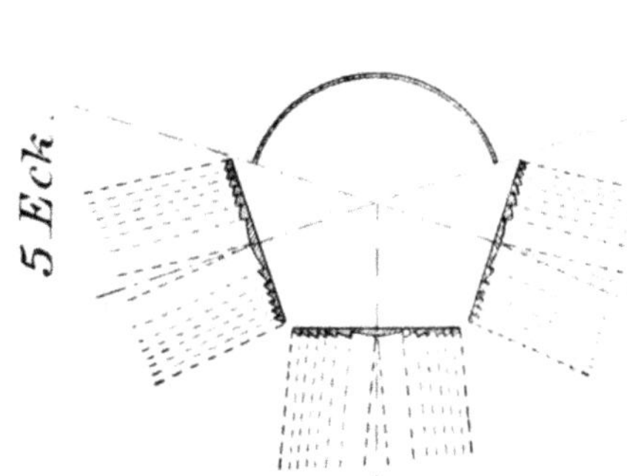

Fig. 136.

Gruppen-Blitzfeuer (Zahlenfeuer).

drei Buchstaben abgekürzt werden. 1876 wies von Otter bei Einführung seiner Blendenapparate darauf hin, dafs dieselben zu dem obigen Zwecke des Kurz-Lang-Systemes oder der Zahlengebung vollständig geeignet seien, ja aufserdem bei Handbetrieb zu einem genauen Telegraphieren nach dem genannten Alphabet benutzt werden könnten. Er konstruierte zu letzterem Zwecke einen kleinen Apparat in der Form einer Taschenuhr oder Dose, mit welchem der Beobachter, Empfänger, durch den Druck eines Fingers den Zeichen des Feuers folgen und dieselben, kurz-lang, auf einen abrollenden Papierstreifen eindrücken konnte, so dafs er die Depesche in der üblichen Weise vor sich hatte und lesen konnte. Freilich ist dieses von Ottersche System nur bei den schwächeren festen Feuern anwendbar, eingeführt ist es meines Wissens nicht.

Die Dauerfeuer.

Aufser in den beiden bezeichneten Richtungen, die Lichtenergie zu erhöhen und die Perioden zu verkürzen bei Schaffung von immer neuen Charakteristiken, ist die neueste Zeit noch in einer dritten Richtung bemüht gewesen, einen Fortschritt anzubahnen, nämlich dahin, die Feuer, namentlich sehr entlegene und schwer zugängliche, möglichst unabhängig von einer Bedienung zu machen, d. h. den Dienst ohne an Ort und Stelle wohnende Wärter nur in Zeitabschnitten verrichten zu lassen.

a) Die Feuer mit komprimiertem Gas.

Die ersten solcher Feuer waren die schon Seite 60 u. ff. ausführlich besprochenen Leuchtbojen, die, mit komprimiertem Gas gefüllt und Nacht und Tag brennend, drei bis vier Monate hindurch ihr Licht ausdauernd unterhalten. Die ersten Versuche mit ihnen wurden 1878/79 gemacht.

Da diese sich sowohl in der gleichmäfsigen Ausdauer der Flamme, als in deren Gesichertsein gegen Wind und Wellen und auch auf den ausgesetztesten Punkten auf das glänzendste bewährten, so lag es nahe, solch komprimiertes Gas in gleicher Weise auch auf Punkten des Festlandes anzuwenden, welche schwer oder nur zeitweise zugänglich sind, auch die Kosten eines Turmes und einer Besatzung nicht zu tragen vermögen.

Dies war um so mehr angezeigt, als schon auf den Leuchtbojen die automatische Vorrichtung, durch welche das komprimierte Gas unter dem geringen zum Brennen nötigen Druck der Flamme zugeführt wird, derart eingerichtet worden war, dafs das Gas nur in bestimmten Zeitabschnitten der Flamme zuströmte, so dafs unterbrochenes Feuer von beliebigem Wechsel gebildet werden konnte. Hierdurch wurde es möglich, auch diese Dauerfeuer zu charakterisieren.

So entstanden die neuen Leuchtbaken, wie die Fig. 140 eine solche zeigt. Bei diesen sind die Behälter für das komprimierte Gas in die Bake eingebaut. Ja, man ging aber noch erheblich weiter, wie wir gleichfalls schon oben gesehen haben. Nachdem man zunächst Leuchtbojen in Form von Schiffchen konstruiert hatte und diese sich bewährten, ging man dazu über, Leuchtschiffe ohne Besatzung auszulegen, welche mit ähnlichen aber gröfseren Apparaten als die Bojen versehen waren und die Behälter für das Gas in ihrem Raume bargen. Das Feuer kam hierdurch 10 bis 12 m über Wasser zu liegen, ein nicht hoch genug anzuschlagender Vorteil.

Noch unabhängiger gestalten sich solche Anlagen da, wo der zu befeuernde Punkt mit der Betriebsstätte in bleibender Verbindung steht, wenn auch diese Verbindung zu Zeiten unpassierbar ist, wie z. B. bei Molenköpfen. Dann liegen die Gasbehälter getrennt von der Feuerstelle in einem gesicherten stets zugänglichen Schuppen, von dem eine Rohrleitung nach dem Turm führt. Bei solchen Anlagen wurde es zuerst möglich, bei Tage die Gaszuleitung zum Apparat fast ganz zu sparen und nur ein Lockflämmchen brennen zu lassen, das abends bei wieder geöffneter Leitung die Hauptflamme zündete, so dafs diese nur bei Nacht brannte.

Dies ist dann auf die an nur selten zugänglichen Stellen liegenden Baken übertragen worden, indem man die Vorrichtung der Gasabsperrung und -Öffnung einem Uhrwerke übertrug. Ja, man hat letzteres so hergerichtet, dafs es selbstthätig die Brennzeit den Jahreszeiten, ja Monaten, entsprechend regelt, also in den Monaten der langen Tage die Flammen nur 8 bis 9 Stunden brennen läfst, in den Wintermonaten bis 16 Stunden. Hiermit ist der einzige Vorwurf, der diesen Feuern gemacht werden konnte, der der Brennmaterial-Verschwendung, gefallen.

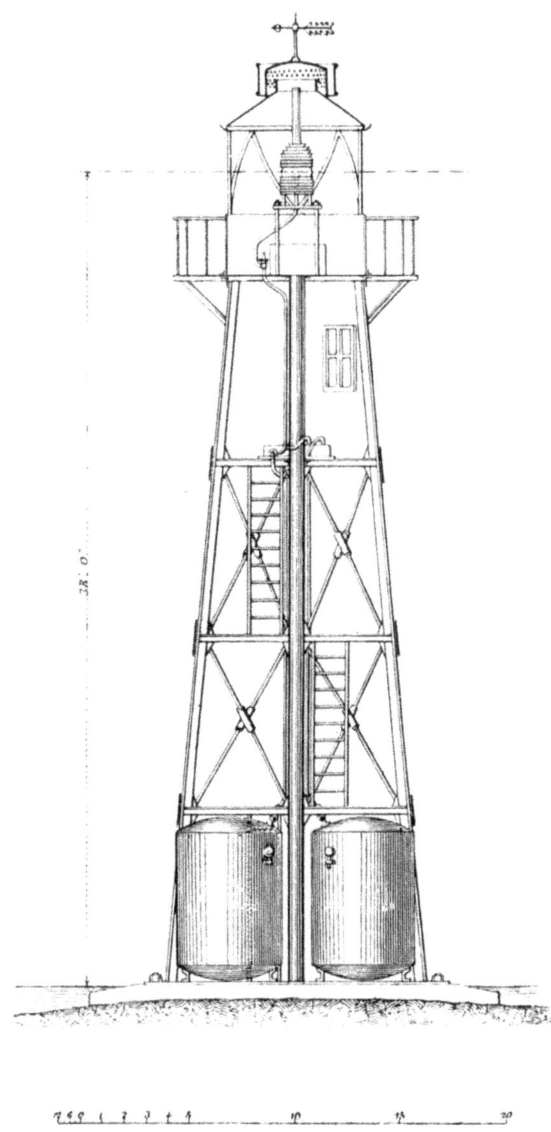

Fig. 140. Leuchtbake mit Gas-Dauerfeuer.

Dafs die mechanischen automatischen Vorrichtungen, welche den Druck zwischen Gasbehälter und Flamme regeln, so eingerichtet werden können, dafs sie in bestimmten Perioden den Zutritt des Gases zur Flamme ganz unterbrechen und dadurch Blitzfeuer und unterbrochene Feuer in verschiedener Art hervorrufen, möge hier nochmals hervorgehoben werden.

b) Die Lindbergschen Dauerfeuer.

Einen ganz anderen Weg, um Dauerfeuer zu schaffen, schlug Lindberg in Stockholm Ende der siebziger Jahre ein. Es handelte sich für ihn wohl zunächst um den bestimmten Fall, die Fahrt auf dem bekannten Mälarsee in der Nähe von Stockholm durch viele, wenn auch schwache Feuer zu markieren. Diese Fahrt windet sich zwischen vielen aus dem Wasser steil aufsteigenden

Felsklippen, Inseln u. s. w. hindurch, und ihre zahlreichen Biegungen und Abweichungen waren zu bezeichnen, wenn auch nur mit in geringer Entfernung sichtigen Feuern. Wärter konnten nicht jedem dieser kleinen Feuer zuerteilt werden, auch mufsten die einzelnen Feuer sich voneinander unterscheiden, wenigstens in zusammengehörigen Bezirken. Lindberg wählte zu diesem Zweck ein Brennmaterial, dessen Lampe keines Dochtes bedurfte, nämlich, da Gas ausgeschlossen war, Ligroin-Gasolin, dessen Brenner, einmal durch Anwärmung entflammt, das ihnen zugeführte Brennmaterial selbstthätig vergasen.

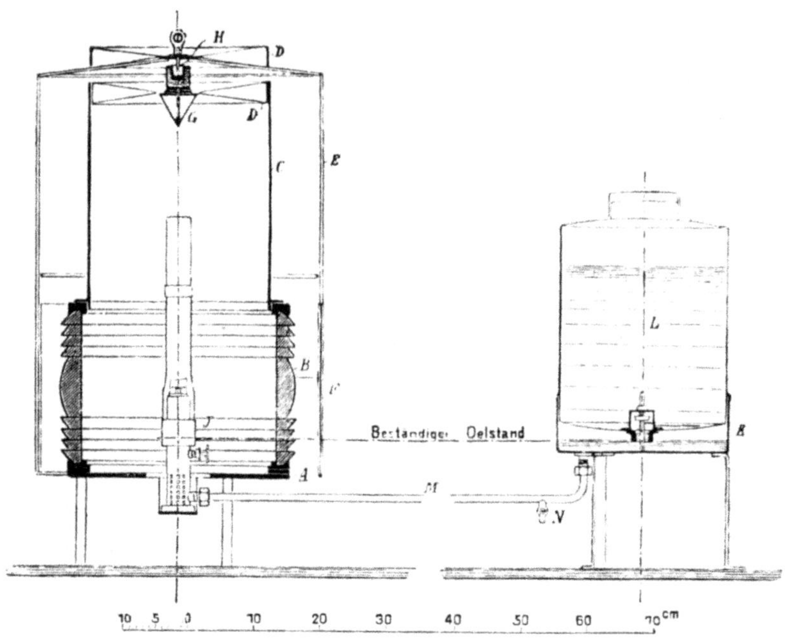

Fig. 141. Schwedisches Dauerfeuer für Petroleum.

Der Ölbehälter konnte ein Fassungsvermögen für 5 bis 7 Tage, nötigenfalls mehr, erhalten und soweit von der Flamme entfernt aufgestellt werden, dafs jede Feuersgefahr ausgeschlossen war. Die Lampe mufste selbstverständlich Nacht und Tag brennen.

So war die ausdauernde Lichtquelle geschaffen. Als Apparate genügten Fresnelsche Cylinderlinsen. Um verschiedene Charakteristiken zu schaffen, die automatisch hervorgerufen wurden, benutzte Lindberg den von der Flamme aufsteigenden Luftstrom und liefs von diesem nach Art der alten sogenannten chinesischen Kinderlichtspiele eine Trommel um den dioptrischen Tambour drehen[1]) (siehe Fig. 141), deren Ausschnitte bald das Licht deckten, bald freigaben, also aussetzende Feuer hervorriefen. Da bei einer bestimmten Flammenstellung die Drehung der Trommel eine annähernd gleichförmige ist, so erscheinen die Lichteffekte auch hinreichend regelmäfsig. Auch kann durch Einfügen von roten Gläsern eine weitere Charakteristik geschaffen werden. Diese Apparate sind in kleinen Vorbauten an hölzernen Häuschen

[1]) Das über dem dioptrischen Tambour sich erhebende geschlossene feste Gestell ist oben durch schräg gestellte Leitschaufeln geschlossen, welche den aufsteigenden warmen Luftstrom gegen die in entgegengesetzter Richtung schräg stehenden Arbeitsschaufeln des Drehgestelles leiten.

aufgestellt. Ein getrenntes kleines Häuschen enthält die Vorräte. Eine gröfsere Anzahl solcher Feuer werden stets von einem Wärter, welcher dies nur als Nebenbeschäftigung versieht, je nach Erfordernis bedient.

Diese kleinen Feuer, ich möchte sie Besatzfeuer nennen, haben sich sehr bewährt und sind in Schweden und Norwegen viel in den Scheeren angewendet. Man hat später die Ligroinbrenner durch Petroldauerbrenner mit sehr dicken Dochten ersetzt. Unter den dortigen Verhältnissen, unter denen hinreichend oft der Docht geputzt werden kann, mag dies für jene kurzsichtigen Feuer ein Fortschritt in der Lichtstärke der Flamme sein. Allein in Frankreich hat man diese schwedischen Dauerbrenner in gröfseren Apparaten und auf Türmen zu weitergehenden Zwecken, zu Dauerfeuern verwendet, die monatelang aushalten sollen ohne Nachhilfe. Die Lichtstärke geht bei diesen Brennern aber mit der Brennzeit erheblich zurück, und auch die Laternen für diese gröfseren Feuer müssen eigenartig konstruiert werden, um die Luft in denselben zu wechseln und den Flammen solche stets hinreichend zuzuführen und zwar, ohne Zug zu verursachen. Auch müssen die Dochte im Brenner vor dem Indienststellen eigenartig hergerichtet werden. Wo man komprimiertes Gas nicht anwenden kann, mögen solche Dauerfeuer gerechtfertigt sein, sonst ist jenes entschieden vorzuziehen.

Einfallende und indirekte Feuer.

Alle bisher besprochenen Feuer waren direkte, d. h. das von ihnen ausgehende Licht sollte unmittelbar durch direkte Wirkung auf das Auge des Schiffers seine Aufgabe lösen. Es handelt sich hierbei um mehr oder weniger grofse Entfernungen, auf welche das Feuer kenntlich gemacht werden soll. Allein auch die Aufgabe kommt vor, Gegenstände bei Nacht zu kennzeichnen, auf denen ein selbständiges Feuer zu errichten der Kosten wegen nicht angängig erscheint, so z. B. einen Molenkopf, ein Bollwerk, eine in der Einfahrt einer Bucht liegende Klippe. Heute würde man in manchen solchen Fällen ein Dauerfeuer mit Vorteil anordnen können, während andererseits auch heute noch es genügen kann, von einer anderen nahe gelegenen Feuerstelle aus den Gegenstand zu beleuchten, so z. B. einen Molenkopf von dem gegenüberliegenden, welcher das eigentliche Einfahrtsfeuer des Hafens trägt. Eine solche Belichtung sah ich z. B. in Schweden zu Malmoe. Ein tiefes Parabol war dort für diesen Zwek verwendet und ersparte eine zweite Feuerstelle. Mit elektrischem Licht und den modernen Scheinwerfern, wie solche zu militärischen und Marinezwecken ausgebildet sind, oder selbst kleinen Holophotalapparaten würde man heute wohl Weitergehendes wagen können. Schon 1842 schlug Alan Stevenson, trotz der damals noch beschränkten Hilfsmittel vor, von einer Feuerstelle am Lande aus eine nahe Klippe zu belichten, wie es Fig. 142 zeigt. Ob ein solches indirektes Feuer ausgeführt

Fig. 142. Einfallendes Feuer.

Fig. 143. Indirektes Feuer.

worden ist, habe ich nicht feststellen können. Ein Haupthindernis war damals die Divergenz der Lichtbündel selbst bei eindochtigen Lampen und Linsen erster Ordnung, da der Lichtwinkel mit der Entfernung an Ausdehnung zu, aber an Lichtwirkung abnimmt, was bei reflektiertem Licht, und noch dazu bei einer unebenen Naturfläche, doppelt ins Gewicht fällt.

Aus diesen Gründen versuchte Th. Stevenson 1851 die Sache in einer anderen Weise zu lösen, wie solches Fig. 143 zeigt. Es handelte sich darum, eine die Einfahrt in die Stornowaybai gefährdende Klippe zu markieren. In dem Turm, welcher die Einfahrt in diese Bai kennzeichnet, brachte er unterhalb des Hauptfeuers ein möglichst starkes Holophot an, während er auf jener 530 Fufs von ihm entfernten Klippe ein massives Türmchen mit Laterne errichtete. Die Laterne umgab einen aus Rückenprismen und Linsen konstruierten Apparat, welcher den von dem Turm hinüberkommenden Lichtstrahl rechtwinkelig ablenkte, dem einfahrenden Schiffer entgegen, und den möglichst konzentriert ankommenden Strahl zugleich auf den zu beleuchtenden Winkel (60°) zerstreute. Dieses indirekte Feuer soll sich gut bewährt und die Bai erst als Nothafen erschlossen haben. Eine ähnliche Ausführung findet jetzt sich zu Odessa mit elektrischem Licht zur Markierung des Hauptmolenkopfes. Das lichtgebende Feuer steht im Hauptturm des Hafens, 200 Fufs weit von dem Molenkopf entfernt, auf dem ein eiserner 23 Fufs hoher Turm den Strahl empfängt und auf 180° verteilt. Es geschieht dies unter Benutzung von rechtwinkeligen Prismen und Linsen.

Die Benennungen der Leuchtfeuer.

Die natürliche Anforderung an die Benennung ist, dafs dieselbe der Lichterscheinung des Feuers entspricht und dieselbe möglichst wiederspiegelt, so dafs, so weit möglich, in der Benennung schon die Charakteristik des Feuers liegt. Hält man dies fest und läfst die optischen und mechanischen Mittel, durch welche der Lichteffekt hervorgerufen wird, ganz aufser Betracht, wie z. B. die veraltete Bezeichnung »Drehfeuer«, die auf an sich ganz verschiedene Feuer pafst, deren Apparate ganz oder teilweise sich drehen, so teilen sich alle bis heute benutzten Feuer in wenige Gruppen mit bestimmten Charakteristiken, die allen ihnen angehörigen Feuern gemeinsam sind. Die verschiedenen zu einer und derselben Gruppe gehörigen Feuer unterscheiden sich dann wieder unter sich durch Zeit und Zahl ihrer Lichterscheinungen, eventuell unter Zuhilfenahme der Farbe. Diese letztere ist fast ausschliefslich die rote Farbe, doch verschwindet auch diese für die eigentlichen Seefeuer immer mehr und mehr. Der Grund hierfür ist zunächst, dafs die Färbung des Lichtes, die durch Gläser geschieht, sehr viel Licht verschluckt. So verlangt z. B. die am günstigsten wirkende rote Färbung ein ungefähr viermal stärkeres weifses Grundfeuer, um bei mittlerer Luft ebenso weit sichtbar zu sein wie ein weifses Feuer. Man kann mit demselben weifsen Feuer weiter reichende Wirkungen erzielen. Hierzu kommt, dafs in dicker nebeliger Luft auch weifse Feuer rötlich bis rot erscheinen, so dafs beide nur in direktem Vergleich zu unterscheiden sind. Es ist eben die luftdurchdringende Kraft beider eine verschiedene und zwar eine verschiedene bei den verschiedenen Luftbeschaffenheiten. Man wendet daher rote Feuer jetzt fast ausschliefslich nur für kleinere Gesichtskreise an als Molenfeuer, Binnenfeuer und dergleichen und färbt dann das gesamte Licht durch rote Cylinder. Feuer mit wechselnder Farbe, weifs und rot, sind aus den obigen Gründen, wenn irgend möglich, zu vermeiden, sie erschweren die Konstruktion der Apparate sehr erheblich und können eben nur für eine bestimmte Luftbeschaffenheit abgestimmt werden, bei jeder anderen überwiegt das weifse oder das rote Licht. Es ist aber als die eigentliche Aufgabe jeder Charakteristik zu bezeichnen, dafs dieselbe sich nicht mit der Entfernung verändert, sondern, wenn irgend möglich, in jedem Abstand vom Turme dem Schiffer dieselbe Lichterscheinung zeigt. Deshalb sind Feuer mit ungleich stark wechselndem Licht zu vermeiden, und wo dies an stark besetzten Küsten nicht geschehen kann, sind ihre Lichtenergien möglichst einander zu nähern, so dafs die Sichtigkeiten der beiden Lichterscheinungen möglichst wenig verschieden sind. Deshalb ist bei allen Feuern mit wechselndem Licht die Charakteristik besser nicht in der Stärke des wechselnden Lichtes als vielmehr in der Art seiner Erscheinung anzustreben. Da, wo das erstere nicht zu vermeiden ist, sind die Sichtweiten der beiden Lichterscheinungen möglichst wenig verschieden voneinander zu halten.

Aus diesen Gründen möchte ich die Feuer in zwei Hauptgruppen teilen:

A. Feuer mit in allen ihren Erscheinungen stets sich gleich bleibender Lichtstärke oder Energie.

B. Feuer mit wechselnder Lichtstärke.

A. Feuer mit in allen ihren Erscheinungen stets sich gleichbleibender Lichtstärke oder Energie.

1. Feste Feuer.

Fig. 144.

Das Feuer steht ununterbrochen und unverändert in derselben Lichtstärke.

Das Feuer kann weifs oder farbig sein. Der beleuchtete Winkel ist von den örtlichen Verhältnissen abhängig und beträgt nur zuweilen 360°, d. h. der ganze Horizont wird nur zuweilen beleuchtet.

Um verschiedene Winkel eines festen Feuers zu unterscheiden, können diese durch Färbung markiert werden, wodurch jedoch eine Schwächung des Lichtes und seiner Tragfähigkeit eintritt; doch kann, falls nur ein Teil des Horizontes zu beleuchten und der Restwinkel (Landwinkel) ein gröfserer ist, das in letzterem frei werdende Licht zur Verstärkung des farbigen Winkels herangezogen werden. Auch können jene Winkel durch ein von Ottersches Blink-(Blitz-)Feuer gekennzeichnet werden.

2. Zwillingsfeuer.

Zwei selbständige feste Feuer nebeneinander in gleicher oder annähernd gleicher Höhe und so weit voneinander entfernt, dafs dieselben bis zu einer bestimmten Entfernung und innerhalb eines bestimmten Winkels deutlich als zwei Feuer erkannt werden können.

Beide Feuer sollten stets gleichfarbig sein, entweder weifs oder rot.

Zwillingsfeuer können auch unter Umständen zugleich als Richtfeuer (siehe Nr. 3) dienen; doch müssen sie dann die für diese nötigen Bedingungen erfüllen.

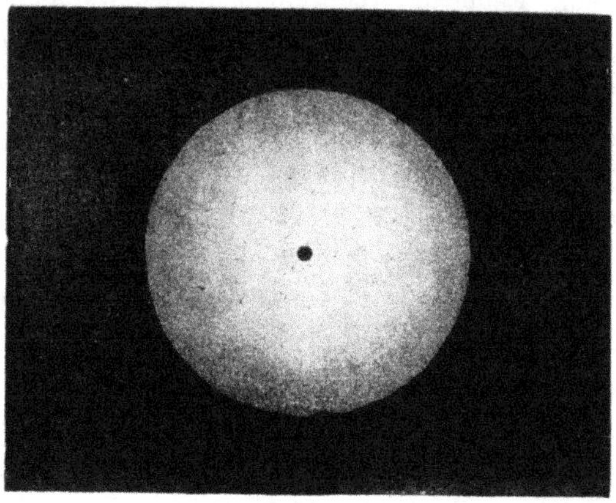

Fig. 144. Festes Feuer.

3. Richtfeuer.

Zwei selbstständige hintereinander liegende feste Feuer, welche, in Richtung genommen, eine bestimmte Linie markieren, meist eine Einfahrt oder Durchfahrt zwischen Untiefen. Das von See aus entferntere Feuer mufs von dem vorderen hinreichend entfernt und so viel höher stehen als dieses, dafs beide in der Richtlinie deutlich getrennt, senkrecht übereinander erscheinen, und eine Abweichung hiervon in der nötigen Entfernung deutlich sich kennzeichnet.

4. Leitfeuer.

Diese sind feste Feuer, die einen sehr kleinen Winkel scharf begrenzt decken sollen, derart, dafs ein Austreten aus demselben, ein Überschreiten seiner Schenkel, sogleich sich bemerkbar macht. Dies geschah früher durch rote Färbung der Aufsenwinkel, jetzt durch gerade und ungerade schlagende von Ottersche Sekunden-Blinkfeuer.

5. Einfallende und indirekte Feuer.

Diese sollen nicht selbst vom Schiffer gesehen werden, sondern eine Klippe — die Stelle einer Untiefe u. dergl. durch deren Belichtung kenntlich machen. Diese zu belichtenden Punkte empfangen ihr Licht von einem dazu günstig liegenden Turme. Solche Stellen, die nicht zu weit von dem ihnen Licht zusendenden Turm entfernt liegen dürfen, werden entweder direkt belichtet, oder es ist dort ein eigenartiger Apparat aufgestellt, welcher das ihm zugesendete Licht auffängt und in die erforderliche Richtung abgibt.

6. Aussetzende oder unterbrochene (intermittierende) Feuer.[1])

Fig. 145 und 146.

Dieselben sind feste Feuer, welche längere Zeit stehen und in bestimmten Zeitabschnitten, Perioden, auf bestimmte Zeit plötzlich verschwinden, um nach einer Pause plötzlich in ihrer früheren Lichtstärke wieder hervorzutreten.

Die Charakteristik dieser Feuer ist die Zeit, in welcher das Licht sichtbar ist, bezw. verschwindet, oder die erstere in Verbindung mit der Zahl der Verfinsterungen, die das Licht unterbrechen.

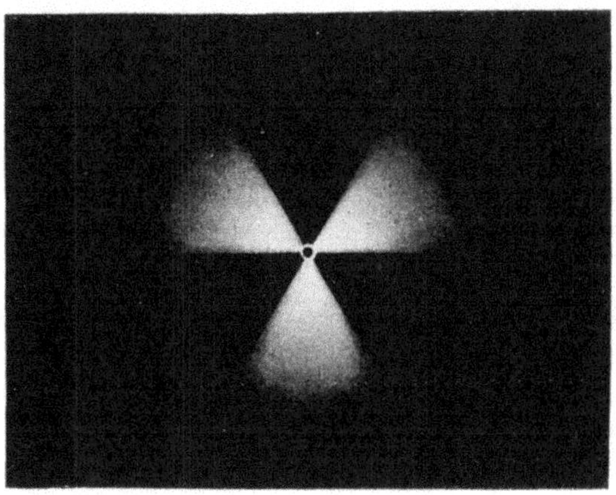

Fig. 145. Aussetzendes Feuer.

Fig. 146. Aussetzendes Feuer.

Die Verfinsterungen sollen stets so gewählt werden, daſs sie mehr oder doch wenigstens gleich viel Licht wie Finsternis lassen, ferner, daſs das Feuer möglichst oft und nicht zu kurze Zeit steht und nur auf kürzere, doch zum Markieren hinreichende Zeit verschwindet.

Die Perioden können sein:

a) Einfache, d. h. je ein Lichtschein wechselt mit je einer Lichtpause (siehe Fig. 145), z. B.:

30 Sekunden Schein — 15 Sekunden Pause u. s. w.,
oder 10 » » — 5 » » »
oder 15 » » — 10 » » »

Bei den katoptrischen Parabolapparaten, bei denen überhaupt lange Perioden vorherrschten, war eine Periode von einer Minute Licht und einer Minute Pause eine beliebte Charakteristik, die aber heute als eine viel zu lange zu bezeichnen ist.

b) Das feste Feuer wird durch eine Grüppe von Lichtpausen in bestimmter Zahl und Dauer unterbrochen (siehe Fig. 146).

1) Ich schlieſse grundsätzlich alle Kombinationen aus, bei denen die Lichterscheinungen kürzer andauern als die Lichtpausen.

Die einzelnen Pausen in den Perioden müssen hinreichend lang sein, um sich als solche zu kennzeichnen, ebenso das Licht zwischen denselben, welches selbst wieder viel kürzer stehen mufs als das Hauptfeuer, z. B.:

zweigruppige Periode von 20 Sekunden.	10 Sekunden Licht 3 » Pause 4 » Licht 3 » Pause

10 Sekunden Licht u. s. w.

oder

dreigruppige Periode von 15 Sekunden.	5 Sekunden Licht 2 » Pause 2 » Licht 2 » Pause 2 » Licht 2 » Pause

5 Sekunden Licht u. s. w.

Es kann aber auch die Dauer der einzelnen Scheine in den Perioden ungleich genommen werden:

Wenn das Hauptlicht der unterbrochenen Feuer zu kurze Zeit steht, so unterscheiden sie sich von den folgenden, den Blick- und Blinkfeuern, zu wenig.

Man hat gerade bei diesen unterbrochenen Feuern, namentlich noch zur Zeit des Parabolapparats, versucht, eine weitere Unterscheidung dadurch einzuführen, dafs man dieselben abwechselnd weifs und rot färbte. Dies ist jedoch aus den schon oben angeführten Gründen nicht zu empfehlen. Selbst bei verhältnismäfsiger Verstärkung der roten Sektoren treten durch Veränderung in der Atmosphäre häufig Verhältnisse ein, welche das eine oder andere Licht mehr schwächen als das andere, so dafs es hinter diesem zurückbleibt. Die eine Periode fällt dann in gewisser Entfernung aus, und die Charakteristik wird dort eine andere.

7. Blick- und Blinkfeuer.[1])

Fig. 147—149.

Diese sind nur kurze Zeit sichtbar, selten unter ungefähr 5 Sekunden, kaum je über 15 Sekunden. Sie wachsen allmählich aber sehr rasch an, stehen kurze Zeit und verschwinden rasch abnehmend wieder. Die Pause zwischen den Scheinen ist meist länger als das Stehen derselben; selten sind beide gleich.

Die Charakteristik dieser Feuer ist neben der Eigenart ihres Erscheinens und Wiederverschwindens die Zeit, die Periode, in welcher ihre Scheine sich folgen.

Die Perioden betrugen früher bei den Parabolapparaten bis 4 Minuten, bei den Fresnelschen Apparaten dauern dieselben 60—45—30—20 und 10 Sekunden, wobei die langen Scheine den langen Perioden angehören. Aber selbst bei solchen erreichen die Pausen bis 45 Sekunden.

---

[1]) Je nach der Zeit, welche diese Feuer stehen, »blicken« sie gleichsam den Beobachter an oder »blinken« nur kurz auf.

Die beiden ersten sind bei den heutigen Anforderungen entschieden als zu lang zu bezeichnen, ja selbst für 30 Sekunden gilt dies.

Diese Feuer bilden eine Reihe einzelner gleichstarker und gleichartiger Scheine, welche in bestimmter Zeitfolge, periodisch, auftreten und durch Pausen vollständigen Verschwindens des Feuers voneinander getrennt sind.

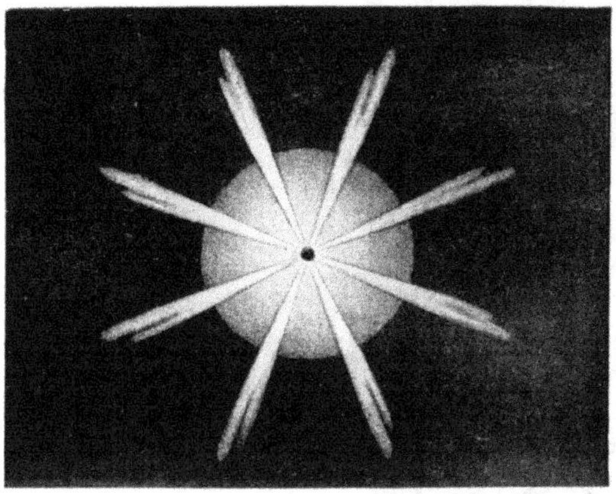

Fig. 147. Blickfeuer.

Fig. 148. Blinkfeuer.

Die Scheine selbst treten, wie angegeben, allmählich aber sehr rasch anwachsend in die Erscheinung, stehen eine Zeit und verschwinden scheinbar rascher abnehmend als sie zugenommen haben, wieder. Das deutlich hervortretende rasche Zu- und Abnehmen des Lichtscheines ist diesen Feuern eigenartig.

Da die Blink- und Blickfeuer meist lange oder längere Lichtpausen haben, so zeigen dieselben, um sie während der Pausen in der Nähe des Turmes, in einem Umkreise von 4 bis 8 Seemeilen sichtbar zu erhalten, oft ein Zwischenfeuer, ein schwaches festes Feuer, welches aber nie in gröfseren Entfernungen sichtbar wird, sondern eben nur in der Nähe des Turmes erscheint, um diese gröfsere Nähe anzuzeigen und zu decken. Die Scheine des Blickfeuers markieren sich aber stets auch hier, so dafs die Charakteristik nicht durch jenes Zwischenlicht verwischt wird. Ein solches Zwischenlicht tritt übrigens bei Laternen, deren Seiten ein Vieleck bilden, von selbst auf durch Reflektieren der Laternenscheiben und erreicht bei Apparaten erster Ordnung selbst die angegebene Entfernung.

Die Blick- und Blinkfeuer sind entweder:

Einfache oder Gruppen-Blinkfeuer.

a) Die einfachen Blick- und Blinkfeuer (Fig. 147 und 148[1]) zeigen eine Reihenfolge von Scheinen der obigen Art in gleicher Zeitfolge, Periode, alle 60—30—20—15 oder 10 Sekunden. Die Scheine selbst dauern dabei 15 bis 4 Sekunden an. 15 Sekunden Dauer des Scheines wird nur durch sogenannte verlängerte Scheine erreicht, und es tritt bei diesen ein Rückgang des Lichtes innerhalb des Scheines ein, wie Fig. 147 solchen zeigt. Derselbe ist aber ohne Bedeutung,

[1]) Fig. 147 zeigt ein Blickfeuer von Minute zu Minute mit verlängerten Scheinen und Zwischenlicht Fig. 148 ein Blinkfeuer von 10 zu 10 Sekunden.

besonders wenn das Feuer so dreht, dafs er dem hellsten Licht folgt. Unter 10 Sekunden Periode ging man bisher bei diesen Feuern nicht hinab, weil dann die Dauer der Scheine für die Lichtstärke der betreffenden Apparate zu kurz wird, auch die Scheine dann ineinander übergehen und das Feuer den obigen Charakter verliert und zu einem Funkelfeuer wird (siehe Nr. 10).

Fig. 149. Gruppen-Blinkfeuer.

b) Die Gruppen-Blinkfeuer (Fig 149) zeigen wiederkehrende Gruppen von kurzen Blicken der vorstehenden Art, d. h. eine Anzahl von kurzen sich rasch folgenden Scheinen, die nur durch kurze Pausen voneinander getrennt werden, sind zu einer Gruppe vereinigt. Die Gruppen selbst sind durch längere Lichtpausen geschieden. Die Gruppen sind zwei- oder dreischeinig, nur selten vierscheinig, weil dies sehr komplizierte Apparate erfordert.

Die Perioden erreichen meist 30 Sekunden, selten 20 Sekunden.

Es sind mehrfach Blick- und Blinkfeuer mit abwechselnd weifsen und roten Scheinen ausgeführt worden, doch ist solches aus den bereits oben angeführten Gründen nicht zu empfehlen und nur zu entschuldigen bei Örtlichkeiten, an welchen sich so viele Feuer an einem Punkt zusammendrängen, dafs keine andere passende Charakteristik mehr sich darbietet.

Zu gleichem Zwecke sind dreischeinige Gruppen-Blinkfeuer konstruiert worden, deren mittlerer Blick erheblich kräftiger ist als die beiden anderen, so dafs also ein Feuer von ungleicher Lichtstärke gebildet wird. Auch gegen solche Feuer spricht das bereits oben Gesagte: die Lichterscheinung, also die Charakteristik, ist nicht mehr in der ganzen Sichtweite die gleiche

8. Blitzfeuer.

Die Blitzfeuer unterscheiden sich von den übrigen periodisch auftretenden Feuern durch das überaus kurze Stehen der einzelnen Lichterscheinungen bei plötzlichem Auftreten und plötzlichem Verschwinden derselben, so dafs die Erscheinung eine blitzähnliche ist. Wegen dieser so kurzen Andauer der einzelnen Lichtblitze müssen dieselben sich sehr rasch folgen, die Perioden sehr kurze sein. Aus diesem Grunde tritt für die Charakteristik derselben nicht mehr die

Zeit zwischen den einzelnen Lichterscheinungen, die Periode, auf, sondern die Zahl der einzelnen Blitze, welche regelmäſsig sich folgen, sei es in einzelnen Blitzen, sei es Gruppen bildend. Die Feuer sind also einblitzige, zweiblitzige u. s. w.

Die Dauer der einzelnen Blitze beträgt eine bis $^{1}/_{10}$ Sekunde, ihre Zeitfolge eine Sekunde bis höchstens 5 Sekunden.

Wir haben zwei Arten von Blitzfeuern, die von Otterschen oder schwedischen und die französischen. Die ersteren stehen ungefähr eine Sekunde, und sind die einzelnen Blitze, sowohl bei den einblitzigen als in den Gruppen, von einer ebenso langen Zeitdauer getrennt. Bei den französischen folgen sich die Lichterscheinungen, einfache Blitze und Gruppen, in mindestens 5 zu 5 Sekunden bei nicht unter $^{1}/_{10}$ Sekunde Blitzdauer.

Einblitzige Feuer.

Die Blitze folgen sich ununterbrochen gleichmäſsig in Pausen von 1 zu 1 Sekunde oder 5 zu 5 Sekunden.

Gruppen-Blitzfeuer.

Die Blitze bilden Gruppen, welche durch längere Pausen voneinander getrennt sind.

Die Gruppen-Blitzfeuer können sein:

Gleichzahlige Gruppen-Blitzfeuer.

Je 2—3—4, selten mehr Blitze bilden eine Gruppe, d. h. sie folgen sehr rasch aufeinander, und dann tritt eine längere Pause ein.

Diese die Gruppen trennenden Pausen müssen erfahrungsmäſsig mindestens dreimal so lang sein als die Pausen zwischen den Blitzen.

Zusammengesetzte Gruppen-Blitzfeuer.

Die Hauptgruppen setzen sich aus Teilgruppen zusammen, deren jede wieder aus einer bestimmten, gleichen oder ungleichen Zahl von Blitzen sich zusammensetzt.

Die Hauptgruppe besteht z. B. aus Gruppen von je zwei und zwei Blitzen, d. h. zwei Blitze folgen sich rasch, dann eine kurze Pause — dann wieder zwei Blitze — dann längere Pause u. s. w.

Oder: ein Blitz — kurze Pause — drei Blitze — lange Pause.

Oder: zwei Blitze — kurze Pause — ein Blitz – kurze Pause — drei Blitze — lange Pause u. s. w.

Die Pausen zwischen den Hauptgruppen müssen länger sein als diejenigen, welche die Teilgruppen trennen. Das beste Verhältnis der Pausen zwischen den einzelnen Blitzen, den Pausen zwischen den Teilgruppen und zwischen den Hauptgruppen ist erfahrungsmäſsig 1 : 2 : 4.

Durch die Zahl der Blitze, welche die Teilgruppen zeigen und die zwischen 1 bis 3 gewechselt werden können, bilden sich in der Hauptgruppe Zahlen von Blitzen, deren Stellung zu einander wieder beliebig gewählt werden kann. Hierdurch ist es möglich, den Türmen einer Küste bestimmte Zahlen als Charakteristik zuzuerteilen, so daſs mit der Zahl, die das Feuer gleichsam schreibt, zugleich der Turm seinen Namen schriebe. Leider aber würden lichtstarke Apparate für solche Feuer, um sie als Seefeuer benutzen zu können, sehr kostspielig werden.

Es ist auch vorgeschlagen, ja auch ausgeführt worden, einzelne Blitze in den einscheinigen Blitzfeuern sowohl als in den Gruppen rot zu färben, um dadurch noch mehr Unterschiede zu zu schaffen. Gerade bei den Blitzfeuern erscheint dies bei der schon gebotenen Mannigfaltigkeit mindestens überflüssig, und die bereits früher gegen die rote Färbung einzelner Phasen eines Feuers angeführten Gründe sprechen hier noch stärker dagegen. Das so kurze, nur momentane Aufleuchten der Blitze macht ein Erkennen der Farben noch schwieriger als bei länger stehenden Feuern, und ebenso ist es bei den Gruppenbildungen durchaus notwendig, dafs alle Teile der Gruppe, das sind die einzelnen Blitze, gleich weit sichtig sind.

B. Feuer mit wechselnder Lichtstärke.

9. Feste Feuer, von helleren Scheinen unterbrochen.

Fig. 150.

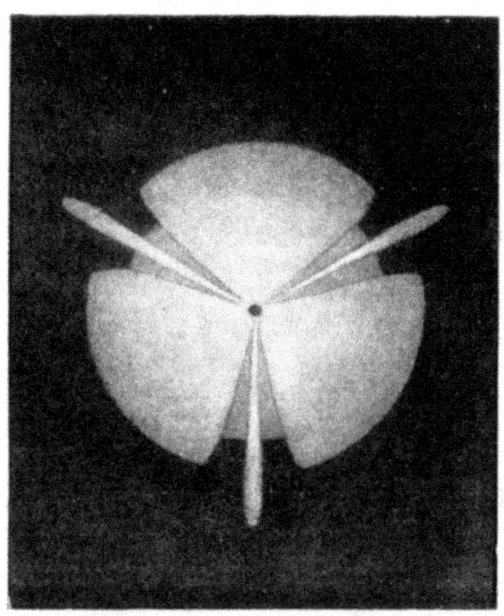

Fig. 150. Festes Feuer von helleren Scheinen unterbrochen.

Die vorstehende Benennung bezeichnet scharf die Art der Lichterscheinung. Das Unterscheidende dieser Feuer ist die Zeitfolge, Periode, in welcher die hellen Scheine einander folgen und das feste Feuer unterbrechen.

Die hellen Scheine können in zweierlei Weise auftreten:

a) Den hellen Scheinen gehen kurze Verdunkelungen oder volle Verfinsterungen voraus, und ebensolche folgen ihnen.

b) Die hellen Scheine treten direkt aus dem festen Feuer hervor ohne Unterbrechung desselben.

In beiden Fällen sind die hellen Scheine lichtstärker als das dazwischen liegende feste Feuer, also weiter sichtbar.

Die Perioden, in denen sich die einzelnen Scheine folgen, sind stets gleich.

Früher betrugen die Perioden drei bis vier Minuten, um diese Feuer gegen die alten Fresnelschen Blickfeuer scharf zu unterscheiden, welche Perioden von 1 zu 1 Minute zeigten.

Den heutigen Ansprüchen entsprechend sind die Perioden dieser Feuer bis auf 30 Sekunden verkürzt.

Die Dauer der hellen Scheine war bei den älteren Apparaten und bei 4 Minuten Periode gleich 12 bis 14 Sekunden, die Lichtpausen oder Verdunkelungen zwischen dem festen Feuer und den Scheinen etwa dreimal so lang. Bei einem neueren Apparate von 2 Minuten Periode stehen die Scheine 12 Sekunden bei doppelt so langer Pause und 60 Sekunden festem Feuer. Durch die neuesten Konstruktionen können sowohl die Perioden als die anderen angeführten Zeitmafse auf die Hälfte und mehr abgekürzt werden.

Bei diesen Feuern tritt gegenüber den anderen der Übelstand ein, dafs die hellen Scheine, um sich bei jeder Luftbeschaffenheit von dem festen Feuer deutlich abzuheben, viel lichtstärker als dieses sein müssen. Aber hierdurch werden sie weitsichtiger, und der Schiffer erblickt in gröfserer Entfernung die Scheine allein; erst im Bereich des festen Feuers tritt die volle Charakteristik auf.

10. Funkelfeuer.

Die Charakteristik dieser Feuer ist ihre eigenartige Erscheinung. Die Zeitdauer ihrer Periode kommt zwar mit in Betracht, ist aber von untergeordneter Bedeutung.

Dieselben zeigen ein unterbrochenes Feuer, dessen Licht aber periodisch rasch fällt und wieder steigt, ohne dazwischen auszusetzen. Das Feuer zeigt also eine Reihe ineinander übergehender sinkender und steigender Lichterscheinungen in sehr kurzen Perioden, es atmet gleichsam.

Die Perioden betragen meist 3 bis 5 Sekunden.

Diese Feuer werden meist nur für Binnenfeuer ausgeführt oder für nicht sehr weitsichtige, selten für gröfsere Apparate als dritter Ordnung.

11. Gemischte Feuer.

Diese setzen sich aus zwei Arten der vorstehenden Feuer zusammen, so z. B. aus einem festen Feuer, das mit einer Reihe sehr kurzer, sich sehr rasch folgender Blinke wechselt. Damit ein solches Feuer nicht mit einem unterbrochenen Feuer verwechselt werde, ist die Zahl der sich folgenden Blinke stets eine gröfsere, sechs, ja acht, und auch das feste Feuer wird von hinreichender Dauer genommen. So zeigt ein solches französisches Feuer 30 Sekunden festes Feuer und in den folgenden 30 Sekunden acht Blinke, hat also die sehr lange Periode von 60 Sekunden. Dieselbe hätte durch raschere Drehung und andere Anordnung der Cylinder- und Ringlinsen leicht gekürzt werden können.

Schlufswort.

Was eingangs als Aufgabe der Leuchtfeuer bezeichnet wurde, ist durch die neuesten Fortschritte, unter Zuhilfenahme des elektrischen Lichtes, erreicht. Unzweifelhaft wird die stets fortschreitende Entwickelung der Wissenschaft, werden neue Entdeckungen und Erfindungen das Arbeitsfeld noch erweitern und die Mittel liefern, ohne zu hohe Kosten die Lichtenergie aller Feuer zu heben, ihre Sichtigkeit auch unter ungünstigen Luftverhältnissen in den ihnen zuerteilten Kreisen zu sichern. Was heute der Kosten wegen nur auf den wichtigsten Punkten geschehen kann, mufs auf alle Türme ausgedehnt werden. Aber viel ist erreicht. Um die Küsten aller Kulturländer schlingt sich in immer mehr und mehr geschlossenen Kreisen die Kette der Leuchtfeuer; die fern von der Küste liegenden Klippen und Untiefen warnen immer mehr und mehr durch ihren Lichtstern, und an den wichtigsten und gefährlichsten Stellen strahlt das warnende Feuer auch bei nebeliger Luft auf 20 Seemeilen dem Schiffer entgegen. An den Küsten aller Länder der Welt, welche die Schiffahrt aufsucht, sind wenigstens die wichtigsten Punkte gedeckt.

An allen Küsten zusammen erglänzten im Jahre 1898 10 608 Leuchtfeuer, von denen aber nur ungefähr $^1/_3$ eigentliche Seefeuer waren, die übrigen Binnenfeuer, Molenfeuer, Einsegelungsfeuer, Hafenfeuer und dergleichen mehr. Selbst China und Japan entwickeln ihr Leuchtfeuerwesen nach europäischem Muster. Wo nur immer der Handel hindringt, wo nur immer die Schiffahrt neue Erwerbsquellen aufsucht — in Schnee und Eis — unter den glühenden Strahlen der tropischen Sonne — überall hin folgt ihnen heute das menschenfreundliche wohlthätige Licht.

Mit der Entwickelung der Leuchtapparate hat die Kunst des Turmbaues sich zugleich entwickelt. Auf den entlegensten Klippen, auf Felsen von nur so geringer Ausdehnung, dafs sie kaum den für die Basis des Turmes nötigen Raum bieten, auf Felsen und Sandbänken, die nur bei Ebbe wenige Stunden aus der bewegten See auftauchen, auf solchen, die bei Ebbe noch tief unter Wasser liegen, erheben sich stattlich und kühn und fest die Türme und trotzen dem Wüten der Stürme und dem gewaltigen Andrange der Wogen. Als hervorragendste Beispiele der Turmbautechnik führe ich hier den neuen Eddystone-Turm (Fig. 151) und den an der Wesermündung errichteten Rothesand-Turm (Fig. 152) vor. Ob die feindlich anrollenden Wellen auch über ihren Laternen zusammenschlagen, sie erschüttern sie wohl, aber das Gebild

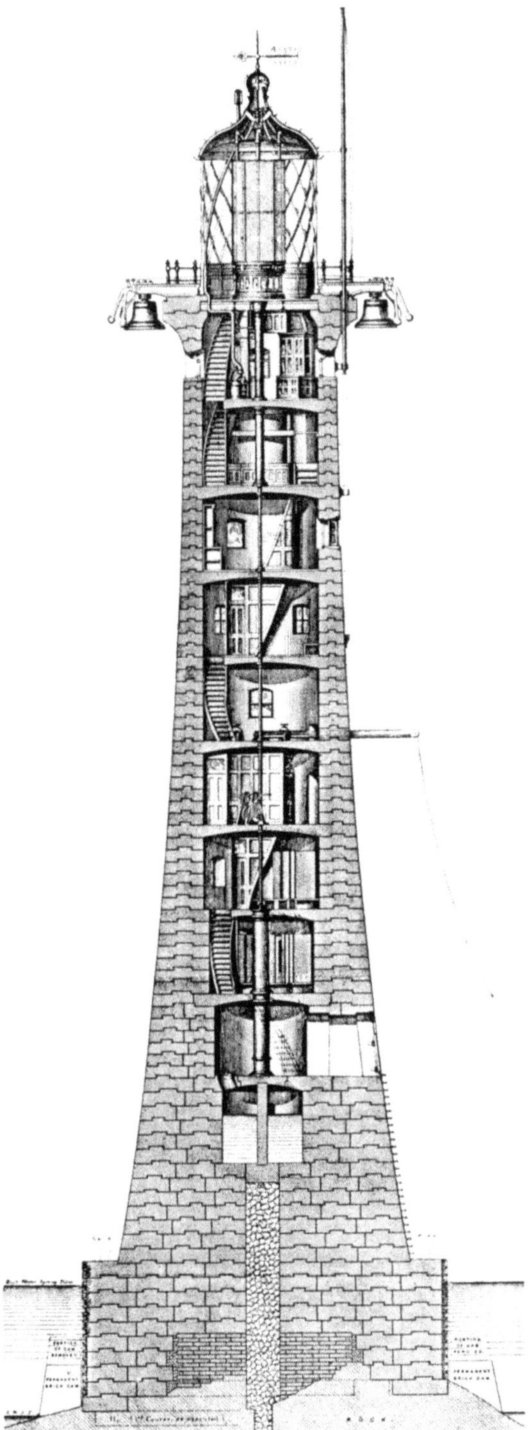

Fig. 151. Der jetzige Leuchtturm auf Eddystone, 1882.

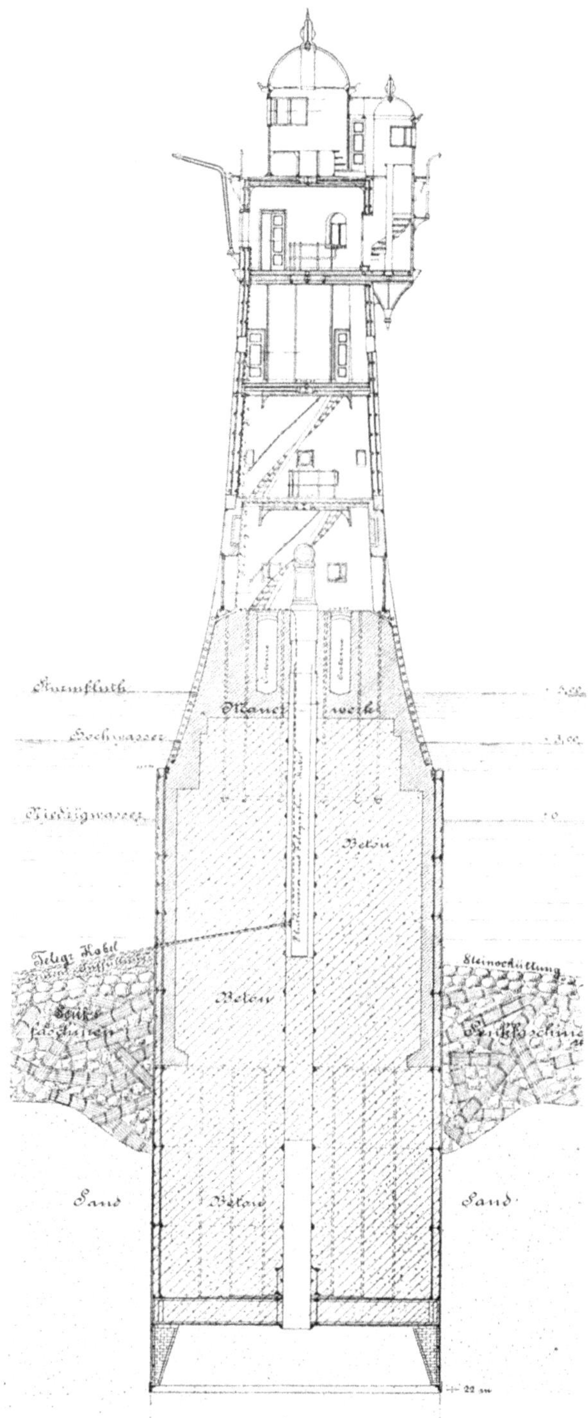

Fig. 152. Der Leuchtturm auf Rothesand, 1885.

von Menschenhand weicht nicht dem Hafs der Elemente. Und durch Wogendrang und Sturmestosen sendet der Leuchtturm freundliche Strahlen hinaus über die empörte See, dem bedrängten irrenden Schiffer ein treuer, hilfreicher Freund, ein sicherer Führer. Sein Licht grüfst zuerst vom heimatlichen Strande den nach langer Fahrt zum Vaterlande Heimkehrenden; es kündet dem Fremden Ruhe und Gastlichkeit nach Not und Gefahr. So stehen die Leuchttürme auf einsamer Klippe, auf öder Düne, in der belebten freundlichen Hafenstadt, ein Zeichen werkthätiger vorsorglicher Liebe, ein Zeichen des Gedenkens an diejenigen, welche in der Ferne, in Not und Tod für das Vaterland, für das Gemeinwohl der Völker thätig sind. So halten sie Wacht als die Vorposten der Civilisation!

ANLAGEN.

Anlage I.

Ilias XVIII, 207 ffg.

207. ὡς δ᾽ ὅτε καπνὸς ἰὼν ἐξ ἄστεος αἰθέρ᾽ ἵκηται,
τηλόθεν ἐκ νήσου, τὴν δήιοι ἀμφιμάχωνται·
οἱ δὲ πανημέριοι στυγερῷ κρίνονται Ἄρηι
210. ἄστεος ἐκ σφετέρου· ἅμα δ᾽ ἠελίῳ καταδύντι
πυρσοί τε φλεγέθουσιν ἐπήτριμοι, ὑψόσε δ᾽ αὐγὴ
γίγνεται ἀίσσουσα, περικτιόνεσσιν ἰδέσθαι,
αἴ κέν πως σὺν νηυσὶν ἀρῆς ἀλκτῆρες ἵκωνται·
ὣς ἀπ᾽ Ἀχιλλῆος κεφαλῆς σέλας αἰθέρ᾽ ἵκανεν.

Anmerkung. Das Wort *πυρσός* Feuersignal kommt sonst im Homer nicht vor, wohl aber in der klassischen Gräcität in dieser Bedeutung.

Übersetzung.

Wie aber wenn Rauch, aus einer Stadt aufsteigend, zum Äther gelangt, von fern her, aus einer Insel, die feindliche Männer umkämpfen; die Bewohner aber messen sich den ganzen Tag über in grauenvollem Kampfe von ihrer Stadt herab (d. i. von den Mauern herab); mit Sonnenuntergang aber flammen Feuersignale schnell hintereinander auf; in die Höhe erhebt sich der Glanz eiligst, zu schauen für die Umwohnenden, ob sie vielleicht mit Schiffen kommen als Abwehrer des Verderbens: So gelangte Glanz von dem Haupte des Achilleus zum Äther.

Anlage II.

Odyssee X, 28 ffg.

28. ἐννῆμαρ μὲν ὁμῶς πλέομεν νύκτας τε καὶ ἦμαρ,
τῇ δεκάτῃ δ᾽ ἤδη ἀνεφαίνετο πατρὶς ἄρουρα,
30. καὶ δὴ π υ ρ π ο λ έ ο ν τ α ς ἐλεύσσομεν ἐγγὺς ἐόντες.
ἔνθ᾽ ἐμὲ μὲν γλυκὺς ὕπνος ἐπήλυθε κεκμηῶτα.

Übersetzung.

Neun Tage ununterbrochen fuhren wir Nacht und Tag, am zehnten aber zeigte sich bereits das väterliche Land, und nun erkannten wir, daſs man Feuer unterhielt, da wir nahe waren. Da überkam mich, den Ermüdeten, süſser Schlaf.

Anmerkung. In den »Feuer unterhaltenden« (Vers 30) haben schon altgriechische Erklärer des Homer Leute zu erkennen geglaubt, die Wachfeuer als Signale für die der Küste nahenden Schiffer unterhalten. Ihnen sind einige neuere Erklärer gefolgt, auch J. H. Voss, der »Feuerwachen« übersetzt. Das griechische Wort *πυρπολέοντας* bietet aber keinen zwingenden Anlaſs zu solcher Erklärung; es kommt im Homer weiter nicht vor, so daſs man zu seiner Erklärung keine anderen Stellen heranziehen kann. In der klassischen Gräcität heiſst es »Feuer anzündende«.

Es steht fest, dafs das genannte Wort kein Substantivum ist; die Übersetzung von Vofs ist daher keine glückliche, denn sie setzt einen bestimmten Stand von Leuten voraus. Das Wort ist vielmehr Participium eines Verbums und bedeutet »Feuer unterhaltende«. Odysseus sagt: wir erkannten, da wir nahe genug waren, Feuer unterhaltende (Wesen). Solche Leute können Hirten sein, die in ihren Hürden ein Feuer angezündet haben oder Herdfeuer in den dem Ufer nahe liegenden Hütten. Odysseus will wohl nur sagen: wir erkannten bereits menschliche Thätigkeit, diejenige des Feuerunterhaltens.

Anlage III.

Ilias XIX, 375 ffg.

ὡς δ' ὅτ' ἂν ἐκ πόντοιο σέλας ναύτῃσι φανήῃ
καιομένοιο πυρός· τὸ δὲ καίεται ὑψόθ' ὄρεσφιν
σταθμῷ ἐν οἰοπόλῳ· τοὺς δ' οὐκ ἐθέλοντας ἄελλαι
πόντον ἐπ' ἰχθυόεντα φίλων ἀπάνευθε φέρουσιν·
ὣς ἀπ' Ἀχιλλῆος σάκεος σέλας αἰθέρ' ἵκανεν
καλοῦ δαιδαλέου.

Übersetzung.

Wie aber, wenn auf hohem Meere Schiffern erscheint der Glanz von entzündetem Feuer, das hoch auf den Bergen entzündet wird in einsamem Gehöfte; jene aber führen wider ihren Wunsch Stürme hinweg über das fischreiche Meer fern von den Freunden: So drang von dem schönen, kunstreichen Schilde des Achilleus der Glanz zum Äther.

Anmerkung. Die Situation der Schiffer ist dieselbe wie in Odyssee X, 28 (Anlage II): die Schiffer sind der Heimat so nahe, dafs sie schon Feuerschein sehen; aber Stürme entführen sie. Das einsame Hirtengehöft auf hohem Berge ist nichts Auffallendes. Auch Eumäos wohnt auf der hohen Spitze des Koraxfelsens, fern von der Stadt, in einsamer Gegend (Odyss. XIII, 408).

Anlage IV.

Griechische Bilder-Chroniken.

Bearbeitet von Otto Jahn, Bonn 1873.

Seite 37. 76: Dem Grabmal Hektors gegenüber steht das des Achilleus, ein hoher viereckiger Pfeiler mit einer dachartigen Bekrönung[1]) auf einem niedrigen Unterbau. Auf den Stufen kniet Polyxena mit entblöfstem Oberleib, das Gewand um die Hüften geschürzt, die Hände auf den Rücken gebunden. Neoptolemos in voller Rüstung und mit fliegender Chlamys biegt mit der Linken ihren Kopf zurück, um ihr das gezückte Schwert an der tödlichen Stelle oben in die Brust zu stofsen. Hinter ihm steht ein Jüngling, der in den Händen Kanne (und Schale?) zum Opfergebrauch hält. Auf der anderen Seite des Grabmales sitzt Odysseus mit der Schiffermütze, den Mantel um die Beine geschlagen, auf einem Steine und stützt, in sorgliches Nachdenken versunken, den Kopf in die Rechte; neben ihm steht, in einen langen Ärmel-Chiton gekleidet, Kalchas. Der Seher, welcher beim Beginn des Krieges den endlichen Fall Trojas verkündete, und der Held, der durch seine Entwürfe und Unternehmungen den Untergang Ilions herbeiführte, sind Zeugen bei dem Opfer, welches das Verderben der Priamiden besiegelt.

77: Zu unterst ist links die Flotte der Achaier, in einem Halbkreis auf das Land gezogen, zu erkennen. Gegenüber ist das Vorgebirge Sigeion durch ein hohes, mit einem Aëtoma gekröntes Grabmal bezeichnet, welches an lykische Grabmonumente erinnert und wiederum für das des

[1]) Die älteren Abbildungen lassen auf der Stele eine liegende menschliche Figur erkennen.

Achilleus gelten mufs. Daneben zieht Aineias mit den Seinigen fort. Das Schiff, in dem zwei Reihen Ruderer sichtbar sind, liegt mit aufgezogenen Segeln am Lande. Auf der Schiffstreppe steht Aineias, an der Rechten Askanios haltend und mit der Linken Anchises unterstützend, der soeben den Bord des Schiffes betritt und die Cista einem innerhalb desselben ihm entgegentretenden Manne übergibt. Vom Lande her kommt noch Misenos hinzu, im kurzen Chiton; in der Linken trägt er die lange Trompete, die Rechte legt er trauernd an die Stirn.

Anlage V.

Strabo, IV, 1, 8 p. 183.

ὅμως οὖν ἔτι μένει δυσείσπλοα διά τε τὴν λαβρότητα καὶ τὴν πρόσχωσιν καὶ τὴν ταπεινότητα τῆς χώρας, ὥστε μὴ καθορᾶσθαι μηδ᾽ ἐγγὺς ἐν ταῖς δυσαερίαις. διόπερ οἱ Μασσαλιῶται πύργους ἀνέστησαν σημεῖα, ἐξοικειούμενοι πάντα τρόπον τὴν χώραν· καὶ δὴ καὶ τῆς Ἐφεσίας Ἀρτέμιδος κἀνταῦθα ἱδρύσαντο ἱερόν, χωρίον ἀπολαβόντες ὃ ποιεῖ νῆσον τὰ στόματα τοῦ ποταμοῦ.

Anmerkung. In Betracht kommt die Zeit nach Beendigung des Teutonenkrieges, nach welchem Marius, wie Strabo vorher erzählt hat, den Massalioten das Land, welches er nach Anlegung des Rhonekanals gewann, schenkte, also nach 101 v. Chr.

Übersetzung.

Dennoch bleiben sie (die Rhonemündungen) noch schwer zu befahren wegen des Ungestüms und der Anschwemmung (des Stromes) und der Niedrigkeit des Landes, so dafs es nicht einmal von nahem erblickt wird bei widrigen Winden. Deswegen stellten die Massalioten Türme auf als Zeichen, indem sie sich auf jede Weise das Land zu eigen machten, und auch ein Heiligtum der ephesischen Artemis gründeten sie hier, indem sie als Stätte dafür den Ort wählten, welchen die Mündungen des Flusses zur Insel machen.

Anlage VI.

Caesar, Bellum civile, III, 112.

Caesar confestim ad Pharum navibus milites exposuit. Pharus est in insula turris magna altitudine, mirificis operibus exstructa; quae nomen ab insula cepit. Haec insula obiecta Alexandriae portum efficit; sed ab superioribus regionibus in longitudinem passuum DCCCC in mare iactis molibus angusto itinere et ponte cum oppido coniungitur. In hac sunt insula domicilia Aegyptiorum et vicus oppidi magnitudine; quaeque ubique naves imprudentia aut tempestate paulum suo cursu decesserunt, has more praedonum diripere consuerunt. Iis autem invitis, a quibus Pharus tenetur, non potest esse propter angustias navibus introitus in portum.

Übersetzung.

Alsbald liefs Caesar am Pharus Soldaten landen. Der Pharus ist auf einer Insel ein Turm von ansehnlicher Höhe, ein wunderbares Bauwerk; er hat von der Insel seinen Namen erhalten. Diese vor Alexandria gelegene Insel bildet den Hafen; aber es sind von dem oberen Stadtteile in einer Länge von 900 Schritten [= 1,35 km] Molen in das Meer geschoben, und dadurch wird sie auf schmalem Zugange und durch eine Brücke mit der Stadt verbunden. Auf dieser Insel befinden sich Bauten der Ägypter und ein Flecken von der Gröfse einer Stadt; wenn dort Schiffe, sei es aus Unvorsichtigkeit, sei es infolge eines Sturmes ein wenig von ihrem

Hoc tum veritus Caesar hostibus in pugna occupatis militibus expositis Pharum prehendit atque ibi praesidium posuit.

Zusammenhang der Stelle: Cäsar ist mit einer kleinen Truppenmacht nach Alexandria gekommen und benimmt sich als Herr, der die ägyptischen Verhältnisse zu regeln das Recht habe. Aber der alexandrinische Hof hat heimlich ein Heer von 20000 Mann nach der Stadt beordert. Mit diesem macht die städtische Bevölkerung gemeinsame Sache. Es entsteht ein Strafsenkampf, in dem Cäsar nur mit äufserster Anstrengung den Gegnern gewachsen ist. Diese machen auch Miene, sich des Hafens und der dort ankernden Flotte zu bemächtigen. Cäsar befürchtet, von seiner Zufuhr zur See abgeschnitten zu werden und verbrennt die sämtlichen Schiffe in dem Hafen und den Docks. Kurse abweichen, pflegt man diese nach Art der Seeräuber auszuplündern. Wider den Willen derer aber, die den Pharos besetzt halten, können Schiffe wegen der engen Durchfahrt nicht in den Hafen gelangen. Weil Cäsar dies fürchtete, nahm er, während die Feinde noch mit dem Strafsenkampf zu thun hatten, durch die gelandeten Soldaten den Pharus weg und legte dort hinein eine Besatzung.

Anmerkung. Cäsar erwähnt nur die Wichtigkeit des Pharosturmes für die Beherrschung der Hafeneinfahrt; von seiner Benutzung als Leuchtturm steht nichts da. Ja, er spricht von ihm so, als ob seine römischen Leser von dem Turm überhaupt nichts wüfsten.

Die strategische Bedeutung des Turmes wird auch von Hirtius im Bell. Alexandr., cap. 26, einzig und allein hervorgehoben. Er sagt: nam tota Aegyptus maritumo accessu Pharo, pedestri Pelusio velut claustris munita existimatur: ›denn ganz Ägypten gilt zur See durch den Pharus, zu Lande durch Pelusium, gleichwie durch Riegel befestigt‹.

Anlage VII.

Strabo, Geographica, XVII, 1, 6, p. 791.

ἔστι δὲ καὶ αὐτὸ τὸ τῆς νησῖδος ἄκρον πέτρα περίκλυστος, ἔχουσα πύργον θαυμαστῶς κατεσκευασμένον λευκοῦ λίθου πολυώροφον, ὁμώνυμον τῇ νήσῳ. τοῦτον δ᾽ ἀνέθηκε Σώστρατος Κνίδιος, φίλος τῶν βασιλέων, τῆς τῶν πλοιζομένων σωτηρίας χάριν, ὥς φησιν ἡ ἐπιγραφή. ἀλιμένου γὰρ οὔσης καὶ ταπεινῆς τῆς ἑκατέρωθεν παραλίας, ἐχούσης δὲ καὶ χοιράδας καὶ βράχη τινά, ἔδει σημείου τινὸς ὑψηλοῦ καὶ λαμπροῦ τοῖς ἀπὸ τοῦ πελάγους προσπλέουσιν, ὥστ᾽ εὐστοχεῖν τῆς εἰσβολῆς τοῦ λιμένος.

Übersetzung.

. . . es ist aber auch das Vorgebirge selbst der Insel ein meerumspülter Fels, der einen kunstreich erbauten Turm aus weifsem Stein mit vielen Stockwerken trägt, er heifst ebenso wie die Insel. Diesen errichtete Sostratos aus Knidos, ein Freund der Könige, um der Wohlfahrt der Schiffenden willen, wie die Inschrift sagt. Denn da auf beiden Seiten die Küste hafenlos und niedrig ist, auch Klippen und Untiefen hat, so bedurfte es eines hohen und glänzenden Zeichens für die vom hohen Meere Heranschiffenden, dass sie den Eingang in den Hafen erlangen konnten.

Anmerkung. 1. Strabo hat in dem Vorausgehenden Lage und Beschaffenheit der Insel Pharos geschildert. Hernach schildert er die Häfen und die Stadt Alexandria aus eigener Anschauung; er war auf seinen zu wissenschaftlichen Zwecken unternommenen Reisen auch dahin gekommen.

2. Strabos Zeugnis ist sehr wichtig, weil derselbe als Augenzeuge berichtet und als wissenschaftlich gebildeter Mann. Strabo, geb 65 vor Chr, gest. 24 nach Chr. kam auf seinen zu wissenschaftlichen Zwecken unternommenen Reisen im Jahre 24 vor Chr. auch nach Ägypten. Seine 17 Bücher Geographie sind unter der Regierung des Tiberius, d. i. nach dem Jahre 14 nach Chr., herausgegeben. Er berichtet nur, dafs der Pharosturm,

hoch und aus weifsem Stein hergestellt, ein Wahrzeichen für die Schiffahrt gewesen ist. Dafs auch die nächtliche Schiffahrt durch ein Leuchtfeuer von ihm Vorteil gehabt habe, davon sagt er nichts. Und doch hätte ihm dies, wenn es der Fall gewesen wäre, auffallen müssen; ist er doch nicht nur Geograph, sondern auch Kulturhistoriker. Aus seinem Schweigen ergibt sich mit Sicherheit, dafs der Pharos im Jahre 24 vor Chr., wo er ihn gesehen hat, noch nicht nachts gebrannt hat. Ja, man kann mit einiger Wahrscheinlichkeit annehmen, dafs er auch im Jahre 14 nach Chr. noch nicht gebrannt hat, da Strabo sonst, wie es an vielen Stellen seines Werkes sichtbar ist, eine nachträgliche Bemerkung zugefügt hätte.

Anlage VIII.

Plinius[1]), Historia naturalis, V, 34, 128.

Insularum ante Asiam prima est in Canopico ostio Nili, a Canobo Menelai gubernatore, ut ferunt, dicta. altera iuncta ponte Alexandriae, colonia Caesaris dictatoris, Pharos, quondam diei navigatione distans ab Aegypto, nunc e turri nocturnis ignibus cursum navium regens. Namque fallacibus vadis Alexandria tribus omnino aditur alveis mari, Stegano, Posideo, Tauro.

1) Plinius lebte 23 bis 79 n. Chr.

Übersetzung.

Von den Inseln vor Asien liegt die erste in der canopischen Mündung des Nil, genannt, wie es heifst, von Canobos, dem Steuermann des Menelaos. Die zweite, verbunden durch eine Brücke mit Alexandria, eine Kolonie des Diktators Cäsar, Pharos, einst die Länge der Schiffahrt eines Tages von Ägypten entfernt, jetzt von einem Turme aus durch nächtliche Leuchtfeuer den Lauf der Schiffe lenkend. Denn inmitten trügerischer Untiefen ist Alexandria nur durch drei Meeresbuchten zugänglich: Steganus, Posideus, Taurus.

Anlage IX.

Plinius, Historia naturalis, XXXVI, 12, 83.

Magnificatur et alia turris a rege facta in insula Pharo portum optinente Alexandriae, quam constitisse octingentis talentis tradunt, magno animo, ne quid omittamus, Ptolemaei regis, quo in ea permiserit Sostrati Cnidii architecti structura ipsa nomen inscribi. Usus eius nocturno navium cursu ignes ostendere ad praenuntianda vada portusque introitum, quales iam compluribus locis flagrant, sicut Ostiae ac Ravennae. Periculum in continuatione ignium ne sidus existimetur, quoniam e longinquo similis flammarum adspectus est. Hic idem architectus primus omnium pensilem ambulationem Cnidi fecisse traditur.

Anmerkung. Plinius hat seine Naturgeschichte im Jahre 77 herausgegeben. Er ist, soweit ich bis jetzt sehe, der älteste unter den uns erhaltenen Schriftstellern, der brennende Leuchttürme (bei Alexandria, in Ostia, in Ravenna) erwähnt. Sein Zeugnis stammt also aus dem Jahre 77 n. Chr. Den Pharosturm erwähnt er auch im 5. Buche, wo er eine geographische

Übersetzung.

Gerühmt wird auch ein anderer von einem Könige errichteter Turm, der auf der Insel Pharos, die den Hafen von Alexandria beherrscht. Er soll 800 Talente gekostet haben. Zu gedenken ist, um nicht etwas zu übergehen, der Hochherzigkeit des Königs Ptolemäus, mit der er gestattet hat, dafs auf ihm der Name des Baumeisters, des Sostratos aus Knidos, auf dem Mauerwerk selbst eingegraben werde. Sein Nutzen besteht darin, bei nächtlichem Laufe der Schiffe Feuer zu zeigen (Feuerzeichen zu geben), um die Untiefen und den Hafeneingang anzukünden; solche brennen schon an mehreren Orten, wie in Ostia und in Ravenna. Bei der ununterbrochenen Dauer des Feuers besteht die Gefahr, dafs man es für einen Stern hält, da aus der Ferne das Aussehen des Lichtes ähnlich ist. Eben derselbe Baumeister soll auch zu allererst einen hängenden Promenadenweg in Knidos hergestellt haben.

Übersicht über alle damals bekannten Länder gibt, im 31. Kapitel mit den Worten: »Die Insel Pharos, die jetzt von dem Turme aus durch nächtliches Feuer den Kurs der Schiffe regelt« (Pharos nunc e turri nocturnis ignibus cursum navium regens).

Anlage X.

Pomponius Mela, II. 7 (104).[1)]

Pharos nunc Alexandriae ponte coniungitur, olim, ut Homerico carmine proditum est, ab eisdem oris cursu diei totius abducta, et si ita res fuit, videri potest consectantibus in tantum mutatae causas Nilum praebuisse, dum limum subinde et praecipue cum exundaret litori adnectens auget terras, spatiumque augescentium in vicina vada promovet.

[1)] Pomponias Mela schrieb wahrscheinlich unter Kaiser Caligula (37—41 n. Chr.).

Übersetzung.

Pharos wird jetzt mit Alexandria durch eine Brücke verbunden, während es einst, wie in dem Homerischen Gedichte berichtet ist, von denselben Gestaden um die Fahrt eines ganzen Tages entfernt war, und wenn die Sache so gewesen ist, so darf man nach Vermutung annehmen, dafs der Nil die Ursache einer derartigen Veränderung geboten hat, indem er häufig und namentlich, wenn er austrat, Schlamm an das Gestade bringt und dadurch die Länder vermehrt und den Raum der wachsenden (Landstrecken) zu den benachbarten Untiefen vorrückt.

Anlage XI.

Lucanus,[1)] Pharsalia, IX, 1004.

Septima nox Zephyro nunquam laxante rudentes
Ostendit Phariis Aegyptia littora flammis.
Sed prius orta dies nocturnam lampada texit,
Quam tutas intraret aquas.

[1)] Lucan lebte 39 bis 65 n. Chr.

Übersetzung.

Die siebente Nacht zeigte, indem niemals Zephyr die Taue lockerte, durch die Flammen des Pharos das ägyptische Gestade. Aber der anbrechende Tag bedeckte eher die nächtliche Leuchte, als er (Cäsar) in die sicheren Gewässer einlief.

Anlage XII.

Solinus[1)], 32, 43.

Est et Pharos, colonia a Caesare dictatore deducta, e qua facibus accensis nocturna dirigitur navigatio; nam Alexandria insidioso accessu aditur, fallacibus vadis, caeco mari, tribusque tantum canalibus admittit navigantes, Posideo, Tegano, Tauro. Hinc igitur in portibus machinas ad praelucendi ministerium fabricatas pharos dicunt.

[1)] Solinus schrieb vermutlich im dritten Jahrhundert n. Chr.

Übersetzung.

Es ist auch dort Pharos, eine vom Diktator Cäsar gegründete Kolonie, von welcher aus durch angezündete Fackeln die nächtliche Schiffahrt gelenkt wird: denn nach Alexandria gelangt man auf gefahrvoller Anfahrt, durch trügerische Untiefen, durch ein blindes Meer, und nur durch drei Kanäle läfst die Stadt die Schiffer zu sich, durch den Posideos, Teganos, Taurus. Daher nennt man also Vorrichtungen, welche in den Häfen zum Zwecke des Voranleuchtens hergestellt werden, Pharos.

Anlage XIII.

Ammianus Marcellinus[1]), XXII, 16, 9.

Hoc litus cum fallacibus et insidiosis accessibus adfligeret antehac navigantes discriminibus plurimis, excogitavit in portu Cleopatra turrim excelsam, quae Pharos a loco ipso cognominatur, praelucendi navibus nocturna suggerens ministeria, cum quondam ex Parthenio pelago venientes aut Libyco, per pandas oras et patulas, montium nullas speculas vel collium signa cernentes, harenarum inlisae glutinosae mollitiae frangerentur.

1) Ammianus Marcellinus lebte ungefähr 330 bis 390 n. Chr.

Übersetzung.

Da dieses Gestade durch seine trügerischen und gefahrvollen Anfahrten früher die Seefahrer mit zahlreichen Gefahren heimsuchte, so ersann Cleopotra im Hafen einen hohen Turm, welcher nach dem Orte selbst Pharos genannt wird, indem sie den Schiffen den nächtlichen Dienst des Leuchtens leistete, während früher die Schiffe, welche aus dem Parthenischen oder aus dem Libyschen Meere kamen, an den gekrümmten und offenen Gestaden, da sie keine Warten der Berge oder Zeichen der Hügel erblickten, auf die zähe Weichheit des Sandes auffuhren und strandeten.

Anlage XIV.

Isidorus[1]), Originum seu Etymologiarum libri, XV, 2, 37.

Pharus est turris maxima, quam Graeci ac Latini in commune ex ipsius rei usu Pharum appellaverunt, eo quod flammarum indicio longe videatur a navigantibus, qualem Ptolomaeus iuxta Alexandriam construxisse octingentis talentis traditur. Usus eius est nocturno navium cursui ignes ostendere ad praenuntianda vada portusque introitus, ne decepti tenebris navigantes in scopulos incidant. Nam Alexandria fallacibus vadis insidiosos accessus habet. Hinc igitur in portubus machinas ad praelucendi ministerium fabricatas pharos dicunt. Nam *φῶς* lux est, *ὅρασις* visio dicitur. Unde et lucifer Graece *φωσφόρος* appellatur.

1) Isidorus, Bischof von Sevilla, starb 636 nach Chr. Er glaubt, dafs das Wort »Pharos« aus phos und horasis entstanden ist, was als eine Verirrung zu bezeichnen ist, da die Insel so hiefs, ehe der Turm gebaut wurde, und dieser von der Insel, nicht umgekehrt, den Namen empfing.

Übersetzung.

Pharus ist ein sehr grofser Turm, welchen Griechen und Lateiner insgemein nach dem Gebrauche der Sache Pharus genannt haben, deshalb, weil er durch Flammenzeichen sich den Schiffen von weit her sichtbar macht, wie einen solchen Ptolemäos bei Alexandria für 800 Talente erbaut haben soll. Sein Zweck ist, während der Nachtfahrt der Schiffe Feuerzeichen erscheinen zu lassen, um die Untiefen und die Eingänge des Hafens anzuzeigen, damit nicht die Schiffer, durch die Finsternis getäuscht, auf Klippen stofsen. Daher nennt man also Vorrichtungen, welche in den Häfen zum Zwecke des Voranleuchtens hergestellt werden, Pharus. Denn phos heifst »Licht«, horasis »das Sehen«.

Daher heifst auch der Morgenstern auf Griechisch Phosphorus.

Fast wörtlich ebenso XX, 10, 10.

Anlage XV.

Suetonius[1]), de vita Caesarum III, 74 (Tiberius).

Et ante paucos quam obiret dies turris Phari terrae motu Capreis concidit.

1) Sueton lebte etwa 75 bis 160 n. Chr.

Übersetzung.

Und wenige Tage bevor er starb, stürzte der Pharusturm infolge eines Erdbebens auf Capri zusammen.

Anmerkung. 1. Vorausgegangen ist ein Vorzeichen, aus dem Tiberius seinen baldigen Tod entnahm. Der Zusammensturz des Pharusturmes ist ein zweites Vorzeichen, wenige Tage vor seinem Tode im März des Jahres 37.

2. Diese Stelle ist kritisch bedenklich und vielleicht nicht als Zeugnis für einen von Tiberius auf Capri erbauten und in seinem Todesjahr zusammengestürzten Leuchtturm zu verwerten. Dagegen spricht wenigstens der auffallende Ausdruck turris Phari (Pharusturm). So nannte man die Leuchttürme weder im ersten noch im zweiten Jahrhundert.

Anlage XVI.

Suetonius, de vit. Caes. IV, 46 (Caligula).

Et in indicium victoriae altissimam turrim excitavit, ex qua ut Pharo noctibus ad regendos navium cursus ignes emicarent.

Übersetzung.

Und zum Zeichen des Sieges errichtete er einen sehr hohen Turm, aus dem, wie aus dem Pharus, nachts zur Regelung des Laufes der Schiffe Feuer erstrahlen sollte.

Anmerkung. 1. Vorausgegangen ist der wunderbare Feldzug des Caligula gegen Germanen und Britten, dann sein Spiel mit dem Feldzug gegen den Ocean: Die Beute des Oceans, die Muscheln, seien die dem Kapitol und dem Palatium geschuldete Opfergabe. Daran reihen sich unmittelbar obige Worte.

2. Eine Ortsbestimmung geht gar nicht vorher. Es ist nur gesagt, Caligula sei in Gallien und Germanien.

Anlage XVII.

Suetonius, de vit. Caes. V, 20 (Claudius).

Opera magna potiusque necessaria quam multa perfecit, sed vel praecipua: ductum aquarum a Gaio inchoatum, item emissarium Fucini lacus portumque Ostiensem, quamquam sciret ex iis alterum ab Augusto precantibus assidue Marsis negatum, alterum a Divo Iulio saepius destinatum ac propter difficultatem omissum. — — — Portum Ostiae exstruxit, circumducto dextra sinistraque bracchio et ad introitum profundo iam salo mole obiecta; quam quo stabilius fundaret, navem ante demersit, qua magnus obeliscus ex Aegypto fuerat advectus, congestisque pilis superposuit altissimam turrem in exemplum Alexandrini Phari, ut ad nocturnos ignes cursum navigia dirigerent.

Übersetzung.

Grofse und weit eher notwendige als zahlreiche Bauten brachte er (Claudius) zu Ende, aber sogar ausgezeichnete die von Gaius angefangene Wasserleitung, desgleichen den Abzugskanal aus dem Fuciner See und den Hafen von Ostia, obwohl er wufste, dafs hiervon jener den Marsern von Augustus trotz ihrer dringenden Bitten abgeschlagen, dieser vom Divus Julius öfters ins Auge gefafst und wegen der Schwierigkeit unterlassen war. — — — [Folgt die Wasserleitung und der Fuciner See]. Den Hafen von Ostia erbaute er, nachdem er rechts und links einen Seitendamm herumgeführt und am Eingang, da der Ankerplatz schon tief war, eine Mole vorgelegt hatte: um diese fester und dauerhafter zu machen, versenkte er vorher das Schiff, auf welchem der grofse Obelisk aus Ägypten herangeschleppt war, und über den zusammengetragenen Steinpfeilern errichtete er einen sehr hohen Turm, nach dem Vorbilde des alexandrinischen Pharus, damit nach nächtlichem Feuer die Schiffe ihren Lauf nähmen.

Anmerkung. 1. Der Leuchtturm in Ostia ist der älteste auf europäischem Boden errichtete Leuchtturm, dessen Entstehungszeit bezeugt ist. Claudius regierte 41—54 n. Chr. Der Turm stammt also aus der Mitte des ersten nachchristlichen Jahrhunderts.

2. Sueton hat den Vorzug eines seine archivalischen Studien genau benutzenden Historikers.

3. Das Versenken des Schiffes bestätigt Plinius XVI, 40, 201, 202. Dort handelt Plinius von den Waldbäumen und erwähnt besonders hohe und alte Bäume, auch eine gewaltige Tanne, die man zur Herstellung des Schiffes benutzt habe, das den Obelisken nach Rom schleppen sollte. Es war ein Riesenschiff und wurde von Claudius zur Molenbefestigung versenkt.

Anlage XVIII.

Valerius Flaccus, Argonautica VII, 84 ff.

Non ita Thyrrhenus stupet Ioniusque magister
Qui iam te, Tiberine, tuens clarumque serena
Arce Pharon praeceps subito nusquam ostia, nusquam
Ausoniam videt, at saevas accedere Syrtes.

Übersetzung.

Schrecken hatte ihn (den Jason) ergriffen, und in grimmigem Zorn stand er wie festgebannt. So schaudert nicht der Thyrrhenische, nicht der Jonische Schiffsherr (Steuermann), der schon dich erblickte, o Tiberinus, und den hellen Leuchtturm auf der hohen Burg, plötzlich aber nirgends die Mündungen (des Tiber), nirgends Ausonien (Italien), sondern die grausen Syrten sich nähern sieht.

Anlage XIX.

Strabo, III, 1, 9, p. 140.

ἐνταῦθα δέ που καὶ τὸ μαντεῖον τοῦ Μενεσθέως ἐστί, καὶ ὁ τοῦ Καιπίωνος ἵδρυται πύργος ἐπὶ πέτρας ἀμφικλύστου, θαυμασίως κατεσκευασμένος, ὥσπερ ὁ Φάρος, τῆς τῶν πλοϊζομένων σωτηρίας χάριν. ἥ τε γὰρ ἐσβαλλομένη χοῦς ὑπὸ τοῦ ποταμοῦ βραχέα ποιεῖ καὶ χοιραδώδης ἐστὶν ὁ πρὸ αὐτοῦ τόπος, ὥστε δεῖ σημείου τινὸς ἐπιφανοῦς.

Übersetzung.

Dort vor der Mündung des Baetis (Guadalquivir) ist aber auch die Orakelstelle des Menestheus, und der Turm des Caepio ist auf einem meerumspülten Felsen errichtet, kunstreich erbaut, wie der Pharos, um der Wohlfahrt der Schiffer willen. Denn der von dem Flusse ausgeworfene Schlamm macht Untiefen, und klippenreich ist die Stelle vor ihm, so dafs es eines weit sichtbaren Wahrzeichens bedarf.

Anlage XX.

Herodians[1]) Kaisergeschichte IV, 2, 6.

τὴν κλίνην φέρουσιν ἔξω τῆς πόλεως ἐς τὸ καλούμενον Ἄρεος πεδίον, ἔνθα κατεσκεύασται ἐν τῷ πλατυτάτῳ τοῦ πεδίου τόπῳ τετράγωνόν τι [καὶ] ἰσόπλευρον, ἄλλης μὲν ὕλης οὐδεμιᾶς μετέχον, ἐκ μόνης δὲ συμπήξεως ξύλων μεγίστων ἐς σχῆμα οἰκήματος. πᾶν δὲ ἐκεῖνο ἔνδοθεν μὲν φρυγάνων

Übersetzung.

Herodian beschreibt die Art, wie die römischen Kaiser bestattet wurden. Da heifst es:

Sie tragen das Paradebett aus der Stadt auf das sogenannte Marsfeld. Dort ist auf der ebensten Stelle des Feldes ein viereckiger Bau von gleichen Seiten hergerichtet, der aus keinem anderen Material besteht als aus einer Zusammenfügung sehr grofser Hölzer nach

[1]) Herodian lebte ungefähr 170—240 n. Chr.

πεπλήρωται, ἔξωθεν δὲ χρυσοϋφέσι στρωμναῖς ἐλεφαντίνοις τε ἀγάλμασι γραφαῖς τε ποικίλαις κεκόσμηται. ἐπ᾽ ἐκείνῳ δὲ ἕτερον, σχήματι μὲν καὶ κόσμῳ παραπλήσιον, μικρότερον δ᾽ ἐπίκειται, πυλίδας ἔχον καὶ θύρας ἀνεῳγυίας. τρίτον τε καὶ τέταρτον, ἀεὶ τοῦ ὑποκειμένου μεῖον, ἐς τελευταῖον βραχύτατον περατοῦται. ἀπεικάσαι τις ἂν τὸ σχῆμα τοῦ κατασκευάσματος φρυκτωρίοις, ἃ τοῖς λιμέσιν ἐπικείμενα νύκτωρ διὰ τοῦ πυρὸς ἐς ἀσφαλεῖς καταγωγὰς τὰς ναῦς χειραγωγεῖ. φάρους δὲ αὐτὰ οἱ πολλοὶ καλοῦσιν.

Anmerkung. Nach den um dieses Gerüst begangenen Leichenfeierlichkeiten zündet der Nachfolger auf dem Throne dasselbe an, und aus dem obersten Stockwerk liefs man, wenn das Feuer soweit gekommen war, einen Adler auffliegen, der gleichsam die Seele des verstorbenen Kaisers zum Olymp emporzutragen schien.

Art eines Hauses. Das Ganze ist von innen mit Reisig angefüllt, von aufsen mit golddurchwirkten Decken, elfenbeinernen Figuren und bunten Malereien verziert. Auf jenen Bau ist ein zweiter gesetzt, an Gestalt und Schmuck ähnlich, aber kleiner, mit offenstehenden Thüren und Fenstern. Ein dritter und vierter, jedesmal kleiner als der darunter befindliche, folgen bis zum letzten und kürzesten. Man könnte die Gestalt des Baues den Leuchttürmen vergleichen, welche vor den Häfen stehen und bei Nacht durch ihr Feuer die Schiffe zu sicherer Einfahrt geleiten. Pharos nennt sie die grofse Menge.

Anlage XXI.

Lucian, Nigrinos 7.[1])

ὅλως καθάπερ ἐν πελάγει καὶ νυκτὶ πολλῇ φερόμενος ἐς πυρσόν τινα τοῦτον ἀποβλέπω

[1]) Lucian um 120 geboren, wahrscheinlich nach 180 gestorben.

Übersetzung.

Gleichsam auf dem Meere und in tiefer Nacht umgetrieben, blicke ich auf ihn wie auf ein Feuerzeichen.

Anmerkung. 1. Zusammenhang der Stelle: Der jugendliche Lucian ist von dem Philosophen Nigrin in eine neue, höhere Lebensanschauung eingeführt worden. Er ist dann von ihm geschieden, seine Gedanken aber weilen bei Nigrin. Da bedient er sich obigen Bildes: er ist gleichsam auf dem Meere umgetrieben in finsterer Nacht, Nigrin ist ihm Leuchte in der Finsternis.

2. Der griechische Ausdruck πυρσός heifst nicht Leuchtturm, sondern Feuerzeichen, Feuerbrand. Aber die ganze Situation, in der das Bild gehalten ist, deutet darauf, dafs das Feuer eines Leuchtturms gemeint ist. So fassen es auch die Ausleger auf.

3. Die Stelle zeigt, dafs im Zeitalter des Lucian das Leuchtturmwesen vollständig entwickelt sein mufs. Sonst hätte er durch solches Bild seinen Lesern sich nicht verständlich machen können.

Anlage XXII.

Verhältnis der antiken Mafse zum Meter.

1. σπιθαμή	= Spanne	= empan	1 Spanne	=	1/2 Elle	=	1/8 Klafter
πῆχυς	= Elle	= coudée	1 Elle	=	6 Spannen	=	1/4 Kafter
ὄργυια	= Klafter	= brasse	1 Klafter	=	4 Ellen	=	8 Spannen.

2. Das Stadium und die Gröfse einer Schiffs-Tagesfahrt: Die antike Tagesfahrt entspricht der Fahrt des Schiffes während der Tagesstunden, d. h. von Sonnenaufgang bis Sonnenuntergang. Dieselbe ist daher eine sehr verschiedene, je nach der Tageslänge (den Jahreszeiten) und dem Winde, obgleich der Einflufs des letzteren durch die Ruderer der Schiffe wenigstens zum Teil ausgeglichen wurde.

a) Lepsius, Abhandlung der Berliner Akademie der Wissenschaften 1865, giebt an:

Die grofse Elle.

Die egyptische unter den Pharaonen .	=	0,525 m
Die egyptische unter den Ptolomäern .	=	0,533 »
Die babylonische	=	0,550 »
Die persische	=	0,495 »

Die kleine Elle.

Die egyptische unter den Pharaonen .	=	0,450 m
Die phönizische	=	0,44355 »
Die attische	=	0,4436 »

Ein Stadium = 100 Klafter = 400 Ellen = 177,4 m.

Hiernach ist die der letzten Angabe zu Grunde liegende Elle $= \frac{177,4}{400} = 0,4435$ m, das ist die phönizische kleine Elle.

b) Breusing: »Die Nautik der Alten« gibt an:

1. Das Stadium = 600 griechische Fufs = 185 m gleich ungefähr $^1/_{10}$ Seemeile (60 auf 1 Grad).
   Also ist das Klafter gleich 1,85 m.
   Hiernach würde die zu Grunde liegende Elle gleich $\frac{185}{400} = 0,4625$ m sein, was mit keinem der obigen Angaben stimmt.
2. Die Tagesfahrt eines Schiffes ist nach den verschiedenen antiken Schriftstellern gleich 500 bis 1000 Stadien.

c) Allard, les Phares, S. 7 u. 8, nimmt

1. das Klafter an zu . . . . 1,85 m
2. die Elle zu . . . . 0,463 »
   spricht aber auch von Ellen à 3 Spannen;
3. das Stadium zu . . . . 158,74 m
   oder zu . . . . 185 »
   je nachdem 700 oder 600 Stadien auf den Grad gerechnet werden;
4. die Tagesfahrt eines Schiffes gleich 100 milles marines, 60 auf den Grad, also gleich 1000 Stadien; also gleich der höchsten Leistung.

d) Klein, Astronomische Abende. 3. Aufl. S. 16.

Die Gradmessung des Eratosthenes, ungefähr 200 v. Chr., ergab 5000 Stadien gleich $7^1/_5{}^0$. Dies ergibt den Grad zu 60 Seemeilen, 1 Seemeile gleich 1852 m und das Stadium gleich 160 m.

Zieht man die notwendige Ungenauigkeit der Messung des Eratosthenes in Betracht, so stimmt die aus seiner Messung abgeleitete Zahl mit der kleineren der Allardschen Angaben.

Anlage XXIII.

Recueil de voyages et de memoires publié par la société de géographie. Tome sixième. Paris 1840. Géographie d'Édrisi.

Der volle Name ist Abu Abdallah Mohamed ben Mohamed el Édrisi.

Das Werk ist beendet Mitte Januar 1154.

a) Tome premier.

p. 297. La ville d'Alexandrie, bâtie par Alexandre qui lui donna son nom, est située sur les bords de la Méditerranée. On y remarque d'étonnants vestiges et des monuments encore subsistants, qui attestent l'autorité et la puissance de celui qui les éleva, autant que sa prévoyance et son savoir.

Il y existe un minaret, ou plutôt un phare, qui n'a pas son pareil au monde, sous le rapport de la structure et sous celui de la solidité; car indépendamment de ce qu'il est fait en excellentes pierres de l'espèce dite kédan, les assises de ces pierres sont scellées les unes contre les autres avec du plomb fondu, et les jointures sont tellememt adhérentes que le tout est indissoluble, bien que les flots de la mer, du côté du nord, frappent continuellement cet édifice. La distance qui sépare le phare de la ville est par mer d'un mille, et par terre de trois milles. Sa hauteur est de 300 coudées, de la mesure dite Rechadi, laquelle équivaut à 3 empans, ce qui fait 100 brasses de hauteur, dont 96 jusqu'à la coupole et 4 pour la hauteur de la coupole. Du sol à la galerie du milieu, on compte exactement 70 brasses, et de cette galerie au sommet 26. On monte à ce sommet par un escalier construit dans l'intérieur, et large comme le sont ordinairement ceux qu'on pratique dans les tours. Cet escalier se termine vers le milieu, et là l'édifice devient, par ses quatre côtés, plus étroit. Dans l'intérieur et sous l'escalier on a construit des habitations. A partir de la galerie, le phare s'élève jusqu'à son sommet en se rétrécissant de plus en plus jusqu'au point de pouvoir être embrassé de tous les côtés par un homme. De cette même galerie on monte de nouveau, pour atteindre le sommet, par un escalier de dimensions plus étroites que celle de l'escalier inférieur. Cet escalier est percé, dans toutes ses parties, de fenêtres destinées a procurer du jour aux personnes qui montent, afin qu'elles puissent convenablement placer leurs pieds en montant.

Cet édifice est singulièrement remarquable, tant à cause de sa hauteur qu'à cause de sa solidité, il est très utile en ce qu'on y allume nuit et jour du feu, pour servir de signal aux navigateurs durant leurs voyages; ils connaissent ce feu et se dirigent en conséquence, car il est visible d'une journée maritime (100 milles) de distance. Durant la nuit il apparait comme une étoile, durant le jour on en distingue la fumée.

Alexandrie est située au fond d'un golfe et entourée d'une plaine et d'un vaste désert, où il n'existe ni montagne, ni aucun objet propre a servir de point de reconnaissance. Si ce n'était le feu dont il vient d'être parlé, la majeure partie de vaisseaux qui se dirigent vers ce point s'égareraient dans leur route. On appelle ce feu Fanous, et l'on dit que celui qui construisit le phare, fut le même qui fit consruire les pyramides existantes sur les limites du territoire de Fostat, à l'occident du Nil. D'autres assurent que cet édifice est du nombre de ceux qui furent élevés par Alexandre à l'époque de la fondation d'Alexandrie. Dieu seul connaît la vérité du fait.

p. 307. A six milles de la capitale de l'Égypte on voit les Pyramides. Elles fûrent construites sur un plateau uni, et l'on ne voit dans les environs aucune montagne contenant de la pierre à bâtir. — La hauteur de chacune d'elles à partir du sol est de 400 coudées et sa largeur tout autour est égale à sa hauteur. Le tout est construit avec des blocs de pierre de 5 empans en hauteur, sur 10 ou 15 de long, plus ou moins. Ces blocs sont unis les uns aux autres, et à mesure que l'édifice s'élève, ses proportions se rétrécissent, en sorte que sa cime offre à peine l'espace nécessaire pour faire reposer un chameau.

b) Tome second.

p. 113. De Messine au phare = 12 milles.

p. 115. Nous avons dit dans la présente section tout ce que nous paraissait utile et convenable. L'île de Sicile est de forme triangulaire. Son côté oriental, c'est à dire depuis Messine jusqu'à l'île de Lièvre, s'étend sur un espace de 200 milles. De cette île à Trabanos (Trapani) on compte 250 milles, et c'est là le côté meridional. Le troisième côté, qui s'étend depuis Trabanos jusqu'à el-Heras et jusqu'au Phare, embrasse également un espace de 250 milles.

p. 259. Et de Reggio au Phare = 12 milles.

Anmerkung. Die Reiseroute geht von Amalfi aus über Salerno—Policastro—Cap Vaticano nach Reggio. Der Pharos liegt also in dieser Richtung über Reggio hinaus südlich. Der heutige Turm steht auf Cap Faro.

Anlage XXIV.

a) **Abulfedae** (1273 bis 1331), Descriptio Aegypti arabice et latine ex Codice parisiensi edidit, latine vertit, notas adiecit, Joannes David Michaelis. Goettingae 1776.

Inter monumenta Aegypti stupenda est Pharus Alexandriae, centum et octoginta cubitorum altitudine. Exstructus est, ut naves ad illum cursus dirigerent, quia litus Alexandriae humile est, nec montem, nec aliud viae indicium habens. Fuit olim in Pharo speculum ex chalybe Sinensi, in quo conspici poterant navigia Constantinopolitana; sed artibus multis usi Christiani Pharum eo, jam sub initium Islamismi, tempore Chalifae Validi, filii Abdulmali, privarunt.

Übersetzung.

Unter den Denkmälern Ägyptens ist staunenswert der Pharos v. Alexandria, von einer Höhe von 180 Ellen (cubitum). Er ist erbaut, damit die Schiffe nach ihm ihren Lauf richteten, weil das Gestade von Alexandria niedrig ist, indem es weder einen Berg noch ein anderes Wegzeichen hat. Es war einst auf dem Pharos ein Spiegel von chinesischem Erz, in welchem die Constantinopolischen Schiffe erblickt werden konnten. Aber die Christen, die in vielen Ränken geübt waren, haben den Pharos desselben schon in den Anfängen des Islam, z. Z. des Kalifen Valid, des Sohnes des Abdulmat, beraubt.

b) **Société Asiatique.**

Voyages D'Ibn Batoutah, par C. Defrémery et le Dr. B. R. Sanguinetti, Paris 1853.

Tome premier. p. 29. Decription du phare.[1])

Dans ce voyage je visitai le phare et je trouvai une de ses faces en ruines. C'est un édifice carré qui s'élance dans les aires. Sa porte est élevé au dessus du niveau, du sol, et vis-à-vis est un édifice de pareille hauteur qui sert à supporter les planches, sur lesquelles on passe pour arriver à la porte du phare. Lorsqu'on enlève ces planches, il n'y a plus moyen de parvenir à la porte du phare. En dedans de l'entrée est un emplacement ou se tient le gardien de l'édifice. A l'intérieur du phare se trouvent beaucoup d'appartements. La largeur du passage qui conduit dans l'interieur est de neuf empans, et l'épaisseur du mur d'enceinte

[1]) Anmerkung. Nach den Ausführungen auf Seite 5 und 6 fand die erste grofse Reise des Genannten von Tanger bis China 1329—1349 statt. Die zweite von Fez aus 1351—1354.

de dix empans. Le phare a cent quarante empans sur chacune de ces quatre faces. Il est situé sur une haute colline, à une parasange de la ville, et dans une langue de terre que la mer entoure de trois côtés, de sorte qu'elle vient de baigner le mur de la ville. On ne peut donc gagner le phare du côté de la terre qu'en partant de la ville. C'est dans cette langue de terre contiguée au phare, que se trouve le cimetière d'Alexandrie. Je me dirigeai une seconde fois vers le phare lors de mon retour au Maghreb, en l'année 750 (1349) et je trouvai que sa ruine était complète, de sorte qu'on n'y pouvait plus entrer ni monter jusqu'à la porte. Almélic Annâcir avait entrepris de construire vis-à-vis un phare tout semblable, mais la mort l'empêcha de l'achever.

Anlage XXV.

a) Josephus, Jüdische Historien; Frankfurt a. M. 1687.

1) Von alten Jüdischen Geschichten.

Buch XVI. Kap. IX. S. 371.

»Darneben hat er (Herodes) auch seinem Bruder Phasaelo zu Ehren viel schöner Gebäu zugerichtet, und seiner dabei zu gedenken, nach ihm genennt. Und erstlich hat er ihm zum Gedächtnis in der Stadt einen Thurm, welcher nicht kleiner als Pharus der Alexandrinische Thurm, und eine herrliche Befestigung der Stadt gewesen, gebaut, und denselben Phasaelum genannt.«

2) Von den Jüdischen Kriegen.

Buch IV. Kap. XXXVII. S. 161.

Bei den Pforten Alexandriä aber ist mit den Schiffen auch zu Friedenszeiten schwerlich anzukommen, denn es hat gar eine enge Anfahrt, und wird der verborgenen Steine halber im Fluſs der rechten Straſsen bald verfehlet; auch ist die linke Seiten mit einer Mauer befestigt, und gegen der rechten Hand hinüber liegt die Insel Pharus, darinn ein gar hoher Thurm ist, darauf man ein Licht bei 300 Stadia weit sehen mag, damit sich die Schiffsleute von fernen zu der Anfahrt schicken und für Gefährlichkeit hüten können. Umb diese Insel sind starke Mauern aufgeführt, darauf die Wellen mit groſsen Ungestümme stoſsen und die Anfahrt desto gefährlicher machen u. s. w.

Buch V. Kap. XIII. S. 171/72.

Er (Agrippa) hätte sie (die Mauer um Jerusalem) noch viel höher gemacht, wenn hinzwischen obberührte Hindernisse nicht fürgefallen wären. Gleichwohl ist dieselbige Mauer durch die Juden hernach bis auf 20 Ellen erhöhet, desgleichen auch noch darüber mit Zinnen zweier und mit Türmen dreier Ellen hoch befestigt, also, daſs ihre ganze Höhe 25 Ellen gewesen. Ferner so waren auch die Türme 20 Ellen höher als die Mauer, dazu viereckig erbaut und inwendig, wie die Mauer selbst, überall ganz und ausgefüllt. Auch gab diese Mauern dem Gebäu des Tempels mit Schöne und Stärke nichts zuvor. Auf jetzt angeregten Türmen, so 20 Ellen in die Höhe hatten, waren zu oberst schöne Gemach und Lusthäuser, auch groſse Tröge, darinnen das Regenwasser zusammenfloſs, dazu krumme Stiegen und weite Schnecken. Mit dergleichen 90 Türmen, deren jeder 200 Ellen weit von dem andern stunde, war die dritte Mauer versehen und befestigt.

Die Mittelmauer aber hatte 14 und die alte 60 Türme. Die ganze Stadt aber hatte in ihrem Bezirk und Begriff etwas mehr denn 33 Stadia in sich, und wiewohl die dritte Mauer überall wunderbarlich anzuschauen war, so mufste sich doch jedermann des Turms Psephnii noch viel mehr verwundern, welcher gegen Mitternacht in einem Winkel stund, dafür sich Titus mit seiner Heeresmacht gelagert hatte. Dieser war 70 Ellen hoch und von acht Ecken gebaut, und wenn die Sonne schien, konnte man darauf nicht allein bis in Arabiam, sondern auch bis an das Meer und End der Jüdischen Landschaft sehen, hergegenüber stund der Turm Hippicus, und sonst noch zween darbei, die König Herodes an der alten Mauren bauen liefs, welche Schöne, Veste und Gröfse halben alle anderen Türme in der Welt übertrafen. Dann neben dem, dafs gedachter König von Natur kostfrei war, hat er aus sonderlicher Liebe, die er zur Stadt trug, an diesem Werk seine Lust vollbracht, und gedachte Türme nach dreien geliebten Personen, als nämlich seinem Bruder, seinem vertrauten Freunde und seinem Ehegemahl zu ewiger Ehre und Gedächtnis genennet. Nach dieser darumb, dafs sie Liebe halben, wie oben gemeldet, umkam; nach den anderen zweien aber derowegen, dafs er sie in ritterlichem Kampf und Streit verloren hatte. Der Turm Hippicus, nach seinem Freund genannt, war viereckigt, auch 25 Ellen breit und weit, dazu jeder insonderheit 30 Ellen hoch, und nirgends hohl oder leer, sondern überall dick und ausgefüllet, desgleichen oben mitten im Gemäuer eine Cistern 20 Ellen tief, das Regenwasser darin aufzufassen. Darnach waren erst Häuser von 25 Ellen hoch und mit zweifachen Dächern und in etliche Seiten abgetheilet, darauf gesetzet, und oben Ringsweis zweier, und mit Bollwerken dreier Ellen hoch umgeben und beschlossen, also dafs sich die ganze Höhe berührten Turms bis in die 80 Ellen erstreckte. Der andere Turm, nach seinem Bruder Phasaelus genannt, war zugleich 40 Ellen dick und breit, auch ebensoviel Ellen in die Höhe, wie ein ganzer steinerner Stock aufgerichtet, darob stand ein Vorschopf mit angehenden Flügeln und starkem Bollwerk bewahret. Und mitten im Vorschopf gieng noch ein anderer Turm mit herrlichen Gebäuen und Bädern gezieret, damit an Königlicher Pracht kein Abgang oder Mangel erschien.

Zu oberst aber war bemeldeter Turm mit Mauern und Brustwehren befestiget, seine ganze Höhe war 90 Ellen und gleichte allermafsen dem Turm Phari, darin die, so nach Alexandria fuhren, bei nächtlicher Weile ein Licht von fernem sehen, allein, dafs sich dieser Turm Phasaelus im Bezirk weiter ausbreitet und jetziger Zeit begunte ihn der Tyrannische Simon für sein Schlofs und Festung innen zu haben. Der dritte Turm Mariamne (denn also hiefs die Königin) war zugleich 20 Ellen weit, und soviel breit, dazu auch mit viel köstlichen und fürstlichen Gemachen, als die andern zween gezieret, denn Herodes hielt es für würdig und königlichem Stande gebührlich, dafs der Turm nach seinem Gemahl genannt, schöner und herrlicher sein sollte, weder die, so den Mannspersonen zu Ehren gebauet waren, gleichwohl haben die andern diesen mit Stärke und Veste übertroffen. Jetzt gemeldeter Turm Mariamne war überall 55 Ellen hoch, und wiewohl sie alle drei aufsdermafsen grofs, so schienen sie doch in der Weite um ihrer hohen Gelegenheit willen noch viel gröfser, denn die obere Mauer, darauf sie standen, war in der Stadt auf einem Bühel von 30 Ellen hoch gesetzt, daher sie denn auch der Stein halben so grofs anzusehen waren, sintemalen sie nicht von gemeinen Steinen, so die Leut tragen möchten, sondern von weifsem ausgehauenem Marmelstein von 20 Ellen lang und 10 breit und 5 hoch erbauet, und dermafsen in einander geschlossen, dafs ein jeder Turm nur für einen einzigen Stein anzuschauen, desgleichen auch durch die Werkleut so künstlich zusammengesetzt waren, dafs Niemand keine Fug oder Absatz davon vermerken konnte.

b) Buch Egesippi von der Zerstörung der Stadt Jerusalem.

Buch IV. Kap. XXVII. S. 108.

Zur Rechten aber des Ports ist eine kurze Insul und darin ein grofser Thurm, welchen beide, Griechen und Lateiner, von seinem Nutz und Gebrauch Pharum genennet und darum, dafs er weit von den Schiffsleuten gesehen wird, dafs sie sonderlich bei nächtlicher Zeit, ehe sie zum Port kommen, an dem angezündeten Feuer erkennen, dafs das Land nahe sei, damit sie nicht im Finsteren betrogen werden und auf scharfe Felsen stofsen oder des rechten Eingangs am Port verfehlen. Sind deshalben daselbst etliche gewisse Diner welche mit Fackeln und Holzwerk das Feuer stets erhalten, welches wie ein Vorbot des Lands und ein Zeiger des schmalen Ports weiset das enge Loch, dadurch man fahren mufs; desgleich die krumme Wassergänge die jähe Umbwendung des Eingangs, dafs nicht der zarte Schiffsboden sich anstreife, und im Anfahren in die scharpfen Felsen, die mit den Wellen bedeckt, anstofse. Mufs man derowegen, wann man hineinkommt, sich ein wenig lenken, damit nicht das Schiff, so es an die verborgenen Steinfelsen stofse, verderbe, da man doch Hoffnung hat, aller Gefahr zu entgehen. Denn der Eingang des Ports ist ziemlich schmal, von wegen dafs er zur Rechten mit Ziegelsteinen eingezogen ist, zur Linken mit Felsen, von welchen die linke Seite des Ports verstopft ist. Umb die Insul wirft man auch über die Maafsen grofse Last hinein, damit nicht von dem grofsen Ungestüm des Meeres an der Insul die Fundament der Insul weichen und von grofser Gewalt voneinander gehen.

Anlage XXVI.

Zusammenstellung der von Römischen Schriftstellern erwähnten Leuchttürme.

Nach Les travaux publics de la France.

Anmerkung. Ich gebe die Zusammenstellung nach dem Original wieder, dieselbe ist jedoch mit grofser Vorsicht aufzunehmen. Von den 27 in der Zusammenstellung aufgeführten Feuern können höchstens die in den Zahlen fett gedruckten 17 als nachgewiesene Leuchtfeuer genannt werden; die übrigen werden nur als »servants d'amers«, also als Tagesmarken bezeichnet.

1. Phare du promontoire de Sigée, indiqué par le poète Leschès comme existant dès l'époque de la guerre de Troie. (Phantasie.)

2. Phare d'Alexandrie, bâti sous Ptolémée Soter, dans le IIIe siècle avant Jesus-Christ. (Ende des genannten Jahrhunderts.)

3. Phare du Bosphore de Thrace, ou tour Timée, cité par Denys de Byzance, qui écrivait environ quatre-vingts ans avant Jesus-Christ.

4. Phare de Chrysopolis (Scutari) indiqué sur la table de Peutinger.

5. et 6. Tour de Sestos ou d'Héro, et tour d'Abydos, mentionées par Strabon comme servant d'amers, et sur la première desquelles il y a eu très probablement un phare. (Die auf Seite 18, Fig. 11 wiedergegebene Medaille bezieht sich auf Abydos.)

7. Phare d'Apamée de Bithynie, dans la Propontide, gravé sur une médaille de cette ville, d'après Montfaucon.

8. Tour de Néoptolème à l'embouchure du Dniester, mentionnée par Strabon, et sur laquelle on peut supposer qu'il y a eu un phare. (?)

9. Phare du Pirée ou d'Athènes, dont l'existence est affirmée par Montfaucon et est d'ailleurs très probable. (?)

10. Phare de l'île de Caprée, qui s'écroula à la mort de Tibère, l'an 37, et fut ensuite reconstruit. (Vergl. auch Statius, Silvae III. 5. 101.)

11. Phare d'Ostie, construit sous Tibère et Néron, d'après les historiens et les médailles. (Vergl. Juvenal, Sat. XII, v. 76; Sueton, Claudius XX; Dio Cassius, LX. 11, 4.)

12. Phare de Ravenne, cité par Pline en même temps que celui d'Ostie.

13. Phare du port Jules, près Pouzolles, indiqué sur un vase antique en verre. (?)

14. Phare de Messine, indiqué sur une médaille de Sextus Pompée (und von Edrisi erwähnt).

15., 16. et 17. Phares de Misène, d'Ancône et de Centum Cellae (Civita Vecchia) dont l'existence est seulement probable.

18. Phare d'Aquilée, dans l'Adriatique, qu'on croit indiqué sur la table de Peutinger, mais dont l'existence n'est que probable. (?)

19. Phare de Fréjus, dont les ruines existent encore.

20. Phare du Lion à l'entrée du golfe de Fréjus. (Nach neueren französischen Forschungen.)

21. Phare de Marseille sur la pointe du Pharo.

22. Tours des fosses Mariennes (Foz) que Strabon dit avoir été construites pour servir d'amers, et qu'on peut supposer avoir porté un signal lumineux. (?)

23. Tour de la Nouvelle, qui a dû servir d'amer et peut-être de phare pour guider vers le port romain de Narbonne. (?)

24. Phare de l'embouchure du Guadalquivir ou tour Cépion, bâti par les Romains vers l'an 108, d'après Strabon et Méla.

25. Phare de la Corogne, cité par Ethicus, cosmographe du IVe siècle, et dont la tour existe encore.

26. Phare de Boulogne ou tour d'Ordre, bâti l'an 40 par les Romains.

27. Phare de Douvres, construit vers la même époque.

Anlage XXVII.

Der Turm zu Corunna.

Aus der Denkschrift einer Regierungskommission von 1786, die beauftragt war, zu untersuchen, welche Verbesserungen an den Häfen Ferrol und Corunna vorzunehmen seien; nach einer englischen Broschüre mit Abbildungen; im Auszuge abgedruckt in Les travaux publics de la France, Band V, S. 20.

Diese Abbildung (siehe Fig. 25) zeigt, dafs der Turm viereckig war, ungefähr 40 m hoch, bei 9 m Seite. Er war durch Gewölbe aus Schnittstein in mehrere Stockwerke geteilt, welche Gewölbe keine Öffnung hatten. Der Zugang zu den Geschossen geschah von einer aufsen um den Turm herumlaufenden Treppe. Die Abbildung zeigt an den Mauern den Gang dieser alten Treppe, die nicht mehr vorhanden war, sowie die Öffnungen, durch welche man von der Treppe in die Stockwerke gelangte. Zwei am Turm und in einem alten benachbarten Hause gefundene Steine besagen durch ihre Inschriften:

Der eine: dafs der Turm von dem Lusitanischen Architekt Sevius Lupus erbaut wurde und dem Mars geweiht war.

Der zweite: Lupus construxit, emulans miracula Memphis, gradibus stravit illam, lustrans cacumine naves.

»Lupus, der mit den Wundern von Memphis wetteifern wollte, konstruierte diesen Turm, umgab ihn mit einer Treppe und leuchtete von seinem Gipfel den Schiffern.« Das Wort Memphis ist wahrscheinlich gebraucht, um Ägypten zu bezeichnen, und »das Wunder«, das den Ehrgeiz des Architekten erregte, ist ohne Zweifel der Pharos von Alexandrien.

Im Mittelalter hörte der Turm auf als Leuchtturm zu dienen. Er wurde in ein Schlofs oder Kastell verwandelt, das dem Erzbischof von Santiago gehörte; man zerstörte die Treppe bei dem Bau eines Klosters in der Nähe. Erst im 17. Jahrhundert dachte man daran, den Turm wieder zu befeuern. Gegen 1684 vereinigten sich die zu Corunna stationierten Konsuln von England,

Holland und Flandern (Belgien?), um von der spanischen Regierung die Wiederherstellung des Turmes zu verlangen, und boten die Tragung der Kosten der Herstellung durch ihre Regierungen an. Wahrscheinlich zu dieser Zeit wurden oben am Turm die vier kleinen viereckigen Türmchen erbaut, von denen der eine auf der linken Seite der Abbildung zu sehen ist, und zugleich die Gewölbe durchbrochen, um im Innern eine Treppe anzubringen. Wir wissen nicht, ob damals der Turm wirklich befeuert wurde und die spanische Regierung das obige Anerbieten annahm; aber wir wissen, dafs ein Jahrhundert später es nicht mehr am Horizont aufleuchtete, weil die oben bezeichnete Kommission, deren Bericht vorliegt, vorschlug, das Feuer wieder herzustellen. Die Regierung ging darauf ein und liefs 1797 das Projekt der Kommission ausführen. Es bestand darin, den alten Turm vollständig wieder herzustellen, indem die Mauern mit Granit bekleidet wurden. Und um möglichst die Erinnerung und die Erscheinung des alten römischen Bauwerkes zu bewahren, stellte man ein breites Band von Stein her, welches, etwas aus den Mauern der vier Seiten vorspringend, genau der Steigung der alten äufseren Treppe folgte.

Anlage XXVIII a.

Th. Stevenson, Lighthouse Construction and Illumination. London 1881.

S. 53. In Hakluyts Voyages II., p. 448 wird berichtet, dafs an dem Eingange des Bosporus ein Turm von Stein ist auf dem Hauptland, 120 Stufen hoch, welcher eine grofse Glaslaterne an der Spitze hat, vier Ellen im Durchmesser und drei in der Höhe, mit einer grofsen kupfernen Schale in der Mitte, um Öl zu enthalten, mit 20 Dochten (lights) darin. Er dient dazu, den Weg zu zeigen auf dieser Strafse (passage) in der Nacht den Schiffern, welche von allen Teilen jener Meere nach Konstantinopel kommen.

Anmerkung. Nach einer vorangegangenen Bemerkung Stevensons fand der Besuch Hakluyts 1595 statt.

Anlage XXVIII b.

Pierre Gilles, gelehrter Reisender in der ersten Hälfte des 16. Jahrhunderts.

Du sommet de ce promontoire (Panium), on voit en long et en large le Pont-Euxin, ainsi que d'un autre Panium Alexandrie était jadis aperçue . . . . au milieu d'Alexandrie, une espèce de Panium, fait de main d'homme, terminé en pointe, semblable à une colline . . . .

Das Vorgebirge Panium ist eine Art Isthmus-Halbinsel, auf drei Seiten vom Wasser umgeben. Auf einem Punkte dieses Vorgebirges befindet sich ein Leuchtturm, woher die Griechen, welche jetzt die Gewohnheit haben, alle Worte auf arion zu endigen, den Ort phanarion nennen. Der Turm ist achteckig; er trägt auf seinem Gipfel eine Lampe, welche alle Nacht im Interesse der Schiffer angezündet wird. Diese Lampe ist nach allen Seiten von kleinen verglasten Fenstern umgeben, welche durch Blei miteinander verbunden sind und nicht durch Gips (Cement? plâtre), was beweist, dafs diese Arbeit (ouvrage) nicht von den Türken, sondern von den Christen herrührt.

Anmerkung. Da Konstantinopel 1453 von den Türken erobert wurde, mufs nach vorstehender Bemerkung die Laterne vor dieser Zeit errichtet worden sein.

Anlage XXIX.

Breusing, Die Nautik der Alten; Bremen 1886.

Seite 5 bis 13. Bei der Küstenfahrt im engeren Sinne bedurfte man der Steuermannskunst nicht. Wenn man das Land nicht aus Sicht verlor, so reichte für die heimischen Gewässer die eigene Erfahrung hin, und begab man sich darüber hinaus, so nahm man, wo solche zu haben waren, ortskundige Lotsen als Führer. (Arr. hist. ind. 27, 1 und 40, 11.) Man fand auch wohl an gefährlichen Orten Pfähle eingerammt, die dem unkundigen Schiffer das Fahrwasser bezeichneten. (Arr. hist. ind. 41.) War man ganz auf sich selbst angewiesen, so mufste man sich durch das Lot vor Untiefen schützen. (Acta apostol. 27.) Und fuhr man zu mehreren auf seichten Gewässern, so übernahm eines der Schiffe die Leitung und steckte zu beiden Seiten der aufgefundenen Fahrrinne Baken, so dafs die übrigen einzeln hintereinander mit Sicherheit folgen konnten. (Arr. hist. ind. 41.) Kam man in die Nähe eines besuchten Hafens, in dem das Einlaufen mit Schwierigkeiten verbunden war, so kamen Hafenlotsen heraus, oder es fuhren einheimische Fahrzeuge dem Schiffe entgegen, um es durch Bugsieren einzuschleppen. (Anon. periple. Mar. Er. § 44.) Auch sonst waren an flachen Küsten Türme als Wahrzeichen zur Erkennung aufgerichtet. (Strabo 3, 1, § 6.) Aber die besten Leitmarken für den Schiffer waren doch die, welche die Natur selbst bot, die hohen, weithin sichtbaren Vorgebirge. Nur fürchtete man die dort herrschenden heftigen Winde und Brandungen; namentlich war Maleia, das Südkap des Peloponnes, im Altertum so berüchtigt (Hom. Od. III, 287 und IV, 514), dafs von ihm das Sprichwort ging: Wenn du Maleia umschiffst, so vergifs die Heimat. (Strabo 8, 6, § 20.) Furcht gebiert Ehrfurcht, deshalb erwies man den Vorgebirgen religiöse Verehrung, weihte sie Gottheiten und errichtete Tempel auf ihnen. Die Südwestspitze Europa's, die man im Altertume für den westlichsten Punkt nicht nur Europas, sondern der ganzen bewohnten Welt hielt, hiefs vorzugsweise das »heilige« Vorgebirge. Kamen die Schiffer dort an, so landeten sie und erwarteten im nächsten Dorfe den anbrechenden Tag, denn den Berg bei Nacht zu besteigen, war nicht erlaubt, weil ihn, wie man sagte, die Götter während dieser Zeit besuchten. Erst am Tage wandelte man hinauf, bekränzte die dort liegenden heiligen Steine und verrichtete eine Trankspende. (Strabo 3, 1, § 2.) Wo gesittete Völker an der Küste wohnten, da zündete man in dunkler, stürmischer Nacht Feuer am Strande an als Warnungszeichen oder als Leitmarken für den Seemann, der Gefahr lief. (Hom. Od. X, 30, Lucian, Nigrin 7.) In den wichtigsten Handelshäfen waren als Wegweiser für die bei Nacht ankommenden Schiffe eigentliche Leuchttürme errichtet, unter denen der berühmteste von der Insel in der Nähe Alexandriens, auf der er erbaut war, den Namen Pharos trug, und mit diesem Worte in den romanischen Sprachen seine Bedeutung und sein Andenken bewahrt hat. Er war 400 Fufs hoch und soll nahe an 30 Millionen Mark gekostet haben. (Plinius H. N. 36, 12, Caes. de bell. civ. 3, 112.) Von anderen Leuchttürmen kennen wir zum Beispiel die von Ravenna (Plin. ibid.) und Ostia. (Suet. Claud. 20.) So sehen wir aus den wenigen uns erhaltenen zerstreuten Nachrichten über die Schiffahrt im Altertume, dafs für den Küstenschiffer, wenigstens in den wichtigsten Hafenplätzen, schon ungefähr alle die Hilfsmittel vorhanden waren, welche ihm in der ausgedehntesten Weise die Gegenwart bietet. Wie aufserordentlich weit es aber schon die Wasserbaukunst in der Anlage künstlicher Häfen gebracht hatte, ersehen wir aus dem Vitruv 5, 12.

Auch Hilfsbücher, aus denen er sich Rats erholen konnte, standen dem Schiffer des Altertums zur Verfügung. Einige davon sind uns erhalten, und schon ihr Titel ist für die Art der damaligen Schiffahrt bezeichnend. Das wertvollste unter ihnen ist: *Σταδιασμὸς ἤτοι περίπλους τῆς μεγάλης θαλάσσης*, d. h. Stadienzeiger oder Rundfahrt um das Mittelländische Meer. In ihm wird von § zu § aufgezählt, wie viel Stadien von einem Küstenplatz bis zum nächstfolgenden im παράπλους, d. h. im Nebenherfahren an der Küste beträgt. Nur wo starke Einbiegungen des Landes eine grofse Abkürzung der Reise gestatten, oder bei Inseln, die entfernter von der Küste liegen, wird auch der διάπλους, d. h. die Überfahrt angegeben. Sind so die einzelnen Entfernungen zwischen den Hafenplätzen und Vorgebirgen eines Küstensaumes aufgezählt, so wird mit Rücksicht darauf, dafs der Kurs nicht geradlinig, sondern in ein- und auswärts gekrümmten Bogen verlief, je nachdem Buchten und Landzungen ein Ein- und Umsegeln nötig machten, die Summe abgerundet und diese als Distanz vom ersten bis zum letzten Ort betrachtet. Endlich ist man wieder am Ausgangspunkt angelangt und der περίπλους, das ist die Rundfahrt, vollendet.

Die Mafseinheit der Entfernungen war bei den Griechen das Stadium zu 600 griechischen Fufs = 185 m, entsprach also ziemlich genau unserer Kabellänge, d. h. dem Zehntel einer Seemeile, freilich mit dem begrifflichen Unterschiede, dafs das Stadium ein Urmafs war, während unser Kabel ein aus der Gröfse des Erdumfanges abgeleitetes Mafs ist. Von den Mafseinheiten der übrigen Völker mag hier noch die »Leuge« erwähnt werden, nach der die Gallier rechneten. (Amm. Marcell. 15, 11 u. 16, 12.) Wir werden ihr im späteren Mittelalter als legua bei den Spaniern, league bei den Engländern und lieue bei den Franzosen wieder begegnen.

Neben den Entfernungen werden Richtungen nur höchst selten angegeben. Da sich der Schiffer mit seinen Kursen der Gestaltung des Landes anschmiegen mufste, so war es nicht nötig, ihm seinen Weg nach den Himmelsstrichen vorzuschreiben. Die Segelanweisung lautete einfach: Folge dem Laufe der Küste. Dagegen finden sich andere ihm nützliche und notwendige Mitteilungen in ziemlich reicher Anzahl vor. Es wird angegeben, ob sich an einem Orte ein Hafen findet oder ein blofser Anlegeplatz oder nur eine Seereede, ob der Platz Schutz gegen gewisse Winde bietet und ob dies nur im Sommer der Fall ist, so dafs er sich zum Überwintern nicht eignet, ob die Wassertiefe für grofse oder nur für kleine Schiffe ausreicht, ob er offen oder ob er schwierig anzulaufen ist. Es wird angegeben, ob die Küste flach oder abschüssig, ob der Grund sandig oder felsig ist, ob der Anker darin hält oder nicht, ob der Strand rein ist oder ob Untiefen und Klippen davor liegen und ob diese sichtbar oder blind sind, so dafs man sich in dem einen Falle dicht unter der Küste halten kann, in dem anderen weit davon bleiben mufs. Es werden Erkennungszeichen an der Küste angegeben, ob ein Vorgebirge hoch oder niedrig ist und welche Gestalt es hat, ob der Strand ein besonderes Aussehen hat, z. B. weifs erscheint, ob einzelne Bäume als Erkennungszeichen dienen, ob eine Stadt Festungswerke und Turmmauern hat, ob ein hoher Tempel in die Augen fällt u. a. m. Als ein besonders wichtiger Punkt wird hervorgehoben, ob man sich an einem Orte mit Trinkwasser versehen kann oder nicht, ob Bäche oder Brunnen vorhanden sind, oder ob man im Sande darnach graben mufs; es wird dann der Ort, wo es sich findet, genau bezeichnet und zugleich gesagt, ob das Wasser von süfsem oder brackischem Geschmacke ist u. s. w. Um dem Leser von solchen Seebüchern des Altertums eine deutliche Anschauung zu geben, wird es das beste sein, wenn ich aus dem eben erwähnten Stadiasmus einen kurzen Abschnitt in Übersetzung vorlege, indem ich mich dabei an die vortreffliche Bearbeitung der kleinen griechischen Geographen von Karl Müller halte. Leider ist der Text in der einzigen Handschrift, die wir besitzen, sehr verderbt, so dafs die Zahlenangaben, wie sich aus der Summierung der einzelnen Distanzen ergibt, mehrfach von der Wirklichkeit abweichen.

Die afrikanische Küste von Leptis (jetzt Lebde im Meridiane von Malta) bis Karthago. § 93 bis § 124 des Stadiasmus.

§ 93. Aus See kommend siehst du ein niedriges Land, vor dem kleine Inseln liegen. Bist du näher gekommen, so siehst du die Stadt an der See, eine weifse Düne und einen Strand. Auch die ganze Stadt hat ein weifses Aussehen. Einen Hafen hat sie nicht, du liegst aber sicher bei Hermaion. Übrigens heifst die Stadt Leptis.

§ 94. Von Leptis bis Hermaion sind 15 Stadien. Es ist ein Anlegeplatz für kleine Schiffe.

§ 95. Von Hermaion bis Gaphara sind 200 Stadien. Das Kap bietet auf beiden Seiten einen Anlegeplatz. Es hat Trinkwasser.

§ 96. Von Gaphara nach Amaraia sind 40 Stadien. Das Bollwerk bietet eine Schutzlage. Es ist Trinkwasser zu haben. Neben dem Flusse sieht man Ackerfelder. Der Fluſs heiſst Oinoladon.

§ 97. Von Amaraia nach Megerthis sind 140 Stadien.

§ 98. Von Megerthis nach Makaraia sind 400 Stadien. Es ist eine Stadt mit einem Hafen und Trinkwasser.

§ 99. Von Makaraia nach Sabratha sind 400 Stadien. Es ist eine Stadt ohne Hafen, aber mit einer Seereede.

§ 100. Von Sabratha nach Lokroi sind 300 Stadien. Es ist ein Dorf und oberhalb desselben ein hohes Kastell.

§ 101. Von Lokroi nach Zeucharis sind 300 Stadien. Das Kastell hat eine Turmmauer. Es ist ein vorzüglicher Hafen.

§ 102. Von Zeucharis nach Gergis sind 350 Stadien. Es ist ein befestigter Platz, hat ein Kastell, einen Hafen und Trinkwasser.

§ 103. Von Gergis nach Meninx sind 150 Stadien. Die Stadt liegt auf einer Insel, die vom Festlande 8 Stadien entfernt ist und eine ziemliche Anzahl von Städten hat, aber jene ist die Hauptstadt. Es ist die Insel der Lotophagen. Auf ihr befindet sich ein Altar des Herakles, der für den gröſsten ausgegeben wird. Meninx hat einen Hafen und Trinkwasser.

Alles in Allem sind von Leptis nach Meninx 2300 Stadien.

§ 104. Von Meninx nach Gichthis auf dem Festlande sind 200 Stadien. Es ist eine Stadt mit einem trefflichen Hafen und Trinkwasser.

§ 105. Von Gichthis nach Kidiphtha sind 180 Stadien. Es ist eine Stadt mit einem Hafen.

§ 106. Von Kidiphtha nach Takape sind 200 Stadien.

§ 107. Von Takape nach Neapolis sind 400 Stadien. Es ist eine Stadt mit einem Hafen.

§ 108. Von Neapolis nach Thena sind 200 Stadien.

§ 109. Von Thena nach Acholla sind 500 Stadien.

§ 110. Von Acholla nach Salipota sind 120 Stadien.

§ 111. Von Salipota nach Thapsos sind 120 Stadien.

§ 112. Diese Städte haben Häfen; weil aber Untiefen davor liegen, verkehren nur mäſsig groſse Fahrzeuge dort. Acholla, Salipota und Kidiphtha gegenüber liegt 120 Stadien vom Festlande entfernt die Insel Kerkina. Von der Insel Meninx nach der Insel Kerkina durch See sind 750 Stadien. In der Richtung von Thena nach Kerkina erstrecken sich Untiefen bis an die Stadt. Von Kerkina nach Thapsos sind 700 Stadien. Von Thapsos 80 Stadien in nördlicher Richtung liegt in See eine schöne Insel, die einen Hafen und Trinkwasser hat. Diese Inseln umgrenzen das kerkinische Meerbecken.

§ 113. Von Thapsos nach Kleinleptis sind 170 Stadien. Es ist eine kleine Stadt. Es liegen dort Bänke über Wasser, und das Anlaufen der Stadt ist sehr schwierig.

§ 114. Von Leptis nach Thermai sind 40 Stadien. Es ist ein Dorf. Auch dort wird durch Untiefen das Anlaufen schwierig.

§ 115. Wenn du von Thermai 20 Stadien gesegelt hast, siehst du ein Kap mit zwei kleinen Inseln dabei, die von einem Pfahlwerke umgeben sind, daneben ist ein Ankerplatz.

§ 116. Von diesem Vorgebirge siehst du die Stadt Adrymeton in einer Entfernung von 40 Stadien. Es ist dort kein Hafen.

§ 117. Von Adrymeton nach Aspis sind 500 Stadien. Es ist ein hohes, von allen Seiten sichtbares Vorgebirge in der Gestalt eines Schildes. Steure von Adrymeton so, daſs du den Norden an Backbordsbug hältst, denn in der dortigen See sind viele und rauhe Untiefen. Dir wird dann Neapolis in Sicht kommen. Von der Neapolisbucht bis Aspis sind 200 Stadien.

Es ist ein hohes Land und auf ihm liegt die Stadt. Sie hat einen Hafen gegen Westwind 10 Stadien nördlich von der Stadt.

§ 118. Von Aspis nach dem Kap Hermaion sind 200 Stadien.

§ 119. Von Hermaion bis zum Hafen Misua sind 120 Stadien.

§ 120. Vom Hafen Misua bis zu Therma sind 60 Stadien. Es ist ein Dorf und oberhalb desselben sind die Thermen, d. h. warme Quellen.

§ 121. Von Therma bis Karpe sind 160 Stadien. Es ist eine Stadt mit einem Hafen.

§ 122. Von Karpe nach Maxyla sind 20 Stadien. Es ist eine Stadt mit einem Hafen.

§ 123. Von Maxyla nach Galabras sind 50 Stadien. Dort ist ein Anlegeplatz, der sich bis an den Kiespfad ausdehnt.

§ 124. Von Galabras nach Karthago sind 120 Stadien. Es ist eine sehr grofse Stadt mit einem Hafen. In der Stadt ist ein Kastell. Ankere zur rechten Seite des Dammes.

Alles in allem sind von der Lotophageninsel Meninx nach Karthago 3550 Stadien.

Erst bei der Küstenschiffahrt im weiteren Sinne, der Überfahrt im Binnenmeere, mufste der Seemann sich der Steuermannskunst bedienen, um den Weg über See verfolgen und den in See erreichten Ort bestimmen zu können. Da astronomische Beobachtungen nur an Land angestellt werden konnten, weil für solche auf der See die erforderlichen Instrumente fehlten, so mufste sich die ganze Wissenschaft des Schiffers auf das beschränken, was wir geographische Steuermannskunst nennen, auf die Ermittelung von Kurs und Distanz, d. h. Richtung und Gröfse des durchlaufenen oder zu durchlaufenden Weges. (Hom. Od. IV. 389: *ὁδὸς καὶ μέτρα κελεύθου.*) Vorrichtungen, um die Geschwindigkeit der Fahrt zu messen, hatte man im Altertume nicht. Zwar machte der römische Schriftsteller Vitruv, der zur Zeit des Kaisers Augustus lebte, den Vorschlag, an beiden Seiten des Schiffes Räder anzubringen, die mit ihren unteren Schaufeln in das Wasser tauchten und sich dann, der gröfseren oder geringeren Fahrt entsprechend, mehr oder weniger rasch umgedreht hätten. (Vitruv. de Arch. 10, 9, § 5.) Aber wir haben keine Nachricht, dafs dieser Vorschlag je zur Ausführung gelangt ist. Der Schiffer der früheren Zeit war lediglich auf die Schätzung des zurückgelegten Weges nach dem Augenmafs oder, wie wir sagen, auf Gissung angewiesen. Wenn er in der Heimat, wo er die Entfernungen kannte, die Küste entlang fuhr, so lernte er aus der Zeit, die er brauchte, um von dem einem Ort zu dem anderen zu gelangen, und aus der gleichzeitigen Beobachtung der Geschwindigkeit, mit der der Wellenschaum am Schiffe vorüberflofs, oder aus der Höhe, in der das Wasser vor dem Buge aufgeworfen wurde, Vergleiche ziehen, um auch auf hoher See die Fahrt angenähert bestimmen zu können. Unsere Seeleute erreichen darin eine erstaunliche Sicherheit, aber man würde irren, wenn man dieselbe bei den Schiffern im Altertume voraussetzen wollte. Dafür fehlte ihnen ein wesentliches Hilfsmittel, über welches wir gebieten, ein genaues Zeitmafs. Man rechnete zwar nach Stunden, aber diese Stunden waren nicht von gleicher Dauer, denn man teilte die Zeit von Sonnenaufgang bis zu Sonnenuntergang und ebenso die von Sonnenuntergang bis zu Sonnenaufgang in je zwölf Stunden, so dafs sich mit der Dauer des natürlichen Tages auch die der Stunde änderte. Im Sommer war eine Tagesstunde länger als eine Nachtstunde, und im Winter war eine Tagesstunde kürzer als eine Nachtstunde. Nur zur Zeit der Nachtgleichen war auch die Tagesstunde gleich der Nachtstunde, also eine Stunde der vierundzwanzigste Teil des ganzen Tages von Mitternacht bis Mitternacht. Deshalb wurden solche Stunden Äquinoctialstunden genannt. Die Sonnenuhren oder Schattenzeiger konnten nun zwar auch für ungleiche Stunden eingeteilt werden, waren aber an Bord nicht aufzustellen, und die Wasseruhren, die es bereits im Altertume gab, litten an so grofser Ungenauigkeit, dafs sie nur in Fällen benutzt wurden, wo es auf eine scharfe Zeitbestimmung nicht ankam, so z. B. um bei Gericht die Zeitdauer festzustellen, welche einem Redner zum Sprechen gestattet war, und nach deren Verlauf er aufhören mufste. So kommt es, dafs wir die Geschwindigkeit der Fahrt nie, wie es jetzt gebräuchlich ist, für eine Stunde angegeben finden, sondern nur rohe

Überschläge, wie viel man während eines Tages oder einer Nacht vorwärts gekommen zu sein glaubte. Wir finden nun bei den alten Schriftstellern folgende Angaben.

Es rechnet

Herodot (4, 86) im Sommer auf die Tagfahrt	700	Stadien
» » » » » » Nachtfahrt	600	»
Skylax (Peripl. 69) für Tagfahrten durchschnittlich	500	»
Marinus (Ptol. 1, 17) für Tagfahrten je nach den Umständen	500—1000	»
Markianos (Epit. peripl. mar. nit. 5) je nach dem Baue des Schiffes und der Gelegenheit	500—700—900	»

Man sieht, dafs als Mittel für die während einer Tag- und Nachtfahrt oder die während eines Etmals, d. h. 24 Stunden, gesegelte Distanz etwa 1200 Stadien oder 120 Seemeilen gerechnet wurden, was eine mittlere Geschwindigkeit von 5 Knoten gäbe. Über die Ungenauigkeit solcher Angaben nach Tagfahrten waren sich schon die Alten klar. (Marcian. Her. ep. per. mar. int. 5.) Selbstverständlich kamen einzelne raschere Reisen vor. Plinius (H. N. 19. prooem.) macht als solche namhaft die der Präfekten Galerius und Balbillus von der sizilischen Meerenge nach Alexandrien, von denen jener am siebenten, dieser am sechsten Tage ankam; die des Senator Valerius Marianus, der von Puteoli aus mit schwacher Brise am neunten Tage in Alexandrien ankam. Die Reise von Cadix nach der Tibermündung konnte in sieben Tagen, die aus Afrika dahin in zwei Tagen gemacht werden. Daraus würden sich Geschwindigkeiten von 6 bis $7^1/_2$ Knoten ergeben. Eine andere rasche Fahrt erzählt Arrian (Peripl. Mar. Eux. 6.), wo von Tagesanbruch bis gegen Mittag 500 Stadien oder 50 Seemeilen gutgemacht wurden. Aus der Dauer der Vormittagszeit, die, weil die Reise in den Sommer fiel und die Seeleute früh bei der Hand sind, zu sieben Stunden gerechnet werden mufs, ergibt sich eine Geschwindigkeit von 7 Knoten, so dafs die Schiffe der Alten hierin unseren gewöhnlichen Kauffahrern wenig nachgaben.

Aber weit schlimmer als um die Messung der Distanz stand es um die Bestimmung des Kurses. Man hatte kein anderes Mittel, als sich bei Tage nach dem Stande der Sonne und bei Nacht nach dem Laufe der Gestirne zu richten. (Hom. Od. V. 272.) Fahrten über See fanden deshalb auch so gut wie ausschliefslich nur im Sommer statt, wo man mit ziemlicher Sicherheit auf klares Wetter rechnen konnte. Im Oktober wurde die Schiffahrt geschlossen, um erst wieder im März zu beginnen. (Veget. de re mil. 5, 9.) Bedeckte sich der Himmel, so konnte man vielleicht noch einige Zeit nach dem Seegange, d. h. nach der Richtung der Wellenbewegung, sein Ruder lenken; hielt aber die Trübung an, so mufste man aufs Geratewohl steuern, man wufste nicht, wohin man verschlug, und nur das fleifsig ausgeworfene Lot gab dem ratlosen Schiffer Warnung vor der Annäherung an die unbekannte Küste. Schon in ältester Zeit hatte dieses, wie noch jetzt, am unteren Ende eine flache Höhlung, die man mit Talg oder einer ähnlichen Masse ausfüllte, so dafs daran eine Grundprobe kleben blieb, und man nicht nur die Tiefe, sondern auch die Beschaffenheit des Meeresbodens untersuchen und daraus Schlüsse auf den Ort, wo man sich befand, machen konnte. Man wufste z. B. auf einer Reise nach Ägypten, dafs man nur noch eine Tagfahrt von den Nilmündungen entfernt war, wenn man in 11 Faden Wasser mit dem Lote Schlamm heraufholte. (Herodot 2, 5.) Für andere Örtlichkeiten hatte man andere Mittel, um durch die Wasserwüste seinen Weg zu finden. Wenn die Schiffer im Indischen Ozean so weit nach Süden fuhren, dafs der Nordstern unter den Horizont sank, so führten sie Vögel mit sich und liefsen diese auffliegen, um der Richtung ihres Fluges folgend das nächste Land zu treffen. (Plin. H. N. 6, 22.) Auch hatten sie dort sonstige Merkzeichen für ihre Ortsbestimmung. Das weifse Wasser, welches der Indus weithin ins Meer führt, war ihnen der Wegweiser zu seinen Mündungen. (Anon. Peripl. mar. erythr. 38.) Wollte man aus hoher See den Busen von Barygaza, jetzt Kutsch, anlaufen, so wufste man sich in der

Nähe desselben, wenn man zuerst grofse schwarze und gleich darauf kleine goldgrüne Wasserschlangen antraf. (Ibid. 40 und 55.) Ein wie kümmerlicher Behelf aber alle solche Hilfsmittel zur Bestimmung des Kurses oder des Standortes waren, bedarf keiner Auseinandersetzung.

Siehe auch: Der Schiffbruch des Apostels Paulus auf der Reise von Cäsarea nach Rom, Breusing, die Nautik der Alten, S. 142 u. f., mit Karte.

Anlage XXXa.

Das Leuchtfeuer auf Cordouan.

Allard, Les Phares (Paris 1889.) S. 40 u. f.

Première Tour remontant à Charlemagne.

On ne connaît pas d'une manière certaine l'origine du nom de Cordouan. Quelques auteurs prétendent qu'une ancienne tour fut bâtie par un architecte de ce nom, mais l'opinion la plus vraisemblable le rattache à celui de la ville de Cordoue[1]). Les relations commerciales de cette ville avec Bordeaux sont attestées notamment par Matthieu Paris, chroniqueur anglais du XIIIe siècle. Cet auteur manifeste la crainte que les Gascons se révoltent contre la domination anglaise, »depuis qu'ils ont, dit-il, pour la vente de leurs vins, un autre débouché que l'Angleterre, par suite de leurs récentes relations en Espagne avec Cordoue, Séville et Valence.« Les habitants de Cordoue apportaient à Bordeaux leurs cuirs renommés, qu'employaient les fabricants de chaussures ou cordouaniers, et ils en exportaient des vins. On peut supposer que ce fut à leur instigation, peut-être même à leurs frais, qu'une première tour s'éleva sur le rocher qui porte leur nom. Piganiol de la Force rapporte, de son côté, la tradition suivante: »On prétend sans fondement que Louis le Débonnaire avait fait bâtir au même lieu une tour fort basse, telle qu'on la voit dans de vieilles cartes, et qu'au lieu du feu, des hommes sonnaient des cornets pour avertir les navigateurs des dangers. La vérité est que quand on bâtit la tour actuelle, il y en avait aux environs une vieille fort inférieure en hauteur et en ornements.« C'est sans doute celle que l'on voit représentée à gauche de la figure 36[2]). Remarquons en

Erster Turm, auf Karl d. Grofsen zurückgeführt.

Man kennt nicht sicher den Ursprung des Namens Corduan. Einige Schriftsteller behaupten, dafs ein alter Turm von einem Architekten dieses Namens gebaut wurde, aber die wahrscheinlichste Meinung ist, dafs er sich auf die Stadt Cordova bezieht. Die Handelsbeziehungen dieser Stadt mit Bordeaux werden bestimmt von Matthieu Paris bestätigt, einem englischen Chronisten aus dem 13. Jahrhundert. Dieser Schriftsteller bestätigt die Furcht, dafs die Gascogner sich gegen die englische Herrschaft empören möchten, »seit sie,« sagt er, »für den Verkauf ihrer Weine eine andere Ausfuhr als nach England hatten, infolge ihrer häufigen Verbindungen nach Spanien mit Cordova, Sevilla und Valencia.« Die Bewohner von Cordova brachten ihr berühmtes Leder nach Bordeaux, welches die Schuhfabrikanten oder cordouaniers brauchten, und exportierten Weine. Man kann vermuten, dafs es auf ihre Eingebung, vielleicht auf ihre Kosten war, dafs der erste Turm sich auf dem Felsen, der ihren Namen trug, erhob. Piganiol de la Force (1751) erzählt seinerseits folgende Überlieferung: »Man behauptet ohne sicheren Grund, dafs Ludwig der Fromme an demselben Ort einen sehr niedrigen Turm hatte bauen lassen, so wie man ihn auf alten Karten sieht, und anstatt des Feuers bliesen Männer auf Hörnern, um die Seefahrer von der Gefahr zu benachrichtigen. Die Wahrheit ist, dafs, als man den jetzigen Turm baute, es in der Nähe einen an Höhe und Orna-

[1]) Auf der ältesten See-Karte, 1570, ist die Insel »Corben« genannt, auch wird angenommen, dafs dieselbe früher mit dem Festlande zusammenhing, und selbst bei Erbauung des jetzigen Turmes soll nach Piganiol de la Force, Description de la France 1751, noch diese Verbindung nutzbar gewesen sein. . . . .

[2]) Die citierte Fig. 36 stimmt überein mit Fig. 27, Seite 30.

passant cet usage des signaux sonores que la tradition ferait remonter à une époque reculée.

L'existence d'une première tour construite par Louis le Débonnaire, est aujourd'hui plus probable qu'elle ne le paraissait à Piganiol. M. Paigné-Delacourt a en effet découvert, dans le manuscrit No. 5714 de la bibliothèque nationale, une traduction faite vers le XIIe ou le XIIIe siècle, en français poitevin, d'une chronique relative aux invasions des Normands. On sait que Charlemagne, ému de leurs premières incursions, mit les côtes en état de défense, fit construire des vaisseaux, ralluma, comme nous l'avons vu, le phare de Caligula à Boulogne, et il résulterait du manuscrit précité, qu'il donna à son fils Louis, chargé du gouvernement d'Aquitaine, l'ordre de construire sur le rocher de Cordouan une chapelle dont la tour pût servir de fanal. Tout porte à croire que cet ordre fut exécuté; ce qu'il y a de certain c'est que 280 ans plus tard il y avait sur ce point une abbaye et des ermites; car d'après M. Gaullieur, archiviste de Bordeaux, un acte de donation, passé en 1092 dans le château de Royan, et faisant partie du cartulaire de la Sauve, mentionne parmis les témoins, un religieux qualifié d'abbé et d'ermite de l'île de Cordouan. Cette citation et quelques autres qu'on trouvera plus loin tendent à faire admettre l'existence d'un premier phare remontant à une époque reculée, et probablement à Charlemagne.

menten sehr untergeordneten gab. Es ist ohne Zweifel derjenige, den man links in der Fig. 36 (Bei uns Fig. 27, Seite 30) dargestellt sieht. Wir weisen beiläufig auf diesen Gebrauch der Schallsignale hin, welchen diese Überlieferung in eine sehr weit zurückliegende Zeit versetzt.

Das Dasein eines ersten Turmes, von Ludwig dem Frommen erbaut, ist heute wahrscheinlicher, als es Piganiol erschien. M. Paigné-Delacourt hat in der That in dem Manuscript Nr. 5714 der National-Bibliothek eine Übersetzung, die im 12. oder 13. Jahrhundert im Poitevin-Französisch angefertigt ist, in einer Chronik entdeckt, die sich auf die Einfälle der Normannen bezieht. Man weifs, dafs Karl der Grofse, beunruhigt von ihren ersten Einfällen, die Küsten in Verteidigungszustand setzte, Schiffe bauen liefs und den Leuchtturm des Caligula zu Boulogne wieder anzünden liefs, wie wir oben schon gesehen haben, und es würde aus dem angeführten Manuscripte hervorgehen, dafs er seinem Sohne Louis, dem die Regierung von Aquitanien übergeben war, den Befehl gab, auf dem Felsen von Cordouan eine Kapelle bauen zu lassen, deren Turm als Seeleuchte (fanal) dienen könne. Alles führt dahin, zu glauben, dafs dieser Befehl ausgeführt wurde; gewifs ist, dafs es 280 Jahre später auf diesem Punkte eine Abtei und Eremiten gab; denn nach M. Gaullieur, Archivar in Bordeaux, wurde im Jahre 1092 im Schlosse von Royan eine Schenkungsakte vollzogen, die ein Teil der Urkundensammlung von la Sauve ist, und die unter den Zeugen einen Mönch erwähnt, der Abt und Eremit von der Insel Corduan war. Diese Anführung und einige andere, die man weiterhin finden wird, erlauben die Annahme der Existenz eines ersten Leuchtturmes zu einer weit zurückliegenden Zeit, wahrscheinlich zu der Karls des Grofsen.

Deuxième Tour, bâtie par le Prince Noir.

Nous passons maintenant à un second phare de Cordouan sur lequel nous avons des renseignements certains. Voici en effet un document authentique, qui prouve qu'une tour

Zweiter Turm, unter dem Schwarzen Prinzen gebaut.

Wir gehen nun zu einem zweiten Leuchtturm von Cordouan über, von dem wir bestimmte Nachweise haben. In der That gibt es ein beglaubigtes Dokument, welches beweist,

avait été bâtie sur ce point par le Prince Noir, pendant la domination anglaise au XIVe siècle; c'est une carte latine de 1409, qui concerne la principauté d'Aquitaine, et qui se trouve dans le receuil de Thomas Rymer, intitulé: Foedera, conventiones ect. inter reges Angliae et alios. En voici la traduction:

»Comme notre très cher oncle Edouard, d'heureuse mémoire, prince de Galles, avait récemment (nuper) fait fonder et construire à l'embouchure de la Gironde une tour et une chapelle dédiée à sainte Marie, en même temps que des maisons en pierre, avec tous les objets nécessaires, pour conduire sains et saufs et garantir de toute avarie sur les rochers ou les bancs de sable les vaisseaux partis de notre ville de Bordeaux et passant en ce lieu; comme la dite tour et chapelle et les autres objets ont été tellement endommagés et démolis par les tempêtes de vent et d'eau, que l'établissement tout entier est en voie de perdition, ainsi qu'on nous en informe; et comme nous avons appris de Galfridus de Lesparra, ermite du lieu sus-désigné, nommé Notre-Dame de Cordouan, et ses prédecesseurs ermites du même lieu, avaient depuis une époque reculée (ab antiquo tempore) le droit de toucher sur tout navire ou vaisseau chargée de vin conduit à notre ville précitée, deux gros de sterling ou leur valeur en notre monnaie d'Aquitaine, lesquels deux gros ne suffisent pas au dit ermite, ainsi que nous l'avons su;

Nous, prenant cela en considération, de notre grâce spéciale, avons accordé autant qu'il est en notre pouvoir, au susdit Galfridus, deux autres gros de sterling ou leur valeur en notre monnaie d'Aquitaine, lesquels seront perçus aussi longtemps que cela nous plaira, sur tout navir ou vaisseau chargé de vin, qui à partir de maintenant passera par le dit lieu, venant de notre ville sus-nommée, et ce en sus des deux gros accordés antérieurement, ainsi, qu'il a été dit; voulant que le dit ermite ait et perçoive les dits quatre gros par les mains de nos trésoriers.«

Le prince de Galles, surnommé le Prince Noir, gouverna la Guyenne de 1362 à 1371. Il y avait donc moins d'un demi-siècle, que

dafs von dem Schwarzen Prinzen während der englischen Herrschaft im 14. Jahrhundert auf diesem Punkte ein Turm gebaut wurde; es ist eine lateinische Urkunde von 1409, welche das Fürstentum von Aquitanien betrifft, und welches sich in der Sammlung von Thomas Rymer befindet, betitelt: Födera, conventiones ect. inter reges Angliae et alios. Hier ist die Übersetzung:

»Da unser sehr teurer Onkel Eduard, glücklichen Andenkens, Prinz von Wallis, vor kurzem (nuper) an der Mündung der Gironde, einen Turm hatte gründen und bauen lassen, und eine Kapelle, der hl. Maria geweiht; ebenso wie die Häuser von Stein mit allen nötigen Sachen, um die Schiffe, die aus unserer guten Stadt Bordeaux abgehen und an diesem Ort vorüber müssen, unverletzt und sicher vor jeder Havarie auf dem Felsen oder Sandbänken zu führen; und da nun besagter Turm und die Kapelle und andere Gegenstände so beschädigt sind und durch Stürme des Windes und Wassers so zerstört, dafs die ganze Einrichtung gänzlich auf dem Wege des Verderbens ist, wie man uns mitgeteilt hat, und da wir erfahren haben, dafs Galfridus de Lesparra, Eremit des unterzeichneten Orts, genannt Notre Dame de Cordouan, und seine Vorgänger an demselben Orte seit einer weit zurückliegenden Zeit das Recht haben, von jedem Fahrzeug oder Schiff, das mit Wein beladen zu unserer vorgenannten Stadt fährt, zwei Groschen (gros) Sterling oder ihren Wert in unserer aquitanischen Münze zu erheben, welche zwei Groschen dem genannten Eremiten nicht genügen, wie wir erfahren haben;

So haben wir dies in Betracht gezogen, und haben aus unserer besonderen Gnade, soviel es in unserer Macht steht, dem genannten Galfridus zwei andere Groschen Sterling oder ihren Wert in unserer aquitanischen Münze bewilligt, welche ausgezahlt werden sollen, so lange es uns gefallen wird, von jedem Schiffe oder Fahrzeug mit Wein beladen, was von jetzt ab an diesem genannten Ort vorüberfahren wird und von unserer genannten Stadt kommt, und dies als Zuschlag für die beiden früher bewilligten Groschen, wie es gesagt ist;

la tour de Cordouan, bâtie par ses soins, était achevée lorsque la charte de 1409 fut écrite. Or le roi, en parlant de l'époque ou cette tour fut élevée, emploie le mot nuper, récemment, et se sert de ceux-ci, ab antiquo tempore, depuis une époque ancienne, en parlant de l'impôt, que les prédécesseurs de l'ermite avaient été autorisés à percevoir; ce qui s'accorde bien avec l'idée qu'il y avait eu sur l'îlot de Cordouan un phare antérieur à celui du Prince Noir. Quoi qu'il en soit, la charte précitée indique que la tour, bâtie par les Anglais après 1362, était en mauvais état dès 1409. Les deux gros de sterling que les ermites percevaient sur chaque navire n'avaient pas suffis pour l'entretenir convenablement. Lorsque cet impôt fut doublé, ils purent sans doute entreprendre les réparations nécessaires, mais nous ne savons pas si la tour continua à porter un feu jusqu'à l'érection du phare qui lui succéda deux siècles plus tard.

und wollen, daſs der genannte Eremit habe und empfange, die genannten vier Groschen aus den Händen unserer Schatzmeister.«

Der Prinz von Wallis, genannt der Schwarze Prinz, regierte von 1362 bis 1371 in der Guyenne. Es war also wenigstens ein halbes Jahrhundert seit der Turm von Cordouan, den seine Sorgfalt gebaut, vollendet war, als die Urkunde von 1409 geschrieben wurde. Denn der König, indem er von der Zeit spricht, wo der Turm erbaut wurde, wendet das Wort »nuper«, früher, an und bedient sich des Ausdrucks »ab antiquo tempore«, seit alter Zeit, indem er von der Abgabe spricht, welche die Vorgänger des Eremiten berechtigt waren zu empfangen. Es stimmt dies mit dem Gedanken überein, daſs es auf dem Inselchen von Cordouan einen älteren Leuchtturm als den des Schwarzen Prinzen gegeben habe.

Wie dem auch sei, die erwähnte Urkunde bezeugt, daſs der nach 1362 von den Engländern erbaute Turm sich seit 1409 in schlechtem Stande befand. Die zwei Groschen Sterling, welche die Eremiten von jedem Fahrzeug bekamen, hatten nicht zur schicklichen Erhaltung gereicht. Als diese Abgabe verdoppelt wurde, konnten sie ohne Zweifel die nötigen Ausbesserungen unternehmen; aber wir wissen nicht, ob der Turm fortfuhr, ein Feuer zu tragen bis zur Errichtung des Leuchtturmes, welcher ihm zwei Jahrhunderte später folgte.

Anlage XXX b.

Die Vorschläge Teulères,

die Einführung parabolischer Reflektoren mit Lampen von doppeltem Luftzug betreffend.

Nach Reynaud, Mémoire sur l'éclairage et le balisage des côtes de France (Paris 1864). S. 44.

On attribue généralement à Borda l'invention des réflecteurs paraboliques et des phares à éclipses, et à Argant celle des lampes à double courant d'air.

Or c'est en 1784, après avoir reçu communication du mémoire de Teulère par le maréchal de Broglie, alors ministre de la marine, que le savant académicien fit exécuter pour le port de Dieppe, et sans réclamer d'ailleurs le mérite de l'invention, un petit appareil tournant composé de cinq réflecteurs paraboliques. On différa probablement l'application du nouveau système au phare de Cordouan, parce qu'il était question, à cette époque, de l'exhaussement de la tour. Le projet de cet important travail fut présenté en 1786, et fut mis immédiatement à exécution. Borda se chargea alors de faire établir l'appareil imaginé par Teulère, qui n'avait pas trouvé à Bordeaux d'artiste suffisamment habile.

Quant à l'invention de la lampe à double courant d'air, il est à remarquer que les auteurs qui l'attribuent à Argant la font remonter à 1784 ou 1786, tandis que le mémoire de Teulère est de 1783. Du reste, cet ingénieur, qui a réclamé celle des réflecteurs paraboliques, n'a pas insisté en ce qui concerne le bec de la lampe. Il se borne à dire qu'Argant a eu la même idée que lui, et en a tiré grand parti.

Sans doute les titres de Teulère à une priorité absolue peuvent être contestés; il serait bien étrange, qu'il ne fût venu à personne avant lui la pensée d'utiliser, pour la transmission de la lumière, la propriété la plus connue de la parabole, et il paraît, qu'un petit appareil tournant à trois réverbères (probablement à coquilles sphériques) avait été installé à l'entrée du port de Marstrand en Suède, antérieurement à 1783. Mais l'ingenieur français a inventé de son côté, et a eu le mérite d'imaginer un système complet et rationnel dans toutes ses parties. Il a été le véritable inventeur des phares catoptriques, en ce sens qu'ils étaient très-défectueux sous tous les rapports quand il s'est occupé de la question, et qu'on n'a rien trouvé d'essentiel à ajouter à sa conception. Sauf les proportions et quelques détails de construction, les appareils catoptriques actuels les plus usités sont entièrement conformes à ceux de Teulère.

Anlage XXXI a.

Mitteilungen des Herrn Baurats Keller (Rom 1891).

Aus den ältesten Pisaner Chroniken, vereinigt in: Storico italiano, vol. 6 parte 2, Florenz 1841.

Siehe auch Aldini, Saggio di osservazioni etc. dei Fari (Milano 1823) § 81, S. 95 und Anlage XXXI c.

Pisa erbaute: 1155—65 seine Mauern und Türme. 1157—58 den Turm auf der kleinen Insel Meloria. 1163 den mehr nach Livorno zu liegenden Turm Magnale.

Welcher der beiden Türme der Leuchtturm war, ist zweifelhaft. Aldini nimmt als solchen den auf Meloria an, ebenso die oben bezeichnete Anlage.

Den ersteren Turm bezeichnet der im 14. Jahrhundert schreibende Giovanni Villani: Florentiner Chronist, bei Gelegenheit des Berichtes über die Zerstörung der sämtlichen Pisaner Befestigungstürme durch die Florentiner im Jahre 1290 als Leuchtturm (fanale della Meloria). Petrarca (1304—1374) läſst es zweifelhaft, welcher von beiden nachts die Flammen zeigte. Im Itinerarium Syriacum, Opere complette in der Baseler Ausgabe von 1554, Seite 558, sagt er: Liburnum (Livorno) ubi praevalida turis est, cuius a vertice per nox flamma navigantibus tuti littorio signum praebet, eine Angabe, die besser auf den mehr bei Livorno liegenden Turm Magnale paſst.

Über die Beleuchtung selbst findet sich erst 1282 ein Dokument, ein Vertrag vom 13. März 1282, welcher hier folgend wiedergegeben ist.

Anlage XXXI b.

Kontrakt über Lieferung von Ol. Pisa 1282. März 13.

Statuti inediti della città di Pisa dal 12. al 14. secolo. Band I (Firenze 1854). Seite 627 ff.

Die Consules maris von Pisa übergeben dem Galgano, priori loci S. Jacobi de Aquaviva (aus dem Augustinerorden) turrim de lanterna, quae est in Mari prope Portum Pisanum, cum ipsa lanterna et lucerna et rebus, fornimentis et apparatibus et massaritiis ipsius lanternae et turris, quae nunc sunt in dicta turri, quatinus dictus prior .... teneat, custodiat et serviat in dicta turri et moretur ad custodiam et servitium ipsius lanternae et turris a kalendis Aprilis proxime venturi ad annos quinque proxime venturos .. Sie versprechen, ihm dafür zu geben Singulis tribus mensibus starios sex olei ad opus suprascriptae laternae et pro ipsa lanterna, et soldos triginta quatuor pro locingloolis ardendis, necessariis in dicta lanterna, et soldos decem et octo denariorum pro portatura olei, et soldos sex denariorum pro una libra et dimidia candellectorum et soldos quinque denariorum pro spungiis tenendis ad tergendum ipsam lanternam, et pro eorum salario libras quindecim denariorum Pisanorum minutorum.

Anmerkung. Stario, stajo kommt für Getreide- als Flächen- und Flüssigkeit-Maſs vor und hatte in den verschiedenen Staaten sehr verschiedene Gröſsen. Als Maſs für Öl bezeichnete es den zehnten Teil einer palma, deren Inhalt auf 160 kg Gewicht angegeben wird, also 16 kg. Es wurden also für den genannten Turm per Jahr 384 kg geliefert.

Die Konsulen des Meeres von Pisa übergeben dem Galgano, priori loci S. Jacobi de Aquaviva (aus dem Augustiner-Orden) einen Laternenturm der sich am Meere befindet am Hafen von Pisa, mit derselben Laterne und lucerna (?) und den Geräten, Sachen und Apparaten, welche sich jetzt in diesem Turm befinden, derart: daſs der vorgenannte Prior in dem vorgenannten Turme sie in den Händen hat, überwacht und bedient und für die Überwachung und Bedienung der Laterne selbst und des Turmes dort verweilen soll von dem nächsten April an für die Zeit der nächsten fünf Jahre. Sie versprechen ihm dafür zu geben: alle drei Monate sechs Scheffel Öl (starios) für das Werk der obigen Laterne (opus suprascriptae laternae [Arbeit an der Laterne?]) und für die Laterne selbst; und 34 soldos für die brennenden Dochte (locingloolis ardendis), nötig in obiger Laterne, und dann weitere zehn soldi und acht denare für das Tragen des Öles und soldos sex denariorum für $1^1/_2$ Pfund candellectorum, und soldos fünf denariorum für Schwämme, die gehalten werden müssen, um die Laterne zu reinigen und als Lohn für alle diese Dinge 15 Pfund von Pisaner leichten Denaren.

Anlage XXXI c.

Auszug aus Enciclopedia delle arti e industrie, Torino 1882:

Die Laterne von Genua, errichtet auf dem Kopf des faro auf der Spitze des äuſsersten westlichen Endes des Hafens 1139, wurde angezündet erst 1326. — Im Jahre 1512 zerstört, wurde sie wiederhergestellt 1543. Von der schönsten architektonischen Wirkung in seiner Gesamtheit, setzt der Turm sich zusammen aus zwei auf quadratischer Basis aufsteigenden Türmen; der untere Turm hat eine Breite von 9 m, der obere von 7 m, beide sind gekrönt mit einer Einfassung einer doppelten Reihe von Kragsteinen. Die vollständige Höhe des Turmes bis zur Gallerie (Aldini) ist 63 m, und der Brennpunkt liegt 114 m über dem Spiegel des Meeres.

Der Leuchtturm auf Meloria wurde 1154 von den Pisanern errichtet, um gleichzeitig die Richtung auf Pisa und verschiedene seichte Stellen zu bezeichnen. Der Turm unterlag grofsen Veränderungen und wurde mehrere Male zerstört und wiederhergestellt. Im Jahre 1267 ward er zerstört von Carl von Anjou, 1287 von den Genuesern, 1290 von den Guelfen. Als Meloria verloren ging, beschlossen die Pisaner 1304, den gegenwärtigen Turm im Süden des Hafens von Livorno zu erbauen. Er besteht aus zwei übereinander gestellten Cylindern.

Wenn wir auch nicht völlig bestimmt wissen, dafs die Alten auch Leuchten mit Öl gebraucht haben, so ist doch sicher, dafs ähnliche Leuchten auf Meloria angewendet worden sind seit 1284, weil die Chronik von einem Vertrage Nachricht gibt in Sachen der Beleuchtung dieses Leuchtturmes für fünf Jahre, demgemäfs 24 Scheffel Öl verwendet werden sollen.

Anlage XXXII a.

Urkundenbuch der Stadt Lübeck,

herausgegeben von dem Vereine für Lübeckische Geschichte, Teil I. Lübeck 1843. Seite 27. XXIII.

Waldemar II., König der Dänen, zeigt der Stadt Lübeck an, dafs er die Errichtung eines Zeichens zur Vermeidung der Seegefahren zu Falsterboe habe geschehen lassen, verbietet seinen Beamten die Beschädigung desselben und gestattet den freien Holzhieb in seinem Lande zur Unterstützung dieses Werkes (nach 1221[1]).

W(aldemarus) dei gracia danorum slavorumque rex. Omnibus praesentes litteras inspecturis salutem et graciam.

Cum id, quod petitur, racionabile est, conueniens est, vt pia exaudicio subsequatur. Hinc vniversitati vestre notum facimus, quod nos ad rogatum fratrum ordinis predicatorum et ob dilectionem omnium mercatorum indulgemus in falsterbothe fieri signum aliquod discretivum pro vitando periculo navigantium, quin immo grates referimus omnibus tam pro operi operam exhibentibus efficacem. Vt autem opus huiuscemodi, postquam multis expensis et laboribus fuerit consumatum, inviolabile perseveret, inhibemus districte omnibus in nostro dominio constitutis sub obtentu gracie nostre, ne quis illud ausu temerario palam vel occulte infringere audeat vel vastare, et super hiis presentem paginam conscripsimus, sigilli nostri munimine roboratum. Ceterum[2]) prefatum opus fauore debito prosequi cupientes, ligna ad hoc necessaria in regno nostro secandi liberam concedimus facultatem.

Übersetzung:

Waldemar, von Gottes Gnaden Herr der Dänen und Slaven, entbietet allen, die diese Schrift lesen werden, Heil und Gnade. Da um etwas Vernünftiges gebeten wird, ziemt sich, dafs gleich gnädige Erhörung erfolge. Deshalb thun wir Eurer Gemeinschaft zu wissen, dafs wir auf Ersuchen der Brüder vom Predigerorden und aus Liebe zu allen Handelsleuten erlauben, dafs in Falsterbo ein deutlich sichtbares Zeichen gemacht werde, damit die Schiffer die Gefahr vermeiden. Wir danken sogar allen, die für ein solches Werk thatkräftig mitwirken. Damit aber ein derartiges Werk, nachdem es mit vielen Kosten und Arbeiten fertiggestellt sein wird, unverletzlich im stande bleibe, verbieten wir geradezu allen in unserer Herrschaft Angestellten bei Verlust unserer Gnade, es mit verwegener Wagnis offen oder heimlich zu zerbrechen oder zu verwüsten; und hierüber haben wir vorliegendes Blatt geschrieben und mit dem Schutze unseres Siegels bekräftigt. Übrigens erteilen wir, da wir das genannte Werk mit gebührender Gunst zu fördern wünschen, freie Ermächtigung, das dazu nötige Holz in unserem Königreiche zu schlagen.

[1]) Sartorius setzt die Urkunde in das Jahr 1202 oder kurz nachher; Geschichte des Ursprungs der Hansa. Bd. II, S. II. Vergl. jedoch ebendaselbst Nachtrag Seite 712.

[2]) Die letzten Worte von »Ceterum« bis zu Ende sind mit kleineren Buchstaben und blasserer Tinte geschrieben und wahrscheinlich erst nach Ausführung der Urkunde hinzugefügt.

Anlage XXXII b.

Mitteilung des dänischen Admirals Herrn Schultz vom 24. September 1883.
Beiliegend: Offener Brief König Waldemars II. (1202—1223).

Nachstehende Abschrift von einem vom König Waldemar II. erlassenen, auf Klosterlatein abgefafsten offenen Brief ohne Datum wird bei Joh. C. Dreyer in seinem Specimen Juris Publ.-Lubecensis vorgefunden, wonach es in Svensk Diplomatarium (Schwedisches Diplomatarium) I. Bd., Jahr 817—1285, S. 687 aufgenommen ist. Es mufs der Brief zwischen dem Jahre 1202, in welchem Waldemar die Regierung antrat, und 1223, als der König auf der Insel Lyö gefangen wurde, oder wenigstens vor 1227 erlassen sein, indem Lübeck nach der Schlacht bei Bornhövede in obgenanntem Jahre aufgehört hat, ein dänischer Vasallenstaat zu sein,

Erinnert man sich des Umfanges, in welchem die Heringsfischerei zur benannten Zeit betrieben wurde, zumal im »Sund« und in der »Drogde«, wo der Hering in solcher Menge vorhanden war, dafs der gleichzeitige Geschichtschreiber Saxo Grammaticus erwähnt, dafs man in der Heringszeit die Fische mit Eimern schöpfen könnte, und sieht man noch dazu aus den alten Beschreibungen, dafs die Küstenstrecke von Skanör bis Falsterbo der Sammelplatz gewesen ist von allen den Kaufleuten, namentlich Hanseaten, die jährlich hier den Fischfang in Empfang nahmen, um ihn dann gleich einzusalzen, zu verhandeln und zu versenden, wird man sich die Thätigkeit und den regen Verkehr, der hier stattgefunden, mit Leichtigkeit vorstellen können. Es ist unter dergleichen Umständen sehr natürlich gewesen, dafs die vielen Fischfahrzeuge und Transportschiffe, die hier Tag und Nacht zusammenkamen, besonders nachts ein Bedürfnis empfinden mufsten, eine Anleitung zu erhalten, teils um ans Land zu gelangen, und teils und hauptsächlich, um das gefährliche Falsterbo-Riff, das sich in einer Ausdehnung von vier Quartmeilen südwärts erstreckt, zu vermeiden. Unzweifelhaft ist es, dafs König Waldemar und die ihm nächsten Männer, die auf ihren kriegerischen Seezügen so oft dieses Fahrwasser befahren hatten, genau die Bedeutung eines Leuchtfeuers zur Anleitung für den grofsartigen Fischfang einsehen mufsten, und der König hat gewifs damals seine guten Gründe gehabt, den Lübeckern die ersuchte Gnadenbezeigung zuzugestehen.

Es kann selbstverständlich ein Zweifel aufgeworfen werden, inwiefern die erwähnte Warte dazu bestimmt gewesen sei, als Leuchtfeuer die Schiffahrt in der Nacht anzuleiten, oder ob es nur ein Tageszeichen, um danach den Kurs richten zu können, gewesen. Zu einem solchen war aber kein besonderes Bedürfnis da, teils weil man das Land in sichtigem Wetter sehen konnte, und teils weil man mittels des Lotes dem Riff entlang folgen konnte. Dagegen müssen die vielen Fischerfahrzeuge, mit ihren Garnen treibend, des Nachts sehr übel daran gewesen sein, und wahrscheinlich ist es, dafs zahlreiche Schiffbrüche unter diesen oder Verluste wegen Einbruchs der Nacht den Wunsch hervorgerufen haben, um dessen Erfüllung die Predigerbrüder bei dem König antrugen.

Dafs es jedoch ein Leuchtturm gewesen, scheint ganz unzweifelhaft aus den Worten des Königs in dem offenen Schreiben hervorzugehen, wenn er sagt: »Damit indessen dieses Werk, welches mit grofsen Kosten und grofser Mühe vollführt worden ist, zukünftig unverletzlich bestehe . . . u. s. w.« und im Schlufs: »Übrigens geben Wir . . . . freie Erlaubnis, das dazu erforderliche Holz in unserem Reiche zu fällen«, denn hiernach kann schwerlich darüber ein Zweifel aufgeworfen werden, dafs zur Zeit der Ausfertigung des königlichen Schreibens die Warte fertig und auf ihrem Platz gestanden habe; und das Holz, welches der König schliefslich in seinem Reiche frei zum Fällen gibt, kann nur dazu benutzt und »erforderlich« gedacht werden, um damit das Leuchtfeuer zu unterhalten, welches nächtlich von der Warte aus Anleitung geben sollte.

In dem schwedischen Diplomatarium wird es für eine Leuchtbake angenommen und ebenso von Sartorius in seiner Geschichte der Hansa.

Es darf allerdings als festgestellt angenommen werden, daſs Leuchtfeuer oder »Bannen« (Signalfeuer) in weit zurückgelegener Zeit teils als Anleitung für erwartete Schiffe bei freundlicher Ansegelung und teils als Kriegeszeichen benutzt worden sind, und solche Feuer werden noch auf den Faröerinseln gebraucht zum Andeuten, wenn ein Haufen Grinddelphinen in Sicht ist, wie auch noch auf Bornholm (wenigstens i. J. 1863) ein vollständiges System von »Bannen« längs der Küste existierte; es bestanden diese aus einfachen Weidenkörben von einer Höhe von 6 bis 8 Fuſs, stets mit Zweigen und Feuerung gefüllt; eine wahrscheinlich aus der Vorzeit herrührende Ordnung. Die ältesten norwegischen Leuchtzeichen bestanden aus einem eisernen, auf dem Felsen stehenden Korb, mit Feuerung versehen, und die zwei ältesten unter den bestehenden dänischen Leuchttürme, die von Skagen und Anholt (den 1. März 1561 gezündet), waren ähnliche offene Eisenkörbe, die, wenn angezündet, auf einen Krahnbalken aufgehiſst wurden.

Waldemar af Guds Naade de Danskes og de Slavers Konge, alle som dette Brev ser, Hilsen og Naade. Naar det der bedes om er fornuftigt, da er det rimeligt, at der paafulger naadig Bønhørelse. Derfor bekjendtgjøre Vi for Vor Stad Lybek, at Vi efter Prædikebrødrenes Bøn og af Naade imod alle Handlende give Tilladelse til, at der paa Falsterbode man gjøres et Kjendetegn, hvorved Søfarende kunne undgaa Fare, ja Vi takke endogsaa Alle, der virksom anstrænger sig for saa gudeligt et Værk.

Forat imidlertid dette Værk, der er fuldført med stor Bekostning og Anstrængelse, for Fremtiden maa bestaa ukrænkeligt, forbyde Vi strængeligen, under Vor Hyldest og Naade, alle som boe i Vort Rige, at fordriste sig til aabenbare eller lønlig at beskædige eller ødelægge det, og have derfor udstædt dette Brev, bekræftet med Vort Seyl.

Jøvrigt give Vi, da Vi ønske at fremme fornævnte Vaerk med den Naade som tilkommer det, fri Tilladelse til i Vort Rige at fælde det Træ som behøves dertil.

Wir, Waldemar von Gottes Gnaden König der Dänen und Slaven, entbieten allen, die diesen Brief sehen, Gruſs und Gnade.

Wenn dasjenige, um welches gebeten wird, vernünftig ist, so ist es billig, daſs der Bitte gnädige Erhörung gewährt werde.

Deswegen verkünden Wir unserer Stadt Lübeck, daſs wir auf die Bitten der Geistlichkeit und aus Gnade gegen alle Beteiligten die Erlaubnis geben, auf Falsterbo ein Seezeichen zu errichten, durch welches die Seefahrenden der Gefahr entgehen können.

Insonderheit danken wir allen, die sich für ein so gottgefälliges Werk bemüht haben.

Damit indessen dieses Werk, welches groſse Kosten und Arbeit erfordert, in Zukunft ohne Schaden bestehen möge, verbieten Wir strengstens, unter Verlust unserer Huld und Gnade, allen, die in Unserem Reiche wohnen, sich zu erdreisten, öffentlich oder heimlich dasselbe zu beschädigen oder zu zerstören und haben deswegen diesen durch unser Insiegel beglaubigten Brief ausgefertigt.

Da Wir im übrigen wünschen, das vorgenannte Werk durch die Gnade, welche es verdient, zu fördern, so geben Wir hierdurch die Erlaubnis, das hierzu erforderliche Holz in Unserem Reiche frei zu fällen.

Anlage XXXII c.

Lübecksches Urkundenbuch.

Band II. Heft 2.[1])

Das Lübecksche Kämmereibuch, das die Jahre 1316 bis 1338 umfaſst, ist das älteste vorhandene. Daselbst S. 1080 findet sich die folgende Eintragung:

Custodi lucerne in Travenemunde dabimus annuatim XXIIII solidos.

Das Fehlen jeder Ausgabeposition für das Leuchtfeuer selbst im Kämmereibuche und die verhältnismäſsig hohe Besoldung des Leuchtwärters läſst die Vermutung gerechtfertigt erscheinen, daſs dem Wärter für seine 24 Schillinge[2]) jährlich die Verpflichtung oblag, auf seine Kosten das Feuermaterial (wahrscheinlich Holz) zu beschaffen, so daſs die Staatskasse damit nichts weiter zu thun hatte.

---

[1]) Siehe auch die Dokumente betreffend Neuwerk und Hiddensoe.

Nach dem folgenden Briefe vom 9. September 1616, gerichtet an den Bürgermeister, wurden zu dieser Zeit Lichte gebrannt, welche dem Leuchtwärter von seiten der Stadt geliefert wurden.

[2]) 24 Schilling hatten im 14. Jahrhundert einen Kaufwert von über 100 heutige Reichsmark. Ein gutes Reitpferd kostete damals 7 Mark à 16 Schilling gleich 112 Schillinge. In einer dänischen Urkunde aus dem 13. Jahrhundert werden, als zur jährlichen Unterhaltung eines Mannes erforderlich, angegeben 8 Schilling. Die obigen 24 Schilling sind also sehr reichlich bemessen bei freier Wohnung, die der Wärter im Leuchtturm hatte, wie aus anderen Aufzeichnungen hervorgeht.

Anlage XXXII d.

Lübecksches Staatsarchiv.

Aktenfascikel den Leuchtturm zu Travemünde betreffend.

Ehrentuester hochgelartter vndt hochw. h. Burgemeister, weilen, Nuhmer die Zeit herbeinahet, das auff der Sehe leuchte zu Trauemunde wider Angestecket werden soll. Als werden ew. ehrentf. hochw. befehll thun, das dem leuchtemann Jurgen Kerckhoff zu der behuff die Nottorfft von lichten gefolgert werden muge, ew. ehrentf. hochw. damit ihn den Schutz Gottes befehlendt. Actum Trauemunde den 9 Septemb. Anno 1616.

Ew. ehrentf. hochw. will.

(Unterschrift unleserlich.)

Anlage XXXII e.

Aus Herrn Zacharias Conrad Uffenbachs Merkwürdigen Reisen durch Niedersachsen, Holland und Engelland.

Zweyter Theil. Mit Kupfern. Ulm 1753. Auf Kosten Johann Friedrich Gaums.

(Die Reise ist im Februar 1710 unternommen.)

II. S. 60. .... Nachdem wir gegessen, setzten wir uns in ein klein Botgen, und lieſsen uns bis nach dem Leucht-Thurn (Pharo) oder, wie man es gemeiniglich nennet, der Luchte bringen. Man fähret bey der Vestung, so an dem Strande lieget, und aus vier alten Bollwerken mit doppelten Wällen bestehet, vorbey, von welcher Vestung etwa sechs bis achthundert Schritte der Thurn, neben einem Hause stehet, darinnen der Mann wohnet, der die Aufsicht darüber hat, und die Lampen anzündet und schüret, wie solches alles aus dem Prospect fig. XXXIV zu ersehen. Der Thurn aber und die Leuchte ist ganz anders als wir sie uns eingebildet. Merian, oder vielmehr Zeiller in Topogr. Saxon. infer. p. 231, sagt, dafs sie 1537 wieder aufgebauet, mit zwey und vierzig Schippond Bley bedeket worden, und von der Erde bis an den Gipfel zwey und zwanzig Schuh habe. Welches letztere aber ganz falsch ist, indem nicht allein in dem begl. Lübeck, so A. 1697 in Octav edirt worden, p. 99 gesagt wird, dafs er zwey und zwanzig Faden oder Klafftern hoch seye, sondern auch der Augenschein gibt, dafs er viel höher als zwey und zwanzig Fufs seye. Es müfste dann seyn, dafs dieser Thurn nach der Hand höher oder neu aufgebauet worden. Wir mufsten eine ziemlich hohe Treppen von gebackenen Steinen hinauf steigen. Oben unter dem Dach ist ein klein Rondel, das auf allen Seiten Fenster hat, die aber alle vest zugemacht und verwahret sind, dafs kein Wind die Lampen auslöschen könne, ausgenommen diejenige, so gegen die See zugehen, da man einen sehr schönen Prospect hat. Die See war jetzo eben eine gute Meile hineinwärts gefroren, dafs wir also nichts als Eifs sahen, den Arm an Travemünde ausgenommen, der wegen des starken Stroms, wie sie es nennen, oder wegen der gar starken Bewegung nicht leicht zufrieret. Nachdem wir uns wohl umgesehen, besahen wir die Lampen, welche des Nachts angezündet werden. Selbige hangen vor den vordersten Fenstern in einem Brett, zu welchem man fünf bis sechs Treppen hinauf steiget, um selbige zu recht zu machen, und zu schüren. Sie bestehen aber aus zwey polirten mittelmäfsigen Spiegeln, etwa von einem Schuh im Diameter. Vor jedem Spiegel sind zwey Lampen, jede mit zwey Schnautzen und Tochten. Die Lampen haben Aerme, damit sie an die Spiegel vest gemacht, und hin und her zu bewegen sind, damit man sie zurecht machen könne. Diese Lampen werden, wenn es dunkel ist, angesteckt, und nur alle fünf bis sechs Stunden einmal geschüret. Wir konnten uns nicht einbilden, dafs diese Lampen so einen Schein, den man so weit sehen könne, geben solten; die Schiffer aber, so uns hieher gefahren, und der Wächter vom Thurn versicherten, dafs man diese Leuchte gewifs auf negen, oder neun Meilen in See gar wohl sehen könnte. Ich hatte mir eingebildet, dafs oben eine grofse Pfanne seyn würde, darinnen man viele Pech-Cränze anzuzünden pflegte. Hinten stund ein grofser eiserner Arm-Leuchter auf einem Gestell, mit zwölf Löchern, da man, wie der Wärter sagte, vor diesem Wachs-Kerzen an statt der Lampen gebrannt, welches aber kostbarer, mühsamer und nicht so gut gewesen, als die jetzo gebräuchlichen Lampen. . . . .

Anlage XXXII f.

Lübecksches Staatsarchiv.

Hoch- undt WohlEdle, Veste, Hoch- vndt Wohlgelehrte, Hoch- undt Wohlweise Grofsgönstige Hochgeehrte Herren.

Ew. HochEdlen herrl. vndt hochgel. Ggl. können Wir Unterdienstlich zu hinterbringen nicht umhin, wie es mit der Fewrung auf der Leuchte bei Travemünde in solchen schlechten stande, dafs dieselbe meistentheils defs Nachts nicht fewret, auch wan sie gleich angestecket worden, der alte Mann, der die Aufsicht darauf hat, dabey zuschläffet, alfsdann die Lampen ausgehen: Zuegeschweigen dafs die Fenster in so schlechtem Zustande und so dick von dem Dampf, und dafs sie nicht gewaschen werden, dafs kaum, wen die Lampen auch angestecket, der Schein hindurch kommen kan, daher alfsdann gekommen, dafs vor neulicher Zeit, da des Nachtes die Leuchte nicht gefeuert, ein Schiff aufm Strande gekommen ist.

Wann aber der ganzen Kauffmanschafft höchst daran gelegen ist, daſs dieses sehr nutzliches Werk in gutem stande möge erhalten werden, damit aller schade an Schiffen und Güter möge so viel möglich evitiret verbleiben.

So haben Ew. Hoch- und WohlEdlen herrl. und hochel. Ggl. wir hiemit Unterdienstlich ersuchen wollen, die anstalt hochgeneigt verfügen zuelassen, daſs dem alten Mann, der anietzo die auffsicht auf die feuerung hat, ein ander möge adjungiret werden, der in der Nacht die Wacht mit dabey habe, daſs die Lampen nicht ausgehen. Dann wollen wir auch gebethen haben, daſs die fenster auf der Leuchte mögen repariret vnd die Lampe, wan es solte für nöthig erfunden werden, verordert werde. Wir hoffen in dieser angelegenheit gewierige erhörung, vnd verharren,

Ew. Hoch- und WohlEdlen Herrl. und Hochgel. Grgl.

Unterdienstwilligste

Lübeck
d. 20 Novembr.
1714.

Kaufleute Compagnie — Bergefahrer Compagnie
Schonefahrer — Rigafahrer
Nouogrodfahrer — Stockholmfahrer.

Anlage XXXII g.

Lübecksches Staatsarchiv.

Auf verlesenes Cämmerey-Protokoll so ad Decretum vom 20 Juni wegen des Lootsen-Wesens abgehalten worden, hat E. Hochw. Rath resolviret, und so viel 1) die vorgeschlagene Anlegung des 4ten Lootsen Bootes betrifft, es bey der in der Lootsen Ordnung gesetzten Zahl gelassen: Ad 2 et 3 werden die Herren der Cämmerey ihre Vorschläge ins Werk setzen, und die See-Tonne nicht nur so früh als möglich auslegen, sondern auch so spät als möglich einnehmen, auch die Lampen auf dem Leuchten Thurm künftighin von medio September an, biſs medio Aprilis brennend halten lassen. Wegen Besetzung der gestrandeten Schiffe aber sollen die hiebevor ergangenen Decreta in Cancellaria aufgesucht und ad Curiam gebracht werden.

Ita decretum in Senatu d. 1 October 1766.

Anlage XXXII h.

Lübecksches Staatsarchiv.

Demnach Ein hochweiser Rath zur Gesicherung der Schiffahrt albereits unterm 1ten October 1766 verordnet, daſs Lampen auf dem Leuchtenthurm zu Travemünde künftighin von der Mitte des September Monaths an, bis in die Mitte des April brennend gehalten werden sollen, und dann vor nötig erachtet worden, sothane Verordnung hinwiederum zu erneuern: Als wird nicht nur dem Leuchtenwärter, bey unausbleiblicher schwerer Ahndung, anbefohlen, zu gedachter Jahres-Zeit, und zwar vom 15 September an, bis den 15ten April inclusive, solche Lampen immerwährend brennend zu erhalten, und sich darunter keiner Nachlässigkeit, Versäumniſs oder Ungehorsams zu Schulden kommen zu lassen, sondern auch dem Stadt Hauptmann, nach der ihm bereits unterm 3ten October beregten Jahres gewordenen Anweisung, aufgegeben, auch seines Orts darüber gebührende und ernstliche Aufsicht zu haben, wie denn, damit solches den Schiffern, Lootsen und überhaupt allen Seefahrenden zur Wissenschaft, dem Leuchtenwärter aber zur unvergeſslichen Nachachtung gereichen möge, diese Verordnung sowohl in der Vogtey und des Lootsen Commandeurs Behausung, als auf dem Leuchtenhause und auf der Herren Fähre zum

Anschlag befördert werden, und daselbst beständig vorhanden seyn soll; gleich denn auch der Lootsen Commandeur, dafs diesem auf das genaueste nachgelebet werde, sorgfältig zu achten und, bey etwa verspürter Widerhandlung, darüber dem Stadt Hauptmann ohnverlängte Anzeige zu thun, hiemit angewiesen wird.

Actum et decretum in Camera Lubecensi publicatumque sub Sigillo d. 4. Junii 1778.

L. S.

Anlage XXXII i.

Lübeckische Blätter.

23. Jahrgang, Nr. 11, vom 8. Februar 1891.

S. 62. Der oder richtiger die Vorgänger des jetzigen Leuchtturmes und der Platz, wo die ersten Leuchtfeuer sich befanden, hätten genannt zu werden verdient. Schon der Freibrief von Kaiser Friedrich II. von 1226 räumte den Lübeckern ein: den fundum extra Travenemunde juxta portum, ubi signum ejusdem portus habetur. Als literarische Quellen kommen neben Merian: Topogr. Saxon. infer. s. v. Travemunde, auch J. F. Petersens Antiquarische Notizen, den Leuchtturm zu Travemünde betreffend, und das »Schreiben aus Travemünde« (vgl. die folgende Anlage) in Betracht.

Anlage XXXII k.

Lübeckische Blätter. 1827. Nr. 2. Sonntag, den 21. Januar 1827.

Schreiben aus Travemünde vom 15. Januar 1827.

Am Dienstag den 9. ds. und nicht, wie im Hamburgischen Korrespondenten irrig erzählt worden ist, am 10. d. M., zwischen $3^1/_2$ und 4 Uhr nachmittags, bei sehr starkem Westwinde, entzündete ein Blitzstrahl, der einzige, welcher wahrgenommen wurde, den Leuchtturm an der Seeseite. Ungeachtet der schleunig herbeieilenden Hilfe scheiterten die Löschversuche sowohl an der Höhe des Turms, welche kein Wasserstrahl und kein Feuerhaken erreichen konnte, als an der Enge der steinernen Treppe, welche nur eine Person zur Zeit betreten kann. Das Öl, welches unten im Turme lagert, wurde herausgeschafft, alle Sorgfalt auf die Erhaltung der Wohnung des Leuchtenwärters gerichtet — die brennende Kuppel aber mufste ihrem Schicksal überlassen werden. Zwei günstige Umstände verhinderten die weitere Verbreitung des Feuers: Der Wind wehte stark aus Westen; dadurch fiel alles brennende Holz nach der Seeseite ab. Dies ist um so mehr für ein Glück zu halten, da um die brennende Kuppel ein grofses Funkenmeer sprühte. Die Kuppel war nicht, wie es schien, mit Schiefern, sondern mit kleinen in Öl getränkten Holztäfelchen gedeckt, welche von dem heftigen Winde, ein imposanter Anblick, weit in die See hineingetrieben wurden. Bei einer andern Richtung des Windes würde aus dieser feuerfangenden Bedeckung der Kuppel für das Städtchen grofse Gefahr entstanden sein. Der Leuchtturm selbst wurde durch das starke Gewölbe unter der Kuppel, welches dem Feuer Widerstand leistete, erhalten. Nur durch eine in diesem Gewölbe angebrachte, etwa 12 Zoll im Quadrat betragende Öffnung fiel einiger Brennstoff in die Leuchtenfeuer-Behältnisse, wodurch das dort befindliche Holzwerk und die vergoldeten Scheinlampen ein Opfer des Feuers wurden. Der steinerne Fufsboden verhütete auch hier die weitere Verbreitung des Feuers. So ist, die von der Hitze gesprungenen Glasscheiben abgerechnet, kein weiterer Schade entstanden, als dafs die Kuppel weggebrannt ist.

Die Ausbesserung dieses Lokals und die notwendige Bedeckung des Turms ist bereits erfolgt und ein, wiewohl schwächeres, Leuchtfeuer wird an der gewöhnlichen Stelle wieder unterhalten.

Antiquarische Notizen, betreffend den Leuchtturm zu Travemünde.

Der Hamburgische Korrespondent vom 13. Januar setzt den Brand, welcher den Travemünder Leuchtturm beschädigte, einen Tag später, als er sich wirklich zutrug; die letzte Ausgabe von den »gründlichen Nachrichten von Lübeck« vom Jahre 1787 (Seite 410) dagegen um 195 Jahre zu früh. Sie erzählt nämlich, wovon die früheren Ausgaben dieses Buches noch nichts wissen, dafs der Leuchtturm 1632 abgebrannt und 1633 wieder aufgebaut sei. Dies ist allerdings ein etwas starker Irrtum, dessen Quelle man um so weniger auf die Spur kommen kann, da keine Chronik auch nur das Mindeste davon enthält. Um nun diesen grofsen Rechnungsfehler etwas wieder gut zu machen, läfst der Herausgeber der »gründlichen Nachrichten« den 1632 abgebrannt sein sollenden Leuchtturm 10 Jahre früher erbaut werden, als er in der That aufgeführt ist. Er hätte ja sonst gar zu kurze Zeit gestanden!

Wir müssen daher bitten, dafs die Besitzer des genannten Buches aus 1632 die Jahreszahl 1827 machen und später, wenn der durch den neulichen Blitzstrahl verursachte Schaden gänzlich wieder gut gemacht sein wird, dann auch die Zahl 1633 umändern. Statt des dort genannten Jahres der Erbauung des Leuchtturms 1529 können sie ganz dreist 1539 schreiben. Alle gleichzeitigen und späteren Chroniken stimmen darin überein, dafs der noch heutigen Tages stehende Leuchtturm 1539 an die Stelle eines früheren (1534 von den Holsteinern zerstörten) von holländischen Maurern, ohne alle Gerüste, gebaut und gerade so hoch sei, wie das Gewölbe in der Marienkirche. Die letzte Reparatur der Kuppel ist wahrscheinlich im Jahre 1729 vorgenommen, wenigstens steht diese Jahreszahl auf der beim neulichen Brande heruntergefallenen Windfahne. Von dem früheren, 1534 von den Holsteinern auf ihrer Retirade abgebrochenen Leuchtturme sind wenige oder gar keine Nachrichten auf uns gekommen. Nur mutmafsen läfst sich, dafs schon in der frühesten Zeit Lübecks ein solches, für die Schiffahrt so wichtiges Institut am Ausflufs der Trave bestand. Die erste Erwähnung desselben findet sich in einer Urkunde vom Jahre 1320, worin der Graf Johann von Holstein die Festung Travemünde und das Bollwerk mit dem Leuchtturm an Lübeck abtritt. Und so wüfste ich von dem früheren Leuchtturme gar nichts zu erzählen, wenn nicht Herr Professor Grautoff, dem ich mehrere zu diesem Aufsatze benutzte Notizen verdanke, die Güte gehabt hätte, aus seinen geschichtlichen Kollektaneen mir eine Bemerkung mitzuteilen, betreffend die Spitze des ehemaligen Leuchtturms. Da nun diese, wie beim Menschen der Kopf, die Hauptsache — und das eigentlich Leuchtende ist, so wird die sie betreffende Nachricht wenigstens für einen Teil meiner Leser von einigem Interesse sein. Der 1534 zerstörte Leuchtturm wurde nicht allein, wie der jetzige, in dunkler Nacht von den Schiffern auf dem Meere gesehen, sondern von ihm wurden auch — freilich nur bei Tage — die heransegelnden Schiffe erblickt. »Es war oben herum eine Gallerie, zur Aussicht in die See.« Würde also unser Leuchtturm in diesem oder in einem künftigen Jahrhundert zur Lootsenwache benutzt werden, so könnte man darin keine Neuerung erkennen.

Sollte jemand geneigt sein, die Gründlichkeit der »gründlichen Nachrichten« gegen unsere obige Anklage zu verteidigen und nachweisen können, dafs der Leuchtturm 1529 erbaut, 1632 abgebrannt und 1633 wieder aufgebaut sei, so hat solcher, aufser der Ehre, uns aus dem Sattel gehoben zu haben, noch auf den Genufs Anspruch zu machen, seinen Beweis in den Lübeckischen Blättern gedruckt zu sehen.

J. F. P.

Anlage XXXIII a.

Hamburger Urkundenbuch,

herausgegeben von Lappenberg. Hamburg 1842.

S. 678 findet sich eine lange Urkunde vom 14. April 1286 abgedruckt, ausgestellt vom Erzbischof Giselbrecht von Bremen, über eine mit den Herzogen von Sachsen sowie den Städten Bremen, Stade und Hamburg getroffene Vereinbarung, betreffend die Ausübung der Gerichtsbarkeit über die beim Handeln und des Fischfangs wegen zusammentreffenden Leute, sowie die von den Hamburgern auf der Insel »O« zu unterhaltende Feuerbake.

Diese Insel erhielt von dem von den Hamburgern in Ausführung dieser Vereinbarung darauf gebauten Turm den Namen Neuwerk.

In dieser Urkunde sagt der Erzbischof: Item universitas civitatis Hamburgensis cum ceteris mercatoribus et hominibus, quos sibi adjunxerint, perpetuum construent signum in loco supradicto, qui dicitur O, cum lumine perpetuo sine nostris expensis, ut velificantes die noctuque notitiam habeant hujus loci.

Anlage XXXIII b.

Auszug aus Kämmereirechnungen der Stadt Hamburg.

Herausgegeben vom Verein für Hamburgische Geschichte. Erster Band: Kämmereirechnungen von 1350 bis 1400. Hamburg 1869. Verlag von Hermann Grüning.

S. LXXXVIII: Der Turm zu Neuwerk[1]). — Der Ort O oder Nyen O wurde am 14. Februar 1286 von den Herzogen zu Sachsen zur Hälfte an Erzbischof Giselbert von Bremen überlassen, und die Hamburger übernahmen (cum ceteris mercatoribus et hominibus quos sibi adiunxerint) die Unterhaltung eines beständigen Feuerzeichens, damit der Ort Tag und Nacht von den Schiffern gesehen werden könnte. Am 1. November 1299 gestatteten die Herzoge den Hamburgern, ein Werk (opus werc proprie) zu erbauen, nach ihrem Belieben von Holz oder Stein. Der damals erbaute Turm wurde 1310 dem Gerhard von Köln auf zwei Jahre übertragen: Gerhard erhielt jährlich 200 Mark und hatte dafür mit 10 tüchtigen Männern den Turm zu bewachen und die etwa durch das Wasser entstandenen Schäden wieder ausbessern zu lassen; nur zweimal im Jahre durfte er, wenn ihm der Rat dies gestattete, auf acht Tage nach Hamburg kommen. Eine Feuersbrunst, welche etwa im Jahre 1380 den Turm zerstörte, läſst sich auch durch die Rechnungen nicht ganz genau fixieren. Die Ausgaben für den Turm sind gemacht für die Bewachung desselben und für Baukosten; die Einnahmen erwachsen aus dem daselbst erhobenen Zoll.[2])

De turri (de werktolne racione turris Nove Oo):

1350:	63 𝔗	— sh	— ₰	1351:	84 𝔗	16 sh	— ₰
1352:	97 »	3 »	— »	1353:	62 »	15 »	— »
1354:	92 »	6 »	— »	1355:	63 »	— »	8 »
1356:	99 »	17 »	— »	1357:	92 »	— »	— »
1358:	55 »	8 »	— »	1360:	76 »	14 »	— »

[1]) Lappenberg, Über ältere Geschichte und Rechte des Bades Hadeln.

[2]) Bursprake Petri: So welk schiphere kumt van der zee in unse havene mit zyneme schepe, de en scal nenerleyghe gud upschepen edder upschepen laten uthe zyneme schepe, he en hebbe erst ghewesen mit zynen vruchtluden vor den tholenheren (?) unde zyk berichtet mit en umme den werktholen. Dar en scal ok nement zeghelen tho der zeeword, he en hebbe zyk berichtet mit den tholneren umme den werktholen unde hebbe des en teken.

1370:	250 ℔	— sh	— ₰	1371:	272 ℔	10 sh	— ₰
1372:	296 »	— »	— »	1373:	248 »	— »	— »
1374:	384 »	— »	— »	1375:	252 »	— »	— »
1376:	293 »	— »	— »	1377:	345 »	10 »	— »
1378:	374 »	— »	— »	1379:	450 »	— »	— »
1380:	526 »	19 »	— »	1381:	556 »	7 »	— »
1382:	536 »	— »	— »	1383:	468 »	— »	— »
1384:	566 »	— »	— »	1385:	450 »	— »	— »
1386:	715 »	— »	— »	1387:	582 »	— »	— »
1390:	547 »	— »	— »	1400:	96 »	— »	— »

Ad turrim (ad custodiam turris Nove O):

1350:	88 ℔	— sh	— ₰	1351:	154 ℔	— sh	— ₰
1352:	94 »	— »	— »	1353:	109 »	16 »	— »
1354:	63 »	3 »	— »	1355:	200 »	— »	— »
1356:	199 »	18 »	— »	1357:	120 »	— »	— »
1358:	88 »	— »	— »	1360:	121 »	8 »	— »
1370:	120 »	— »	— »	1371:	121 »	4 »	— »
1372:	127 »	— »	— »	1373:	126 »	10 »	6 »
1374:	120 »	— »	— »	1375:	120 »	— »	— »
1376:	268 »	6 »	9 »	1377:	220 »	7 »	8 »
1378:	317 »	16 »	— »	1379:	328 »	10 »	6 »
1380:	160 »	— »	— »	1381:	160 »	— »	— »
1382:	160 »	— »	— »	1383:	160 »	— »	— »
1384:	160 »	— »	— »	1385:	160 »	— »	— »
1386:	160 »	— »	— »	1387:	160 »	— »	— »
1390:	160 »	— »	— »	1400:	138 »	2 »	3 »

Ad structuram dicte turris:

1375:	32 ℔	10 sh	4 ₰				
1382:	78 »	5 »	4 »	1383:	6 ℔	8 sh	4 ₰
1384:	— »	4 »	— »	1385:	79 »	2 »	1 »
1386:	214 »	7 »	4 »	1487:	15 »	15 »	10 »

Aus Band III. 1471—1500.

S. CXII. Der Turm zu Neuwerk (s. S. LXXXVIII) verursachte 1461—1481 Ausgaben im Betrage von 3679 ℔ — sh 2 ₰; jährlich also 175 ℔ 3 sh 11 ₰. Dieselben stehen unter zwei Rubriken.

Ad turrim Novi Operis:

1461:	80 ℔	— sh	1468:	89 ℔	1475:	80 ℔
1462:	80 »	— »	1469:	80 »	1476:	80 »
1463:	80 »	— »	1470:	80 »	1477:	80 »
1464:	80 »	— »	1471:	80 »	1478:	80 »
1465:	80 »	— »	1472:	80 »	1479:	80 »
1466:	80 »	— »	1473:	80 »	1480:	80 »
1467:	107 »	13 »	1474:	80 »	1481:	80 »

Der Hauptmann erhielt jährlich 80 ℔ = 100 Mk. Dieses Amt bekleidete Ludekin van Rode 1461—1474, Ludekin Soltzenhusen 1475—1477, Hermann Weteborn 1478—1481.

1467 wurden Ludekin van Rode 10 ℳ 15 sh für Sold und 12 ℳ 12 sh für den Unterhalt dreier Soldaten ersetzt, die im vergangenen Jahr 42 Wochen lang über die gewöhnliche Zahl hinaus gehalten worden waren.

Ad structuram ibidem:

1461:	42 ℳ	— sh	— ₰	1468:	71 ℳ	18 sh	6 ₰	1475:	1 ℳ	17 sh	— ₰
1462:	196 »	2 »	— »	1469:	— »	16 »	— »	1476:	34 »	15 »	2 »
1463:	20 »	17 »	8 »	1470:	21 »	2 »	2 »	1477:	19 »	8 »	8 »
1464:	100 »	8 »	2 »	1471:	31 »	6 »	8 »	1478:	69 »	4 »	8 »
1465:	6 »	6 »	8 »	1472:	35 »	16 »	— »	1479:	12 »	1 »	— »
1466:	5 »	12 »	— »	1473:	9 »	16 »	— »	1480:	471 »	2 »	2 »
1467:	273 »	2 »	6 »	1474:	541 »	7 »	2 »	1481:	6 »	7 »	— »

1464 wurde auch unter dieser Rubrik Sold für eine Verstärkung der Besatzung gebucht; 1474 wurde der Turm neu mit Kupfer gedeckt.

Anlage XXXIII c.

Die Elbe, Hamburg's Lebensader.

Von Wasserbau-Direktor Chr. Nehls und Wasserbau-Inspektor Bubendey in Hamburg (1892).

. . . . . Amt Ritzebüttel. An der der Seeschiffahrt unterworfenen Unterelbe finden wir, abgesehen von der unmittelbaren Umgebung der Stadt, nur das Amt Ritzebüttel, welches die linke Seite der Elbmündung bezeichnet, als hamburgisches Staatsgebiet.

Bis zum Ende des 14. Jahrhunderts hausten die Ritter von Lappe in dem festen Schlosse zu Ritzebüttel und beherrschten die an der Elbmündung belegenen Dörfer des Landes Hadeln. Arge Geldverlegenheiten hatten dieselben bereits veranlafst, das eine oder andere der ihnen unterthänigen Kirchspiele an Hamburg zu verpfänden. Als die Herren aber dann wiederholt zum Mittel des See- und Strandraubes griffen, um ihre Einkünfte zu verbessern, rüsteten die Hamburger einen Kriegszug aus und nahmen 1393 das Schlofs ein.

Die Ritter von Lappe traten in dem 1394 geschlossenen Frieden ihr Besitztum gegen Geldentschädigung an den Rat der Stadt Hamburg ab, und 6 Jahre später wurde dieser Vergleich vom Herzoge Erich von Sachsen-Lauenburg bestätigt. Hamburg hatte damit ein Gebiet gewonnen, welches später mit äufserster Anstrengung und unter grofsen Opfern gegen den verheerend andrängenden Strom verteidigt werden mufste. Der in wachsendem Mafse auf die grofse Seeschiffahrt angewiesenen Handelsstadt gab dieses Gebiet aber den notwendigen Stützpunkt für die Mafsregeln zur Erleichterung der schwierigen Einfahrt in die Elbe. Von hier aus konnte durch Tagesmarken und Leuchtfeuer das Fahrwasser bezeichnet, hier konnte ein zuverlässiger Lotsendienst und für die mit Sturm und Eisgefahr kämpfenden Schiffe ein Nothafen eingerichtet werden.

Neuwerk ist allseitig von flachem Strande umgeben, welcher zwar gestattet, zur Niedrigwasserzeit die Insel mit Fuhrwerk zu erreichen, die Annäherung von tiefer gehenden Schiffen dagegen unmöglich macht. In ältester Zeit mufs das über gewöhnlichem Hochwasser liegende Aufsendeichsland sich dem Fahrwasser mehr genähert haben, denn es war damals ein, wenn auch mangelhafter Schutzhafen vorhanden, welcher den Stützpunkt für die Erhebung des »Werkzolles« bildete. Dieser Zoll wurde *seit dem Ende des 13. Jahrhunderts* hamburgischerseits allen vorbeifahrenden Schiffen und für alles in denselben verladene Gut auferlegt, *als Abgabe* wegen des seitens der Stadt auf der Insel Neuwerk errichteten und unterhaltenen Leuchtfeuers. Später, vermutlich mit dem Verschwinden des Schutzhafens auf Neuwerk, ist die Erhebung des Werkzolles wegen der mit dem Anfahren Neuwerks für die Schiffe verbundenen Gefahren nach Hamburg verlegt. . . . . .

Anlage XXXIII d.

Die Elbkarte des Melchior Lorichs vom Jahre 1568.

Erläutert von Johann Martin Lappenberg. (Hamburg 1847.)

. . . . . Von besonderem Interesse sind auf unserer Elbkarte die zahlreichen, nach ihrer Lage und mit ihren Namen genau angegebenen Seetonnen und Baken. Alle sind als hamburgisch bezeichnet, auch die unmittelbar vor fremden Ufern und Flufsmündungen belegenen. Die Sorge für diese kostspieligen Wegweiser auf der achtzehn Meilen langen Fahrt von Neuwerk in der wilden See bis nach Hamburg ward von den Herren der angrenzenden Elbufer bereitwillig der Stadt Hamburg überlassen. Es ist schon nachgewiesen, wie alt die Errichtung der Feuerbake auf Neuwerk ist, welcher die der übrigen Baken und die Legung der Tonnen bald folgte. Früher scheinen die Kosten derselben in den Stadtrechnungen von dem Neuwerker Zollen sofort abgezogen zu sein, seit dem Jahre 1450 ist von diesem die Brutto-Einnahme eingetragen, und findet sich dagegen der Posten: »pro tunnis et bakis supra Albeam positis et erectis« regelmäfsig und jährlich verzeichnet, z. B. 1450 mit 350 tal., (um welche Zeit — 1458 — eines zu Hamburg hingerichteten Friesen Alverich Segebrand gedacht wird, welcher ein Schiff bei der »middelsten tunnen« geraubt), ferner 1560 mit 499 tal., 1562 mit 664 tal. 16 sol.[1])

[1]) 1 talent = 20 solides = 20 Schilling hamburgisch.
Die Kosten enthalten nicht nur diejenigen für das Feuer, sondern auch den Sold der militärischen Besatzung und die Unterhaltungskosten der Insel resp. der Seebauten.

Anlage XXXIV a.

Mitteilung des Herrn Oberbürgermeisters Francke, Stralsund

vom 22. November 1882.

Ein Leuchtfeuer auf der Südspitze von Hiddensö, bei welcher bekanntlich im Mittelalter die Hauptwasserstrafse von der offenen See nach Stralsund vorbeiging, ist zu Anfang des 14. Jahrhunderts hergestellt, und zwar ein solches, welches einen bestimmten Teil des Jahres über dauernd auf einem eigens dazu aufgeführten Bauwerke (wohl einem Turm) gebrannt hat. Über die Einrichtung dieses Leuchtfeuers sind zwei Urkunden aus dem Jahre 1306, beide in Fabricius: Urkunden zur Geschichte des Fürstentums Rügen, IV, Abt. I, abgedruckt, vorhanden. In der ersten derselben (Nr. 558, S. 49, a. a. O.) vom 3. Juli 1306 gestattet der Abt Peter des Klosters St. Nicolai auf Hiddensö den Stralsundern, auf dieser Fahrt ein Leuchtfeuer herzustellen (ponere et construere unam lucernam super hyddenze), welches zum Nutzen und Frommen aller ansegelnden Kaufleute, jahraus jahrein von Mariä Geburt bis Walpurgis[1]) angezündet werden und brennen solle. Die Haltung des Wärters und die Lieferung des Brennstoffes übernimmt der Abt für alle Zeiten, die Anschaffung der Leuchte selbst und die Errichtung des

[1]) d. h. vom 8. September bis 1. Mai.

erforderlichen Gebäudes, sowie die Unterhaltung beider, fällt dem Rate von Stralsund zu (Nos quidem temporibus perpetuis procurabimus dictam lucernam in luminibus et nunttio ipsam custodiente, sed consules ipsam lucernam et edificium perpetuis temporibus procurabunt). In der anderen Urkunde (Nr. 564, S. 51 a. a. O.) ermahnt der Bischof Olaf von Roskilde, da die Stralsunder an dem gemeinen Fahrwasser beim Gollen ein Bollwerk schlagen und eine Seeleuchte aufstellen wollen, jedermann, dieses gottgefällige Werk durch Beisteuern zu fördern, und verheifst jedem reuigen Sünder, welcher zur Vollendung desselben thätig beitragen werde, einen 40tägigen Ablafs (Omnibus vere penitentibus et confessis, qui prefato operi manum porrexerint adiutricem, quadraginta dies indulgenciarum de iniuncta eis penitencia misericorditer relaxamus). Dafs jene Leuchte lange Zeit in Gebrauch gewesen ist, beweist die Lubinische Karte aus der ersten Hälfte des 17. Jahrhunderts, auf welcher sie verzeichnet steht.

Anlage XXXIV b.

Hanseatisches Urkundenbuch.

Herausgegeben vom Verein für Hanseatische Geschichte. Halle 1879.

Band II. Nr. 91[1]) wird auf eine Urkunde vom 3. Juli 1306 Bezug genommen, in welcher Abt Peter von St. Nikolaus auf Hiddensoe eine Wiese am Meere auf der Insel Zingst der Stadt Stralsund zu vollem Eigentum überträgt zur Errichtung eines Leuchtturmes (lucerna) zu Nutz aller nahenden Kaufleute zur Winterzeit, indem er der Stadt Leuchte und Bau überläfst, das Kloster zur Stellung des Lichtes und des Wärters verpflichtet.

Diese Urkunde ist in dem genannten Urkundenbuch nur ihrem wesentlichen Inhalte nach bezeichnet, nicht abgedruckt.

[1]) Die Urkunde ist vorhanden im Stadtarchiv zu Stralsund.

Anlage XXXIV c.

Fabricius, Rügensche Urkunden. Band IV.

Omnibus Christi fidelibus Cernentibus presens scriptum Petrus dei gracia abbas Sancti Nicolay in hiddenze, ordinis Cistersiensis, Salutem in domino. Contractus et facta que mundus ordinat oblivio quandoque duceret in errorem, si non litteris firmarentur. Ea propter notum facimus presentibus et futuris, quod, cum bona voluntate nostri conventus nec non cum consilio et placitatione Reverendi viri domini abbatis Arnoldi de Nygenkampe causa unionis et concordia, pratum in Cyngst iusula. — — — dimisimus honestis viris consulibus et universitati toti civitatis Strallsund. — — — Donantes consulibus predicte civitatis plenam

Übersetzung.

Allen Getreuen Christi, denen dieses Schreiben zu Gesicht kommt, sendet Petrus, von Gottes Gnaden Abt zu Sankt Nikolai zu Hiddense, seinen Grufs in dem Herrn. Abmachungen und Thatsachen würden in Vergessenheit geraten und Anlafs zu Irrtümern geben, wenn sie nicht schriftlich niedergelegt würden. Deshalb thuen wir für die Gegenwart und die Zukunft hiermit kund, dafs wir mit Zustimmung unseres Konventes, sowie ferner mit Genehmigung des ehrbaren Herrn Abtes Arnold von Nigenkamp eine Wiese auf der Insel Cyngst den ehrbaren Ratsherren und der Gemeinde Stralsund überlassen haben. — Wir schenken dem

auctoritatem construendi et ponendi super hyddenze unam lucernam, que omni anno ardere debet et incendi a Nativitate Mariae virginis usque ad festum Walburgis[1]) virginis ad utilitatem omnium advencium mercatorum. Nos quidem temporibus perpetuis procurabimus dictam lucernam in luminibus et nunttio ipsam custodient. Sed consules ipsam lucernam et aedificium perpetuis temporibus procurabunt.

Datum anno domini 1306 in crastino processi et Martyriani, Martyrum beatorum.

[1]) d. i. vom 8. September bis 1. Mai.

Rate ebengenannter Stadt das Privilegium, auf Hiddense eine Leuchte (lucernam) zu erbauen und zu errichten, die jedes Jahr brennen und angezündet werden mufs vom Tage der Geburt der Jungfrau Maria bis zum Feste der Jungfrau Walpurgis zum Nutzen aller ankommenden Kaufleute. — Wir aber werden für ewige Zeiten die genannte Leuchte mit Lichten (luminibus) versehen und den Wächter stellen. Der Rat dagegen wird die Leuchte selbst und das Gebäude für ewige Zeiten im stande erhalten.

Gegeben im Jahre des Herrn 1306 am Tage nach dem Gedächtnistage der Verurteilung des heiligen Martyrianus aus der Zahl der seligen Märtyrer.

Aus dem Schofsregister der Stadt Stralsund

1346. Mittwoch vor Katharinen.

item pro diversis quae venerunt ad lucernam et turrim supra Yelland praesentatur domino fratri Hermanno Bruschaveren 62 marcae 4 solidi 4 denarii.

Übersetzung.

Ebenso für verschiedene Leute, die zu den Leuchten und dem Turm auf Yelland kamen, werden dem Herrn Bruder Hermann Bruschauer 62 Mark, 4 Groschen, 4 Pfennige überreicht.

Anlage XXXV.

Aus Henrich Nettelbladts historisch-diplomatischer Abhandlung von dem Ursprunge der Stadt Rostock Gerechtsame. 1757.

Aufser diesem Zeichen (einer Tonne) war auch noch zu Warnemünde ein Pharos oder Leuchtenthurm, worin eine grofse Leuchte hing, die zur Nachtzeit denen Seefahrenden zur Richtschnur dienete. In vorangeführtem Mecklenb. Intelligenz-Blatt[1]), S. 140, ist auch von diesem Thurm die Frage aufgeworfen: wo solcher gestanden? und man glaubet, dafs es keinen Zweifel haben könne, dafs er, wenn man aus dem Hafen fährt, linker Hand auf der daselbst befindlichen Anhöhe gebauet gewesen. Man mufs sich aber nicht einen grofsen gemauerten Thurm dabei vorstellen, sondern nach aller Vermuthung war solcher nur von Holz aufgeführet, und allentalben durchsichtig, wie der Hamburger Pharus von Schubacken a. O. S. 256 in Kupfer abgebildet worden ist. Denn wo man die Leuchte sehen sollte, ist begreiflich, dafs der Thurm allenthalben durchsichtig sein mufste. In solchem hölzernen Thurm hing nun eine von Kupfer gefertigte Leuchte, worin sie oben und bey den Seiten mit Ketten befestigt war. Sie wird noch alhier in dem Arsenal dieser Stadt aufgehoben, und da selbige zu den deutschen Alterthümern mittler Zeiten gehöret, wird es hoffendlich verschiedenen Lesern nicht unangenehm sein, davon in der 13. Beilage einen Abrifs sehen zu können. Zur Unterhaltung dieser Leuchte waren verschiedene milde Stiftungen gemacht, wovon in einem gleich im Anfange des vierzehnten Seculs zusammengeschriebenen Stadtbuch folgendes verzeichnet:

> Notandum quod dominus Arnoldus Cropelen proconsul rozstokcensis pie memorie dedit et assignavit ad structuram portentorum et lucerne quatuor marcas rozstokcensium denariorum in Warnemünde perpetuos redditus de molendino in Kerteldestorpe prope civitatem rozstok situm perpetuis temporibus emonendum et sublevandum.

[1]) 16. Stück aufs Jahr 1756.

In einem alten Bürgerbriefe vom Jahre 1408 kommt gleichfalls etwas von dieser Leuchte vor, in dessen Artikel 2 es heifst:

> Item so wille wir de Lüchte to Warnemünde also verwahren laten, also von oldings gewesen ist, un entfangende Lichte darinnen tho settende, werrt das dor bewifslik Versäumnifs tho queme, dat wille wy ower den jenen richten de dar tho gesettet ifs dat tho bewarende.

Anlage XXXVI a.

Mitteilung des Generalmajors z. D. Herrn G. Köhler
vom 8. März 1896.

Der im Jahre 1482 erbaute Leuchtturm von Weichselmünde nebst Laterne wurde bei der Belagerung von Weichselmünde 1576 zerschossen, aber wieder aufgebaut. Er brannte dann 1709 vollständig nieder und wurde erst 1721[1]) wieder aufgebaut. Er erhielt damals über der Eingangsthür eine Inschrift, welche bezeugt, dafs er noch denselben Zwecken diente, für welche er 1482 erbaut worden war. (Die lateinische Inschrift nebst Übersetzung befindet sich bei Hoburg, Geschichte der Festungswerke Danzigs. Danzig 1852, S. 121.)

Inzwischen war die direkte Einmündung der Weichsel in die See so versandet, dafs sie nicht mehr benutzt werden konnte, und man hatte einen Kanal, das heutige Neufahrwasser ausgebaggert und schlofs ihn 1724 durch eine Schleuse vom Weichselstrome ab, um ihn nicht versanden zu lassen. Die Laterne von Weichselmünde war dadurch vollständig überflüssig geworden, aber erst im Jahre 1758 erbaute man die neue »Seeleuchte« in Neufahrwasser. (v. Duisburg, Versuch einer historisch-topographischen Beschreibung der freien Stadt Danzig. Danzig 1809, S. 442.) Noch in demselben Jahr, im August, befahl der Rat der Stadt Danzig: »dafs in Zukunft die Lichter, welche bisher zur Nacht auf der Laterne des Turms der Festung Weichselmünde gebrannt, nicht weiter angewendet werden, sondern statt dessen vom September dieses Jahres ab auf den am Ende des Westertiefes neuerbauten zwei Bliesen zur Anweisung für die Schiffer Steinkohlen gebrannt werden würden und zwar alle Jahre vom 24. September bis 24. März. (Hoburg, S. 122, Anmerkung.) Ein zweiter Leuchtturm in Weichselmünde ist ausgeschlossen. Es ergibt sich also:

1. Der Turm von Weichselmünde ist bis zum Jahre 1758 benutzt worden.
2. Die Verlegung des Feuers nach Neufahrwasser ist am 24. September 1758 erfolgt.

Anlage XXXVI b.

Geschichte der Festungen Danzig und Weichselmünde bis zum Jahre 1814 von G. Köhler, Generalmajor z. D.
Breslau (W. Koebner) 1893.

I. S. 178. Wir erfahren nun von Kaspar Weinreich, dafs 1482 »vor der Münde die Leuchte« (Leuchtturm, auch Laterne genannt) erbaut wurde, und Stenzel Bornbach fügt hinzu in seiner Handschrift: dafs sie einen runden Turm bildet, der 60 Stoffen (Schuhe) hoch war und im Blockhaus lag. Auch weifs er von einer Inschrift zu erzählen, welche die Jahreszahl der

[1]) Hiernach dürfte die Angabe 1729 auf S. 39 zu berichtigen sein.

Erbauung anzeigte. Der Turm hat bis 1709 gestanden, wo er abbrannte und im Jahre 1721 durch einen neuen ersetzt wurde. Auch dieser trägt eine Inschrift, welche jedoch nicht dieselbe sein kann, wie die am alten Turme, da sie hinzufügt, dafs gleichzeitig auch der Kranz, der noch heute den Turm umgibt, erbaut worden sei. Wüfste man mit Bestimmtheit, dafs dieser Passus sich auch in der Inschrift des alten Turmes befunden hätte, so könnte kein Zweifel sein. Die alte Inschrift ist jedoch nicht bekannt und sowohl Kaspar Weinreich wie Stenzel Bornbach würden gewifs erwähnt haben, dafs gleichzeitig ein so mächtiges Gebäude, wie der Kranz ist, erbaut worden wäre. Aufserdem geht aus einer Angabe des zuverlässigen und gleichzeitigen Chronisten Hans Spatt, die noch durch eine andere Quelle bekräftigt wird, hervor, dafs der Kranz erst in den Jahren 1562/63 erbaut worden ist.

I. S. 263. Anmerkung 2. Am 18. Juni 1576 wurde (bei der Belagerung durch die Polen) das Dach der Laterne (dem Turm) abgenommen. Hoburg.

I. S. 446. Inzwischen war Danzig durch eine ausgedehnte Sandbank, welche sich 1673 vor der Mündung der Weichsel gebildet hatte und immer gröfsere Dimensionen annahm, in die gröfste Unruhe versetzt worden. Schon seit Beginn des 17. Jahrhunderts war die Ausmündung des Flusses durch immer neue Ansätze von Land aus ihrer ursprünglichen Richtung zunächst nach Norden, seit der Mitte des Jahrhunderts nach Nordwesten, infolge der Sandbank von 1673 ganz nach Westen gedrängt, und es überhaupt in Frage gestellt worden, ob die Verbindung zur See für Schiffe noch aufrecht erhalten werden könnte, da durch heftige Winde immer neue Sandbänke auftraten. Man sah sich daher genötigt, 1698 an die Ausbaggerung eines Kanales, des heutigen Neufahrwassers, zu gehen und die daraus gewonnene Erde zur Erhöhung des abgeschnittenen Teiles, der heutigen Westerplatte, zu benutzen. An seinem linken Ufer bildete sich bald die heutige Vorstadt von Danzig »Neufahrwasser«. Doch war die Sache damit noch nicht abgethan, da der neue Kanal sehr der Versandung ausgesetzt war. Es trat zuweilen ein Wechsel ein, indem ab und zu auch das Vordertief benutzt und daher in Stand erhalten werden mufste. Die Kaufmannschaft kam 1716 mit einer Petition ein, dafs man sich auf den westlichen Kanal beschränken möge und diesen vor allen Zufällen sicherstellte. Es ist 1717 dies in der Weise erfolgt, dafs der Kanal in engere Grenzen gezogen wurde und an den Ufern starke Pfähle eingerammt wurden, hinter welchen die ausgebaggerte Erde festgestampft wurde.

Anlage XXXVI c.

Die Stadt Danzig.

Historische Beschreibung von Reinhold Curicken, Secretario, im Jahre Christi 1645.
In öffentlichen Druck aufsgegeben von Georg Reinhold Curicken a. D. 1686.

S. 49 u. f. Die Münde ist gleichsam ein Schlüssel zu diser Stadt, und ist an diesem Orte, da das Haus Weissel-Münde steht, von undenklichen Jahren ein Blockhaus gewesen, zu defendirung des Ports, weil daselbst die Weissel in die See einleuft, dahero denn auch der Ort die Weissel-Münde, als gleichsam der Mund der Weissel genannt wird. Dises Blockhaus ist vormals allein von Holtz aufgerichtet gewesen, daher es leichtlich hat eröbert oder auch durch Feuer angezündet werden können, wie den unter anderen auch Anno 1433 von den Hussiten geschehen, welche von der Stadt abgezogen und nach dem Blockhaus sich gemacht, dafselbe umbgeworfen und ganz zerstört haben. Nunmehro aber ist es dermafsen befästigt und verwahrt, dafs es, wo ein Ort unüberwindlich ist, mit fug davor kann gescholten werden.

Sonsten so befindet sich in den Historien, dafs zu Zeiten der Kreutz-Herren ein sonderlicher Mündemeister gewesen, welches denn auch für eine sonderliche dignitaet ist gehalten worden, und gedenkt Schultzius defs Wolfgang Hirschhauers, dafs nemlich derselbe damals, wie die Kreutz-Herren das Schloſs der Stadt aufgetragen, Mündemeister gewesen sey. Heute zu Tage kann dise Festung abgetheilt werden in das Hauſs, die Ost-Schanze, die West-Schanze. Das Haus ist Anno 1517 von lauterem Holtz erstlich recht zu bauen angefangen; denn es wollte die Bürgerschaft daſselbe nicht sehr stark und feste haben, auſs diesem schwachen Fundament, damit es so viel leichter, wenn es der Feind einkriegen möchte, zu erobern wehre, und ist Anno 1519 verfertigt worden, dazu denn als Baumeistern sind gebraucht worden, Hans Droſs, Marx Grülle, Edward Moor, und Arend von der Schelling. Wie nun dises Haus etliche Jahre gestanden, und man gesehen, daſs es vor Gewald nicht wehre, hat man Anno 1563 es auff andere Weyse mit gutten starken Mauern, so 10 ellen dick, beziegelt, und dieselben mit Erden woll auſsgefüllt, so wie es noch zu sehen. Mitten ein stehet der Thurm in die Höhe gestreckt und darauf die Laterne, daselbst zu Nachts Lichte angezündet werden, zu Nutz und Warnung derer, so auf der See seyen. Auff diesem Hause hat der Hauptmann zu gebieten, welcher der Stadt schweren muſs.

Anlage XXXVII a.

Aus „Hela“ von Carl Girth, Bürgermeister von Danzig. S. 45 u. f.

Nächst der Kirche erweckt in hohem Grade der Leuchtturm unser Interesse. Wann man zuerst auf den Gedanken gekommen sein mag, auf dieser den Schiffen gar oft gefährlichen Landspitze eine Leuchte anzuzünden, die den nach oder von Danzig segelnden Schiffen den Weg weisen sollte, ist uns nicht überliefert. Wir wissen nur, daſs im 17. Jahrhundert auf einem Turme der Kirche eine Art Leuchtfeuer angezündet worden ist. Es berichtet hierüber die Helenser Chronik aus dem Jahre 1732: »Wie dieser alte vorgewesene Turm beschaffen gewesen, solches ist hier zu bemerken. Der Turm ist 2 Schoſs höher gewesen wie dieser neue, auswendig mit Blei beschlagen, oben nach der Spitzen sind 8 Gläserne Fenster gewesen und inwendig mit Messing beschlagen, weil vor Jahren darauf ist geblieset worden, weil diese jetzige Bliese zu der Zeit noch nicht gewesen« — und über denselben Turm berichtet Prätorius, »er sei $116^1/_2$ Schuh hoch und oben quadrat und 10 Schuh breit, hat ringsumb Fenster und ist eine Leuchte sintemal sie vor Alters für denen Schifffahrenden des Nachts Lichte daran gebrannt.«

Noch im 17. Jahrhundert gab man diese etwas primitive Art des Leuchtfeuers auf und errichtete an einer etwa 500 Schritt von den letzten Häusern Helas, also dicht an der Spitze gelegenen Stelle eine sogenannte Bliese. Dieselbe ist bereits auf dem Plane von 1670 (siehe S. 39 derselben Broschüre) verzeichnet und bestand aus einem hohen Galgen, an welchem ein Kessel hing, in dem durch Pech und Kohlen während der Dunkelheit ein Feuer unterhalten wurde. In der Nähe derselben verzeichnet der Plan eine »Wartbude« und einen Kohlen-»Jost«. Für damalige Verhältnisse muſs dieses Leuchtfeuer eine groſse Merkwürdigkeit gewesen sein, da am 25. September 1678 König Johann III. von Polen in kostbar geschmückter Jacht eigens zum Zwecke der Besichtigung des Leuchtfeuers einen kurzen Besuch in Hela abstattete, worüber die guten Helenser einigermaſsen in Besorgnis und Aufregung gerieten. Sehr fest scheint die Bliese aber nicht gebaut gewesen zu sein, denn unter dem 31. Oktober 1702 erzählt das Kirchenbuch von einem groſsen Sturm, der auch das Pfarrhaus abgedeckt, und sagt: »Ja die Bliese ob sie gleich neu stark und fest hat doch der Wind totaliter ruinirt, so daſs auf folgenden Morgen Niemand wuſste wo sie geblieben.« Über die neu errichtete Bliese, welche Prätorius selbst gesehen hat, berichtet dieser: »Das Feuer wird von Steinkohle angemacht und in groſse starke eiserne gegitterte Behältnisse oder Kessel, so in der Luft hangen, gelegt.« Unterhalten wurde die Bliese natürlich von der Stadt Danzig. Nachdem im Jahre 1763 wieder eine neue hatte errichtet werden müssen, die auch nur 27 Jahre im Dienst war, begann im Sommer 1790 der Bau der letzten, die dann erst durch den Leuchtturm abgelöst wurde. Die Chronik berichtet das Fortschreiten des Baues in folgenden einzelnen Daten:

10 August haben die Zimmerleut die Schwellen zur Bliese gelegt und begraben.

11 August die Richtbäume aufgerichtet, ein gefährlich Stück Arbeit.

12 August die zwei westlichen Hauptpfosten zugleich aufgericht.

13 August die zwei östlichen Hauptpfosten zugleich aufgericht.

14 August Sonnabend. Den Schwengel aufgebracht.

20 August Freitag haben den Kessel an die neue Bliese aufgehängt. Die Neue Stang bog sich im aufwinden, als sie ihn wollten niederlassen, brach die eiserne Stang, und der Kessel fiel von oben herab. Der Schwengel hätte beinah den einen Zimmergesellen Adam Fliegel erschlagen.

11 September Mittwoch auf den abend ist die neue Bliese zum Ersten Mal von Karl Ernst Gulchen (Bürger und Schiffszimmergesell zu Danzig, welcher als bestellter Bliesenwächter den 22 August auf Hela gekommen) angefeuert worden, welches Winter und Sommer Nacht vor Nacht continuiret wird.

Der heutige Leuchtturm steht nicht genau an der Stelle der alten Bliese, sondern dicht an der Aufsendüne. Der Bau ward 1806 begonnen, während der Kriege unterbrochen, nach den Freiheitskriegen wieder aufgenommen. 1820 ist sein Feuer zum erstenmal angesteckt worden.

Siehe auch Seite 38 bis 41 derselben Schrift.

Anlage XXXVII b.

Ratsedict aus dem Stadtarchiv zu Danzig.

Nachdem zum Besten der zur See handelnden Kaufmannschaft eine anderweitige bessere Veranstaltung in Ansehung des Nachtfeuers auf der Halbinsel Hela getroffen, und die Lage der neu aufgerichteten Baacke, auf welcher von dem 1. September dieses Jahres an, das gewöhnliche Nachtfeuer unterhalten werden soll, dergestalt eingerichtet worden, dafs die äufserste Spitze des Riffes zu der neuen Feuer-Baake N. O. $^1/_2$ Ost $^1/_4$ Meile liegt, die alte Baake aber N. N. O. in gleicher Distance nur $2^1/_2$ Strich westlicher gelegen gewesen ist; Als wird solches hiemit Jedermänniglich, sonderlich der zur See handelnden Kaufmannschaft, und den nach der hiesigen Rheede bestimmten Schiffern bekannt gemacht.

Dantzig den 9. August 1790.

Anlage XXXVIII a.

Auszüge aus Haken,

Versuch einer diplomatischen Geschichte der Stadt Cöslin. Lemgo 1765.

Seite 33. Auf der höchsten Spitze des Gollenberges, jetzt Fahnenberg genannt, stand eine Kapelle zu Ehren der Jungfrau Maria, vermutlich schon zu der Zeit, als Cöslin noch ein Dorf war (also vor 1266).

Seite 34. Sonst diente der Turm der Kapelle den Seefahrenden zum Merkzeichen, indem des Nachts eine brennende Laterne auf demselben ausgehangen wurde, die in einem polierten Becken einen grofsen Widerschein gab, welches nachhero noch gestohlen worden. (1532 ist der Turm abgebrochen.)

Seite 53. In Cöslin blühte der Handel, wozu viel beitrug, dafs Cöslin mit kleinen Fahrzeugen Seehandel trieb. Es waren Schuten, womit sie nach Schweden, Dänemark, Lübeck, Rufsland, Danzig u. s. w. fuhren. 1574 war vor Cöslin eine grofse Schute gebaut und unter grofsen Anstrengungen auf einem Wagen nach dem Jamunder See gebracht.

Seite 54. Die Ausfahrt der Schuten aus dem frischen See (Jamunder See), welcher gleichsam als Hafen diente, geschah durch das Tief, welches damals mehr ostwärts (als das jetzige) zwischen den (auf der Nehrung liegenden Dörfern) Deep und Lase lag. So lange der Strand (Nehrung) noch mit Holz bewachsen war, erhielt sich das Fahrwasser (des Tiefes), weil die Weststürme durch das Holz abgehalten wurden, dafs es nicht versanden konnte, wie aber das Holz weggehauen war, rifs der grofse See (Ostsee) nicht nur in den Strand, sondern versandete auch das alte laufende Tief. Daher bei einem entstandenen Sturm der frische See (Jamunder See) am 26. November 1690 mit Gewalt an dem jetzigen Tief durchbrach, wodurch Handel und Fischerei benachteiligt wurden. (Durch das jetzige Tief können wegen der ganz geringen Wassertiefe und der häufigen Versandung am Strande nicht einmal mehr Kähne hindurchfahren.)

Seite 55. Die Fischer von Deep und Nest handelten in Compagnie mit den Cöslinischen Bürgern und fuhren auch wohl nach Rügenwaldermünde.

Bei so vorteilhaftem Fortgange des Cöslinischen Handels im Betrieb der Schiffahrt wurden die anderen Städte Colberg, Rügenwalde und Stolp neidisch und wollten den Cöslinern ihren Hafen verbieten. — Auf dem Wege von Cöslin nach Jamund lag die Nicolai-Kapelle. (Nikolaus ist häufig Schutzpatron der Seeleute.)

Anlage XXXVIII b.

Aus Riemanns Geschichte von Colberg. Colberg 1873.

1666 wurde auf der neuen Münder Voigtei ein Turm mit einer Leuchte darauf, wie solche auf der Travemünde vorhanden war, erbaut. Dieselbe wurde nur für Schiffe angezündet, welche Nachts in den Hafen einlaufen wollten. Fünfzig Jahre später begnügte man sich, im Herbst, besonders wenn Schiffe aus Memel und Riga zu erwarten waren, Laternen auf das Bollwerk (Hafendamm) zu setzen.

Anlage XXXVIII c.

Angaben, den Leuchtturm bei Memel betreffend,

aus den Akten der Königl. Waaserbau-Inspektion zu Memel.

Ein fühlbares Bedürfnis bei dem sich immer mehr hebenden Schiffahrtsverkehre war die Einrichtung eines Leuchtfeuers bei Memel, und schon im Jahre 1788 wurde dieselbe höheren Orts beschlossen, wie aus den verschiedenen Bewerbungen von schwächlichen Lotsen um die zu etablierende Leuchtturmwärterstelle und aus einer Verfügung an den Kriegs- und Domänenrat Lilienthal vom 24. November 1788 hervorgeht, in welcher derselbe den Auftrag erhielt, das Gehalt des Wächters mit 8 Thalern pro Monat in den anzufertigenden Kostenüberschlag aufzunehmen.

Man hatte anfänglich die Absicht, ein Steinkohlenfeuer einzurichten, jedoch wurde hiervon am Ende des Jahres 1791 Abstand genommen, da solches nach den in Danzig gemachten Erfahrungen zu kostbar war, und es wurde für zweckmässiger erachtet, eine Erleuchtung mit verschiedenen Reverbère-Lampen auf einem in hinlänglicher Höhe zu erbauenden Leuchtturm zu wählen, wie dies damals in England geschah.

Nach einem Berichte des Kriegs- und Domänenrats Lilienthal vom 29. Juli 1792 war bei dem ersten von ihm entworfenen Projekte zur Erbauung des Leuchtturmes darauf Bedacht genommen, dafs einem anderen nicht gering erschienenen Bedürfnisse abgeholfen würde. Da nämlich die Lotsen bei Entdeckung eines Schiffes von dem alten Lotsenturme, welcher eine halbe Meile von der Spitze des Hafens entfernt lag, nicht so geschwinde nach dem Seetiefe zum Einbringen der Schiffe herauskommen konnten, so kamen letztere häufig ohne Lotsen in den Hafen und gerieten dann häufig auf den Strand. — Es sollte daher sowohl für den Feuerwächter, als auch für die sechs wachthabenden Lotsen, von denen immer einer auf dem Leuchtturm zur Entdeckung der ankommenden Schiffe sich aufzuhalten hatte, ein gehöriges Unterkommen an der äufsersten Spitze des Hafens geschaffen werden, damit die Lotsen künftig der Seetiefe schon eine halbe Meile näher wären, dieselben auch die Lotsenschaluppe in der ganz nahe gelegenen Norderbucht zur Hand hätten, und schleunig genug von dort ab allen ankommenden Schiffen die nötige Hilfe leisten könnten.

Nach dem darauf von dem Kommerz-Admiralitätskollegium eingegangenen Berichte vom 27. August 1792 wurde aber, falls eine Ersparnis in dem Lilienthalschen Anschlage entstehen würde, ein Aufenthalt von sechs Lotsen am Leuchtturme nicht für erforderlich erachtet, da eine zureichende Bake in Memel vorhanden sei, auch der damalige Lotsencommandeur darauf hielte, dafs die Lotsen mit ihrem Boote im Fahrwasser kreuzten, um jedem ansegelnden Schiffe sogleich zur Hilfe zu sein, wozu allerdings ein gutes, tüchtiges Boot gehörte, welches auch ohnedem nötig sei, und dessen Beschaffung bereits wiederholt erbeten wäre.

Nach verschiedenen von dem Geheimen Kriegs- und Domänenrate Lilienthal, welcher sich um die Erbauung des Leuchtturmes sehr verdient gemacht hat, eingereichten Entwürfen und Kostenanschlägen wurde von dem Ministerium in Berlin unterm 31. Januar 1794 ein von Lilienthal aufgestellter und von der Oberbaudeputation in Berlin revidierter Kostenanschlag in Höhe von 6107 Thaler 20 Sgr. zur Ausführung aus der Memeler Schiffslastgelderkasse genehmigt, und zwar an einer bereits 1792 von der Memeler Kaufmannschaft auf der Spitze der nördlichen Küste des Hafens in Vorschlag gebrachten und von Lilienthal glücklich gewählten Stelle.

Für die Erleuchtung hatte der Geheime Oberbaurat Gilly in Berlin für 21 Rthlr. eine Probelampe beschafft, zu der das dazu gehörige plankonvexe Glas in England bestellt wurde.

Der Bau des Leuchtturmes wurde nunmehr sofort unter der speziellen Aufsicht des Baukondukteurs John (welcher im Jahre 1795 oder 1796 zum Hafenbauinspektor mit 400 Rthlr. Gehalt ernannt wurde), in Angriff genommen; jedoch konnte der Bau häufig wegen Mangel an tüchtigen und genügenden Arbeitern nur so langsam gefördert werden, dafs derselbe erst am 30. August 1796 vollendet und am 1. September 1796 die Erleuchtung desselben stattfinden konnte.

Der Turm wurde 500 Schritte oder 375 m vom Strande entfernt auf einer 30 Fufs über dem Wasserspiegel gelegenen Dünenkuppe, welche mit Faschinen gegen Verwehungen des losen Sandes gehörig geschützt war, erbaut, und es steht der jetzige Leuchtturm noch auf derselben Stelle. Nach dem Situationsplan vom Jahre 1796 liegt der Leuchtturm nur 250 m vom damaligen Strande entfernt.

Die Höhe der Spitze des Leuchtturms über dem Terrain war ursprünglich zu 75 Fufs bestimmt, wurde aber wegen mangelnder Geldmittel nur bis zu 54 Fufs ausgeführt.

Die Erleuchtung fand anfangs durch fünf grofse und vier darüber befindliche kleinere messingne Spiegel in der Form von abgekürzten Kegeln mit Talglichten statt; der Schein wurde noch nach der weifsen Rückwand der Laterne durch eine doppelte Argandsche Patentlampe an dem mittleren Teile des Leuchtergestelles und an den zu der Anbringung der Leuchtergestelle gegeneinander balanzierenden eisernen grofsen Ringen durch drei gleichmässige ordinäre Lichte vermehrt. Das Licht erschien nach den am 31. August 1796 stattgefundenen Ermittelungen Lilienthals, Johns, des Lotsenkommandeurs Johnson, und mehrerer Lotsen, sowie Kaufleute in der Entfernung von $^3/_4$ Meilen = 1500 Ruten in der Gröfse des Mondes und war vermutlich bis auf zwei bis drei Meilen in See sichtbar. Die ankommenden Schiffe konnten nach den damaligen Angaben, sobald sie das Licht erblickten, bis auf 800 Ruten oder 1600 Faden in den Strich von Südosten gerade auf den Leuchturm zusegeln, sodann aber auf die Rheede auf zehn Faden vor Anker gehen. Das Licht war sowohl von der preufsischen wie auch kurischen Küste durch alle Kompafsstriche von Süden bis Nordosten zu sehen. Bei der Laterne befand sich ein Flaggenstock, um dem Lotsenkommandeur die Ankunft von Schiffen durch Flaggensignale anzuzeigen.

Die Unterhaltung des Leuchtfeuers nebst Gehalt für zwei Wärter von je 8 Rthlr. monatlich und die Unterhaltung des Leuchtturmes war auf 578 Rthlr. 30 Pf. festgesetzt und diese Kosten waren von dem Accise- und Zolldepartement übernommen.

Die Erleuchtung fand jedoch nur während sieben Monate im Jahre, nämlich vom 1. September bis ultimo März statt.

Aber schon im Jahre 1805 wurde in einem Erlasse vom 6. August darauf hingewiesen, dafs die Seeleuchten an den dänischen Küsten das ganze Jahr hindurch gebraucht würden und dafs, da an der hiesigen Küste zur Sommerszeit eine Erleuchtung des Seefeuers nicht stattfinde, sich häufig Unglücksfälle ereigneten. Es wurde daher in dem Erlasse vom 15. Februar 1806 festgesetzt, dafs die Seeleuchten zu Pillau, Brüsterort und Memel zehn Monate lang brennen sollten. Nach einer Bekanntmachung der Hafenpolizeikommission vom 18. Oktober 1819 brannte damals noch das Feuer fortwährend von Sonnenuntergang bis Sonnenaufgang mit Ausnahme der Monate Juni und Juli.

Nach einem Berichte der Hafenbauinspektion vom 12. Oktober 1831 an das Königliche Oberpräsidium brannte damals das Memeler Seefeuer von der Abenddämmerung bis zur Morgendämmerung und zwar vom 1. Januar bis zum 15. Mai und vom 1. August bis zum 31. Dezember, folglich nur $9^1/_2$ Monate im Jahre.

Anlage XXXIX.

Zusammenstellung der Leuchtfeuer

sowie wichtiger auf das Leuchtfeuerwesen bezüglicher Thatsachen

von 1157 bis 1815.

Es sind in die Zusammenstellung nur solche Feuer aufgenommen worden, von denen urkundlich oder sicher nachgewiesen ist, dafs dieselben andauernd oder wenigstens längere Zeit als wirkliche internationale Leuchtfeuer, nicht nur zu einem bestimmten, anderweiten Zwecke auf kurze Zeit entflammt worden sind. Hinzugefügt sind die beiden ersten 1816 und 1817 in Hindostan entzündeten Feuer.

No.	Jahr der Befeuerung	Ort resp. Turm			
		Verschiedene Länder	Deutschland	Grofsbritannien: E. = England; Sch. = Schottland; I. = Irland	Frankreich
1	1157/58 1163	Insel Meloria. Italien. Magnale. Italien	— —	— —	—
2	Zwischen 1202 und 1223	Falsterboe. Schweden, früher Dänemark. Errichtet von der Hansestadt Lübeck	—	—	—
3	Wahrscheinlich bald nach vorstehendem eingerichtet	Kullen. Schweden	—	—	—
4	Desgl.	Nidingen. Schweden	—	—	—
5	Vor 1226 (wahrscheinlich früher als Falsterboe)	—	Travemünde	—	—
6	1286	—	Neuwerk	—	—
7	Im 13. Jahrhundert	—	—	St. Edmund's Chapel Norfolk. E.	—

NÄHERE BEMERKUNGEN

Welcher der beiden Türme der Leuchtturm war, steht nicht fest.

1267 und dann wieder 1287 und 1290 zerstört, aber immer wieder hergestellt, dann aufgegeben und

1304 das Feuer nach dem bei Livorno erbauten, noch heute bestehenden Turm verlegt.

1282 Kontrakt vom 13. März über Lieferung von Öl und Lampendochten, ob für das Feuer, ist fraglich, mir unwahrscheinlich.

Wann der Turm 12 Öllampen mit breiten Banddochten und Metallspiegeln erhalten hat, gibt Aldini nicht an.

Meloria hat heute ein Leuchtschiff und einen Fresnel-Apparat IV. Ordnung.

Livorno hat heute einen Fresnel-Apparat II. Ordnung.

Holzfeuer.

1635 neu eingerichtet als Wippe für Steinkohlen.

1748 brannte das Feuer nur im Frühjahr und Herbst.

1795/96 massiver Turm mit offenem Steinkohlenfeuer.

1843 Fresnelscher Apparat II. Ordnung.

Holzfeuer.

1560 Feuerkorb (Wippe).

1581 an besserer Stelle neu eingerichtet.

1843 12 Parabole.

Holzfeuer.

1635. Zwei Feuer; Steinkohlen. Zwillingsfeuer.

1764. Glockensignal.

1832. Steinkohlenfeuer in Laterne.

1846. Fresnelscher Apparat III. Ordnung.

Zu Anfang wahrscheinlich Holzfeuer wie Falsterboe.

1316/38 wird das Feuer im Urkundenbuch als lucerna (Laterne mit Lichten?) erwähnt.

1534 wird der Turm von den Holsteinern zerstört.

1537 wieder erbaut.

1616 brannten bis 12 Wachslichte in einer Laterne.

1710 brannten bereits Öllampen vor 2 messingnen Reverberen von einem Schuh im Durchmesser; vor jedem 2 Lampen mit je 2 Dochten.

1778 werden diese noch erwähnt.

1827 brannte die alte hölzerne Laterne, vom Blitz getroffen, ab; die neue erhielt 3 messingne Parabole mit Argandschen Lampen.

1873 wurden die Parabole versilbert und der mittlere mit einer zweidochtigen Lampe versehen.

Errichtet von der Stadt Hamburg. Wahrscheinlich zuerst Kerzen wie in Warnemünde und Helgoland.

1299/1310 der erste Turm erbaut als Kastell.

1380 wurde der Turm durch Feuer zerstört, und wieder ein hölzerner Leuchtturm erbaut.

Ende des 14. Jahrhunderts ist der jetzige Steinturm als Warte erbaut.

Mitte des 17. Jahrhunderts Steinkohlen auf hohem Holzgerüst.

1814 wird der alte Steinturm zum Leuchtturm umgewandelt und erhält eine Laterne mit 21 Parabolen und Argandschen Lampen.

1892 Fresnelscher Apparat II. Ordnung.

Nur ganz unverständlicher Bericht in Goughs Additions to Camden. Vol. I 318 und II 198.

No.	Jahr der Befeuerung	Ort resp. Turm			
		Verschiedene Länder	Deutschland	Grofsbritannien: E. = England; Sch. = Schottland; I. = Irland	Frankreich
8	1306	—	Hiddensoe. — Auf der Südspitze der Insel, dem sogen. Gellen	—	—
9	1312 (?)	Venedig. Italien	—	—	—
10	1323	—	—	St. Catherine-Point, Isle of Wight	—
11	1326	Genua. Italien	—	—	—
12	Ende des 14. Jahrhunderts	—	—	—	Dieppe
13	**Vor** 1362	—	—	—	Cordouan
14	1408	—	Warnemünde bei Rostock	—	—

NÄHERE BEMERKUNGEN

Es ist fraglich, ob der Bau des Turmes in dem genannten Jahre vollendet worden ist. — Lichte.
Das Feuer ging wahrscheinlich infolge des 30 jährigen Krieges ein, der Turm verschwand.
1889. Fresnelscher Apparat II. Ordnung mit fünfdochtigem Brenner, Blinkfeuer von 15 zu 15 Sekunden.

Vor 1350 kleine Fanale am Lido-Hafen und dem von S. Erasmo.

Kapelle, deren Eremit ein Leuchtfeuer zu unterhalten hatte, wohl Laterne mit Lichten. Ging später ein
1785 Leuchtturm erbaut; das Feuer zweimal niedriger gelegt, der dortigen Nebel wegen, die in Höhe des Feuers lagerten.
1838/40 Neuer Turm, Fresnelscher Apparat.
1888 Elektrisches Feuer.

Der Turm war schon 1139 erbaut.
1512 zerstört; 1543 wieder hergestellt.
Wann die eiserne Laterne mit 14 cm = $5^3/_8$" hohen Glasscheiben und 32 Öllampen in 4 Reihen übereinander mit Saugedochten aus 52 baumwollenen Fäden eingeführt, die Aldini abbildet und beschreibt, ist nicht bekannt. (Es sind 32 Lampen gezeichnet, während im Text nur 25 angegeben sind.) Da die Ständer der Laterne aus gufseisernen Röhren bestanden haben sollen, so ist dieselbe wohl schwerlich früher als Anfang des 18. Jahrhunderts zu setzen.
1841 Fresnelscher Apparat I. Ordnung.

Einzelheiten nicht angegeben, wahrscheinlich eine Laterne mit Lichten als feu de marée.
1550 Laternen zum Aufhissen.
1791 Apparat à éclipses (Drehfeuer) bestehend in 5 Scheinwerfern á coquilles von 32 cm Öffnung mit Flachdochten von 4 cm Breite bei einer Umgangszeit von 3 Minuten.

1362 und 1370 Die ältesten Urkunden bezüglich der Abgaben der in die Garonne ein- und ausgehenden Schiffe und der Wiederherstellung des Turmes datiren von 1409. Das Feuer war wahrscheinlich schon viel früher vorhanden. Ob aber der von Karl dem Grofsen erteilte Befehl zur Erbauung einer Kapelle mit Leuchtturm wirklich ausgeführt worden ist, darüber ist keine Angabe vorhanden; auch sind irgend welche Angaben oder Erwähnungen über ein dortiges Feuer nicht vorhanden. — Holzfeuer.
1545 wieder hergestellt, nachdem jahrhundertelang jede Nachricht fehlt. (Auf einer Seekarte aus dem Jahre 1570 als Feuerturm angegeben.)
1584/1611 der jetzige Turm erbaut von Louis de Foix; Holzfeuer auf Rosten; dann Steinkohlen.
1717 Die ursprüngliche Laterne mit Steinpfeilern wurde 1717 in eine offene eiserne umgewandelt; das neue Feuer glich dem, das sich bereits auf Chassiron befand; 225 livres Steinkohlen pro Nacht in einer Aufschüttung aufgegeben, brannten mit abnehmender Helligkeit nach Belidor rot. 6 milles marins sichtbar.
1782 Apparat mit 80 Scheinwerfern en forme de coquilles von 217 mm Öffnung mit flachen Dochten von 18 mm Breite und festem Ölstand (niveau constant) in mehreren Reihen übereinander, obgleich nur ein Teil des Horizontes erleuchtet. Sichtbarkeit schlechter als Kohlenfeuer, auch als 3 Brenner vor jeden Scheinwerfer gesetzt wurden.
1791 Erster Parabol-Apparat aus 12 parabolischen Reflektoren von 30 Zoll franz. = 812 mm Öffnung bei 12" = 325 mm Tiefe mit Argand-Lampen von 35 mm. Apparat 4 seitig bei 8 Minuten Umgang. Drehfeuer mit Scheinen von 2 zu 2 Minuten.
1823 Fresnelscher Apparat. Blinkfeuer von 1 zu 1 Minute, I. Ordnung, 8 seitig mit verlängerten Scheinen. Erster Fresnelscher Apparat. Neuer desgl. 1854.

Lichte in einer grofsen, an einem hohen Holzgerüst in Ketten aufgehängten Laterne.

No.	Jahr der Befeuerung	Ort resp. Turm			
		Verschiedene Länder	Deutschland	Grofsbritannien: E. = England; Sch. = Schottland; I. = Irland	Frankreich
15	1427	—	—	Spurn Point. E.	—
16	Vor 1453	Panium an der Einfahrt zum Bosporus. Türkei	—	—	—
17	1482	— —	Weichselmünde Neufahrwasser	— —	— —
18	Vor oder bald nach Weichselmünde	—	Hela	—	—
19	1512	—	—	England	—

NÄHERE BEMERKUNGEN

Bei der Kapelle St. Nicolas über dem Hafen von Jlfracombe. Lichte.
Durch Abspülen der Küste zerstört, schon zu Elisabeths Zeiten (1558/1603) nicht mehr vorhanden; desgleichen nicht 1618.
1675 Zwei Feuer, Richtfeuer, das obere Kohlenwippe auf einem Turm, so dafs das Feuer 14′ über dem Turm lag. Das Unterfeuer ebenfalls Kohlen, während solche Feuer damals meist 2–3 Lichte in einer auf einem Pfahl befestigten Laterne brannten. Bei Sturm schmolzen 3 bis 4 Roststäbe in einer Nacht. Unterhaltungskosten von November 1675 bis Weihnacht 1677: 905 £. gegen 948 £. Einnahmen.
1776 Zwei neue Feuer, ein Turmfeuer: Steinkohlen in geschlossener Laterne mit Wind-Luftzug; das zweite Feuer Steinkohlenwippe, versetzbar.

Wahrscheinlich ein altes byzantinisches Feuer. Verglaste Laterne. Nach P. Gilles, der in der ersten Hälfte des 16. Jahrhunderts das Feuer sah, soll es vor 1453, der Eroberung Konstantinopels durch die Türken, bestanden haben, weil die kleinen Glasscheiben in Blei gefafst waren, was die Türken nicht kannten.
1595 wird dieser Turm in Hakluyts Voyages, vol. II pag. 448, beschrieben als steinerner Turm von 120 Stufen mit grofser verglaster Laterne von 4 Yards Durchmesser und 3 Yards Höhe, mit einer Lampe von 20 Flammen mit Saugdochten, die um eine grofse kupferne, das Öl enthaltende Schale angebracht waren; diente zur Bezeichnung der Einfahrt in den Bosporus. Nachrichten, bis wielange das Feuer unterhalten worden ist, fehlen.

Lichte in der Laterne des Turmes im neu erbauten Fort.
1576 Der Turm bei der Belagerung zerschossen und wieder aufgebaut.
1709 vollständig ausgebrannt.
1721 wieder aufgebaut und wieder als Leuchtturm benutzt.
1758 Das Feuer nach Neufahrwasser verlegt, weil die alte Weichselmündung versandet war. Dort die neue Seeleuchte (die grofse Blise) erbaut und Steinkohlenfeuer.
1775 Ein zweites Steinkohlenfeuer, niedriger als das erste, als Richtfeuer für die Einfahrt. Die Feuer brannten bei ruhiger Luft schlecht.
1817 Beleuchtung durch 3 Wachskerzen von 2 Zoll Durchmesser mit sehr starkem Dochte; also Laterne.
1819 Gas statt der Kerzen! Erste Anwendung von Gas auf Leuchttürmen (?) 3 Parabole von 530 mm Öffnung bei 229 mm Tiefe. Eigene Gasanstalt.
1825 Das zweite Feuer, nach Erbauung der Mole, eingezogen und das Turmfeuer auf 5 Parabole erweitert.
1845 Fresnelscher Apparat VI. Ordnung auf dem östlichen Molenkopf.
1860 Rüböl-Lampen für das Turmfeuer und dasselbe auf 7 Parabole verstärkt.
1870 Mineralöl eingeführt.
1877 erhielt der Molenkopf einen Fresnelschen Apparat V. Ordnung mit zweidochtiger Mineralöl-Lampe. Festes-Rotes-Feuer.
1890 Elektrisches Feuer, das erste an den deutschen Küsten. 1894 Neuer Turm für dasselbe.

Lichte in der Laterne des alten Turmes der alten Kirche von Neu-Hela, der $116^1/_2$ Schuh hoch war und oben 10 Schuh im Quadrat hatte. Laterne auf der Landseite mit Messing ausgeschlagen.
Im 17. Jahrhundert Blise.
Vor 1670 Kohlenfeuer in einem Kessel an einem Galgen.
1702 vom Sturm zerztört und neu erbaut.
1763 und 1790 abermals als Wippe neu errichtet.
1806 Der Bau des jetzigen Turmes begonnen, aber erst
1827 vollendet. Drehfeuer von 6 Parabolen, 655 mm Öffnung bei 225 mm Tiefe.

Begründung von Trinity House unter dem Namen Brotherhood of the Trinity House of Deptford of Strand and St. Clement für andere als Leuchtfeuerzwecke, die ihm erst nach und nach übertragen wurden.
1566 Akte der Königin Elisabeth, betreffend die Seezeichen.
1836 Alle Rechte der Krone auf Trinity House übertragen.

No.	Jahr der Befeuerung	Ort resp. Turm			
		Verschiedene Länder	Deutschland	Grofsbritannien: E. = England; Sch. = Schottland; I. = Irland	Frankreich
20	1512	Goeree. Niederlande	—	—	—
21	Vor 1532, wahrscheinlich bald nach 1266	—	Auf dem Gollenberg bei Cöslin (Pommern)	—	—
22	Nach 1536	—	—	North-Shields. E.	—
23	1550 und 1555	Schweden	—	—	—
24	1561 (?)	Skagen und Anholt. Dänemark	—	—	—
25	1561	Anholt. Dänemark	—	—	—
26	1562	—	Pillau	—	—
27	Nach 1564	—	—	—	Ciotat
28	1594	Terschelling. Niederlande	—	—	—
29	Um 1600	—	—	Winterton. E.	—
30	1602	—	Wangeroge	—	—
31	1606	Schweden	—	—	—
32	1609	—	—	Lowestoft. E.	—

NÄHERE BEMERKUNGEN

Kohlenfeuer.
1834 Fresnelscher Apparat II. Ordnung.
1879 Fresnelscher Apparat I. Ordnung.

Auf dem Turm der 1532 abgebrochenen Kapelle, welche schon 1266 bestand, wurde eine Laterne mit grofsem poliertem »Becken« aufgehängt, die »grofsen Widerschein« gab, um die Einfahrt durch das Tief in den Jasmunder See (gegen 6 Seemeilen von Cöslin) und von da nach der Stadt zu markieren.

---

2 Türme in verschiedener Höhe. Lichte. Erstes Zwillingsfeuer oder Richtfeuer.
1746 standen beide noch, der eine beweglich; es brannten wenige Lichte.
1808. Höhen der Türme 82 und 144 Fufs engl. Katoptrisch.

Erstes Königliches Schreiben, betreffend Aufstellung von Seezeichen, auch für die Dunkelheit.

Wippe.
1808 Öllampen mit Scheinwerfern, 18 einzelne Laternen in eisernem Gerüst auf der Plattform des Turmes im Kreise aufgestellt.
1836 Parabolische Reflektoren mit Argandschen Lampen.
1853 Fresnelscher Apparat.
1881 Fresnelscher Apparat.

1815 Öllampen mit Scheinwerfern.

1813 Der jetzige Turm in Dienst gestellt mit 13 Parabolen von 520 mm Öffnung bei 215 mm Tiefe und mit Argandschen Lampen versehen.

Hoher Turm, auf dem das Feuer brannte.

Kohlenfeuer auf Steinturm und in den Wintermonaten eine Laterne mit Kerzen.
1834 Fresnelscher Apparat, Blickfeuer II. Ordnung.
1864 Fresnelscher Apparat, Blickfeuer I. Ordnung.

Holzturm, auf dem Lichte in gewöhnlich. Laterne, 1—3 Stück, gebrannt wurden, von denen 6 Stück auf 1 ℔ gingen.

1597/1602 erbaut von Oldenburg auf Betrieb von Bremen. Zuerst Laterne in der mittleren der drei Spitzen des Turmes mit Öllampen, die so lichtschwach waren, dafs dafür Bake mit Steinkohlenfeuer daneben errichtet wurde. Dieser erste Turm ist erhalten. Das Feuer brannte von Fastnacht bis Ostern und von Michaelis bis Weihnachten.
1687 Neuer steinerner Turm mit Feuerkorb für Steinkohlen. Bis 1807 im Dienst. (38′ hoch, 25′ Durchmesser.)
1815 Lampen-Einrichtung; brannte nur bei Winterszeit und bis Februar 1825, zu welcher Zeit derselbe durch Sturmflut zerstört wurde; dann Notleuchte und Blise mit Steinkohlen.
1830 Neuer Turm mit parabolischen Reflektoren und Argandschen Lampen.
1856 Neuer Turm mit Fresnelschem Apparat IV. Ordnung. Drehfeuer.
1878 Neuer Fresnelscher Apparat, Blickfeuer mit festem Feuer.
1896 Elektrisches Feuer.

Erlasse in Schweden, betreffend Leuchtfeuer und Zeichen für die Schiffahrt.

1873 Fresnelscher Apparat I. Ordnung.
1883 Ein zweites Feuer, Fresnelscher Apparat II. Ordnung, als Richtfeuer.

No.	Jahr der Befeuerung	Ort resp. Turm			
		Verschiedene Länder	Deutschland	Grofsbritannien: E. = England; Sch. = Schottland; I. = Irland	Frankreich
33	1616	—	—	Dungenefs E.	—
34	1616	Civitavecchia. Italien	—	—	—
35	1617	Urk. Niederlande	—	—	—
36	**Vor** 1620	Hindeloopen. Niederlande	—	—	—
37	1634	—	—	The Forelands a. South-Foreland E.	—
		—	—	b. North-Foreland E.	—
38	1635	—	—	Isle of May. Sch.	—
39	1636	—	—	—	Fécamp (Fagnet Point)
40	Vor 1636	Vlieland. Niederlande	—	—	—
41	Vor 1636	Scheveningen. Niederlande	—	—	—
42	Vor 1636	Egmond. Niederlande	—	—	—

NÄHERE BEMERKUNGEN

Kohlenfeuer.
1635 Neuer Turm, der bis 1792 stand.
1792 Neuer Turm. 18 Spermöl-Lampen mit 21" Paraboloiden. Festes Feuer.
1862 Elektrisches Feuer.
1872 Wieder Öl. Fresnelscher Apparat I. Ordnung.

Papst Paul V., 1624/44, läfst die Reste des antiken von Trajan erbauten Leuchtturmes wieder als Fort herstellen mit einem an einer Stange befestigten schwachen Fanal.
1840 Ein neues Fanal mit Verdunkelungen nur 5 Meilen sichtbar.
1860 Fresnelscher Apparat II. Ordnung unter Erhöhung des Turmes.

Kohlenfeuer auf eisernem Turm.
1800 Lampen-Apparat.
1845 Fresnelscher Apparat, festes Feuer mit hellen Scheinen.
1876 Desgl. Holophot IV. Ordnung.

Hafenfeuer.

Zuerst Lichte in einer an einem Holzgebäude befestigten gewöhnlichen Laterne.
Zwillingsfeuer. Kohlen.
1793 Spermöl-Lampen und 21" Paraboloide, festes Feuer
1842/43 Fresnelsche Apparate I. Ordnung.
1858 Elektrisches Licht.
1694 Neuer Holzturm mit Kohlenfeuer; vom Feuer zerstört, dann
1727 Steinturm mit Laterne versehen, die aber wieder entfernt wurde.
1790. Der Turm erhöht und mit Öllampen versehen.

Feuerkorb mit Steinkohlen.
1786 Feuerkorb vergröfsert, so dafs die doppelte Menge Steinkohlen verbrannt wurde, als gewöhnlich in England; nämlich pp. 200 Tonnen (tons) im Jahre, oder durchschnittlich pro Nacht rot. 200 ℔ der besten, damals erhältlichen Kohlen.
(1810 Doppelfeuer in einem Turm projektiert.)
1816 Parabolische Reflektoren und Argandsche Lampen.
1836 Fresnelscher Apparat.
1886 Elektrisches Gruppen-Blickfeuer: 4 Blicke alle $^1/_2$ Minute bei 22 Sekunden dunkel.

Laterne zum Aufhissen mit 3 Lichten als feu de marée.
1805 erneut.
1838. Fresnelscher Apparat V. Ordnung.

Kohlenfeuer in den Wintermonaten.
1843 Fresnelscher Apparat IV. Ordnung.

Kohlenfeuer auf steinernem Turm während der Wintermonate.
1824 Parabole mit Argandschen Lampen.
1850 Fresnelscher Apparat III. Ordnung.
1875 Fresnelscher Apparat II. Ordnung, Blickfeuer weifs und rot, auf eisernem Turm.

Zwei Kohlenfeuer während der Wintermonate, nebeneinander, also Zwillingsfeuer.
1833 Zwei Steintürme, von denen jedoch nur der seewärts gelegene befeuert war, mit Fresnelschem Apparat III Ordnung; der landwärts errichtete höhere diente nur bei Tage zur Markierung einer Richtlinie.

No.	Jahr der Befeuerung	Ort resp. Turm			
		Verschiedene Länder	Deutschland	Grofsbritannien: E. = England; Sch. = Schottland; I. = Irland	Frankreich
43	Vor 1636	Zanddijk. Niederlande	—	—	—
44	1651/58	Landsort. Schweden	—	—	—
45	1652	Schweden	—	—	—
46	1654	Naze of Norway oder Lindesnaes. Norwegen	—	—	—
47	1661	Coutejuba. Brasilien	—	—	—
48	1665	—	—	Hunstanton. E.	—
49	1666	—	Colbergermünde	—	—
50	1671	—	—	Bailey. I.	—
51	1673	—	Helgoland	—	—
52	1674	—	—	Flamborough Head. E.	—
53	1680	—	—	—	des Baleines (Isle de Ré)
54	1680	—	—	St. Agnes (the Scilly Islands). E.	—

NÄHERE BEMERKUNGEN

Kohlenfeuer während der Wintermonate.
1822 Steinturm mit 26 Parabolen und Argandschen Lampen.
1852 Fresnelscher Apparat I. Ordnung.
1878 Eiserner Turm mit Fresnelschem Apparat I. Ordnung.

Feuerzeichen (Wippe?).
1669 Neuer Turm in Holz.
1672 Desgleichen von Feldsteinen.
1839 von der Krone angekauft.
1840 Parabole mit Argandschen Lampen.
1870 Fresnelscher Apparat II. Ordnung.

Die Aufsicht der schwedischen Feuerzeichen vom Staat übernommen und der Admiralität unterstellt.

1853 Fresnelscher Apparat I. Ordnung.

1676 erteilt Karl II. ein Patent an J. Angell, die dortigen Feuer zu erhalten und zu erneuern.
1883 Fresnelscher Apparat II. Ordnung.

Turm auf der Vogtei mit Leuchte nach Art derjenigen in Travemünde.
50 Jahre später ging das Feuer ein, und es wurde nur im Herbst und wenn Schiffe erwartet wurden am Hafendamm eine Laterne aufgehängt.
1865 Hafenfeuer zum Aufhissen, Fresnelsche Laterne von 200 mm Durchmesser.

Jetzt Fresnelscher Apparat I. Ordnung. — Gas.

Auf einer gemauerten Plattform Kohlenfeuer.
1810 Parabolische Reflektoren mit Argandschen Lampen auf einem neuen Turm.
1875. Fresnelscher Apparat I. Ordnung.

1806 Parabole mit Argandschen Lampen, weifs und rot wechselnd, aber Lichtstärke nicht gleich. Erstes zweifarbiges Feuer.
1843 Fresnelscher Apparat I. Ordnung.

Zuerst Öl (Nachtlampen = veilleuses).
1733 Steinkohlen mit neuer offener Laterne von Stein, deren Ständer die Hälfte des Lichtes deckten.
1787 Scheinwerfer wie Cordouan.
1811 Reflektoren Bordier-Marcet.
1854 Fresnelscher Apparat I. Ordnung.
1883 Elektrisches Feuer.

Turm 74 Fufs hoch. Kohlenfeuer in Laterne, erstes derartiges, Laterne oft voll Rauch.
Nicht lange nach 1792 mit parabolischen Reflektoren von 21 Zoll engl. = 533 mm Öffnung und Argand'schen Lampen versehen.
1841 Parabole mit Argandschen Lampen.
Fresnelscher Apparat.

No.	Jahr der Befeuerung	Ort resp. Turm			
		Verschiedene Länder	Deutschland	Grofsbritannien: E. = England; Sch. = Schottland; I. = Irland	Frankreich
55	1680	—	—	Dungenefs. E.	—
56	1680	—	—	Orfordness. E.	—
57	1680	—	—	—	Chassiron (Isle d'Oléron)
58	1683	—	—	Kinsale. I.	—
59	1687	Orskär (Grasö). Schweden	—	—	—
60	1695	—	—	—	Cap Fréhel
61	1695 (1638?)	—	—	—	Phare d'Ouessant
62	1696	Faerder. Schweden	—	—	—
63	1698	—	—	Eddystone. E.	—
64	1700	Hvidingsö. Norwegen	—	—	—
65	1700	Ven. Niederlande	—	—	—
66	1705	Assens. Dänemark	—	—	—

NÄHERE BEMERKUNGEN

Nicht lange nach 1792 mit Parabol-Apparat versehen.
1866 Fresnelscher Apparat I. Ordnung.

Holz in zwei Feuerstellen übereinander, um das Feuer von dem auf Cordouan zu unterscheiden. Doppelfeuer.
1773 Steinkohlen
1780 Scheinwerfer mit flachen Dochten wie Cordouan. Arrêt du Conseil vom 30. April 1865 setzt die Schiffsabgaben und Unterhaltungskosten fest.

Fresnelscher Apparat I. Ordnung.
Ein zweites Feuer 1804 katoptrisch, später Fresnelscher Apparat III. Ordnung.

1687 Auf Holzunterbau Scheinwerfer mit Öllampen; Ölgefäfse von Blei.
1738/40 Neuer Turm in Stein (alter Turm vom Blitz getroffen) mit 5 konkaven Reflektoren (parabolischen ?) von je 1 Elle 2″ Öffnung mit je 6 Lampen vor jedem. Das Feuer sehr gerühmt; beschränkter Lichtwinkel.
1768 umgebaut in 4 bewegliche Reflektoren an 4 vertikal sich drehenden Achsen; das erste Dreh- oder Blickfeuer.
1852 12 Parabole mit Argandschen Lampen.

Steinkohlen (fanal) während der 6 Wintermonate.
1774 Scheinwerfer mit Flachdochten.
1811 Reflektoren Bordier-Marcet.
1847 Fresnelscher Apparat I. Ordnung.

1831 Fresnelscher Apparat I. Ordnung.
1888 Elektrisches Feuer.

Holz-, dann Kohlenfeuer bis 1851, in welchem Jahre das Feuer einging.

1696—1698 von Winstanley erbaut. Verglaste Laterne mit Talglichten.
1703 im Sturm verschwunden.
1706—1709 der neue Turm Rudyerd's vollendet. 1755 der Turm durch Feuer zerstört.
1756—1759 der dritte Turm von Smeaton erbaut. 24 Talgkerzen von etwa 33—35 mm Durchmesser, 5 Stück = 2 ℔; Verbrauch 3,4 Pfund pro Stunde.
1807 Parabolische Reflektoren mit Argandschen Lampen. Bis zu dieser Zeit dauerte das Privilegium der Inhaber.
1882 Neuer Turm; Doppel-Apparat mit siebendochtigem Brenner, zweiblitzig, Gruppen-Blickfeuer.

Kohlenfeuer
1853 Fresnelscher Apparat II. Ordnung.

Lampen (?) auf steinernem Turm.
1838 Fresnelscher Apparat VI. Ordnung.
1894 Fresnelscher Apparat V. Ordnung.

1854 Parabolische Reflektoren mit Argandschen Lampen.

No.	Jahr der Befeuerung	Ort resp. Turm			
		Verschiedene Länder	Deutschland	Grofsbritannien: E. = England; Sch. = Schottland; I. = Irland	Frankreich
67	1705	Baagoe. Dänemark	—	—	—
68	1714	—	—	Skerries. E.	—
69	1714 (1702)	—	—	St. Ann's Head. E.	—
70	1716/31	—	—	Portland	—
71	1716	Insel Little Brewster bei Boston. Nord-Amerika	—	—	—
72	1716	—	—	The Bill of Portland. E.	—
73	1718	—	—	St. Bees. E.	—
74	1719	—	—	Cromer. E.	—
75	1723	—	—	Casquets. E.	—
76	1727	Halskov. Dänemark	—	—	—
77	1731	—	—	At the Nore (Themse-Einfahrt). E.	—
78	1733	—	—	Hurst-Point. E.	—
79	1736	—	—	Dudgeon Shoal. E.	—
80	1736	—	—	Dudgeon. E.	—
81	1737	—	—	Flatholm. E.	—
82	1739	Oeland. Schweden	—	—	—
83	1740	Beaver Tail. Nord-Amerika	—	—	—

NÄHERE BEMERKUNGEN

Ging 1823 an Trinity-House über.
1885 Fresnelscher Apparat I. Ordnung.

Der Turm, schon 1665 errichtet, verfiel wieder.
1868 Fresnelscher Apparat I. Ordnung. Zwillingsfeuer.

Kohlen in Laterne.
Fresnelscher Apparat I. Ordnung. Richtfeuer.

Durch Feuer beschädigt und wieder hergestellt.
1775 im Kriege mehrfach zerstört und wieder hergestellt, zuletzt gesprengt.
1783 neu erbaut von Stein, 68 Fufs hoch, 4 Lampen, jede zu 1 Gallon Öl und mit je 4 Brennern.
1790 den Vereinigten Staaten übergeben.
1812 im Kriege gelöscht, brannte 1815 noch nicht wieder, aber wahrscheinlich bald darauf.
1859/60 Turm erhöht und mit Fresnelschem Apparat II. Ordnung versehen, Blickfeuer von 30 zu 30 Sekunden.

2 Türme Kohlenfeuer.
1788 Öl.

1866 Fresnelscher Apparat I. Ordnung.

1833 Katoptrischer Apparat.

1723 Kohlenfeuer.
Gegen 1794 Parabole mit Argandschen Lampen.
1877 Fresnel'scher Apparat I. Ordnung.

Kohlenfeuer.
1856 Parabole mit Argandschen Lampen.
1856 Fresnelscher Apparat.

Das erste Leuchtschiff. Zwei Laternen an einer horizontalen Querstange des Mastes hängend.

Kohlenfeuer.
1812 Parabole mit Argandschen Lampen.
Fresnelscher Apparat.

Zweites Leuchtschiff. Zwei Laternen an einer horizontalen Querstange des Mastes hängend.

Katoptrischer Apparat.

1881 Fresnelscher Apparat I. Ordnung.

1793 der Staatsverwaltung übergeben.
1856 Fresnelscher Apparat III. Ordnung.

No.	Jahr der Befeuerung	Ort resp. Turm			
		Verschiedene Länder	Deutschland	Grofsbritannien: E. = England; Sch. = Schottland; I. = Irland	Frankreich
84	1740	—	—	—	St. Matthieu
85	1741	Puerto Espanna (Trinidad) Antillen	—	—	—
86	1744	West-Schouwen. Niederlande	—	—	—
87	1748/50	Korsö. Schweden	—	—	—
88	1750	Knudshoved. Dänemark	—	—	—
89	Wahrscheinlich vor 1750	—	Memel	—	—
90	Desgleichen	—	Brüsterort	—	—
91	1750	Ancona. Italien	—	—	—
92	1750	—	Rixhöft	—	—
93	1751/52	—	—	Lizard Point. E.	—
94	1751 oder 1771 bis 1774	—	—	—	Port Vendres

NÄHERE BEMERKUNGEN

Lampes veilleuses
1771 Scheinwerfer à coquille mit Flachdochten.
1835 Fresnelscher Apparat II. Ordnung.

Zwei Kohlenfeuer.
1840 Fresnelscher Apparat mit kleinen Spiegeln in der Kuppel und im Unterteil.
1873 Desgleichen II. Ordnung. Drehfeuer.
1882 Zweischeiniges Gruppen-Blinkfeuer.

1861 Fresnelscher Apparat IV. Ordnung.

---

2 Handlaternen in Gestellen, nach jeder Seite des Turmes eine.
1757 2 Spiegel an vertikalen Achsen, die zur Beleuchtung des erforderlichen Horizontalabschnittes durch Pendelgetriebe gedreht wurden. Drehfeuer.
? Vom Blitz getroffen; neuer Steinturm.
1833 Von der Krone angekauft.
1869 Fresnelscher Apparat IV. Ordnung.

Kohlenfeuer.
1822 Sideral-Reflektor mit Argandscher Lampe.
1857 Fresnelscher Apparat.

Steinkohlen-Wippe.
1796 Der jetzige Turm erbaut. Das Feuer mit 9 messingenen Scheinwerfern in 2 Reihen zu 5 und 4 Stück abgestumpfter Kegel und Talglichten, aufserdem eine Argandsche Doppellampe und 3 ordinäre Lichte vor der weifsen Hinterwand der Laterne. Das Feuer brannte zuerst nur 7 Monate im Jahr von September bis Ende März; von 1806 an 10 Monate, nur Juni und Juli nicht.
1819 wurde der Turm erhöht und erhielt 13 Parabole von 520 mm Öffnung bei 215 mm Tiefe mit Argandschen Lampen; 16 Seemeilen sichtbar bei klarer Luft.

Steinkohlen-Wippe.
Erhielt, wahrscheinlich in den zwanziger Jahren dieses Jahrhunderts, eine Laterne zum Aufhissen mit 3 Parabolen und Argandschen Lampen.
1846. Fresnelscher Apparat II. Ordnung. Festes Feuer mit hellen Scheinen.

Von Papst Benedikt XIV, 1740/58, errichtet.
1840 Fresnelscher Apparat II. Ordnung.

Steinkohlen-Wippe.
Der alte Turm, 1822 erbaut, erhielt 15 Parabole von 550 mm Öffnung bei 225 mm Tiefe.
1866 Fresnelscher Apparat. Festes Feuer.
1874 Zweiter Turm und zweites Feuer; von hier ab Zwillingsfeuer.

Zwillingsfeuer. Kohlen. Soll schon vor 1619 ein Feuer gehabt haben, das in diesem Jahre wieder einging.
1813 Parabole von 21 Zoll Öffnung mit Argandschen Lampen.
1878. Elektrisches Licht.

So unvollkommen und von so geringer Sichtbarkeit, dafs es kaum als Hafenfeuer anzusprechen ist.

No.	Jahr der Befeuerung	Ort resp. Turm			
		Verschiedene Länder	Deutschland	Grofsbritannien: E. = England; Sch. = Schottland; I. = Irland	Frankreich
95	1745	—	—	—	Port de Bouc (Cette?)
96	1746/54	Brant-Point. Nord-Amerika	—	—	—
97	1757	—	—	Cumbrae. Sch.	—
98	1758	—	—	Leith. Sch.	—
99	1759	Djursten. Schweden	—	—	—
100	Einige Jahre vor 1760	—	—	—	Calais
101	1758	Sambro Island. Nova Scotia. Nord-Amerika	—	—	—
102	1760	—	Borkum	—	—
103	1761	Beaver Tail. Nord-Amerika	—	—	—
104	1762	Sandy Hook. Nord-Amerika	—	—	—
105	1763	—	—	Bidston and Hoylake E.	—
106	1763	—	—	Hoylake. E.	—
107	1763	—	—	Leasowe. E.	—
108	1764 (wahrscheinlich schon früher)	Holmö Gadd. Finnische Küste. Schweden.	—	—	—

NÄHERE BEMERKUNGEN

40 Fufs hoher Turm; später 12 Scheinwerfer, von denen bei klarer Luft nur 8 im Dienst.
1872 Frenelscher Apparat IV. Ordnung.
(Cette) 1861 Fresnelscher Apparat III. Ordnung.

1759 der Staatsverwaltung übergeben.
1856 Fresnelscher Apparat IV. Ordnung.

1861 Fresnelscher Apparat II. Ordnung.

Steinkohlen - Wippe.
1765 Turm.
1839 Vier Parabole mit Argandschen Lampen.

Feu de marée auf der Mole; Laterne zum Aufhissen mit 1 bis 3 Lichten; brannte alle Nacht 2 Stunden vor und 2 Stunden nach Flut; vom 15. Oktober während der Dauer des Fischfanges 2 Laternen mit je 1 grofsem Lichte, das geputzt werden mufste; die untere Laterne brannte während der ganzen Zeit der möglichen Einfahrt, die obere von halber Flut zu halber Ebbe.
1818 erneut.
1848 Fresnelscher Apparat I. Ordnung.
1883 Elektrisches Feuer.

Fresnelscher Apparat II. Ordnung.

Steinkohlen auf einer Düne 60 Fufs über Hochwasser. Verbrauch etwa 2000 ℔ per Nacht.
Seit 1576 ein 150 Fufs hoher Turm mit Keildach als Tageszeichen.
1817 Parabolische Reflektoren mit Argandschen Lampen.
1857 Fresnelscher Apparat II. Ordnung. Festes Feuer.
1879 Neuer Turm nach Abbrand des alten; Fresnel'scher Apparat I Ordnung. Festes Feuer mit hellen Scheinen.
1891 Elektrisches Leitfeuer auf einem zweiten Turm, für die Ein- und Aussegelung in die Ems bestimmt.

1856 Fresnelscher Apparat III. Ordnung.

1875 Fresnelscher Apparat III. Ordnung.

Vier Feuer an der Mündung des Mersey. Die erste Anwendung von Parabolischen Scheinwerfern aus Holz, mit kleinen Glasspiegelstückchen bekleidet. Kleine dergleichen aus Zinn mit davor befindlichen Flachdocht-Brennern.
Bidston erhielt 1813 einen katoptrischen Apparat.
1881 Fresnelscher Apparat I. Ordnung.

1865 Fresnelscher Apparat IV. Ordnung.

Wippe mit Steinkohlen.
1838 Parabole mit Argandschen Lampen.

No.	Jahr der Befeuerung	Ort resp. Turm			
		Verschiedene Länder	Deutschland	Grofsbritannien: E. = England; Sch. = Schottland; I. = Irland	Frankreich
109	1764	Sandy Hook. Nord-Amerika	—	—	—
110	1765	—	—	Isle of Mann. E.	—
111	1767	Morris Island. Nord-Amerika	—	—	—
112	1768	—	—	Poolbeg. J.	—
113	1768/74	Grönskär. Schweden	—	—	—
114	Vor 1769	Plymouth (Gurnet). Nord-Amerika	—	—	—
115	1769	—	—	Balbriggan. J.	—
116	1769	Rondoe. Norwegen	—	—	—
117	1769	Valderhough. Norweg.	—	—	—
118	1770	—	—	—	Cayeux
119	1771	—	—	—	Planier
120	1771	La Guia (Rio Tajo). Portugal	—	—	—
121	1772	Arholm. Schweden Süngnas. Schweden	— —	— —	— —
122	1772	Roca. Portugal	—	—	—
123	1772	Nakke-Hoved. Dänemark	—	—	—
124	1772	Kronborg. Dänemark	—	—	—
125	1774	—	—	Duncannon Fort. J.	—
126	1775	—	—	—	Ailly

NÄHERE BEMERKUNGEN

Fresnelscher Apparat III. Ordnung.

Castle town 1765.
Peel 1811.
Port Mary 1812.

1876 Fresnelscher Apparat I. Ordnung.

Steinkohlen.
1845 Fresnelscher Apparat III. Ordnung.

1769 der Staatsverwaltung übergeben.
1856 Fresnelscher Apparat VI. Ordnung.

Steinkohlenfeuer.
1858 Fresnelscher Apparat I. Ordnung.

1835 Fresnelscher Apparat III. Ordnung.
1892 Elektrisches Feuer.

Alter Turm. Das Feuer um die Mitte des 18. Jahrhunderts nicht mehr unterhalten.
1829 Fresnelscher Apparat I. Ordnung mit Polygonallinsen, die 1855 noch im Dienst waren.
1881 Elektrisches Feuer.

1879 Fresnelscher Apparat III. Ordnung.

} Baken.

Fresnelscher Apparat II. Ordnung.

Kohlenfeuer.
1833 Parabolische Reflektoren mit Argandschen Lampen.

Kohlenfeuer.
1800 Öllampen.
1858 Fresnelscher Apparat.

1882 Katoptrisch.

Steinkohlen in freier Luft brennend; befriedigende Sichtbarkeit.
An einer zum Schutz des Feuers aufgeführten verglasten Laterne calcinierten die Scheiben.
1782/83 16 Scheinwerfer und Lampen mit je 2 oder 3 Flachdochtbrennern davor.
1852 Fresnelscher Apparat I. Ordnung.

No.	Jahr der Befeuerung	Ort resp. Turm			
		Verschiedene Länder	Deutschland	Grofsbritannien: E. = England; Sch. = Schottland; I. = Irland	Frankreich
127	1775	—	—	—	Point de Barfleur
128	1775	—	—	—	La Hève
129	1775	Barra Grande de Lisboa. Portugal	—	—	—
130	1775	San Julian. Portugal	—	—	—
131	1775	Setubal. Portugal	—	—	—
132	1776	Bugio. Portugal	—	—	—
133	1776	—	—	Smalls. E.	—
134	1776	—	—	Spurn-Point. E.	—
135	1776	—	—	Farn. E.	—
136	1780	Christiansoe. Dänemark	—	—	—
137	1781	Marstrand (Festungsturm). Schweden	—	—	—
138	1783	—	—	—	—
139	Vor 1784	Nantucked (Great Point). Nord-Amerika	—	—	—
140	1785	Oelands södra udde. Schweden	—	—	—
141	1786	—	—	Schottland. Sch.	—
142	1787	—	—	Schottland	—

NÄHERE BEMERKUNGEN

1835 Fresnelscher Apparat I. Ordnung.
1892 Elektrisches Feuer.

Zwillingsfeuer.
1811/14 Parabolische Reflektoren von Bordier-Marcet; erst 6 dann 10 Stück.
1845 Fresnelsche Apparate I. Ordnung.
1863 Elektrisches Licht auf dem einen, 1865 auf dem anderen der Türme.
1893 Elektrisches Blitzfeuer von 5 zu 5 Sekunden auf dem einen Turm, der andere gelöscht.

Katoptrisch.

Fresnelscher Apparat IV. Ordnung.

Katoptrisch.

Holzgerüst, erbaut von Whidside mit Laterne, verbrauchte 200 Gallons Öl im Jahre. Erhielt sich bis in dieses Jahrhundert hinein und ging in einem Sturm unter.
1885 Fresnelscher Apparat I. Ordnung auf Granitturm.

Richtfeuer. Zwei Kohlenfeuer; das obere Feuer in Laterne (das erste derartige), das untere Feuerkorb mit Wippe.
1883 Fresnelsche Apparate I. und IV. Ordnung.

1810 Katoptrisch.
1884 desgl.

Hier sollen von Philipp de Longe vergoldete Reflektoren angewendet sein.

Das Feuer auf dem hohen Turm oft durch Wolken und Nebel verdunkelt.
1836 Drehfeuer, vierseitig, 4 Parabole auf jeder Seite = 16 Stück; Sichtbarkeit 5 geographische Meilen = 20 Seemeilen.

Teulères grofse parabolische Reflektoren, 578 mm Öffnung, 131 mm Tiefe, Brennpunkt und Flammen vor dem Reflektor.

1784 der Staatsverwaltung übergeben.
1857 Fresnelscher Apparat III. Ordnung.

Steinkohlenfeuer offen.
1822 desgleichen in Laterne.
1845 Fresnelscher Apparat II. Ordnung.

Bord of northern Lighthouses eingesetzt.

Einführung parabolischer Reflektoren aus Holz mit Belag von Glasspiegel-Plättchen mit davor liegenden Flachdochtbrennern.

No.	Jahr der Befeuerung	Ort resp. Turm			
		Verschiedene Länder	Deutschland	Grofsbritannien: E. = England; Sch. = Schottland; I. = Irland	Frankreich
143	1787	—	—	Kinnairds Head. Sch.	—
144	1788	—	—	Blyth. E.	—
145	1788	—	—	Owers. E.	—
146	1788	—	—	Mull of Cantyre. Sch.	—
147	1788	Cap Roseway (New Scotia). Nord-Amerika	—	—	—
148	1788	Cape Surep. Rufsland, Ostsee	—	—	—
149	Vor 1789	Portsmouth Harbor. Nord-Amerika	—	—	—
150	1789	—	—	Glass-Island. Sch. (Hebriden)	—
151	1789	—	—	North Ronaldshay (Orkney). Sch.	—
152	Vor 1789	Cape Henlopen. Nord-Amerika	—	—	—
153	Vor 1789	Cape Henlopen Beacon. Nord-Amerika	—	—	—
154	1790	—	—	Pladda (Hebriden). Sch.	—
155	1790	—	—	Newarp Sand. E.	—
156	Vor 1790	Portland Head. Nord-Amerika	—	—	—
157	1790	—	—	Winterton. E.	—
158	1790	Newburyport, Harbour. Nord-Amerika	—	—	—
159	1790	Cape Ann. Nord-Amerika	—	—	—
160	1790	New-London Harbour. Nord-Amerika	—	—	—
161	1790	—	—	Ayr Harbour. E.	—
162	1790	—	—	Patrick Harbour. S.	—

NÄHERE BEMERKUNGEN

Parabole aus Gips in Holz mit Facetten von Glasspiegeln belegt. Fresnelscher Apparat I. Ordnung.
Katoptrisch.
Leuchtschiff. 1873 und 1886 neue katoptrische Apparate.
Katoptrisch.
1858 Katoptrisch.
1789 der Staatsverwaltung übergeben. 1854 Fresnelscher Apparat IV. Ordnung.
Fresnelscher Apparat I. Ordnung.
1809 gelöscht; nur noch Landmarke.
1789 der Staatsverwaltung übergeben. 1855 Fresnelscher Apparat I. Ordnung.
1789 Der Staatsverwaltung übergeben. 1864 Fresnelscher Apparat IV. Ordnung.
Katoptrisch. 1791 ein zweites Licht, 20 Fufs unter dem ersteren zur Unterscheidung von den umliegenden. Vertikales Zwillingsfeuer.
Feuerschiff.
1790 in die Staatsverwaltung übergegangen. 1864 Fresnelscher Apparat II. Ordnung.
1870 Fresnelscher Apparat I. Ordnung.
1871 Fresnelscher Apparat IV. Ordnung.
Doppelfeuer; 2 Türme. 1861 Fresnelscher Apparat I. Ordnung.
1864 Fresnelscher Apparat IV. Ordnung.
Fresnelscher Apparat IV. Ordnung.
1870 Fresnelscher Apparat IV. Ordnung.

No.	Jahr der Befeuerung	Ort resp. Turm			
		Verschiedene Länder	Deutschland	Grofsbritannien: E. = England; Sch. = Schottland; I. = Irland	Frankreich
163	1790	Cap Carvoeiro. Portugal	—	—	—
164	1790	Cap Espichel. Portugal	—	—	—
165	1791	—	—	Hook Point. J.	—
166	1791	—	—	Hasborough. E.	—
167	1792	—	—	Orfordnefs. E.	—
168	1793	Korsör. Dänemark	—	—	—
169	1793	Tybee. Nord-Amerika	—	—	—
170	1793	—	—	North-Sand Head. E.	—
171	1794	—	—	Pentland Skerries. Sch.	—
172	Vor 1794	Nantucked Range-Beacon. Nord-Amerika	—	—	—
173	1795	—	—	Goodwin Sands. E.	—
174	1795	—	—	Longships Rock. E.	—
175	1795	—	—	Wolf Rock. E.	—
176	1795	Seguin. Nord-Amerika	—	—	—
177	1795	Montauk Point. Nord-Amerika	—	—	—
178	1796	—	—	Maryport. E.	—
179	1796	—	—	Copeland. J.	—
180	1797	Bakers Island Beacon Range. Nord-Amerika	—	—	—
181	1797	Chioggia bei Venedig. Italien	—	—	—
182	1797	—	—	Cloch. E.	—
183	1797	Salem Harbour. Nord-Amerika	—	—	—

NÄHERE BEMERKUNGEN

Katoptrisch.

Fresnelscher Apparat.
1886 Elektrisches Feuer.

1863 Fresnelscher Apparat I. Ordnung. Gas.

1884 Fresnelscher Apparat I. Ordnung.

1867 Fresnelscher Apparat I. Ordnung.

1842 Parabolische Reflektoren mit Argandschen Lampen. Richtfeuer.

1867 Fresnelscher Apparat I. Ordnung.

1877 neuer katoptrischer Apparat.

Zwillingsfeuer 80 und 100 Fufs hoch über mittlerem Wasser und 60 Fufs voneinander. Scheinwerfer.
Fresnelscher Apparat I. Ordnung.

1794 Der Staatsverwaltung übergeben; später Paraboloide.

Feuerschiff, 3 Lichte im Dreieck stehend zeigend; zuerst in N. E. des Sandes; 3 Jahre später nach Untergang des ersten Schiffes verlegt.

1869/73 neuer Turm und Fresnelscher Apparat.
1883 Fresnelscher Apparat I. Ordnung.

1857 Fresnelscher Apparat I. Ordnung.

1860 Fresnelscher Apparat I. Ordnung.

Doppelfeuer, die Türme 40 Fufs voneinander.
1857 Fresnelscher Apparat IV. Ordnung.

Zwei Öllampen mit je 5 Dochten wurden in dunkeln Nächten 8 m und 7,5 m hoch zur Bezeichnung der Einfahrt gehifst.

Katoptrischer Apparat.

Fresnelscher Apparat IV. Ordnung.

No.	Jahr der Befeuerung	Ort resp. Turm			
		Verschiedene Länder	Deutschland	Grofsbritannien: E. = England; Sch. = Schottland; I. = Irland	Frankreich
184	1797	Cape Cod. Nord-Amerika	—	—	—
185	1797	Munkholmen. Norwegen	—	—	—
186	1797	—	—	Harrington. E.	—
187	1798	Castle Neck. Nord-Amerika	—	—	—
188	1798	Cape Hatteras. Nord-Amerika	—	—	—
189	1798	—	—	Mumbles. E.	—
190	1799	Gay Head. Nord-Amerika	—	—	—
191	1799	Skudesnaes. Norwegen	—	—	—
192	1799	Hoeievarde. Norwegen	—	—	—
193	1799	—	—	—	Frankreich
194	1800	Renskär. Rufsland-Ostsee	—	—	—
195	1800	Carksl Points. Nord-Amerika	—	—	—
196	1801	Tunö. Dänemark	—	—	—
197	1801	Falkners Sand. Nord-Amerika	—	—	—
198	1801	Georgetown. Nord-Amerika	—	—	—
199	1802	—	—	Sunderland. E.	—
200	1802	—	—	Tynemouth. E.	—

NÄHERE BEMERKUNGEN

1857 Fresnelscher Apparat I. Ordnung.

Kohlenfeuer.
Sideralapparat mit Argandscher Lampe.
1866 Fresnelscher Apparat VI. Ordnung.

1868 Fresnelscher Apparat III. Ordnung.

1870 Fresnelscher Apparat I. Ordnung.

Fresnelscher Apparat I. Ordnung.

1856 Fresnelscher Apparat I. Ordnung.

Kohlenfeuer.
Sideralapparat mit Argandscher Lampe.
1879 Fresnelscher Apparat V. Ordnung.

Kohlenfeuer.
Sideralapparat mit Argandscher Lampe.
1878 Fresnelscher Apparat VI. Ordnung.

Hatte gegen Ende des XVIII. Jahrhunderts nur 11 Seefeuer-Türme mit teils sehr schwachem Licht und eine Anzahl Hafenfeuer.

Katoptrisch.

1869 Fresnelscher Apparat V. Ordnung.

Öl-Feuer.
1846 Fresnelscher Apparat.

1858 Fresnelscher Apparat IV. Ordnung.

1867 Fresnelscher Apparat IV. Ordnung.

Molenfeuer.
Fresnelscher Apparat III. Ordnung.

1870 neuer katoptrischer Apparat.

No.	Jahr der Befeuerung	Ort resp. Turm			
		Verschiedene Länder	Deutschland	Grofsbritannien: E. = England; Sch. = Schottland; I. = Irland	Frankreich
201	1802	Gjedser. Dänemark	—	—	—
202	1802	Hammershuus. Dänemark	—	—	—
203	1802	—	Cuxhaven	—	—
204	1802	—	—	Sunk. E.	—
205	1803	—	—	Galloper. E.	—
206	1803	Saybrook. Nord-Amerika	—	—	—
207	1803	—	—	Swansea. E.	—
208	Vor 1803/4	—	—	Jnchkeith. Sch.	—
209	1804	White Head. Nord-Amerika	—	—	—
210	1804	New Point Comfort. Nord-Amerika	—	—	—
211	1805	—	Stör a. d. Elbe	—	—
212	1805	New Haven. Nord-Amerika	—	—	—
213	1805	Christiansoe. Dänemark	—	—	—
214	Vor 1805/7	—	—	—	Tréport
215	Vor 1805/7	—	—	—	St. Valery en Caux
216	Vor 1805/7	—	—	—	Honfleur

NÄHERE BEMERKUNGEN

Kohlenfeuer.
1851 Öllampen mit parabolischen Reflektoren.
Fresnelscher Apparat III. Ordnung.

Öllampe.
1837 Parabolische Reflektoren mit Argandschen Lampen.
1872 Fresnelscher Apparat.

---

9 Reflektoren, Parabole mit Argandschen Lampen und ein ebensolcher zur Beleuchtung der Hafeneinfahrt.
1892 Fresnelscher Apparat II. Ordnung.
1861 Ein zweites Feuer auf der Kugelbake; Fresnelscher Apparat IV. Ordnung; und ein solches VI. Ordnung auf der Nord-Mole (Alteliebe).

Feuerschiff.
1871 Neuer katoptrischer Apparat.

Feuerschiff.

1858 Fresnelscher Apparat IV. Ordnung.

Alter Turm, Parabole und Argand-Lampen statt der früheren Facetten-Scheinwerfer. Die frühere Laterne bestand aus Holz mit gufseisernen Fensterrahmen.
Fresnelscher Apparat II. Ordnung.

1856 Fresnelscher Apparat III. Ordnung.

1855 Fresnelscher Apparat IV. Ordnung.

Katoptrisch.

1871 Fresnelscher Apparat IV. Ordnung.

Ölfeuer.
1879 Fresnelscher Apparat. II. Ordnung.

Feu de marée
1836 Fresnelscher Apparat V. Ordnung.

Feu de marée
1830 verbessert.
1872 Fresnelscher Apparat V. Ordnung.

Feu de marée
1857 Fresnelscher Apparat III. Ordnung.
1876 Fresnelscher Apparat V. Ordnung.

No.	Jahr der Befeuerung	Ort resp. Turm			
		Verschiedene Länder	Deutschland	Grofsbritannien: E. = England; Sch. = Schottland; I. = Irland	Frankreich
217	Vor 1805/7	—	—	—	Chaume
218	Vor 1805/7	—	—	—	Port Vendres
219	—	—	—	—	Port Nouvelle
220	Vor 1805/7	—	—	—	Embouchure de l' Herault
221	Vor 1805/7	—	—	—	Bastia (Corsica)
222	1806	Franklin Island. Nord-Amerika	—	—	—
223	1806	Little Gull Island. Nord-Amerika	—	—	—
224	1806	—	—	Scarborough. E.	—
225	1806	Fakkebjerg. Dänemark	—	—	—
226	1806	Lagskär. Rufsland-Ostsee	—	—	—
227	1807	—	—	Schottland	—
228	1807	Sprogö. Dänemark	—	—	—
229	1807	Seskär. Rufsland-Ostsee	—	—	—
230	1808	Skagen. Schweden	—	—	—
231	1808	Skagen. Dänemark	—	—	—
232	1808	Narva. Rufsland	—	—	—
233	1808	West Quoddy Head. Nord-Amerika	—	—	—

NÄHERE BEMERKUNGEN

Feu de marée.
1862 Fresnelscher Apparat IV. Ordnung.

Feu de marée.
1843 Fresnelscher Apparat V. Ordnung.

Feu de marée.
1882 Fresnelscher Apparat V. Ordnung.

Feu de marée.
1867 Fresnelscher Apparat V. Ordnung.

1864 Fresnelscher Apparat IV. Ordnung.

1855. Fresnelscher Apparat IV. Ordnung.

1869 Fresnelscher Apparat IV. Ordnung.

Ölfeuer.
1834 Parabolische Reflektoren mit Argandschen Lampen.

1859 Fresnelscher Apparat III. Ordnung.

Erstes Schiffsfeuer mit einer Laterne um den Mast zum Aufhissen, in welcher 10 Lampen mit Saugedochten vor parabolischen Scheinwerfern in Kompafs-Aufhängung lagen.

Öllampen
1868 Parabolische Reflektoren mit Argandschen Lampen.
18 kleine Laternen im Kreise über $^{9}/_{10}$ des Umfanges; Öl. Argandsche Lampen und Reflektoren von 11 $^{1}/_{2}$' Durchmesser und 2 $^{1}/_{2}$'' Tiefe.

Auf der Plattform des Turmes ein eisernes geländerartiges Gestell in welches 18 viereckige Laternen allabendlich eingesetzt wurden, die jede eine Argandsche Lampe von 1 Zoll Durchmesser mit Parabol von 11 $^{1}/_{2}$'' Öffnung bei 2 $^{1}/_{2}$'' Tiefe erhielt; beleuchtete $^{9}/_{10}$ des Horizontes.

1858 Fresnelscher Apparat II. Ordnung.

1887 Fresnelscher Apparat II. Ordnung.

1858 Fresnelscher Apparat III. Ordnung.

No.	Jahr der Befeuerung	Ort resp. Turm			
		Verschiedene Länder	Deutschland	Grofsbritannien: E. = England; Sch. = Schottland; I. = Irland	Frankreich
234	1808	Sommars. Rufsland	—	—	—
235	1808	Chatham. Amerika	—	—	—
236	1808	Pakerort. Rufsland	—	—	—
237	1808	Black Rock. Nord-Amerika	—	—	—
238	1808	—	—	North Shields. E.	
239	1809	—	—	South Stack (Holy Head). E.	—
240	1809	Sands Point. Amerika	—	—	—
241	1809	—	—	Gull (Goodwin Sands). E.	—
242	1807/10	—	—	Bell Rock. Sch.	—
243	1810	Tolboukin. Rufsland-Ostsee	—	—	—
244	1810	Point Judith. Amerika	—	—	—
245	1811	—	—	Schottland	—
246	1811	—	—	Kish, Dublin Bay. J.	—
247	1811	—	—	—	Frankreich
248	1811	Bajou S. John (Lake Pontchartrain). Nord-Amerika	—	—	—
249	1812	Cape Look-out. Amerika	—	—	—
250	1812	—	—	Nab. E.	—
251	1812	—	—	Inishtrahull. J.	—
252	1814	—	—	N. W. light vessel. E.	—
253	1814	—	—	—	Boulogne

NÄHERE BEMERKUNGEN

1866 Fresnelscher Apparat III. Ordnung.

Doppelfeuer, Türme 70 Fufs voneinander.
1857 Fresnelscher Apparat IV. Ordnung.

1881 Katoptrisch.

1854 Fresnelscher Apparat V. Ordnung.

Katoptrisch.

1880 Fresnelscher Apparat I. Ordnung.

1864 Fresnelscher Apparat IV. Ordnung.

Feuerschiff, katoptrisch.

Drehfeuer. Parabole u. s. w.
Fresnelscher Apparat I. Ordnung.

1868 Fresnelscher Apparat III. Ordnung.

1857 Fresnelscher Apparat IV. Ordnung.

Projekt des ersten flashing light oder intermittierenden Feuers; Parabole mit Argandschen Lampen im Kreise und 2 nach oben und unten bewegliche Cylinderschirme.

Leuchtschiff.
1881 neuer katoptrischer Apparat.

Einsetzung der Commission des phares

1865 Fresnelscher Apparat IV. Ordnung.

1812 Fresnelscher Apparat I. Ordnung.

Feuerschiff.
1887 Neuer katoptrischer Apparat.

Fresnelscher Apparat I. Ordnung.

1863 Neuer katoptrischer Apparat.

2 Feuer, feux de marée.
1839 Fresnelscher Apparat V. Ordnung.

No.	Jahr der Befeuerung	Ort resp. Turm			
		Verschiedene Länder	Deutschland	Grofsbritannien: E. = England; Sch. = Schottland; I. = Irland	Frankreich
254	1815	—	Innen-Eider	—	—
255	1815	—	—	Tuskar. J.	—
256	1816	Hoogly River Hindostan	—	—	—
257	1817	Hope-Island. Hindostan	—	—	—

NÄHERE BEMERKUNGEN

Leuchtschiff. Katoptrisch.

1885 Fresnelscher Apparat I. Ordnung.

1885 Katadioptrisch.

1886 Fresnelscher Apparat IV. Ordnung.

Berichtigungen.

Seite	24,	Zeile	4 v. u.	lies Hakluyt statt Hayk.
»	75,	»	24 v. o.	lies 1807 statt 1817.
»	82,	»	2 v. o.	lies 54 mm statt 34 mm.
»	122,	»	7 v. o.	lies Fig. 126 u. 127 statt 125 u. 126.

Namen- und Sach-Verzeichnis.

*

www.ingramcontent.com/pod-product-compliance
Lightning Source LLC
LaVergne TN
LVHW081343011026
849161LV00013BB/2999